国外著名高等院校
信息科学与技术优秀教材

算法分析导论

（第2版）

【美】罗伯特·塞奇威克（Robert Sedgewick）
【法】费利佩·弗拉若莱（Philippe Flajolet） 著　　常青 左飞 译

人民邮电出版社
北　京

图书在版编目（CIP）数据

算法分析导论：第2版 /（美）罗伯特·塞奇威克
(Robert Sedgewick)，（法）费利佩·弗拉若莱
(Philippe Flajolet) 著；常青，左飞译. -- 北京：
人民邮电出版社，2024.8
国外著名高等院校信息科学与技术优秀教材
ISBN 978-7-115-62661-5

Ⅰ. ①算… Ⅱ. ①罗… ②费… ③常… ④左… Ⅲ.
①算法分析－高等学校－教材－英文 Ⅳ. ①TP311

中国国家版本馆CIP数据核字(2023)第175280号

版 权 声 明

- ◆ 著　　　[美] 罗伯特·塞奇威克（Robert Sedgewick）
　　　　　　[法] 费利佩·弗拉若莱（Philippe Flajolet）
　　译　　　常 青　左 飞
　　责任编辑　杨绣国
　　责任印制　王 郁　焦志炜

- ◆ 人民邮电出版社出版发行　　北京市丰台区成寿寺路 11 号
　　邮编　100164　电子邮件　315@ptpress.com.cn
　　网址　https://www.ptpress.com.cn
　　三河市君旺印务有限公司印刷

- ◆ 开本：787×1092　1/16
　　印张：20.75　　　　　　　2024 年 8 月第 1 版
　　字数：533 千字　　　　　　2024 年 8 月河北第 1 次印刷
　　著作权合同登记号　图字：01-2023-3715 号

定价：89.80 元

读者服务热线：(010)81055410　印装质量热线：(010)81055316
反盗版热线：(010)81055315
广告经营许可证：京东市监广登字 20170147 号

内容提要

本书全面介绍了算法的数学分析所涉及的主要技术，涵盖的内容来自经典的数学课题（包括离散数学、初等实分析和组合数学等），以及经典的计算机科学课题（包括算法和数据结构等）。本书的重点是平均情况或概率性分析，书中也论述了最差情况或复杂性分析所需的基本数学工具。本书第 1 版为行业代表性著作，第 2 版不仅对书中图片和代码进行了更新，还补充了新章节。全书共 9 章，第 1 章介绍算法分析；第 2～5 章介绍数学方法；第 6～9 章介绍组合结构及其在算法分析中的应用。

本书适合作为高等院校数学、计算机科学以及相关专业的本科生和研究生的教材，也可供相关技术人员和爱好者学习参考。

译者序

2014 年的冬天，一部讲述"计算机科学之父"艾伦·图灵（Alan Turing）传奇人生的传记电影在美国上映，这部影片就是《模仿游戏》。次年，该片荣获第 87 届奥斯卡金像奖最佳改编剧本奖，以及包括最佳影片、最佳导演、最佳男主角、最佳女配角在内的 7 项提名，一时风光无限。

图灵一生最重要的三大贡献包括图灵机、图灵测试以及破译 Enigma 密码，其中的每一项都值得全世界感谢和纪念他。在提出图灵测试的论文中，图灵石破天惊地预言了创造出具有真正智能的机器的可能性，这也是人工智能研究的源头。事实上，《模仿游戏》这个名字正是图灵那篇著名论文第 1 章的标题。后人为了纪念图灵对计算机科学所做出的巨大贡献，将该领域的最高奖命名为"图灵奖"。而破译 Enigma 密码更是直接帮助盟军在战场上取得了先机，拯救了无数人的性命并最终取得第二次世界大战反法西斯阵营的全面胜利。

尽管前面提到的两大贡献已是功若丘山，但笔者这里将从图灵的另外一个贡献——图灵机谈起，因为这与本书所要讨论的话题息息相关。为此，我们还得把时间再往前推。1900 年，德国数学家大卫·希尔伯特（David Hilbert）在国际数学家大会上做了题为《数学问题》的演讲，提出了著名的希尔伯特之 23 个问题。尽管此后的数学发展远远超过了希尔伯特的预料，但他所提出的这 23 个问题仍然对 20 世纪的数学发展起到了重要的推动作用。

希尔伯特的第 10 个问题是要设计一个算法来测试多项式是否有整数根。他没有使用"算法"这个术语，而是采用了下面这种表述："通过有限多次运算就可以决定的过程。"有意思的是，从希尔伯特对这个问题的陈述中可以看出，他明确地要求设计一个算法。因此，显然他假设这样的算法是存在的，人们所要做的只是找到它。现在我们知道，这个任务是无法完成的，即它是算法上不可解的。但对那个时期的数学家来说，以他们对算法的直观认识，得出这样的结论是不可能的。

非形式地说，算法是为实现某个任务而构造的简单指令集。用日常用语来说，算法又被称为过程或者方法。算法在数学中也起着非常重要的作用。古代数学资料中就包含执行各种各样计算任务的算法描述。例如，我国古代数学经典《九章算术》中就记述了包括求最大公约数、求最小公倍数、开平方根、开立方根等在内的诸多算法。

虽然算法在数学中已有很长的历史，但在 20 世纪之前，算法本身一直没有精确的定义。数学家面对希尔伯特的第 10 个问题束手无策。由于缺乏对算法本身的精确定义，要证明某个特定任务不存在算法就更不可能了。要想破解希尔伯特的第 10 个问题，人们不得不等待算法的精确定义出现。

直到 1936 年，曙光似乎出现了。图灵向伦敦的权威数学杂志递交了一篇题为《论数字计算在决断难题中的应用》的论文。该文最终于 1937 年正式发表，并立即引起了广泛关注。在论文中，图灵描述了一种可以辅助数学研究的机器，也就是后来被称为"图灵机"的抽象系统。与此同时，另外一位数学家阿隆佐·丘奇（Alonzo Church）也独立地提出了另外一套系统，即所谓的 Lambda 演算。图灵采用他的图灵机来定义算法，而丘奇则采用 Lambda 演算来定义算法，后来图灵证明这两个定义是等价的。由此，人们在算法的非形式概念和精确定义之间建立了联系，即算法的直觉概念等价于图灵机，这就是所谓的"丘奇－图灵"论题。

　　"丘奇-图灵"论题提出的算法定义是解决希尔伯特第 10 个问题所需的，而第 10 个问题的真正解决则直到 1970 年，借助于丘奇与图灵的杰出贡献，卡里·马提亚塞维齐（Yuri Matiyasevich）在马丁·戴维斯（Martin Davis）、希拉里·普特纳姆（Hilary Putnam）和朱莉娅·罗宾逊（Julia Robinson）等人工作的基础上，最终证明检查多项式是否有整数根的算法是不存在的。上述四人的名字也紧紧地同希尔伯特的第 10 个问题联系在了一起。破解希尔伯特的第 10 个问题的过程更像一场声势浩大又旷日持久的国际协作和学术接力。每个人的工作都必不可少，而且大家都感觉已经相当接近问题的最终答案。历史见证了马提亚塞维齐敏锐地接过最后一棒并完成终点冲刺的伟大一幕。更有意思的是，彼时正值美苏冷战最为紧张的时期，两个超级大国之间的正常学术交流几乎完全中断。但这或许就是科学无国界的一个重要体现，尽管国家层面上双方剑拔弩张，而科学家在私下仍然以一种惺惺相惜的默契方式彼此神交。特别是在得知苏联数学家完成了最终的证明时，美国同行都相当振奋和由衷地喜悦，这不得不说是学术界的一段佳话。

　　回顾建立算法形式化定义和破解希尔伯特第 10 个问题的那段风起云涌的历史，我们不得不由衷地感叹：算法对于我们的世界是多么重要。可以这样说，自计算机科学诞生之日起，关于算法的研究就一直是一个核心话题。现代计算机科学中充满了各种各样的算法，许多图灵奖得主也正是因提出的各种经典算法而闻名于世。例如，提出单源最短路径算法的艾兹格·迪科斯彻（Edsger Dijkstra）[①]、提出字符串匹配算法的唐纳德·E.克努特，中文名为高德纳（Donald E.Knuth）[②]、提出多源最短路径算法的罗伯特·弗洛伊德（Robert Floyd）[③]，以及提出快速排序算法的安东尼·霍尔（Antony Hoare）[④]等。其中，高德纳是最年轻的图灵奖得主这一纪录的保持者（获奖时年仅 36 岁），并以计算机算法设计与分析领域的经典巨著《计算机程序设计艺术》而广为人知。

　　作为导师，高德纳一生共指导过 28 位博士生，而本书作者之一的罗伯特·塞奇威克（Robert Sedgewick）便是其中之一。塞奇威克是普林斯顿大学计算机科学系的创立者暨首任系主任，还是著名的 Adobe 公司的董事。作为一位世界知名的计算机科学家，塞奇威克于 1997 年当选 ACM（Association for Computing Machinery，国际计算机学会）会士，并因从对称二叉树中导出了红黑树而享誉计算机界。

　　塞奇威克与费利佩·弗拉若莱（Philippe Flajolet）曾合作撰写过数本算法分析领域的著作，本书即为其中一部在全世界范围内广泛流传的经典之作。弗拉若莱是法国计算机科学家、法国科学院院士，被称为"分析组合学之父"。他与合作者共同提出的 Flajolet-Martin 算法更是当今互联网与大数据时代背景下，网站分析统计的重要基石。

　　然而，天妒英才，2011 年 3 月，弗拉若莱突然离世。悲痛万分的塞奇威克怀着对逝者的无限缅怀写了感人至深的悼词："弗拉若莱的离世意味着很多秘密再也无法揭开。但他给世人留下了很多追随他脚步的继承者，我们会继续追寻他的数学梦想。"在这样的背景下，塞奇威克以极大的热情投入工作，历经数百个日夜，终于在 2012 年 10 月将本书的第 2 版付梓。塞奇威克坚信弗拉若莱的精神会在后人的工作中得到永生，进而希冀本书的读者能够循着弗拉若莱的脚步，继续追求他的数学梦想。

　　本书全面系统地介绍了算法分析中需要使用的基本技术，所涉及的内容既有来自包括离散数学、初等实分析、组合数学等在内的经典数学课题，也有来自算法及数据结构等的计算机科学

---

① 1972 年图灵奖得主。

② 1974 年图灵奖得主。

③ 1978 年图灵奖得主。

④ 1980 年图灵奖得主。

课题，像递归、母函数、树、字符串、映射以及散列等算法分析话题均有讨论。可以说本书是一本研究算法分析的权威之作。

作为译者，我们希望自图灵以来的算法研究能够在更宽阔的范围内发扬光大，尤其希望中国的计算机科研人员能够从本书中找到启迪研究工作的智慧。同时，希望通过本书向神交已久的两位大师——塞奇威克和弗拉若莱送上最崇高的敬意。

最后，本书翻译工作的完成有赖于数位合作者的倾心付出，其中常青翻译了本书的第1至6章，左飞翻译了第8、9章，于佳平翻译了第7章。其他参与本书翻译和校对工作的人员还有李振坡、邵臣、叶剑、赵冰冰、贾啸天、钱文秀、丁星芸、李晓华、黄帅。自知论道须思量，几度无眠一文章。因时间和水平有限，纰漏与不足之处在所难免，译者恳切地期望广大同行及读者朋友不吝批评斧正。

序

　　分析算法可以给人带来两方面的快乐。其一，人们可以尽享优雅计算过程中所蕴含的让人沉醉的数学模式；其二，我们所学到的理论知识可以让自己更好更快地完成工作，这无疑是最实际的好处。

　　尽管数学模型只是对真实世界的一种理想化近似，但它对所有的科学活动而言都可谓是一剂灵丹妙药。在计算机科学中，数学模型往往可以精确地描述计算机程序所创造的世界，数学模型的重要性也因此大大增加了。我想，这也是为什么我在读研究生时会沉迷于算法分析，以至于这成为迄今为止我的主要工作。

　　但直到今天，算法分析在很大程度上还是局限在相关专业的研究生和科研人员的圈子里。算法分析的概念既不晦涩也不复杂，但确实比较新，所以相关概念的学习和使用都还需要一些时间才能成熟。

　　现在，经过 40 余年的发展，算法分析已经非常成熟，足以成为计算机专业标准课程中的一部分。塞奇威克和弗拉若莱写的这本众人翘首以盼的教科书也因此备受欢迎。塞奇威克和弗拉若莱不仅是算法分析领域的专家，也是算法分析的布道大师。我坚信，每一位细细品读这本书的计算机研究人员都会从中获益。

唐纳德·E.克努特（Donald E. Knuth）

前言

本书的主要目的是介绍算法的数学分析中涉及的主要技术，涵盖的内容来自经典的数学和计算机科学领域，包括来自数学领域的离散数学、初等实分析和组合数学，来自计算机科学领域的算法和数据结构等。本书的重点是平均情况或概率性分析，对最差情况或复杂性分析所需的基本数学工具也有所涉及。

我们假设读者对计算机科学和实分析的基本概念是比较熟悉的。简单来说，读者要能够编写程序和证明定理。除此之外，本书对读者没有其他要求。

本书主要用作高阶算法分析课程的教科书。书中涵盖了计算机专业学生所需离散数学的基本技术、组合学和重要离散结构的基本属性等内容，因此本书也可以用在计算机专业的离散数学课程中。通常此类课程所涵盖的内容都比较广泛，很多教师会用自己的方法来选取其中的一部分内容教给学生，因此本书还可以用于给数学和应用数学专业的学生介绍计算机科学中与算法和数据结构有关的基本原理。

关于算法的数学分析的论文非常多，但这个领域的学生和研究人员却很难学习到该领域中广泛使用的方法和模型。本书的目标就是解决这个问题，一方面要让读者知道这个领域所面临的挑战，另一方面要让读者有足够的背景支持来学习为应对这些挑战而正在开发的工具。我们列出了相关的参考资料，因此本书可以作为研究生算法分析入门课程的基础教材，也可以用作想学习该领域中相关资料的数学和计算机科学领域研究人员的参考资料。

准备工作

如读者有大学一二年级或与之同等的数学基础，学习过组合学和离散数学，以及实分析、数值方法和基本数论方面的课程，将有助于理解本书中的内容（有些内容跟本书是交叉的）。本书虽会涉及这些领域，但只会对必要的内容做介绍。我们会列出参考资料供想进一步学习的读者参考。

读者需要拥有一到两个学期大学水平的编程经验，包括了解基本数据结构。我们不会涉及编程和具体实现的问题，但算法和数据结构是我们的核心。同数学方面的基础知识一样，在本书中我们会简要介绍基本的信息，同时列出标准教材和知识来源供读者参考。

相关图书

与本书有关的图书包括唐纳德·E.克努特写的《计算机程序设计艺术》（*The Art of Computer Programming*），塞奇威克和韦恩（Wayne）写的《算法（第 4 版）》（*Algorithms, Fourth Edition*），科门（Cormen）、莱瑟森（Leiserson）、里维斯特（Rivest）和斯坦（Stein）写的《算法导论》（*Introduction to Algorithms*），以及我们自己写的《分析组合论》（*Analytic Combinatorics*）。本书可以作为这些书的补充材料。

从基本思路上来说，本书与唐纳德·E.克努特的书是最相似的。但本书的重点是算法分析中的数学技术，而唐纳德·E.克努特的那些书是内容更丰富的百科全书，其中算法的各种性质是主角,算法分析方法只是配角。本书可以作为学习唐纳德·E.克努特书中进阶内容的基础。本书还涵盖了唐纳德·E.克努特的书诞生之后在算法分析领域出现的新方法和新成果。

本书尽可能地涵盖各种重要、有趣的基础算法,例如,塞奇威克和韦恩的《算法(第4版)》中所介绍的那些算法。《算法》一书涵盖了经典的排序、搜索和用于处理图和字符串的算法,本书的重点是介绍用于预测算法性能和比较算法性能优劣的数学知识。

科门(Cormen)、莱瑟森(Leiserson)、里维斯特(Rivest)和斯坦(Stein)合著的《算法导论》是算法方面的标准教材,其中提供了关于算法设计的各种资料。《算法导论》一书(及相关的资料)关注的是算法设计和理论,大部分是基于最差性能边界的。而本书关注的则是算法分析,尤其是各种科学研究(而不是理论研究)所需的技术。第1章就是为此做铺垫的。

本书还会介绍分析组合学,它可以让读者开阔视野,也有助于开发用于新研究的高级方法和模型,而且不局限于算法分析,它还可以用于组合学和更广泛的科学应用。那一部分对读者的数学水平要求更高一些,差不多需要本科高年级学生或研究生一年级学生的水平。当然,仔细阅读本书也有助于读者学习相关的数学知识。我们的目标是尽可能让读者感兴趣,有动力进行更深入的学习。

如何使用这本书

本书读者在数学和计算机科学方面的知识储备肯定是不一样的。所以,读者要注意本书的结构:全书共9章,第1章是导论,介绍算法分析,第2~5章介绍数学方法,最后的4章是组合结构及其在算法分析中的应用。具体如下:

导论
第1章　算法分析
数学方法
第2章　递归关系
第3章　母函数
第4章　渐近逼近
第5章　分析组合
组合结构及其在算法分析中的应用
第6章　树
第7章　排列
第8章　字符串与字典树
第9章　单词与映射

第1章介绍全书的主要内容,帮助读者理解本书的基本目标以及其余各章的目的。第2~4章涵盖了离散数学中的方法,重点是基本概念和技术。第5章是一个转折点,其中涵盖了分析组合学的内容。计算机和计算模型的出现带来了很多新问题,这些问题往往涉及大型的离散结构。分析组合学就是研究这些离散结构以解决新出现的问题。第6~9章则回到了计算机科学,内容涵盖了各种组合结构的属性、它们与基本算法的关系以及分析结果。

我们试图让本书是自包含的,本书的组织结构可以让教师很方便地根据学生和教师自己的背景及经验选取要重点讲解的部分。一种比较偏数学的教学方案是重点讲解本书第2~5章的理论和证明,然后过渡到第6~9章的相关应用。另一种比较偏计算机科学的方案是简要介绍第2~5章的数学工具,将重点放在第6~9章与算法有关的内容上。但我们的根本目标还是要让绝大部分的学生能通过本书学习到数学和计算机科学的新知识。

　　本书还罗列了很多参考资料以及数百个习题，鼓励读者去研究原始材料，以便更深入地研究本书中的内容。根据我们的教学经验，教师可以通过计算实验室和家庭作业，灵活地组织授课和阅读材料。本书的内容为学生深入学习诸如 Mathematica、Maple 或 Sage 之类的符号计算系统提供了一个很好的框架。更重要的是，对学生而言，通过比较数学研究结果和实际测试结果得出的结论是有重要价值的，不可忽略。

配套网站

　　本书的一个重要特点就是拥有配套的网站 aofa.cs.princeton.edu。这个网站是免费的，提供了很多关于算法分析的补充材料，包括课件和相关网站的链接，其中有一些关于算法和分析组合学的网站。这些材料对讲授这些内容的教师和自学者都很有帮助。

致谢

　　我们非常感谢普林斯顿大学、INRIA 和 NSF（美国国家科学基金会），它们是我们这本书的主要资助者。其他的资助来自布朗大学、欧洲共同体（Alcom 项目）、美国国防分析研究院、法国研究与技术部、斯坦福大学、布鲁塞尔自由大学和施乐帕克研究中心。本书历时多年才得以付梓，在此不可能一一列出为本书提供支持和帮助的人和机构，我们对此深表歉意。

　　正如书中所说，唐纳德·E.克努特对本书有重要的影响。

　　过去几年，在普林斯顿、巴黎和普罗维登斯听过我们讲课的学生们为本书提供了宝贵的反馈意见。全世界各地的学生和教师也为本书的第 1 版提出了很多好建议。在此特别感谢菲利普·杜马斯（Philippe Dumas）、摩德凯·戈林（Mordecai Golin）、赫尔穆特·普罗丁格（Helmut Prodinger）、米歇尔·索里亚（Michele Soria）、马克·丹尼尔·沃德（Mark Daniel Ward）和马克·威尔逊（Mark Wilson）的帮助。

弗利佩·弗拉若莱和罗伯特·塞奇威克　1995 年 9 月于科孚岛

罗伯特·塞奇威克　2012 年 12 月于巴黎

第 2 版声明

2011 年 3 月，我和我的妻子琳达（Linda）去了一个美丽而遥远的地方旅行，因此有几天没上网。当我找到机会处理邮件时，却得到一个让人震惊的消息：我的挚友和同事弗拉若莱突然去世了。由于无法及时赶到巴黎参加葬礼，我和琳达为我们的好朋友写了悼词，在此分享给本书的读者，让我们一起缅怀我们的这位朋友。

悲痛万分，我在一个遥远的地方缅怀我长期以来的好友和同事弗利佩·弗拉若莱。很遗憾不能亲自参加葬礼，但我坚信，将来一定有很多机会来缅怀弗拉若莱，希望到时我能参与。

弗拉若莱才华横溢、匠心独运、求知若渴、不知疲倦，同时慷慨大方、乐善好施，他的生活方式深深地感染了我。他改变了很多人的生活，包括我自己的。随着我们的诸多研究论文变成综述，进而发展成若干篇章、第一本书、第二本书，最终写书成为我们一生的工作——在跟弗拉若莱携手同行时，我与全世界很多学生和合作者都感受到了弗拉若莱的真诚和友好。我们曾在全世界各个地方的咖啡馆、酒吧、午餐室或客厅里一起工作。无论在何处，弗拉若莱的工作方式始终不变。我们会先聊聊某个朋友的趣事，然后开始工作。一个眼神的交流，真诚的笑声，抽两根烟，喝两口啤酒，咬两口牛排，吃点薯条，然后听到一声"好……"，我们就这样解决一个又一个问题，证明一条又一条定理。对很多与他合作过的人而言，这些时刻都铭记心中。

这个世界又少了一个聪明、高效的数学家。弗拉若莱的离世意味着很多秘密再也无法揭开。但他给世人留下了很多追随他脚步的继承者，我们会继续追寻他的数学梦想。我们会在会议上为他举杯，我们会以他的研究成果为基础继续前进，我们的论文会加上一句铭文——"谨以此纪念弗利佩·弗拉若莱"，我们会将此一代代传承下去。亲爱的朋友，我们非常想念你，我坚信，你的精神会在我们的工作中得到永生。

我和弗拉若莱合著的《算法分析导论》一书的第 2 版就是这样完成的。谨以此书纪念弗拉若莱，也希望更多的人通过这本书继续追寻弗拉若莱的数学梦想。

罗伯特·塞奇威克于罗得岛州詹姆斯敦

注释

$\lfloor x \rfloor$　向下取整函数，或直接称为 floor 函数
　　　不大于 x 的最大整数

$\lceil x \rceil$　向上取整函数，或直接称为 ceiling 函数
　　　不小于 x 的最小整数

$\{x\}$　小数部分
　　　$x - \lfloor x \rfloor$

$\mathrm{lb}N$　以 2 为底的对数
　　　$\log_2 N$

$\ln N$　自然对数
　　　$\log_e N$

$\dbinom{n}{k}$　二项式系数

　　　从 n 件物品中，不分先后地选取 k 件的方法总数

$\begin{bmatrix} n \\ k \end{bmatrix}$　第一类 Stirling 数

　　　拥有 k 个环的 n 个元素的排列数

$\begin{Bmatrix} n \\ k \end{Bmatrix}$　第二类 Stirling 数

　　　把 n 个元素分成 k 个非空子集的方法数

ϕ　黄金比例
　　　$(1 + \sqrt{5})/2 = 1.61803\cdots$

γ　欧拉常数
　　　$0.57721\cdots$

σ　Stirling 常数
　　　$\sqrt{2\pi} = 2.50662\cdots$

资源与支持

本书由异步社区出品，社区（https://www.epubit.com/）为您提供后续服务。

提交错误信息

作者和编辑尽最大努力来确保书中内容的准确性，但难免会存在疏漏。欢迎您将发现的问题反馈给我们，帮助我们提升图书的质量。

当您发现错误时，请登录异步社区（https://www.epubit.com），按书名搜索，进入本书页面，单击"发表勘误"，输入错误信息，单击"提交勘误"按钮即可（见下图）。本书的作者和编辑会对您提交的错误信息进行审核，确认并接受后，您将获赠异步社区的 100 积分。积分可用于在异步社区兑换优惠券、样书或奖品。

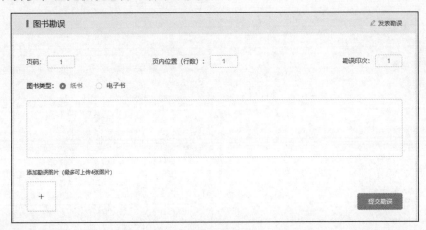

与我们联系

我们的联系邮箱是 contact@epubit.com.cn。

如果您对本书有任何疑问或建议，请您发邮件给我们，并请在邮件标题中注明本书书名，以便我们更高效地做出反馈。

如果您有兴趣出版图书、录制教学视频，或者参与图书翻译、技术审校等工作，可以发邮件给我们。

如果您所在的学校、培训机构或企业想批量购买本书或异步社区出版的其他图书，也可以发邮件给我们。

如果您在网上发现有针对异步社区出品图书的各种形式的盗版行为，包括对图书全部或部分内容的非授权传播，请您将怀疑有侵权行为的链接通过邮件发送给我们。您的这一举动是对作者权益的保护，也是我们持续为您提供有价值的内容的动力之源。

关于异步社区和异步图书

　　"异步社区" 是由人民邮电出版社创办的 IT 专业图书社区,于 2015 年 8 月上线运营,致力于优质内容的出版和分享,为读者提供高品质的学习内容,为作译者提供专业的出版服务,实现作者与读者在线交流互动,以及传统出版与数字出版的融合发展。

　　"异步图书" 是异步社区策划出版的精品 IT 图书的品牌,依托于人民邮电出版社在计算机图书领域 40 余年的发展与积淀。

目录

第 1 章　算法分析

从一般性的复杂研究到特定的分析结果，对计算机算法性质的数学研究已经得到广泛应用。在本章，我们的目标是：为读者提供学习不同算法方法的视角，将我们研究的领域置于相关领域之中，并为本书的剩余部分做铺垫。为此，我们阐述了一个基础且具有代表性的问题领域概念，即排序算法的研究。

首先，我们需要思考进行算法分析的一般动机。为什么要分析一个算法？这样做有什么好处？怎样简化这个过程？然后，我们讨论算法理论，并以归并排序（Mergesort 算法）作为示例，它是一种"最优"排序算法。接下来，我们以快速排序（Quicksort 算法）为例，看看算法分析包含哪些方面的内容。这包括对基本快速排序算法的各种改进性研究，并通过一些示例说明算法如何帮助调整参数以提高性能。

这些示例反映了对离散数学某些领域背景的明确需要。第 2 章到第 4 章介绍了递归、母函数和渐近，这些是算法分析所需的基本数学概念。第 5 章介绍了符号化方法（symbolic method），这是一个将本书大部分内容联系在一起的标准化方法。第 6 章到第 9 章研究基本算法和数据结构的基本组合学特性。因为计算机科学应用的基本方法和经典数学分析之间有密切联系，所以本书同时参考了这两个领域的介绍资料。

1.1　为什么要做算法分析

依据不同的参考标准，"为什么要做算法分析"这个问题有几种答案。参考标准主要有：算法的潜在应用、算法在理论与实践方面与其他算法关联的重要性、分析的难度以及所需结果的精度和准确度。

进行算法分析最直接的原因是发现算法的特点，以便评估其对各种应用的适用性；或者与同一应用的其他算法做比较。通常，我们感兴趣的是时间和空间资源，尤其是时间。简单来说，我们想知道在特定的计算机上，某一算法运行完毕究竟需要多长时间和多大空间。我们尽量使分析的结果独立于特定的运行条件——尽可能得到能够反映算法基本特点的结果，因为这样的结果可用于精确估计各种物理机器的真实资源需求量。

在实际操作中，保证算法与运行条件之间的独立性可能非常困难。因为执行的质量、编译器的性质、机器的结构以及运行环境等对算法的性能有着显著影响。为了确保分析结果是有价值的，我们必须了解这些影响因素。从另一方面来讲，在某些情况下，进行算法分析有利于该算法充分利用编程环境。

除去时间和空间资源，有时一些其他的特性也具有价值，那么分析的重点也会相应改变。例如，通过研究移动设备上的算法，可以确定其对电池寿命的影响；或者通过对数值问题算法的研究来确定所提供答案的准确度。此外，在分析中着眼于多种资源有时是正确的做法。例如，一个占用了大量内存的算法可能比占用少量内存的算法的运行时间少得多。事实上，如此仔细地进行算法分析的主要目的是：在这种情况下，为做出恰当的决策提供准确信息。

算法分析这个术语用来描述两种截然不同的通用方法，其将对计算机程序性能的研究建立在科学的基础上。下面，我们分别考虑这两种方法。

　　首先来看第一种方法，其推广者有 Aho、Hopcroft 和 Ullman[2]，还有 Cormen、Leiserson、Rivest 和 Stein[6]。该方法能够确定某一算法最劣情况下性能的增长量（"上限"）。用这种方法进行分析的主要目的是确定哪种算法的性能最佳，因为对于相同的问题，匹配下限能够证明任何算法的最坏情况的性能。我们将这种类型的分析称为算法理论（theory of algorithms）。这是计算复杂度的一种特殊情况，是问题、算法、语言和机器之间关系的一般性研究。算法理论的出现开启了设计时代，并由此针对众多关键问题开发了许多能够不断改善最坏情况性能界限的新算法。然而，为了实现这种算法的实际效用，还需要进行更加详细的分析，也许会用到本书中描述的工具。

　　接下来我们讨论算法分析的第二种方法，该方法的推广者是 Knuth[17][18][19][20][22]。该方法能够精确表征算法在最优情况、最坏情况和平均情况下的性能，此方法中运用了一种在必要时结果的准确度能够不断提升的算法。用这种方法进行分析的主要目的是：当某一算法运行在特定计算机上时，能够精确地预测该算法的性能特点，以便预测资源利用率、参数设置和比较算法。这种类型的分析方法叫作科学（scientific）：通过构建数学模型来描述现实中算法实现的性能，然后利用这些模型进一步延伸已通过实验验证的假设。

　　我们可以将这两种方法视为算法设计和分析的必要步骤。当面对一个解决新问题的新算法时，我们会对这样的粗略想法感兴趣：新算法的预期表现可能如何，针对同一问题，与其他算法相比可能如何，甚至新算法有无可能是最好的。算法理论可以实现这一点。然而，在这样的分析中通常达不到足够精准。因为算法分析提供的帮助预测具体实现性能或者将两个算法进行正确比较的特定信息很少。正如我们所见，为了能够达到这样的效果，需要关于实现过程的细节、要使用的计算机以及由算法控制的结构的数学属性。算法理论可能被视为发展中更为精细、更为准确的分析过程的第一步；我们更倾向于使用算法分析这个术语来指代整个过程，其目的是提供尽可能准确的答案。

　　算法分析能够帮助我们更深入地理解算法，还能提供明智的改进思路。算法越复杂，分析就越困难。但是，经过算法分析，算法往往变得更简单、更精致。更重要的是，正确分析所要求的细致检查，通常使得算法能在特定计算机上更好、更有效地"实现"。分析要求对算法理解得更全面，这种理解比只是得到能够正常运行的实现方法更加深刻而全面。实际上，当分析结果和实验研究结论一致时，就能确信算法的有效性及分析过程的正确性。

　　有些算法是值得分析的，因为这些分析能够充实现有的数学工具。这些算法虽然可能只有有限的实际价值，但由于可能与存在实际价值的算法具有相似的属性，理解这样的算法就可能有助于以后理解更重要的算法。其他算法（有些具有很高的实际价值，有些只有很少或者没有实际价值）具备复杂的性能结构，这些结构具有独立的数学意义。动态元素通过算法分析引发的组合性问题带来了既具挑战性又有趣味的数学问题，这些数学问题扩展了经典组合学的范围，有助于揭示计算机程序的特性。

　　为了更清楚地表达这些思想，接下来我们首先从算法理论的角度出发，然后依循本书展开的科学观点，仔细分析一些经典结果。作为一个证明不同观点的示例，我们研究排序算法（sorting algorithms），它按照数字顺序、字母顺序或其他顺序重新排列列表。排序是一个重要的实际问题，这个问题现在仍然被广泛研究，因为它在许多应用中起到核心作用。

1.2　算法理论

　　算法理论的主要目的是根据算法的性能特点对其进行分类。为了方便讨论，相关概念用数学符号表示如下。

定义：给定函数 $f(N)$，则

$O(f(N))$ 表示所有 $g(N)$ 的集合，当 $N \to \infty$ 时，$|g(N)/f(N)|$ 有上界。

$\Omega(f(N))$ 表示所有 $g(N)$ 的集合，当 $N \to \infty$ 时，$|g(N)/f(N)|$ 以一个（严格的）正数作为下界。

$\Theta(f(N))$ 表示所有 $g(N)$ 的集合，当 $N \to \infty$ 时，$|g(N)/f(N)|$ 既有上界，又有下界。

这些符号改编自经典分析，1976 年 Knuth 撰写的一篇论文[21]提倡将它用于算法分析。在算法性能界限的数学表述方面，这些符号已经被广泛使用。符号 O 表示上界；符号 Ω 表示下界；符号 Θ 表示同时有上界和下界。

在数学中，符号 O 最常见的用法是表示渐近近似的相关内容。我们将在第 4 章讨论这种用法。在算法理论中，符号 O 通常用于三种目的：一是隐藏可能无关紧要或计算不便的常量；二是在描述算法运行时间的表达式中表示相对较小的"错误"项；三是限制最坏情况。如今，符号 Ω 和符号 Θ 直接与算法理论相关，不过类似的符号在数学中也有使用（见参考资料[21]）。

由于忽略了常数因素，对使用这些符号的数学结果进行推导，比寻求更精确的答案要简单。例如，自然对数 $\ln N \equiv \log_e N$ 和二进制对数 $\lg N \equiv \log_2 N$ 经常出现，且由一个常数因素相关联，所以如果不要求高精确度，可以把这两个对数都用 $O(\log N)$ 表示。更重要的是，如果只对基本操作执行频率进行分析，我们可以说，算法的运行时间是 $\Theta(N \log N)$ 秒；并且，如果不需要计算出常数的精确值，则可以假设在指定的计算机上，每个操作需要恒定的时间。

习题 1.1 证明 $f(N) = M \lg N + O(N)$ 与 $f(N) = \Theta(N \log N)$ 相等。

作为运用这些符号来研究算法性能特点的例证，我们考虑一下对数组中的数字进行排序。输入是数组中的数，这些数以任意未知的顺序排列；输出是该数组中相同的数，但按照升序排列。这是一个值得深入研究的基本问题：我们先来考虑解决这个问题的算法，然后在技术意义上，证明该算法是"最优"的。

首先，要证明著名的递归算法，即 Mergesort，这样能够有效地解决排序问题。Mergesort 和本书中几乎所有的算法都由 Sedgewick 和 Wayne 在参考资料[30]中进行了详细论述，所以在这里只给出简单的介绍。对各种算法、实现和应用的进一步细节有兴趣的读者，可以参考资料[6]、[11]、[17]、[18]、[19]、[20]、[26]以及其他资料。

Mergesort 把数组从中间分开，对两部分（递归地）排序，然后把排好顺序的两部分合并在一起，得到排序的结果，如 Java 程序 1.1 实现的这一功能。Mergesort 是著名的分治（divide-and-conquer）算法设计范例的典型代表，这类算法先（递归）解决难度较小的子问题，然后用子问题的结果来解决初始问题。我们将在本书中分析一些这样的算法，诸如 Mergesort 算法这样的递归结构，通过分析会很快得到其性能特点的数学表达。

为了完成合并，程序 1.1 使用了两个辅助数组 b 和 c 来保存子序列（为了提高效率，最好在递归方法之外声明这些数组）。通过 mergesort(0,N-1) 调用这一方法对数组 a[0...N-1] 进行排序。调用递归算法之后，数组的两部分完成排序。再把 a[ ] 的前半部分复制到辅助数组 b[ ]，把 a[ ] 的后半部分复制到辅助数组 c[ ]。我们增设一个"警戒标记"INFTY，它比每个辅助数组末尾的所有元素都大。当一个辅助数组已经没有元素时，"警戒标记"INFTY 能够帮助另一个辅助数组将剩下的部分转移到数组 a。在这些准备条件下很容易完成合并：k 每取一次新的值，就把 b[i] 和 c[j] 中较小的那个元素移动到 a[k]，然后相应地增加 k、i 或者 j。

程序 1.1 Mergesort

```
private void mergesort(int[] a, int lo, int hi)
{
   if (hi <= lo) return;
   int mid = lo + (hi - lo) / 2;
   mergesort(a, lo, mid);
   mergesort(a, mid + 1, hi);
   for (int k = lo; k <= mid; k++)
      b[k-lo] = a[k];
   for (int k = mid+1; k <= hi; k++)
      c[k-mid-1] = a[k];
   b[mid-lo+1] = INFTY; c[hi - mid] = INFTY;
   int i = 0, j = 0;
   for (int k = lo; k <= hi; k++)
      if (c[j] < b[i]) a[k] = c[j++];
      else             a[k] = b[i++];
}
```

习题 1.2 在某些条件下，定义"警戒标记"值可能不方便或不切实际。实现一个不用定义"警戒标记"值的 Mergesort（见参考资料[26]中介绍的各种方法）。

习题 1.3 实现一种 Mergesort，将数组分成三个相等的部分，先对这三部分排序，然后进行三向合并。将这一 Mergesort 的运行时间与标准 Mergesort 进行比较。

在当前情况下，Mergesort 是重要的方法，因为它能保证与任何排序算法一样有效率。为使这个结论更加精确，我们首先分析 Mergesort 运行时间的主导因素，即所用的比较次数。

定理 1.1（Mergesort 比较）   如果对包含 N 个元素的数组进行排序，则 Mergesort 需要使用 $N\lg N + O(N)$ 次比较。

证明：若 C_N 为程序 1.1 排列 N 个元素所需的比较次数，那么排列前半部分元素的比较次数是 $C_{\lfloor N/2 \rfloor}$，合并的比较次数是 N（当下标 k 每取一次新的数值都有一次比较）。换言之，Mergesort 的比较次数可由下面的递归关系准确表示

$$C_N = C_{\lfloor N/2 \rfloor} + C_{\lceil N/2 \rceil} + N \quad (N \geq 2,\ C_1 = 0) \tag{1}$$

为得到这个递归关系的解的性质，我们考虑当 N 是 2 的幂时的情况

$$C_{2^n} = 2C_{2^{n-1}} + 2^n \quad (n \geq 1,\ C_1 = 0)$$

将方程的两边除以 2^n，我们发现

$$\frac{C_{2^n}}{2^n} = \frac{C_{2^{n-1}}}{2^{n-1}} + 1 = \frac{C_{2^{n-2}}}{2^{n-2}} + 2 = \frac{C_{2^{n-3}}}{2^{n-3}} + 3 = \ldots = \frac{C_{2^0}}{2^0} + n = n$$

这证明了，当 $N=2^n$ 时，$C_N = N\lg N$；对于 N 的一般情况，定理可由式（1）归纳证明。实际上，准确结果是相当复杂的，它取决于 N 的二进制表示的性质。在第 2 章，我们将详细讨论如何求解这样的递归关系。

习题 1.4 求能够表示 $C_{N+1} - C_N$ 的递归关系，并利用这一关系证明

$$C_N = \sum_{1 \leq k < N} (\lfloor \lg k \rfloor + 2)$$

习题 1.5 证明 $C_N = N\lceil \lg N \rceil + N - 2^{\lceil \lg N \rceil}$。

习题 1.6 分析习题 1.2 中提到的三向 Mergesort 所使用的比较次数。

对于大多数计算机而言，程序 1.1 所用的基本操作的相对开销与常数因子相关，因为这些操作均为一个基本指令周期的整数倍。此外，程序的整体运行时间在比较次数的常数倍范围内。

因此，我们可以合理假设：Mergesort 算法的运行时间在 $N\lg N$ 的常数倍范围内。

从理论上讲，Mergesort 表明 $M\log N$ 是排序问题固有性难点的"上界"。

> *存在一种算法，能够以与 $N\lg N$ 成正比的时间，将任意 N-元素文件排序。*

充分证明这一结论需要根据相关操作和所用的时间，谨慎构建所需的计算机模型，但其结果却是在相对宽松的假设下得出的。我们说，"排序的时间复杂度是 $O(N\log N)$"。

习题 1.7 假设 Mergesort 的运行时间是 $cN\lg N+dN$，其中 c 和 d 是与机器相关的常数。证明：如果我们在特定的计算机上运行这个程序，并观察到对应某一值 N 的运行时间是 t_N，那么对于 $2N$，我们可以精确估计运行时间是 $2t_N(1+1/\lg N)$，此结果与机器因素无关。

习题 1.8 在一台或多台计算机上实现 Mergesort，观察 $N=1,000,000$ 时的运行时间，并根据前面的习题预测 $N=10,000,000$ 时的运行时间。然后观察 $N=10,000,000$ 时的运行时间，并计算预测的准确度百分比。

这里实现 Mergesort 的运行时间仅仅取决于用于排序的数组中的元素个数，而不是它们的排列方式。对于许多其他排序算法而言，其运行时间是输入序列初始顺序的函数，因此运行时间会因为初始顺序的不同而产生很大的变化。一般来讲，在算法理论中，我们更关注最坏情况的性能，因为这可以体现算法的性能特点，而不再受输入的影响；在特定算法的分析中，我们最关注平均情况的性能，因为它能够提供一种方法来预测"典型"输入的算法性能。

我们总是寻求更好的算法，那么自然而然会出现一个问题：是否存在一种排序算法，它比 Mergesort 具有更好的渐近性能？下面源于算法理论的经典结果说明，本质上不存在这样的算法。

定理 1.2（排序复杂度） 对于某些输入，任何基于比较的排序至少要进行 $\lceil \lg N! \rceil > N\lg N - N/(\ln 2)$ 次比较。

证明：这个结论的完整证明在参考资料[30]和[19]中。直观地看，每次比较最多能将所考虑元素的可能排列数量减少一半，根据这一事实我们可以推出结果。由于排序之前有 $N!$ 种可能的排列方式，而目标是排序后仅得到其中一种排序，将 $N!$ 一直除以 2 直至结果小于统一的数值，则比较的次数必定至少为进行除法计算的次数，即 $\lceil \lg N! \rceil$。根据 Stirling 的渐近阶乘函数能够得出该定理的结论（见定理 4.3 的第 2 个推论）。

从理论角度出发，结果表明 $M\log N$ 是排序问题固有性难点的"下界"。

> *如果将一个 N-元素的输入文件排序，那么所有基于比较的排序算法所需时间都与 $N\lg N$ 成正比。*

这是关于一整类算法的一般说明。我们将其概括为"排序的时间复杂度是 $\Omega(N\log N)$"。这个下界很重要，因为它与定理 1.1 的上界相匹配，进而表明没有算法比 Mergesort 具有更好的渐近运行时间，在此意义上，Mergesort 是最优的。我们将其概括为"排序的时间复杂度是 $\Theta(N\log N)$"。从理论角度出发，这完成了排序"问题"的"解"：已证明上界和下界是匹配的。

再次指出，这些结论在一般的假设下是成立的，尽管它们或许不像看起来那样普通。例如，结论没有提及不基于比较的排序算法。事实上，存在基于指数计算技术的排序算法（如第 9 章讨论的算法），这些算法以平均线性时间运行。

习题 1.9 假设已知两个不同的值，N-元素数组任意元素的取值是这两个不同值之一。设计一个排序算法，使其所需时间与 N 成正比。

习题 1.10 当从三个不同值中取值时，给出习题 1.9 的答案。

在定理 1.1 和定理 1.2 的证明中，我们忽略了许多关于计算机和程序正确建模的细节。算法理论的本质是构建完善的模型，可以据此评估重要问题的固有性难点，还可以研究"有效"算法，这些算法体现了匹配相应下界的上界。对于许多重要问题范畴，在渐近最坏情况性能方面，下界和上界之间仍然存在明显差距。算法理论为研究解决这类问题的新算法提供了指导。我们需要能够降低已知上界的算法，但是寻找比已知下界性能更好的算法往往难以实现（寻找那种破坏模型条件的算法或许可行，然而下界却建立在模型条件的基础之上）。

因此算法理论提供了一种方法，能够根据算法的渐近性能将算法分类。然而，（在一个常数内）近似分析的过程经常限制我们准确预测任何特定算法性能特点的能力，尽管近似分析的确拓展了理论结果的适用性。更重要的是，算法理论通常基于最坏情况分析，这样的结果可能过于悲观，而且在预测实际性能方面最劣情况分析不如平均情况分析那样实用。这对 Mergesort 之类的算法（其运行时间与输入关系不大）是无关紧要的，但正如我们所看到的那样，平均情况分析有助于我们认识到：有时非最优算法在实际操作中更快一些。算法原理可以帮助我们鉴别优秀的算法，但是为了更好地比较和改进算法，我们有必要完善分析。要做到这一点，我们需要关于所用特定计算机性能特点的准确知识，以及精准确定基本操作执行频率的数学技术。在本书中我们会研究这样的技术。

1.3　算法分析概述

虽然在 1.2 节中我们对排序和 Mergesort 的分析证实了排序问题的固有性难点，但仍然尚未涉及与排序（和 Mergesort）相关的许多重要问题。在特定计算机上运行 Mergesort 算法的实现方法，预计可能需要多长时间？如何将其运行时间与其他运行时间为 $O(N\mathrm{Log}N)$ 的算法（这样的算法有很多）相比较？某些排序算法在平均情况下运行速度很快，但在最劣情况下可能没那么快，如何将其与这样的算法做比较？如何将其与不基于元素间比较的排序算法做对比？要回答这样的问题，则需要更细致的分析。本节我们简要描述进行这样分析的过程。

为了分析算法，首先我们必须明确最具价值的重要资源，以便能够正确而集中地进行细致分析。我们从研究运行时间的角度来描述分析过程，因为运行时间在此处是与之最相关的资源。一个算法所需运行时间的完整分析包括以下步骤。

- 完整地实现算法。
- 确定每个基本操作所需的时间。
- 识别能够用于描述基本操作执行频率的未知量。
- 为程序的输入建立一个实际模型。
- 假设输入模型已经建立，分析其中的未知量。
- 将每个操作的频率乘以操作的时间，然后把所有的乘积相加，计算出总的运行时间。

分析的第一步是为了在特定计算机上严谨地实现算法。如果我们用术语程序（program）一词来描述这样的实现，那么可以说一种算法与多个程序相对应。一个特定的实现不仅能提供具体的研究对象，还能提供有用的经验数据以帮助或检验分析。算法的实现应该设计得能够有效利用资源，而在设计的过程中不应该过早过分地强调效率。事实上，分析主要是为更好地提供知识方面的指导。

下一步是估计构成程序的每个指令所需的时间。在实际操作中，我们可以非常精确地完成这个过程，但这个过程很大程度上取决于所用机器的系统特性。另一种方法是对少量的输入直接运行程序来"估计"常量的值，或者像习题 1.7 描述的那样，总体上间接地进行。本书中我们没有详细研究这个过程，而是集中关注分析中"与机器无关"的部分。

事实上，为了确定程序的总体运行时间，必须研究程序的分支结构，以便用未知数学量表示程序构成指令的执行频率。如果这些量的值是已知的，那么我们可以直接将每个程序构成指令的所需时间乘以频率，然后把这些乘积相加，进而得到整个程序的运行时间。许多编程环境有简化这项工作的工具。在分析的第一阶段，我们关注具有大频率值或对应开销较高的量；原则上来讲，分析能通过精简得到足够详尽的答案。当环境允许时，我们经常把算法的"开销"作为"所讨论的量的值"的简称。

下一步是为程序的输入建模，也是为指令频率的数学分析打下基础。未知频率值取决于算法的输入：输入的大小（我们通常称之为 N）往往是表示结果的重要参数，但输入数据的顺序或输入数据值通常也影响运行时间。这里的"模型"是指对算法典型输入的准确描述。例如，对排序算法来说，比较方便的做法通常是假设输入数据随机排序且互异，尽管当输入数据非互异时程序也能正常运行。排序算法的另一种可能是假设输入取自范围相对较大的随机数。我们能够证明这两种模型几乎是等价的。大多数情况下，我们使用最简单的"随机"输入模型，因为这种模型通常更切合实际。几种不同模型也可以用于同一算法：一种模型的选用可能使分析变得尽可能简单，而另一种模型可能会更好地反映即将运行的程序的实际情况。

最后一步是假设输入模型已经建立，要分析其中的未知量。对于平均情况分析，我们逐个分析这些量，然后用指令次数乘以相应的平均值，并把乘积相加，进而得到整个程序的运行时间。对于最坏情况分析，得到整个程序的准确结果往往是很困难的，所以我们只能通过将指令次数乘以每个量的最坏情况值，然后把结果相加得到上界。

在许多情况下，这种场景可以成功地提供准确的模型。Knuth 的著作——参考资料[17]、[18]、[19]、[20]正是基于这一概念。不幸的是，如此精细的分析所涉及的细节常常令人望而生畏。因此，我们通常寻找能够使用的近似（approximate）模型来估计开销。

使用近似模型的第一个原因是：在现代计算机具有复杂体系结构和操作系统的条件下，确定所有独立操作的开销细节几乎是无法实现的。因此，我们通常在程序的"内部循环"中只研究很少的一些量，推测仅通过分析这些量就能准确地估计成本。有经验的程序员通过定期"验证"相关实现来确定"瓶颈"，这是确定此类量的系统方法。例如，我们往往仅通过记录比较次数来分析基于比较的排序算法，这种方法存在机器无关（machine independent）的严重副作用。通过仔细分析比较算法使用的比较次数，我们能够预测许多不同计算机的性能。相关假设很容易通过实验验证，从原则上来讲，我们可以在适当的情况下完善它们。例如，我们可以改进基于比较的排序模型，使之包含数据移动，而这可能又需要考虑缓存的影响。

习题 1.11 在两台不同的计算机上运行实验来验证这样一个假设，即随着问题大小的增加，Mergesort 的运行时间除以它使用的比较次数，其结果趋近于一个常数。

近似对数学模型同样有效。使用近似模型的第二个原因是：避免我们推导的用于描述算法性能的数学公式中存在不必要的复杂性。以此为目的研究经典近似方法是本书的重要内容，我们将提供很多例子。除此之外，现代研究对算法分析的一个主要推动来自研究基础数学分析的方法。准确地说，这些方法可以用于准确地预测性能和比较算法，而且从原则上来讲，我们还可以对其进行改进以达到手头应用所需的精度。这些技术主要涉及复杂的分析，参考资料[10]中充分介绍了相关内容。

1.4 平均情况分析

在本书中，我们讨论的数学技术不仅适用于解决与算法性能相关的问题，还适用于构建从基因组学到统计物理学等各种科学应用的数学模型。因此，我们经常考虑广泛适用的结构和技术。然而，我们的主要目的是研究所需要的数学工具，以便能够在实际应用中对重要算法的资源使用做出准确的说明。

我们专注于分析算法的平均情况（average-case）：我们设计一个合理的输入模型，分析一个程序的预期运行时间，程序的输入从这个模型中提取。该方法之所以有效，是因为以下两个主要原因。

平均情况分析在现代应用中重要而有效的第一个原因是，随机性的简单模型通常是非常准确的。以下是排序应用的几个代表性示例。

- 排序是密码分析（cryptanalysis）的一个基本过程，密文已经在很大程度上使数据与随机数据不可区分。
- 商业数据处理（commercial data processing）系统通常需要排序巨大的文件，其中密钥往往是账号或其他标识号，这些号码利用适当范围内的均匀随机数进行良好建模。
- 计算机网络（computer networks）的实现依赖于再次涉及被随机数模型化的密钥的种类。
- 排序广泛应用于计算生物学（computational biology），其中与随机性的显著偏差由科学家进一步研究，以试图了解基本的生物和物理过程。

如这些示例所示，简单的随机模型很有效，不仅能用于分类应用，也可在实践中广泛用于各种基础算法。一般来说，当人们创建大型数据集时，这些数据集通常是基于随机模型任意构建的。随机模型在处理科学数据方面经常也是有效的。爱因斯坦曾反复劝告我们——在这种情况下"上帝不玩色子"，意思是：随机模型是有效的，因为如果发现与随机性相比有明显偏差，我们就已经学到了一些有关自然界的重要东西。

平均情况分析在现代应用中重要而有效的第二个原因是，我们经常可以将随机性赋予一个问题实例，使其对于算法（和分析者）来说，看起来是随机的。这是设计具有可预测性算法的有效方法，也称其为随机算法（randomized algorithms）。M.O. Rabin [25]是该算法的最初提出者之一，此后，许多其他研究人员发展了该算法。Motwani 和 Raghavan 的著作[23]深入介绍了这一内容。

因此，我们首先分析随机模型，这通常从计算平均值开始——随机抽取 N 个实例，计算其有价值的量的平均值。现在，初等概率理论给出了一些不同（尽管密切相关）的方法来计算某个量的平均值。在本书中，我们将明确讲解以下两种计算平均值的不同方法。

分布式

令 Π_N 是大小为 N 的可能的输入数据的数量，令 Π_{Nk} 是使算法开销为 k 且大小为 N 的输入数据的数量，所以 $\Pi_N = \sum_k \Pi_{Nk}$。此时，开销为 k 的概率是 Π_{Nk}/Π_N，开销的数学期望是

$$\frac{1}{\Pi_N} \sum_k k \Pi_{Nk}$$

算法的分析依赖于"计数"。大小为 N 的输入数据有多少个？使算法开销为 k 且大小为 N 的输入数据有多少个？这些是计算开销为 k 的概率的步骤，所以这种方法可能是初等概率论中最直接的方法。

累积式

令 Σ_N 是算法对所有大小为 N 的输入的总（或累积的）开销。（即 $\Sigma_N = \sum_k k \Pi_{Nk}$，只是通常不必用这种方法计算 Σ_N。）此时平均开销是 Σ_N/Π_N。算法的分析取决于不太具体的计数问题：在所有输入的基础上，算法的总开销是多少？我们将使用一般工具，让这种方法变得非常有吸引力。

分配方法提供了完整的信息，可以直接用于计算标准差和概率论中其他的矩。正如我们将要看到的那样，在使用累积法时，间接方法（常常更简单）也能用来计算这些矩。在本书中，尽管我们更倾向于采用累积法，而且这也最终促使我们用基本数据结构的组合属性来研究算法分析，但我们还是对两种方法都做了研究。

　　许多算法是通过递归地求解较小的子问题来解决问题的，因此这些算法服从平均开销或总开销必须满足的递归关系的推导。正如下一节的示例所示，从算法直接推导出递归关系常常是一种自然的处理方式。

　　无论平均情况的结果是如何得到的，我们都更关注这个结果，因为在随机输入是合理模型的大多数情况下，准确的分析可以帮助我们：

- 针对同一任务比较不同算法；
- 预测具体应用所需的时间和空间；
- 比较将要运行同一算法的不同计算机；
- 调整算法参数以优化性能。

　　把平均情况的结果与经验数据进行比较，以检验算法的实现、模型和分析。在特定应用中，不论将其置于何种环境下，用平均情况的结果都可以预测算法如何表现，最终正是为了对此获得足够的信心。如果希望评估新机器架构对重要算法性能的影响，也许我们可以在新的架构出现之前通过分析来实现。这种方法的成功在过去几十年中得到了验证：50 年前我们第一次分析了本节涉及的排序算法，其分析结果仍然有助于评估这些算法在如今的计算机上的表现。

1.5　实例：快速排序算法的分析

　　为了说明被忽略的基本算法，我们研究下一个相当重要的特殊算法——快速排序算法。该算法是在 1962 年由 C.A.R. Hoare 提出的，他的论文[15]是算法分析中较早而且十分出色的典范。Sedgewick[27]（也可见参考资料[29]）也将快速排序算法的分析论述得很详细，我们在此仅针对其重点进行阐释。详细研究这种分析是值得的，不仅是因为该排序方法使用广泛，其分析结果直接与实践相关，也是因为分析本身就能说明许多问题，这些问题我们将会在本书的后面遇到。特别的是，相同的分析也适用于树结构基本性质的研究，这种结构具有广泛的价值和适用性。更一般地说，对快速排序算法的分析表明了我们如何分析一种广泛的递归程序。

　　程序 1.2 是快速排序算法在 Java 中的实现。这是一个递归程序，通过将数组分成两个独立（较小）的部分，然后将这两部分分别排序，从而实现对整个数组的排序。显然，当遇到空的子序列时，递归终止，而我们设计的算法实现也会将大小是 1 的子序列作为停止点。

程序 1.2　快速排序算法

```java
private void quicksort(int[] a, int lo, int hi)
{
   if (hi <= lo) return;
   int i = lo-1, j = hi;
   int t, v = a[hi];
   while (true)
   {
     while (a[++i] < v) ;
     while (v < a[--j]) if (j == lo) break;
     if (i >= j) break;
     t = a[i]; a[i] = a[j]; a[j] = t;
   }
   t = a[i]; a[i] = a[hi]; a[hi] = t;
   quicksort(a, lo, i-1);
   quicksort(a, i+1, hi);
}
```

这个细节似乎无关紧要，但正如我们将看到的那样，递归的本质就是确保程序将被用于大量的小分支，而这种简单的改进可以显著提升性能。

划分过程把位于数组最后位置上的元素（分隔元，partitioning element）放入正确的位置，使其之前的元素都比它小，之后的元素都比它大。该程序使用两个指针来实现划分：一个指针从左边扫描数组，另一个指针从右边扫描数组。左指针递增，直至找到大于分隔元的元素；右指针递减，直至找到小于分隔元的元素。然后把两个元素交换，并且该过程继续，直至指针相交，此时的位置就是分隔元的放置位置。确定位置后，程序用 a[hi] 替换 a[i]，把分隔元放入指定位置。最后调用 quicksort(a,0,N-1) 完成数组排序。

有几种方法能实现刚刚概述的一般递归策略；上面描述的实现方法取自参考资料[30]（也可见参考资料[27]）。以分析为目的，我们假设数组 a 包含随机排序的不同数值，但请注意，此代码对于所有输入（包括相等的数字）都能正常工作。也可以在更切合实际的模型下研究这个程序，即允许相等的数值（见参考资料[28]）、长字符串关键字（见参考资料[4]）以及许多其他情况。

一旦实现了算法，分析的第一步就是估计这个程序各个指令的资源需求。这取决于特定计算机的性能，所以我们忽略这些细节。例如，"内层循环"指令：

```
while (a[++i] < v) ;
```

在一般计算机上可能会将其转换为汇编语言指令，如下所示。

```
LOOP  INC  I,1        # increment i
      CMP  V,A(I)     # compare v with A(i)
      BL   LOOP       # branch if less
```

该循环的每次迭代可能需要 4 个单位时间（每个内存引用一个）。在现代计算机上，由于缓存、管道以及其他影响，准确地估计开销变得更为复杂。内循环中的另一个指令（递减 j）与上面的指令（递加 i）是相似的，但是需要额外检验判断 j 是否超出边界。但如果使用警戒标记，就无须进行额外检验，所以我们可以忽略其多余的复杂性。

分析的下一步是将变量名分配给程序中指令的执行频率。正常情况下只涉及少数真变量：所有指令的执行频率都可以用这些变量表示。此外，我们希望将这些变量与算法本身相关联，而不是任何特定程序。快速排序算法涉及 3 个自然量：

A——分隔阶段数；

B——交换次数；

C——比较次数。

在一般计算机上，快速排序算法的总运行时间可以用公式表示，即

$$4C + 11B + 35A \qquad (2)$$

这些系数的精确值取决于编译器生成的机器语言程序和所使用的计算机的属性；上面给出的是典型值。比较在同一计算机中实现的不同算法时，这个表达式是很有用的。事实上，即使 Mergesort 是"最优"算法，Quicksort 仍具有重要的实际意义，其原因在于：Quicksort 每次比较的开销（C 的有效性）可能明显低于 Mergesort 的开销，进而导致在一般实际应用中 Quicksort 的运行时间明显缩短。

定理 1.3（Quicksort 分析） 对 N 个顺序随机且元素互异的数组排序，Quicksort 平均使用

$$(N-1)/2 \text{个分隔阶段，}$$

$$2(N+1)(H_{N+1} - 3/2) \approx 2N\ln N - 1.846N \text{ 次比较，}$$

$$(N+1)(H_{N+1} - 3)/3 + 1 \approx 0.333N\ln N - 0.865N \text{ 次交换。}$$

证明：在这里，准确的答案用调和级数

$$H_N = \sum_{1 \le k \le N} 1/k$$

表示，这是我们在算法分析中将会遇到的许多著名"特殊"数列中的第一个。

与 Mergesort 一样，Quicksort 的分析涉及定义和求解直接反映算法递归性质的递归关系。但在这种情况下，递归必须基于关于输入的概率表述。如果 C_N 是排列 N 个元素的平均比较次数，则 $C_0 = C_1 = 0$ 且

$$C_N = N + 1 + \frac{1}{N} \sum_{1 \le j \le N} (C_{j-1} + C_{N-j}) \quad (N > 1) \tag{3}$$

为了得到总的平均比较次数，我们把第一次分隔阶段的比较次数（$N+1$）加到用于分隔后的子序列的比较次数中。当分隔元是第 j 个最大元素（对于每个 $1 \le j \le N$，其出现的概率是 $1/N$）时，分隔后的子序列大小分别为 $j-1$ 和 $N-j$。

现在，分析被简化为数学问题式（3），它已经不依赖于程序或算法的性质了。这种递归关系比公式（1）稍微复杂一些，因为公式的右边直接取决于前面所有的值，而且这些值不止几个。尽管如此，求解式（3）也并不困难：首先在和的第二部分中把 j 变为 $N-j+1$，得到

$$C_N = N + 1 + \frac{2}{N} \sum_{1 \le j \le N} C_{j-1} \quad (N > 0)$$

然后乘以 N，减去当数组元素个数为 $N-1$ 时的同一个公式，消除求和项后得到

$$NC_N - (N-1)C_{N-1} = 2N + 2C_{N-1} \quad (N > 1)$$

再重新排列各项，得到一个简单的递归

$$NC_N = (N+1)C_{N-1} + 2N \quad (N > 1)$$

两边同时除以 $N(N+1)$，得

$$\frac{C_N}{N+1} = \frac{C_{N-1}}{N} + \frac{2}{N+1} \quad (N > 1)$$

重复代入，最后剩下

$$\frac{C_N}{N+1} = \frac{C_1}{2} + 2 \sum_{3 \le k \le N+1} 1/k$$

这就完成了证明，因为 $C_1 = 0$。

如上所述，每个元素都用于一次分隔，因此阶段总数为 N；先计算第一次分隔阶段的平均交换次数，就可以从这些结果中得到平均交换次数。

该定理所述的近似值由著名的调和级数近似值 $H_N \approx \ln N + 0.57721 \cdots$ 得到。我们将在第 4 章仔细研究这种近似。

习题 1.12 给出 Quicksort 对 N 个元素的 $N!$ 种全部排列所用比较总次数的递归。

习题 1.13 证明分隔随机排列之后得到的子序列本身都是随机排列。然后证明，如果分隔时右指针初始化为 j:=r+1，那么情况会有所不同。

习题 1.14 按照上面的步骤求解递归

$$A_N = 1 + \frac{2}{N} \sum_{1 \le j \le N} A_{j-1} \quad (N > 0)$$

习题 1.15 证明第一次分隔阶段（在指针交叉之前）用的平均交换次数是 $(N-2)/6$。（因此，根据递归的线性性质，$B_N = \frac{1}{6}C_N - \frac{1}{2}A_N$。）

通过生成随机输入数据到程序并计算所用比较次数可得到经验数据,图 1.1 显示了分析结果与这些经验数据的比较。每次实验用灰色点描述经验结果(图中显示的每个 N 值对应 100 次实验),黑色点表示 N 的平均值。分析结果是一条平滑曲线,它拟合了定理 1.3 给出的公式。正如预期的那样,曲线拟合得非常好。

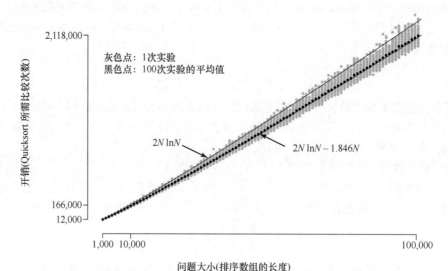

图 1.1 Quicksort 所需比较次数:经验结果和分析结果

例如,定理 1.3 和公式(2)说明,在前面描述的特定机器上,对一个 N 元素的随机序列进行排序,Quicksort 大约需要 $11.667N\ln N-0.601N$ 个步骤;而对于其他机器,也可以像公式(2)和定理 1.3 讨论的那样,通过考查机器的性质推导出类似的公式。这种公式可用于(非常准确地)预测 Quicksort 在特定机器上的运行时间。更重要的是,它们可用于估计和比较算法的变量,并为其效果提供量化证据。

因为适当关注细节能够排除机器依赖性,所以本书中我们通常专注于分析与一般算法相关的量,例如"比较"和"交换"。这不仅使我们集中精力于分析的主要技巧,还可以扩展结果的适用性。例如,排序问题的一个较广泛的特点是:将待排序元素视为除排序关键字(key)之外的其他信息的记录(record)。因此访问一个记录(取决于记录的大小)可能比进行一次比较(取决于记录和关键字的相对大小)的开销更昂贵。然后,我们从定理 1.3 得知,Quicksort 比较关键字约 $2N\ln N$ 次,移动记录约 $0.0667N\ln N$ 次,并且我们能更加精确地估计开销或在适当的时候与其他算法进行比较。

Quicksort 可以通过多种方式改进自身,成为在许多计算环境下被优先选择的排序方法。我们甚至可以分析复杂的改进版本,并得出平均运行时间的表达式[29],而且该表达式紧密地匹配所观察到的经验数据。当然,提出的改进方法越复杂,分析也就越复杂。可以通过扩展以上给出的论证来处理某些改进,但是另一些改进则需要更强有力的分析工具。

小型子序列

Quicksort 最简单的变体是基于下面的观察结果:对于非常小的序列,Quicksort 不是非常有效(例如,如果对大小为 2 的序列进行排序,只需一次比较,可能还要一次交换),所以比较小的序列应该用更简单的排序方法。下面的习题说明了如何通过扩展以上分析结果来研究一种混合算法,其中"插入排序"(见 7.6 节)用于长度小于 M 的序列。那么,这种分析方法有助于选

择参数 M 的最优值。

习题 1.16 当用 Quicksort 对一个大小为 N 的随机序列进行排序时，平均能遇到多少长度小于或等于 2 的子序列？

习题 1.17 如果我们把前面实现快速排序算法程序的第一行改为

```
if r-l<=M then insertionsort(l,r) else
```

那么排序 N 个元素所需的总比较次数可由下面的递归关系描述

$$C_N = \begin{cases} N+1+\dfrac{1}{N}\displaystyle\sum_{1\leqslant j\leqslant N}(C_{j-1}+C_{N-j}) & (N > M) \\ \dfrac{1}{4}N(N-1) & (N \leqslant M) \end{cases}$$

根据定理 1.3 中的证明方法准确解出该递归关系。

习题 1.18 忽略习题 1.17 的答案中的较小项（明显小于 N 的项），求函数 $f(M)$，使比较次数近似于

$$2N\ln N + f(M)N$$

画出函数 $f(M)$，并找出将该函数最小化的 M 值。

习题 1.19 当 M 变大时，比较次数从刚刚推导的最小值增加。M 增加到多大时，才能使比较次数超过原来（当 M=0 时）的次数？

三数中值 Quicksort

Quicksort 的自然改进就是使用如下抽样：选取小样本，然后将样本的中值作为分隔元，这样估计的分隔元更可能接近序列的中值。例如，如果我们把 3 个元素作为一个样本，那么这种"三数中值"Quicksort 所需的平均比较次数可由下面的递归关系描述

$$C_N = N+1+\sum_{1\leqslant k\leqslant N}\frac{(N-k)(k-1)}{\binom{N}{3}}(C_{k-1}+C_{N-k}) \quad (N > 3) \tag{4}$$

其中 $\binom{N}{3}$ 是二项式系数，表示从 N 项中选取 3 项的选取方法的数量。因为第 k 个最小元素是分隔元的概率为 $(N-k)(k-1)/\binom{N}{3}$（与正常 Quicksort 的 $1/N$ 相反），所以上面的公式成立。我们希望能够求解这种性质的递归关系，以便确定需要使用多大的样本以及何时切换到插入排序。然而，求解这种递归关系需要使用的技巧比迄今为止所涉及的技巧都要复杂。在第 2 章和第 3 章，我们将学习准确求解这种递归的方法，这些方法能够确定参数的最佳值，例如样本大小和小型子序列的分割。根据这些方面的广泛研究得出结论：对于一般实现方法而言，三数中值 Quicksort 运用从 10 到 20 范围内的截止点，使实现接近最佳性能。

基数—交换排序

Quicksort 的另一种变体利用了下面这一事实：关键字可以被视为二进制字符串。我们分隔序列不是通过比较序列中的关键字，而是通过把所有前导位是 0 的关键字都置于所有前导位是 1 的关键字之前。然后，将得到的子序列用第二位以相同的方式进行独立地分隔，以此类推。Quicksort 的这种变体叫作"基数—交换排序"或"基数 Quicksort 排序"。那么这种变体与基本算法如何比较呢？为了回答这个问题，首先我们必须注意：因为由随机位组成的关键字与随机排列有本质上的区别，所以需用到不同的数学模型。"随机位串"模型可能更加切合实际，因为它反映了实际的表示法，但可以证明这两个模型大致上是等价的。在第 8 章我们将更加详细地讨论这个问题。通过类似上面给出的证明方法，可以证明：这种方法所需的位平均比较次数

可由下面的递归关系描述

$$C_N = N + \frac{1}{2^N} \sum_k \binom{N}{k} (C_k + C_{N-k}) \quad (N > 1, \ C_0 = C_1 = 0)$$

事实证明，这个递归关系比前面给出的递归关系更难求解——在第 3 章，我们将看到母函数把这个递归关系转换为 C_N 的明确数学公式；在第 4 章和第 8 章，我们将学习如何得到一个近似解。

这种分析方法在适用性上有局限性——上述所有递归关系均取决于算法的"保持随机性"性质：如果原序列是随机排序的，那么可以证明，分隔后的子序列也是随机排序的。算法的实现没有这样的限制，而且算法广泛使用的许多变体也不符合该性质。这种变体似乎非常不利于分析。幸运的是（从分析学家的角度来看），经验研究表明，这种变体的性能也同样不佳。因此，虽然没有进行分析量化，但保持随机性的要求似乎有助于设计出更精致、更有效的 Quicksort 实现方法。更重要的是，如前所述，保持随机性的算法确实得到了性能上的改进，而且这些改进完全可以从数学上量化。

数学分析在 Quicksort 实际变体的研究中发挥着重要作用。而且我们将看到，还有许多其他问题需要考虑，其中详细的数学分析是算法设计过程的重要组成部分。

1.6　渐近近似

在前面给出的关于 Quicksort 平均运行时间的结论中得到的是准确结果，但我们还给出了一个以著名函数表示的更简捷的近似表达式，这些著名的函数用来计算准确的数值估计。正如我们将看到的那样，通常来讲，准确结果是很难得到的，或者说得出和解释近似结果至少要容易得多。理想情况下，我们分析算法的目的是得出准确结果；但从实用角度来看，能够做出有用的性能预测，力求导出简捷而准确的近似答案，可能更符合我们的总体目标。

为此，我们需要处理这些近似值的经典技巧。在第 4 章，我们将研究 Euler-Maclaurin 求和公式，它提供了一种用积分估计求和的方法。因此，我们可以通过计算

$$H_N = \sum_{1 \leqslant k \leqslant N} \frac{1}{k} \approx \int_1^N \frac{1}{x} \mathrm{d}x = \ln N$$

得到近似调和数级数。然而，≈的意义还可以更精确，例如，我们可以断定 $H_N = \ln N + \gamma + 1/(2N) + O(1/N^2)$，其中 $\gamma = 0.57721\cdots$ 是一个常数，在分析中叫作欧拉常数（Euler constant）。虽然没有规定符号 O 中隐含的常数，但这个公式提供了一种估计 H_N 值的方法，即随着 N 的增加，估计的 H_N 精度越来越高。此外，如果我们想要估计得更加精确，那么可以推导出一个 H_N 精确到 $O(N^{-3})$ 甚至 $O(N^{-k})$ 的公式，其中 k 为任意常数。这种近似方法称为渐近展开（asymptotic expansions），是算法分析的核心，也是第 4 章的主要内容。

渐近展开的使用可以看作在精确结果（这是理想的目标）与简捷近似（这是实际的需求）之间的一种折中。事实证明，一方面，如果需要，我们通常有能力得出更准确的表达式，但另一方面，我们又没有这样的需求，因为仅含有几项的展开式（如上面 H_N 的表达式）就能将答案精确到多位小数。我们一般用符号≈对结果求和，而不是命名无理常数，例如，定理 1.3 的结论就是如此。

此外，准确的结果和渐近近似都受制于概率模型所固有的不准确性（这种模型通常都是现实的理想化）和随机波动。表 1.1 显示了对于不同大小的随机序列，Quicksort 所用比较次数的准确

值、近似值和经验值。准确值和近似值由定理 1.3 给出的公式计算得出；经验值是选取 100 个序列，然后测出的平均值，这些序列由小于 10^6 的随机正整数构成。这不仅检验我们讨论的渐近近似，还检验我们所使用的随机排序模型固有的"近似"（忽略了相等关键字）。出现相等关键字时的 Quicksort 分析在参考资料[28]中有介绍。

表 1.1 Quicksort 使用的平均比较次数

序列大小	准确值	近似值	经验值
10,000	175,771	175,746	176,354
20,000	379,250	379,219	374,746
30,000	593,188	593,157	583,473
40,000	813,921	813,890	794,560
50,000	1,039,713	1,039,677	1,010,657
60,000	1,269,564	1,269,492	1,231,246
70,000	1,502,729	1,502,655	1,451,576
80,000	1,738,777	1,738,685	1,672,616
90,000	1,977,300	1,977,221	1,901,726
100,000	2,218,033	2,217,985	2,126,160

习题 1.20 在由 10^4 个小于 10^6 的随机整数构成的序列中，有多少关键字可能等于该序列中的其他关键字？运行仿真或进行数学分析（借助于数学计算系统），或两者都做。

习题 1.21 用由小于 M 的随机正整数组成的序列进行实验，其中 M=10,000、1000、100 或其他值。比较 Quicksort 作用于这种序列的性能与其作用于相同大小的随机序列的性能。描述使随机排序模型不准确的情况的特征。

习题 1.22 如何用类似于表 1.1 的表格来描述 Mergesort 的相关特点，讨论这个想法。

在算法理论中，符号 O 用于隐去所有细节：语句"Mergesort 需要 $O(N\log N)$ 次比较"隐藏了除算法、实现和计算机最基本特征之外的所有内容。在算法分析中，渐近展开提供了一种可控的方式来隐藏不相关的细节，与此同时保留了最重要的信息，尤其是涉及常数因子的信息。功能强大的一般分析工具直接进行渐近展开，因此常常可提供简捷而准确地描述算法性质的表达式的简单直接结论。有时我们利用渐近（估计）来提供比其他方式更准确的程序性能描述。

1.7 分布

一般来说，概率论告诉我们：关于开销分布 Π_{Nk} 的其他事实也与我们对算法性能特点的理解有关。幸运的是，对于我们在算法分析中研究的几乎所有例子，实际上只要知道平均值的渐近估计就足以做出可靠的预测。我们在这里回顾几个基本概念。对概率论不熟悉的读者可以参考任何一本标准教材——例如参考资料[6]。

当 N 取较小值时，Quicksort 所用比较次数的完整分布如图 1.2 所示。对于 N 的每个取值，画出点 $C_{Nk}/N!$，这是使 Quicksort 需要进行 k 次比较的输入比例。因为每条曲线都是完整的概率分布，所以曲线下方的面积为 1。平均值 $2N\ln N+O(N)$ 随着 N 的增加而增加，因此曲线向右移动。针对相同数据略微不同的观察结果如图 1.3 所示，其中每条曲线的水平轴适当缩放以便将平均值近似地置于中心，并稍微平移以分离这些曲线。这表明，该分布收敛于"极限分布"。

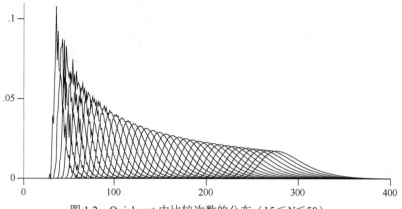

图 1.2 Quicksort 中比较次数的分布（$15 \leqslant N \leqslant 50$）

本书中研究的大多数问题中，不仅确实存在这样的极限分布，而且我们还能精确地描述它们的特征。对于包括 Quicksort 在内的许多其他问题来说，这是一个重要挑战。然而很明显，这种分布集中在平均值附近（concentrated near the mean）。这种情况是常见的，事实上我们能够对这种结果做精确的表述，并且无须学习关于该分布的更多细节。

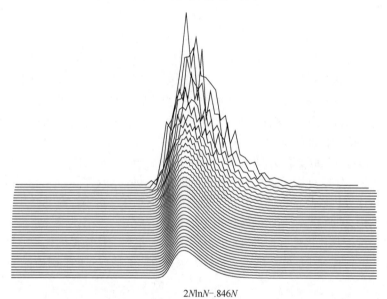

$2N\ln N - .846N$

图 1.3 Quicksort 中比较次数的分布（$15 \leqslant N \leqslant 50$）（缩放并平移到中心且分离曲线）

正如前面讨论的那样，如果 Π_N 是大小为 N 的输入组数，Π_{Nk} 是大小为 N 且使算法开销为 k 的输入组数，那么平均开销可表示为

$$\mu = \sum_k k \Pi_{Nk} / \Pi_N$$

方差（variance）被定义为

$$\sigma^2 = \sum_k (k - \mu)^2 \Pi_{Nk} / \Pi_N = \sum_k k^2 \Pi_{Nk} / \Pi_N - \mu^2$$

标准差（standard deviation）是方差的平方根。知道平均值和标准差通常就能可靠地预测性能。完成这项工作的经典分析工具是切比雪夫不等式（Chebyshev inequality）：某一次观察值大于标准差与平均值之间距离的 c 倍的概率小于 $1/c^2$。如果标准差明显小于平均值，那么，随着 N

的增大，观察值很可能非常接近于平均值。这是算法分析中的常见情况。

习题 1.23 本章前面给出的 Mergesort 实现所需比较次数的标准差是多少？

Quicksort 所需平均比较次数的标准差是

$$\sqrt{(21-2\pi^2)/3}\,N \approx 0.6482776N$$

（见 3.9 节），因此，参考表 1.1，把 $c=\sqrt{10}$ 带入切比雪夫不等式，我们得出结论：存在超过 90% 的可能，当 N=100,000 时比较次数在 2,218,033 的 205,004（9.2%）之内。这样的精度对预测性能来说肯定是足够的。

随着 N 的增加，相对精度也在增加。例如，当 N 增加时，分布变得更集中于图 1.4 所示的峰值附近。该图描绘了一个直方图，显示出 Quicksort 作用于 10,000 个不同随机序列所需的比较次数，其中每个序列都有 1,000 个元素。阴影区域表示超过 94% 的实验位于本次实验平均值的一个标准差之内。

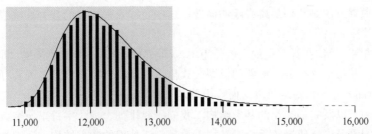

图 1.4　Quicksort 比较次数的经验直方图（当 N=1,000 时的 10,000 次实验）

对于总体运行时间，我们可以通过对每个量的平均值求和（乘以开销）得出，但计算总体运行时间的方差是一个复杂的计算过程。然而我们不必担心这一问题，因为总体方差与最大方差近似相等。当 N 取值很大时，与平均值相比，标准差相对较小，这解释了表 1.1 和图 1.1 观察的精度。在算法分析中总是发生这样的情况，如果我们对平均开销有一个精确的渐近估计，并且知道标准差渐近得更小，那么我们通常认为该算法已经"被完全分析"。

1.8　随机算法

Quicksort 平均情况性能的分析取决于随机顺序的输入。在许多实际情况下，这个假设可能不是严格有效的。一般来说，这种情况反映了算法分析中最严峻的挑战之一：需要适当地将可能在实际中出现的输入模型公式化。

幸运的是，常常存在能够规避这种缺陷的方法：在使用算法之前，先将输入"随机化"。对于排序算法而言，这相当于在排序之前将输入的序列随机排序。（相关算法的具体实现，请见第 7 章。）如果做到了这一点，那么前面提到的关于性能的概率论述就是完全有效的，并且无论实际中输入序列的顺序如何，都能准确地预测性能。

通过随机选择（与任意的特定选择相反），只要算法可以采用几种方案之一，就常常能够以较少的工作实现相同的结果。对于 Quicksort，这个原理相当于随机选取元素作为分隔元，而不是每次都使用数组末尾的元素。如果这种方法能严谨地实现（保留子序列的随机性），则验证了先前的概率分析是有效的。（对于小型子序列应该使用截止的做法，因为它使生成随机数的数目大约减少 M。）随机算法的许多其他例子可以在参考资料[23]和[25]中找到。这种算法在实践中极具价值，因为它们利用随机性获得效率提升，并以高概率避免出现最劣情况的性能。此外，我们还可以对性能做准确的概率表述，进一步激励人们研究先进技术来获得这样的结果。

我们一直在考虑的关于 Quicksort 分析的例子可能说明了一种理想方法，但并不是所有的算法都能像这种方法一样被顺利地处理。像这样全面地进行分析需要花费相当多的精力，而这种精力应该留给最重要的算法。幸运的是，我们将看到存在许多基本方法，确实具备使分析值得深入进行的基本要素。

- 可以指定现实的输入模型。
- 可以推导出描述成本的数学模型。
- 可以得到简捷、准确的结果。
- 可以用结果来比较变体，可以与其他算法进行比较，而且有助于调整算法的参数值。

在本书中，我们考虑了许多这类方法，并重点研究使第 2 点和第 3 点成立的数学方法。

大多数情况下，我们跳过上述方法中程序特定（依赖于实现）的部分，是为了专注于算法设计，此时运行时间的粗略估计可能已经足够了；或者是为了专注于数学分析，此时数学问题所涉及的公式与求解方法是我们最感兴趣的问题。这些是涉及最重要的智力性挑战的领域，我们应该给予足够关注。

上文已经提到，目前在计算机的一般使用中，算法分析面临一个重要挑战，即如何把实际代表输入的模型以及易于进行分析问题的模型公式化。对此我们不必介意，因为存在一大类组合学（combinatorial）算法，对这类算法而言模型是自然的。在本书中，我们从一些细节入手考虑了这类算法的例子以及它们操作的基本结构。我们研究排列、树、字符串、字典树、单词和映射，是因为它们既是广泛研究的组合学结构，也是广泛使用的数据结构，还因为"随机"结构同时具备直接和现实的特点。

从第 2 章到第 5 章，我们着重讨论适用于算法性能研究的数学分析技术。除了算法分析，这些技术在许多其他应用中也非常重要。为了给本书后面的应用做准备，我们讨论的范围将进一步展开。然后，在第 6 章到第 9 章，我们将这些技术应用于分析某些基本的组合学算法，其中包含若干具有实际意义的问题。在各种各样的计算机应用中，这类算法中的许多算法都具有基础性的重要作用，因此需要对其进行详细分析。在某些情况下，有些看似很简单的算法却可能导致非常复杂的数学分析；而在另一些情况下，有些看上去相当复杂的算法却可能被直接简单地进行处理。在以上两种情况中，分析都能揭示在实际使用中具有直接影响的算法之间的重要区别。

重要的是，尽管现代计算机代数系统（例如 Maple、Mathematica 和 Sage）在检查和开发结果方面是不可或缺的，但我们依旧要讲授并展现经典风格的数学推导。我们在这里提供的材料可以被视为学习如何有效利用这种系统的准备。

我们的重点是研究确定算法实现性能特征的有效方法。因此，我们所提供的程序都是以广泛使用的编程语言（Java）来编写的。这种方法具有一个优点，即程序是对算法完整而明确的描述。这种方法还有另一个优点，即读者可以通过运行经验测试来验证数学结果。我们的程序一般来源于 Sedgewick 和 Wayne 的 *Algorithms*，4th edition[30]一书中的完整 Java 实现程序。我们尽可能地使用标准语言机制，以便熟悉其他编程环境的人能将其翻译为合适的编程语言。有关大多数程序的更多信息可以在参考资料[30]中找到。

当然，与介绍性材料中所讨论的内容相比，我们涉及的基本方法适用于更广泛的算法和结构。自 20 世纪中期计算机出现以来，研究者开发了大量组合算法，而我们仅讨论其中的几种。我们不涉及从图像处理到生物信息学等诸多应用领域，在这些领域中已经证明算法是有效的，并且已深入研究了某些算法。我们仅提及简单的方法，如平摊分析和概率性方法，这些方法已经成功应用于一些重要算法的分析。不过，为了鉴赏算法分析研究资料中的材料，我们希望读者通过掌握这本书的介绍性材料来做充足的准备。除了先前引用的 Knuth、Sedgewick 和 Wayne 以及 Cormen、Leiserson、Rivest 和 Stein 的图书，关于算法分析和算法理论的其他信息来源是参考资料[11]、参考资料[7]，以及参考资料[16]。

同样重要的是，我们讨论组合性的分析问题，它使我们能够开发一般的方法，这些方法可能有助于分析那些未来的、尚未被发现的算法。我们使用的方法源于组合学和渐近分析的经典领域，可以用这些领域中的经典方法来统一处理各种各样的问题。在我们的另一部书——*Analytic Combinatorics*[10]（《分析组合学》）中，对这一过程有详细的论述。最后，我们不仅能依据简单的形式描述直接将组合计数问题公式化，还可以直接根据这些公式推导出结果的渐近估计。

本书涵盖了重要的基本概念，而与此同时，参考资料[10]以及其他研究先进方法的书籍又为更先进的算法奠定了基础，例如 Szpankowski 有关字（有时也称为“单词”）的算法研究[32]，或者 Drmota 对树的研究[8]。参考资料[12]是涉及更多所用数学资料的良好来源；参考资料[5]（组合学）和参考资料[14]（用于分析）中也有相关内容。一般来说，我们在本书中运用初等组合学和实际分析，而参考资料[10]则从组合学角度来研究更先进的方法，它依赖于对渐近性的复杂分析。

经典数学函数的性质是本书内容的重要组成部分。由 Abramowitz 和 Stegun 撰写的 *Handbook of Mathematical Functions*[1]（《数学函数手册》）内容经典，是数学家几十年来不可或缺的参考依据，当然也是本书创作的滥觞。最近出版了一个旨在取代它的新参考资料，并附有相关的在线资料[24]。实际上，在网络上，如维基百科（Wikipedia）和数学世界（Mathworld[35]）等资源中，能够越来越多地找到这种参考资料。另一个重要资源是 Sloane 的整数序列线上百科全书（On-Line Encyclopedia of Integer Sequences[31]）。

我们的出发点是研究那些广泛使用的基本算法的特点，但本书的主要目的是为我们遇到的组合学和分析方法提供连贯的处理。在适当的时候，我们详细研究那些自然产生但可能不适用于任何（当前已知）算法的数学问题。在使用这种方法的过程中，我们显然涉及范围和多样性的问题。此外，从全书的例子中可以看出，我们求解的问题与许多重要的应用直接相关。

参考资料

[1] M. Abramowitz and I. Stegun. *Handbook of Mathematical Functions*, Dover, New York, 1972.

[2] A. Aho, J. E. Hopcroft, and J. D. Ullman. *The Design and Analysis of Algorithms*, Addison-Wesley, Reading, MA, 1975.

[3] B. Char, K. Geddes, G. Gonnet, B. Leong, M. Monagan, and S. Watt. *Maple V Library Reference Manual*, Springer-Verlag, New York, 1991. Also *Maple User Manual*, Maplesoft, Waterloo, Ontario, 2012.

[4] J. Clément, J. A. Fill, P. Flajolet, and B. Valée. "The number of symbol comparisons in quicksort and quickselect," *36th International colloquium on Automata, Languages, and Programming*, 2009, 750-763.

[5] L. Comtet. *Advanced Combinatorics*, Reidel, Dordrecht, 1974.

[6] T. H. Cormen, C. E. Leiserson, R. L. Rivest, and C. Stein. *Introduction to Algorithms*, 3rd edition, MIT Press, New York, 2009.

[7] S. Dasgupta, C. Papadimititriou, and U. Vazrani. *Algorithms*, McGraw-Hill, New York, 2008.

[8] M. Drmota. *Random Trees: An Interplay Between Combinatorics and Probability*, Springer Wien, New York, 2009.

[9] W. Feller. *An Introduction to Probability Theory and Its Applications*, John Wiley & Sons, New York, 1957.

[10] P. Flajolet and R. Sedgewick. *Analytic Combinatorics*, Cambridge University Press, 2009.

[11] G. H. Gonnet and R. Baeza-Yates. *Handbook of Algorithms and Data Structures in Pascal and C*, 2nd edition, Addison-Wesley, Reading, MA, 1991.

[12] R. L. Graham, D. E. Knuth, and O. Patashnik. *Concrete Mathematics*, 1st edition, Addison-Wesley, Reading, MA, 1989.2nd edition, 1994.

[13] D. H. Greene and D. E. Knuth. *Mathematics for the Analysis of Algorithms*, 3rd edition, Birkhäuser, Boston, 1991.

[14] P. Henrici. *Applied and Computational Complex Analysis*, 3 volumes, John Wiley & Sons, New York, 1974(volume 1), 1977(volume 2), 1986(volume 3).

[15] C. A. R. Hoare."Quicksort,"*Computer Journal* 5, 1962, 10-15.

[16] J. Kleinberg and E. Tardos. *Algorithm Design*, Addison-Wesley, Boston, 2005.

[17] D. E. Knuth. *The Art of Computer Programming. Volume 1:Fundamental Algorithms*, 1st edition, Addison-Wesley, Reading, MA, 1968.3rd edition, 1997.

[18] D. E. Knuth. *The Art of Computer Programming. Volume 2:Seminumerical Algorithms*, 1st edition, Addison-Wesley, Reading, MA, 1969.3rd edition, 1997.

[19] D. E. Knuth. *The Art of Computer Programming. Volume 3:Sorting and Searching*, 1st edition, Addison-Wesley, Reading, MA, 1973.2nd edition, 1998.

[20] D. E. Knuth. *The Art of Computer Programming. Volume 4A:Combinatorial Algorithms, Part 1*, Addison-Wesley, Boston, 2011.

[21] D. E. Knuth."Big omicron and big omega and big theta,"*SIGACT News*, April-June 1976, 18-24.

[22] D. E. Knuth."Mathematical analysis of algorithms,"*Information Processing 71*, Proceedings of the IFIP Congress, Ljubljana, 1971, 19-27.

[23] R. Motwani and P. Raghavan. *Randomized Algorithms*, Cambridge University Press, 1995.

[24] F. W. J. Olver, D. W. Lozier, R. F. Boisvert, and C. W. Clark, ed., *NIST Handbook of Mathematical Functions*, Cambridge University Press, 2010. Also accessible as *Digital Library of Mathematical Functions* http://dlmf.nist.gov.

[25] M. O. Rabin."Probabilistic algorithms,"in *Algorithms and Complexity*, J.F.Traub, ed., Academic Press, New York, 1976, 21-39.

[26] R. Sedgewick. *Algorithms (3rd edition) in Java: Parts 1-4:Fundamentals, Data Structures, Sorting, and Searching*, Addison-Wesley, Boston, 2003.

[27] R. Sedgewick. *Quicksort*, Garland Publishing, New York, 1980.

[28] R. Sedgewick."Quicksort with equal keys,"*SIAM Journal on Computing* 6, 1977, 240-267.

[29] R. Sedgewick."Implementing quicksort programs,"*Communications of the ACM* 21, 1978, 847-856.

[30] R. Sedgewick and K. Wayne. *Algorithms*, 4th edition, Addison-Wesley, Boston, 2011.

[31] N. Slonae and S. Plouffe. *The Encyclopedia of Integer Sequences*, Academic Press, San Diego, 1995.Also accessible as *On-Line Encyclopedia of Integer Sequences*, http://oeis.org.

[32] W. Szpankowski. *Average-Case Analysis of Algorithms on Sequences*, John Wiley & Sons, New York, 2001.

[33] E. Tufte. *The Visual Display of Quantitative Information*, Graphics Press, Chesire, CT, 1987.

[34] J. S. Vitter and P. Flajolet."Analysis of algorithms and data structures,"in *Handbook of Theoretical Computer Science A:Algorithms and Complexity*, J.van Leeuwen, ed., Elsevier, Amsterdam, 1990, 431-524.

[35] E. W. Weisstein, ed., *MathWorld*.

第 2 章　递归关系

我们有兴趣进行分析的算法通常可以表示为递归或迭代过程。这意味着，一般可以把求解特定问题的开销用求解较小问题的开销来表示。正如在第 1 章中对 Quicksort 和 Mergesort 的分析中所见，对于这种情况，数学上最基本的处理方法是运用递归关系。这代表着一种实现方法，该方法实现了从程序的递归表示到描述其性质的函数的递归表示的直接映射。虽然递归分解仍然是问题的核心，但还有几种其他的方法能够做到这一点。在第 3 章中会看到，递归关系也是算法分析中母函数方法的应用基础。

因为递归本身携带大量信息，所以获取描述算法性能的递归关系是分析中的关键一步。与输入模型相关的算法的特定性质被封装于相对简单的数学表达式中。许多算法可能不适合这样简单的描述；但幸运的是，那些最重要的算法中有很多可以用递归公式简单地表示出来，而且其分析涉及递归，这些递归或者描述平均情况，或者确定最坏情况下性能的边界。这一点在第 1 章以及从第 6 章到第 9 章的许多例子中都有说明。本章关注各种递归的基本数学性质，但不考虑它们的起源或来历。其中涉及许多类型的递归，这些递归会在本章特定算法的研究中出现，另外还要重新审视第 1 章所讨论的递归，只不过现在关注的是递归本身。

首先，我们讨论递归的一些基本性质及其分类方式。然后研究"一阶"递归的准确解，在这里，n 的函数表示为 $n-1$ 的估计函数；我们还要研究高阶线性常系数递归的准确解。接下来分析其他各种类型的递归，并研究一些方法来推导某些非线性递归和非常系数递归的近似解。之后，我们将对分析算法中尤为重要的一类递归进行求解，即"分治"类递归。其中包括 Mergesort 递归的推导和准确解的求解，而这一递归涉及整数的二进制表示。最后研究适用于一大类分治算法分析的一般结果，并据此对本章内容进行总结。

迄今为止我们考虑的所有递归都有准确解。这种递归在算法分析中经常出现，尤其是用递归对离散量进行精确计数时。但准确解可能会涉及一些不相关的细节，例如，与近似解 $2^n/3$ 相比，$(2^n-(-1)^n)/3$ 这样的准确解也许太过烦琐而不推荐使用。在这种情况下，$(-1)^n$ 项使答案以整数形式呈现，$2^n/3$ 与 2^n 相比可以忽略不计；而另一方面，$2^n(1+(-1)^n)$ 这样的准确解却不能忽略 $(-1)^n$ 项。在用精度换取简捷性的过程中，必须避免以下两种情况：一是过于粗心地忽略必要项，二是过分热心地保留非必要项。我们更倾向于得到简单且准确的近似表达式（即便有能力得到准确解）。此外，往往会遇到这样的递归，它的准确解是无法得出的，但可以估计解的增长率，而且在许多情况下能得出精确的渐近估计。

递归关系通常也叫作差分方程（difference equation），因为它们可以用离散差分算子 $\nabla f_n \equiv f_n - f_{n-1}$ 表示。差分方程是常微分方程的离散模拟。求解微分方程的方法是相关的，因为类似的方法常常可用于求解相似的递归。下一章我们将会看到，在某些情况下存在明确的对应关系，依据这种对应关系就能通过微分方程的解求得递归的解。

存在大量与递归性质相关的资料，因为递归也直接出现于许多应用数学领域。例如，像牛顿法这样直接引出递归的数值迭代算法，在参考资料[3]中均有详细描述。

本章的目的是研究算法分析中常见的递归类型以及一些基本的求解方法。可以运用母函数（generating function）以严格而系统的方式处理许多这样的递归关系，第 3 章对此有详尽的讨论。

第 4 章将详细研究能得到渐近近似的工具。在第 6 章到第 9 章中，会遇到许多不同的递归示例，这些递归关系描述了基本算法的性质。

一旦开始仔细研究高级工具，你就会发现，递归可能不是算法分析中最自然的数学工具。递归可能会使分析复杂化，但也可以通过使用更高层次的工具避免这种情况，即用符号法得到母函数之间的关系，然后对母函数直接进行分析。第 5 章会介绍这一内容，参考资料[12]对此有详细的论述。事实证明，在许多情况下，最简单直接的求解途径是避免递归。指出这一点并不是为了阻止对递归进行研究，恰恰相反，对于许多应用而言，递归可能是相当有成效的。但我们向读者保证，某些问题似乎会引发过度复杂的递归，但高级工具也许能为此类问题提供简单的求解方法。

简而言之，递归直接出现于算法分析的自然方法中，可以为许多重要问题提供简单的求解方法。因为后面的内容更注重研究母函数方法，所以此处我们只对涉及求解递归的资料中所提及的方法做简要介绍。关于求解递归的更多信息请查阅标准参考资料，其中包括参考资料[3]、[4]、[6]、[14]、[15]、[16]、[20]和[21]。

2.1 基本性质

第 1 章分析 Quicksort 和 Mergesort 时，我们遇到过以下三种递归：

$$C_N = \left(1 + \frac{1}{N}\right)C_{N-1} + 2 \quad (N > 1,\ C_1 = 2) \tag{1}$$

$$C_N = C_{\lfloor N/2 \rfloor} + C_{\lceil N/2 \rceil} + N \quad (N > 1,\ C_1 = 0) \tag{2}$$

$$C_N = N + 1 + \frac{1}{N}\sum_{1 \leqslant j \leqslant N}(C_{j-1} + C_{N-j}) \quad (N > 0,\ C_0 = 0) \tag{3}$$

每个方程都表示特定的问题。在方程两边同时乘以适当的因子，可以求解方程（1）；先求出特殊情况 $N=2^n$ 的解，然后用归纳法证明 N 为一般值时的解，由此可得出方程（2）的近似解；用 $N-1$ 种情况下的同一方程式减去（3），即可把方程（3）转换为方程（1）。

这种特殊技巧可能代表了求解递归经常需要的"智囊"。但刚刚提及的为数不多的"智囊"技巧却并不适用于许多常见的递归问题，其中包括著名的线性递归：

$$F_n = F_{n-1} + F_{n-2} \quad (n > 1,\ F_0 = 0,\ F_1 = 1)$$

该递归关系定义了斐波那契（Fibonacci）数列{0,1,1,2,3,5,8,13,21,34,...}。斐波那契数经过人们的深入研究，实际上已经明确用于许多重要算法的设计和分析。本章考虑了求解这类递归以及其他递归的一些方法，而且在第 3 章以及后续章节中我们还会考虑其他适用的系统性方法。

可根据以下特点对递归进行分类：各项的组合方式、所涉及系数的性质以及所用的前面各项的数量和性质。表 2.1 列举了将要研究的一些递归及其典型示例。

表 2.1 递归分类

递归类型	典型示例
一阶	
线性	$a_n = na_{n-1} - 1$
非线性	$a_n = 1/(1 + a_{n-1})$

续表

递归类型	典型示例
二阶	
线性	$a_n = a_{n-1} + 2a_{n-2}$
非线性	$a_n = a_{n-1}a_{n-2} + \sqrt{a_{n-2}}$
变系数	$a_n = na_{n-1} + (n-1)a_{n-2} + 1$
t 阶	$a_n = f(a_{n-1}, a_{n-2}, \ldots, a_{n-t})$
n 阶	$a_n = n + a_{n-1} + a_{n-2} \ldots + a_1$
分治情况	$a_n = a_{\lfloor n/2 \rfloor} + a_{\lceil n/2 \rceil} + n$

值的计算

在正常情况下，递归为计算问题中的量提供了一种有效的方法。尤其是求解任意递归的第一步都是先用该递归计算很小的数值，并据此感受递归是如何增长的。若要完成这个步骤，可以徒手计算一些很小的数值，也可以设计一个简单的程序来计算相对较大的值。

例如，对应递归关系（3），程序 2.1 能够计算 Quicksort 平均比较次数的准确值，其中 N 小于或等于 maxN。该程序用一个大小为 maxN 的数组存储前面算出的数值。应该避免直接使用基于递归的纯递归程序，即通过递归地计算所有 $C_{N-1}, C_{N-2}, \ldots, C_1$ 的值最终得到 C_N。该方法的效率极其低下，因为许多值会被不必要地重复计算。

程序 2.1　计算值（Quicksort 递归）

```
C[0] = 0.0;
for (int N = 1; N <= maxN; N++)
{
   C[N] = N+1.0;
   for (int k = 0; k < N; k ++)
      C[N] += (C[k] + C[N-1-k])/N;
}
```

如果像程序 2.1 那样即可满足条件，那么就需要避免过于深入地研究数学。我们认为简单的数学求解方法更为可取——实际上，我们把分析本身视为一种能够使程序 2.1 更加有效的处理！无论如何，这种求解方法可以用于验证分析。另一个极端做法是对所有可能的输入都运行程序，据此计算该程序的平均运行时间，然而这是一种蛮力（通常是不切实际的）方法。

习题 2.1　分别编写递归程序和非递归程序来计算斐波那契递归的值，并用每个程序都计算一次 F_{20}。解释在这种情况下每个程序的性能。

习题 2.2　当函数中 N 取值为 N_{max} 时，程序 2.1 进行了多少次算术运算？

习题 2.3　编写一个直接使用递归关系（1）的程序来计算其值。与程序 2.1（见习题 2.2）相比，该程序使用的算术运算次数如何？

习题 2.4　如果用递归关系（2）和（3）计算其值，请估计递归程序和非递归程序分别需要多少次运算？

习题 2.5　编写一个程序比较 Quicksort、其三项中值变体和基数交换排序，从第 1 章给出的递归中求值。对于 Quicksort，检查与已知解相对的值；对于其余两种算法，猜想解的性质。

缩放和平移

递归具有一个基本性质，即依赖于初始值：若存在线性递归

$$a_n = f(a_{n-1}) \quad (n > 0, \ a_0 = 1)$$

将初始条件 $a_0 = 1$ 改为 $a_0 = 2$，该操作会改变 a_n 的值，其中 n 为所有可能值（若 $f(0) = 0$，则 a_n 的值都将增加一倍）。"初始"值可以出现在任何地方：若存在递归关系

$$b_n = f(b_{n-1}) \quad (n > t, \ b_t = 1)$$

则一定存在 $b_n = a_{n-t}$。改变初始值叫作缩放（scaling）递归；移动初始值叫作平移（shifting）递归。最常见的情况是由问题内容直接得出初始值，但常用缩放或平移简化求解过程。我们不是在陈述递归的解的最一般形式，而是在求解一种自然形式，并假设解可以适当地缩放或平移。

线性

通过独立地改变初始值并对解进行组合，具有多于一个初始值的线性递归可以实现"缩放"。若 $f(x, y)$ 是一个线性方程，且 $f(0, 0) = 0$，则

$$a_n = f(a_{n-1}, a_{n-2}) \quad (n > 1)$$

（初始值是 a_0 和 a_1 的函数）的解为 a_0 乘以

$$u_n = f(u_{n-1}, u_{n-2}) \quad (n > 1 \text{时}, \ u_0 = 1, \ u_1 = 0)$$

的解，加上 a_1 乘以

$$v_n = f(v_{n-1}, v_{n-2}) \quad (n > 1 \text{时}, \ v_0 = 0, \ v_1 = 1)$$

的解。条件 $f(0, 0) = 0$ 使该递归成为齐次（homogeneous）递归：如果 f 中有常数项，那么必须考虑这个常数项和 f 的初始值。直接把任意 t 阶线性齐次递归（对于任意一组初始值）的通解视为 t 个特解的线性组合。第 1 章用该过程求解了描述 Quicksort 所用交换次数的递归，其结果用描述比较次数和阶段数的递归表示。

习题 2.6 求解递归

$$a_n = a_{n-1} + a_{n-2} \quad (n > 1 \text{时}, \ a_0 = p, \ a_1 = q)$$

用斐波那契数表示得到的答案。

习题 2.7 求解非齐次递归

$$a_n = a_{n-1} + a_{n-2} + r \quad (n > 1 \text{时}, \ a_0 = p, \ a_1 = q)$$

用斐波那契数表示得到的答案。

习题 2.8 对于线性函数 f，将递归

$$a_n = f(a_{n-1}, a_{n-2}) \quad (n > 1)$$

的解用 a_0、a_1、$f(0, 0)$ 以及 $a_n = f(a_{n-1}, a_{n-2}) - f(0, 0)$ 对于 $a_1 = 1$、$a_0 = 0$ 和 $a_0 = 1$、$a_1 = 0$ 的解表示。

2.2　一阶递归

也许最简单的递归类型可以直接简化为乘积。递归

$$a_n = x_n a_{n-1} \quad (n > 0, \ a_0 = 1)$$

等价于

$$a_n = \prod_{1 \leq k \leq n} x_k$$

于是，若 $x_n = n$，则 $a_n = n!$；若 $x_n = 2$，则 $a_n = 2^n$，等等。

这个变换是迭代（iteration）的一个简单示例：将递归应用于自身，直至只剩下常数和初始值为止，然后化简。迭代也直接适用于下一种最简单的递归类型，而这类递归更加常见，可直接简化为求和式：

$$a_n = x_n a_{n-1} \quad (n > 0, \ a_0 = 0)$$

它等价于

$$a_n = \sum_{1 \leq k \leq n} y_k$$

所以，若 $y_n = 1$，则 $a_n = n$；若 $y_n = n-1$，则 $a_n = n(n-1)/2$，等等。

表 2.2 列举了一些常见的离散和。除此之外，还可以在标准参考资料里找到更全面的列表，如参考资料[13]或参考资料[22]。

表 2.2 初等离散和

等比数列	$\displaystyle\sum_{0 \leq k < n} x^k = \frac{1 - x^n}{1 - x}$
等差数列	$\displaystyle\sum_{0 \leq k < n} k = \frac{n(n-1)}{2} = \binom{n}{2}$
二项式系数	$\displaystyle\sum_{0 \leq k \leq n} \binom{k}{m} = \binom{n+1}{m+1}$
二项式理论	$\displaystyle\sum_{0 \leq k \leq n} \binom{n}{k} x^k y^{n-k} = (x + y)^n$
调和级数	$\displaystyle\sum_{1 \leq k \leq n} \frac{1}{k} = H_n$
调和级数和	$\displaystyle\sum_{1 \leq k \leq n} H_k = nH_n - n$
Vandermonde 卷积	$\displaystyle\sum_{0 \leq k \leq n} \binom{n}{k}\binom{m}{t-k} = \binom{n+m}{t}$

习题 2.9 求解递归

$$a_n = \frac{n}{n+2} a_{n-1} \quad (n > 0, \ a_0 = 1)$$

习题 2.10 求解递归

$$a_n = a_{n-1} + (-1)^n n \quad (n > 0, \ a_0 = 1)$$

如果递归不是这么简单的，我们往往可以在递归的两边同时乘以一个适当的因子，从而完成对递归的化简。第 1 章我们已经讨论过这样的例子。例如，先在式（1）两边同时除以 $N+1$，得到一个 $C_N/(N+1)$ 形式的简单递归，然后经迭代将其直接变换为一个求和式，即可实现求解式（1）。

习题 2.11 求解递归

$$na_n = (n-2)a_{n-1} + 2 \quad (n > 1, \ a_1 = 1)$$

（提示：两边同时乘以 $n-1$。）

习题 2.12 求解递归

$$a_n = 2a_{n-1} + 1 \quad (n > 1, \ a_1 = 1)$$

（提示：两边同时除以 2^n。）

用上述方法求解递归关系（差分方程）与求解微分方程的过程类似，即先乘以积分因子，然后积分。用于递归关系的因子有时叫作求和因子（summation factor）。适当选择求和因子有助于求解许多实际工作中出现的递归。例如，Knuth 就是用这样的技巧[17]（也可见参考资料[23]）得到了描述三项中值 Quicksort 平均比较次数的递归的准确解。

定理 2.1（一阶线性递归） 递归

$$a_n = x_n a_{n-1} + y_n \quad (n > 0, \ a_0 = 1)$$

有显式解

$$a_n = y_n + \sum_{1 \leqslant j < n} y_j x_{j+1} x_{j+2} \ldots x_n$$

证明：等式两边同时除以 $x_n x_{n-1} \ldots x_1$，然后迭代，得到

$$a_n = x_n x_{n-1} \ldots x_1 \sum_{1 \leqslant j \leqslant n} \frac{y_j}{x_j x_{j-1} \ldots x_1}$$

$$= y_n + \sum_{1 \leqslant j < n} y_j x_{j+1} x_{j+2} \ldots x_n$$

相同的结果也可以通过另一种方法得到，即在等式两边同时乘以 $x_{n+1} x_{n+2} \ldots$（假设它是收敛的），然后迭代。

例如，定理 2.1 的证明说明要求解递归

$$C_N = \left(1 + \frac{1}{N}\right) C_{N-1} + 2 \quad (N > 1, \ C_1 = 2)$$

应该在等式两边同时除以

$$\frac{N+1}{N} \frac{N}{N-1} \frac{N-1}{N-2} \cdots \frac{3}{2} \frac{2}{1} = N + 1$$

这恰恰是我们在 1.5 节所做的。另外，解

$$2(N+1)(H_{N+1} - 1)$$

也可以根据定理给出的显式解形式直接得到。

定理 2.1 完整地展现了把常系数或变系数一阶线性递归转换为求和式的过程。求解递归的问题简化为了求解求和式的问题。

习题 2.13 求解递归

$$a_n = \frac{n}{n+1} a_{n-1} + 1 \quad (n > 0, \ a_0 = 1)$$

习题 2.14 以 x、y 和初始值 a_t 的形式写出

$$a_n = x_n a_{n-1} + y_n \quad (n > t)$$

的解。

习题 2.15 求解递归

$$na_n = (n+1)a_{n-1} + 2n \quad (n > 0, \ a_0 = 0)$$

习题 2.16 求解递归

$$na_n = (n-4)a_{n-1} + 12nH_n \quad (n > 4,\ \text{当}\ n \leqslant 4\text{时}\ a_n = 0)$$

习题 2.17 [Yao]（"2-3 树的边缘分析[24]"）求解递归

$$A_N = A_{N-1} - \frac{2A_{N-1}}{N} + 2\left(1 - \frac{2A_{N-1}}{N}\right) \quad (N > 0,\ A_0 = 0)$$

该递归描述了以下随机过程：将一组元素（N 个）分成"2-节点"和"3-节点"。在每个步骤中，每个 2-节点以概率 $2/N$ 转化为一个 3-节点；每个 3-节点以概率 $3/N$ 转化为两个 2-节点。那么经过 N 个步骤之后，2-节点的平均个数是多少？

2.3　一阶非线性递归

当递归由关于 a_n 和 a_{n-1} 的非线性函数构成时，会出现各种情况，因此我们不能期望像定理 2.1 那样求得闭式解。本节将研究一些确实能够得到解的有趣情形。

简单收敛

计算初始值的一个有说服力的原因是，许多看起来很复杂的递归却简单收敛于某一常数。例如，考虑等式

$$a_n = 1/(1 + a_{n-1}) \quad (n > 0,\ a_0 = 1)$$

这就是所谓的连分数方程，2.5 节会对其进行讨论。通过计算初始值，可以猜测递归收敛于某一常数：

n	a_n	$\lvert a_n - (\sqrt{5}-1)/2 \rvert$
1	0.500000000000	0.118033988750
2	0.666666666667	0.048632677917
3	0.600000000000	0.018033988750
4	0.625000000000	0.006966011250
5	0.615384615385	0.002649373365
6	0.619047619048	0.001013630298
7	0.617647058824	0.000386929926
8	0.618181818182	0.000147829432
9	0.617977528090	0.000056460660

每次迭代都使有效数字的位数增加常数位（约半位），这叫作简单收敛（simple convergence）。假设该递归确实收敛于某一常数，则该常数必然满足 $\alpha = 1/(1+\alpha)$ 或 $1 - \alpha - \alpha^2 = 0$，这使得解 $\alpha = (\sqrt{5}-1)/2) \approx 0.6180334$。

习题 2.18 定义 $b_n = a_n - \alpha$，其中 a_n 和 α 定义如上。当 n 很大且 a_0 介于 0 和 1 之间时，求 b_n 的近似公式。

习题 2.19 证明当 a_0 介于 0 和 1 之间时，$a_n = \cos(a_{n-1})$ 收敛，并计算 $\lim\limits_{n\to\infty} a_n$，将其精确到 5 位十进制小数。

二次收敛和牛顿法

这种计算函数根的著名迭代方法可以看作计算一阶递归近似解的过程（例如，见参考资料[3]）。例如，用牛顿法计算正数 β 的平方根就是对下面的公式进行迭代

$$a_n = \frac{1}{2}\left(a_{n-1} + \frac{\beta}{a_{n-1}}\right) \quad (n > 0,\ a_0 = 1)$$

改变该递归的变量，就可以看到这个方法为什么如此有效。令 $b_n=a_n-\alpha$，通过简单的代数整理得

$$b_n = \frac{1}{2}\frac{b_{n-1}^2 + \beta - \alpha^2}{b_{n-1} + \alpha}$$

所以，若 $\alpha = \sqrt{\beta}$，则大致有 $b_n \approx b_{n-1}^2$。例如，该迭代给出以下序列，可用于计算 2 的平方根：

n	a_n	$a_n - \sqrt{2}$
1	1.500000000000	0.085786437627
2	1.416666666667	0.002453104294
3	1.414215686275	0.000002123901
4	1.414213562375	0.000000000002
5	1.414213562373	0.000000000000

每次迭代都使有效数字的位数大约增加一倍。这就是所谓的二次收敛情况。

习题 2.20 讨论用牛顿法计算 $\sqrt{-1}$ 会发生什么情况：

$$a_n = \frac{1}{2}\Big(a_{n-1} - \frac{1}{a_{n-1}}\Big) \quad (n > 0,\ a_0 \neq 0)$$

缓慢收敛

考虑递归

$$a_n = a_{n-1}(1 - a_{n-1}) \quad (n > 0,\ a_0 = \tfrac{1}{2})$$

在 6.10 节，我们将看到类似的递归在分析"随机二叉树"的高度时发挥作用。因为递归中的项是递减的且均为正数项，所以不难看出，$\lim_{n\to\infty} a_n=0$。为找出收敛速度，自然要考虑 $1/a_n$。代入得到

$$\frac{1}{a_n} = \frac{1}{a_{n-1}}\Big(\frac{1}{1 - a_{n-1}}\Big)$$
$$= \frac{1}{a_{n-1}}(1 + a_{n-1} + a_{n-1}^2 + \dots)$$
$$> \frac{1}{a_{n-1}} + 1$$

化简该式可得 $1/a_n > n$ 或 $a_n < 1/n$，于是我们发现，$a_n = O(1/n)$。

习题 2.21 证明 $a_n = \Theta(1/n)$。计算初始项，并猜测用 c/n 近似 a_n 的常数 c。然后严格证明 na_n 趋近于一个常数。

习题 2.22 [De Bruijn]证明递归

$$a_n = \sin(a_{n-1}) \quad (n > 0,\ a_0 = 1)$$

的解满足 $\lim_{n\to\infty} a_n=0$ 及 $a_n = O(1/\sqrt{n})$。（提示：考虑变量代换 $b_n=1/a_n$。）

刚刚考虑的 3 种情况是形式

$$a_n = f(a_{n-1})$$

的特殊情形，其中 f 为某些连续函数。如果 a_n 收敛于极限 α，则 α 必然是该函数的一个固定点，且 $\alpha=f(\alpha)$。上面考虑的 3 种情况代表了一般情形：若 $0<|f'(\alpha)|<1$，则该收敛是简单收敛；若 $f'(\alpha)=0$，则该收敛是二次收敛；若 $|f'(\alpha)|<1$，则该收敛是缓慢收敛。

习题 2.23 当 $f'(\alpha)>1$ 时会发生什么情况？

习题 2.24 叙述对应以上 3 种情况的局部收敛（即当 a_0 足够接近 α 时）的充分条件，并用 $f'(\alpha)$ 和 $f''(\alpha)$ 量化表示收敛速度。

2.4 高阶递归

接下来，我们研究具有以下特点的递归：对于 a_n 的方程，其右侧是 a_{n-1}、a_{n-2}、a_{n-3}...的线性组合，且系数均为常数。举一个简单的例子，考虑下面的递归

$$a_n = 3a_{n-1} - 2a_{n-2} \quad (n > 1\text{时}, \ a_0 = 0, \ a_1 = 1)$$

首先观察 $a_n - a_{n-1} = 2(a_{n-1} - a_{n-2})$，这是关于量 $a_n - a_{n-1}$ 的初等递归，由此可求解该递归。迭代该初等递归得到 $a_n - a_{n-1} = 2^{n-1}$；然后，对其迭代并求和得到解 $a_n = 2^n - 1$。也可以通过观察 $a_n - 2a_{n-1} = a_{n-1} - 2a_{n-2}$ 来求解递归。这些操作恰好对应二次方程 $1 - 3x + 2x^2$ 的因式分解，即 $(1-2x)(1-x)$。

类似地，我们可以发现通过求解关于 $a_n - 3a_{n-1}$ 或 $a_n - 2a_{n-1}$ 的初等递归，能够得到

$$a_n = 5a_{n-1} - 6a_{n-2} \quad (n > 1\text{时}, \ a_0 = 0, \ a_1 = 1)$$

的解，即 $a_n = 3^n - 2^n$。

习题 2.25 给出以 $a_n = 4^n - 3^n + 2^n$ 为解的递归。

这些例子说明了解的一般形式，而且这种类型的递归可以求出显式解。

定理 2.2（常系数线性递归） 递归

$$a_n = x_1 a_{n-1} + x_2 a_{n-2} + \ldots + x_t a_{n-t} \quad (n \geq t)$$

的所有解都能表示为形如 $n^j \beta^n$ 的项的线性组合，（组合系数取决于初始条件 $a_0, a_1, \ldots, a_{t-1}$），其中 β 是"特征多项式"

$$q(z) \equiv z^t - x_1 z^{t-1} - x_2 z^{t-2} - \ldots - x_t$$

的一个根，且若 β 的重数为 ν，则 j 满足 $0 \leq j < \nu$。

证明：寻找 $a_n = \beta^n$ 形式的解。代入该形式的任意解必然满足

$$\beta^n = x_1 \beta^{n-1} + x_2 \beta^{n-2} + \ldots + x_t \beta^{n-t} \quad (n \geq t)$$

或等价的

$$\beta^{n-t} q(\beta) = 0$$

即对于特征多项式的任意根 β，β^n 都是递归的解。

接下来，假设 β 是 $q(z)$ 的二重根。我们想要证明 $n\beta^n$ 和 β^n 都是递归的解。再次代入，必然有

$$n\beta^n = x_1(n-1)\beta^{n-1} + x_2(n-2)\beta^{n-2} + \ldots + x_t(n-t)\beta^{n-t} \quad (n \geq t)$$

或等价的

$$\beta^{n-t}((n-t)q(\beta) + \beta q'(\beta)) = 0$$

正如所料，这是正确的，因为当 β 是二重根时，$q(\beta) = q'(\beta) = 0$。更高的重数可用类似的方式处理。

特征多项式有多少个根（包括重根），递归就能通过该过程得到多少个解。解的个数等于递归的阶数 t。此外，这些解还是线性无关的（它们在 ∞ 有不同的增长阶）。因为 t 阶递归的解形成一个 t 维向量空间，所以递归的每个解都必然可以表示为形如 $n^j \beta^n$ 的特解的线性组合。

求解组合系数

根据定理 2.2 可知，任意线性递归的准确解都可以通过下面的方式得到：用初始值 $a_0, a_1, \ldots, a_{t-1}$ 建立一个联立方程式，然后求解该方程组，即得到线性组合的各项常数系数，

而这些项的线性组合正是该线性递归的解。例如，考虑递归

$$a_n = 5a_{n-1} - 6a_{n-2} \quad (n \geq 2\text{时}, \ a_0 = 0, \ a_1 = 1)$$

其特征方程是 $z^2 - 5z + 6 = (z - 3)(z - 2)$，所以

$$a_n = c_0 3^n + c_1 2^n$$

将 n=0 和 n=1 代入公式，则有

$$a_0 = 0 = c_0 + c_1$$
$$a_1 = 1 = 3c_0 + 2c_1$$

这个方程组的解是 $c_0 = 1$ 和 $c_1 = -1$，所以 $a_n = 3^n - 2^n$。

退化现象

本节我们已经给出了一种求解任意线性递归准确解的方法。这一过程明确介绍了通过初始条件确定全部解的方法。当系数为 0 并且/或者某些根形式相同时，结果虽然容易理解，但有点违反直觉。例如，考虑递归

$$a_n = 2a_{n-1} - a_{n-2} \quad (n \geq 2\text{时}, \ a_0 = 1, \ a_1 = 2)$$

由于特征方程是 $z^2 - 2z + 1 = (z - 1)^2$（只有一个二重根，根为 1），所以解是

$$a_n = c_0 1^n + c_1 n 1^n$$

代入初始条件

$$a_0 = 1 = c_0$$
$$a_1 = 2 = c_0 + c_1$$

得到 $c_0 = c_1 = 1$，所以 $a_n = n + 1$。但是，如果初始条件是 $a_0 = a_1 = 1$，那么解就会是 $a_1 = 1$，即 a_n 为常数而不是线性增长的。下面举一个更形象的例子，考虑递归

$$a_n = 2a_{n-1} + a_{n-2} - 2a_{n-3} \quad (n > 3)$$

该递归的解为

$$a_n = c_0 1^n + c_1 (-1)^n + c_2 2^n$$

对于初始条件而言，存在各种选择能够使解的增长变为常数、指数或符号波动！这个例子指出，在处理递归问题时，注意细节（初始条件）是非常重要的。

斐波那契数

我们在前面已经提到过为人熟知的斐波那契数列（Fibonacci sequence）{0,1,1,2,3,5,8,13, 21,34,...}，它由原始的二阶递归

$$F_n = F_{n-1} + F_{n-2} \quad (n > 1\text{时}, \ F_0 = 0, \ F_1 = 1)$$

定义。由于 $u^2 - u - 1$ 的根是 $\phi = (1 + \sqrt{5})/2 = 1.61803\cdots$ 和 $\widehat{\phi} = (1 - \sqrt{5})/2 = -0.61803\cdots$，根据定理 2.2 可知，解为

$$F_N = c_0 \phi^N + c_1 \widehat{\phi}^N$$

其中 c_0 和 c_1 是常数。代入初始条件

$$F_0 = 0 = c_0 + c_1$$
$$F_1 = 1 = c_0 \phi + c_1 \widehat{\phi}$$

得到解为

$$F_N = \frac{1}{\sqrt{5}}(\phi^N - \widehat{\phi}^N)$$

因为 ϕ 比 1 大而 $\widehat{\phi}$ 的绝对值比 1 小，所以在上述 F_N 的表达式中，$\widehat{\phi}^N$ 项的作用微不足道，而事实证明 F_N 总是最接近 $\phi^N/\sqrt{5}$ 的整数。随着 N 逐渐增大，比率 $F_N{+}1/F_N$ 趋近于 ϕ，这就是数学、艺术、建筑学和自然界著名的黄金比例（golden ratio）。

定理 2.2 介绍了一种方法，这种方法能够得到固定度高阶线性递归的全部准确解。第 3 章和第 4 章还会讨论这个问题，因为这两章涉及的高级工具可以简便地获取实践中有用的结果。定理 3.3 给出了一种简单的方法用于计算系数，尤其是识别那些变成零的项。此外，刚刚观察到的斐波那契数的现象总结如下：由于 $n^j\beta^n$ 项都是指数形式，所以当 n 很大时，（在具有非零系数的那些项中间）具有最大 β 值的项会支配所有其他的项，而这些项中，具有最大 j 值的项将起主要作用。对于任意线性递归，母函数（定理 3.3）和渐近分析（定理 4.1）都能简便地明确识别首项并估计其系数。在某些情况下，这是获得较优近似解的捷径，尤其是当 t 值很大时。当 t 值很小时，本章所描述的获取准确解的方法是非常有效的。

习题 2.26 解释如何求解形如

$$a_n = x_1 a_{n-1} + x_2 a_{n-2} + \ldots + x_t a_{n-t} + r \quad (n \geqslant t)$$

的非齐次递归。

习题 2.27 给出初始条件 a_0 和 a_1，使得

$$a_n = 5a_{n-1} - 6a_{n-2} \quad (n > 1)$$

的解为 $a_n = 2^n$。存在使得解为 $a_n = 2^n - 1$ 的初始条件吗？

习题 2.28 给出初始条件 a_0、a_1 和 a_2，使得

$$a_n = 2a_{n-1} - a_{n-2} + 2a_{n-3} \quad (n > 2)$$

的解的增长率为（i）常数、（ii）指数、（iii）符号波动。

习题 2.29 求解递归

$$a_n = 2a_{n-1} + 4a_{n-2} \quad (n > 1\text{时}, \ a_1 = 2, \ a_0 = 1)$$

习题 2.30 求解递归

$$a_n = 2a_{n-1} - a_{n-2} \quad (n > 1\text{时}, \ a_0 = 0, \ a_1 = 1)$$

将初始条件改为 $a_0 = a_1 = 1$，求解相同的递归。

习题 2.31 求解递归

$$a_n = a_{n-1} - a_{n-2} \quad (n > 1\text{时}, \ a_0 = 0, \ a_1 = 1)$$

习题 2.32 求解递归

$$2a_n = 3a_{n-1} - 3a_{n-2} + a_{n-3} \quad (n > 2\text{时}, \ a_0 = 0, \ a_1 = 1, \ a_2 = 2)$$

习题 2.33 找到一个描述以下序列的递归，该序列奇数项的增长阶呈指数递减，但偶数项的增长阶呈指数递增。

习题 2.34 给出"3 阶"斐波那契递归

$$F_N^{(3)} = F_{N-1}^{(3)} + F_{N-2}^{(3)} + F_{N-3}^{(3)} \quad (N > 2\text{时}, \ F_0^{(3)} = F_1^{(3)} = 0, \ F_2^{(3)} = 1)$$

的近似解。将 $F_{20}^{(3)}$ 的近似解和准确解进行比较。

非常系数

如果系数不是常数，那么就需要更高级的技巧，因为定理 2.2 不再适用此类问题。一般来讲，这要用到母函数（见第 3 章）或近似方法（本章稍后讨论），但某些更高阶的问题也可用求和因子求解。例如，递归

$$a_n = na_{n-1} + n(n-1)a_{n-2} \quad (n > 1时，a_1 = 1, a_0 = 0)$$

可以通过只在等式两边同时除以 $n!$ 求解，进而得到以 $a_n/n!$ 表示的斐波那契递归，该结果说明 $a_n = n!F_n$。

习题 2.35 求解递归

$$n(n-1)a_n = (n-1)a_{n-1} + a_{n-2} \quad (n > 1时，a_1 = 1, a_0 = 1)$$

符号解

虽然对于更高阶递归不存在像定理 2.2 这样的封闭形式，但对一般形式

$$a_n = s_{n-1}a_{n-1} + t_{n-2}a_{n-2} \quad (n > 1时，a_1 = 1, a_0 = 1)$$

的迭代结果已经完成了相当详细的研究。若 n 充分大，则有

$$a_2 = s_1,$$
$$a_3 = s_2 s_1 + t_1,$$
$$a_4 = s_3 s_2 s_1 + s_3 t_1 + t_2 s_1,$$
$$a_5 = s_4 s_3 s_2 s_1 + s_4 s_3 t_1 + s_4 t_2 s_1 + t_3 s_2 s_1 + t_3 t_1,$$
$$a_6 = s_5 s_4 s_3 s_2 s_1 + s_5 s_4 s_3 t_1 + s_5 s_4 t_2 s_1 + s_5 t_3 s_2 s_1 + s_5 t_3 t_1$$
$$\qquad + t_4 s_3 s_2 s_1 + t_4 s_3 t_1 + t_4 t_2 s_1$$

等。a_n 展开式的单项数目恰好是 F_n，而且展开式还有许多其他性质：它们与所谓的连续多项式相关，而后者则与连分数密切相关（本章稍后讨论）。具体细节请见参考资料[13]。

习题 2.36 给出一个简单算法来确定 a_n 展开式中是否出现了给定的单项 $s_{i_1} s_{i_2} \ldots s_{i_p} t_{j_1} t_{j_2} \ldots t_{j_q}$。其中有多少个这样的单项？

之前提到过，对于常系数而言，最重要的是推导出首项的渐近性，因为虽然能够得到准确解，但准确解用起来过于烦冗。对于非常系数而言，一般得不到准确解，所以许多应用我们必须满足于只有近似解。现在就来讨论得出这种近似解的方法。

2.5　求解递归的方法

非线性递归或变系数递归通常可以从多种方法中选择一种进行求解或求近似。本节将考虑一些这样的方法和例子。

一直以来，我们主要处理那些能够得到准确解的递归。尽管这类问题在算法分析中确实频繁出现，但必然会遇到那种无法通过已知方法求得准确解的递归。现在就开始研究处理这种递归的高级技巧还为时尚早，不过可以针对如何得到精确近似解给出一些指导并考虑几个相关实例。

本节考虑 4 种一般方法：变量代换（change of variable），该方法通过用另一个变量重新计算递归并简化递归；取值表（repertoire）法，该方法根据给定的递归方向求出解空间；自助（bootstrapping）法，该方法先求出一个近似解，然后利用递归本身再求出更精确的解，如此继续直至得到足够精确的解或者精度不太可能进一步提高为止；扰动（perturbation）法，该方法研究把递归转化为一个类似的、更简单的、具有已知解的递归的效果。前两种方法经常能够得到递归的准确解，而后两种方法则更频繁地用于获取近似解。

变量代换

定理 2.1 实际上描述的是变量代换：如果我们把变量换成 $b_n = a_n/(x_n x_{n-1} \ldots x_1)$，则 b_n 满

足一个简单的递归，在迭代时该递归可以化简成一个求和式。2.4 节以及本章较早的部分也运用过变量代换。那些看起来很难的递归可以通过更复杂的变量代换得出准确解。例如，考虑二阶非线性递归

$$a_n = \sqrt{a_{n-1}a_{n-2}} \quad (n > 1,\ a_0 = 1,\ a_1 = 2)$$

如果对等式两边同时取对数并做变量代换 $b_n = \lg a_n$，则 b_n 满足

$$b_n = \frac{1}{2}(b_{n-1} + b_{n-2}) \quad (n > 1,\ b_0 = 0,\ b_1 = 1)$$

即得到一个常系数线性递归。

习题 2.37 给出 b_n 和 a_n 的准确公式。

习题 2.38 求解递归

$$a_n = \sqrt{1 + a_{n-1}^2} \quad (n > 0,\ a_0 = 0)$$

下一个例子出现于寄存器分配算法[11]的研究：

$$a_n = a_{n-1}^2 - 2 \quad (n > 0)$$

当 $a_0 = 0$ 或 $a_0 = 2$ 时，其解为 $a_n = 2\ (n > 1)$；当 $a_0 = 1$ 时，其解为 $a_n = -1\ (n > 1)$。但对于更大的 a_0，该递归对初始值 a_0 的依赖性比我们见过的其他一阶递归更为复杂。

这就是所谓的二次递归，而且是为数不多的可以通过变量代换明确求解的二次递归之一。设 $a_n = b_n + 1/b_n$，得到递归

$$b_n + \frac{1}{b_n} = b_{n-1}^2 + \frac{1}{b_{n-1}^2} \quad (n > 0,\ b_0 + 1/b_0 = a_0)$$

但这意味着可以通过解出 $b_n = b_{n-1}^2$ 进而求解原递归，迭代上式立刻得到解

$$b_n = b_0^{2^n}$$

根据二次方程，很容易由 a_0 计算出 b_0：

$$b_0 = \frac{1}{2}\left(a_0 \pm \sqrt{a_0^2 - 4}\,\right)$$

于是，

$$a_n = \left(\frac{1}{2}\left(a_0 + \sqrt{a_0^2 - 4}\,\right)\right)^{2^n} + \left(\frac{1}{2}\left(a_0 - \sqrt{a_0^2 - 4}\,\right)\right)^{2^n}$$

当 $a_0 > 2$ 时，两个根中只有较大的根，即带加号的那个根，在该表达式中起主要作用。

习题 2.39 根据上述讨论内容，当 $a_0 = 3$ 或 4 时求解寄存器分配递归。讨论当 $a_0 = 3/2$ 时会发生什么情况。

习题 2.40 当 $a_0 = 2 + \epsilon$ 时，求解寄存器分配递归，其中 ϵ 是任意一个固定的正常数。给出一个精确的近似解。

习题 2.41 找出参数 α、β 和 γ 的所有值，使得通过线性变换（$b_n = f(\alpha, \beta, \gamma)a_n + g(\alpha, \beta, \gamma)$）可将 $a_n = \alpha a_{n-1}^2 + \beta a_{n-1} + \gamma$ 简化成 $b_n = b_{n-1}^2 - 2$。另外，证明 $a_n = a_{n-1}^2 + 1$ 不能简化为这种形式。

习题 2.42 [Melzak] 求解递归

$$a_n = 2a_{n-1}\sqrt{1 - a_{n-1}^2} \quad (n > 0,\ a_0 = \tfrac{1}{2})$$

当 $a_0 = 1/3$ 时，再次求解该递归。将 a_6 视为 a_0 的函数，画出 a_6 的图像并解释观察到的现象。

一方面，潜在的线性可能很难识别，而且找出求解非线性递归的变量代换并不比找出计算（例如）定积分的变量代换更容易。实际上，可以用更高级的分析（迭代理论）证明大部分非线性递归不能用这种方法简化。另一方面，对于出现在实践中的递归，简化这种递归的变量代换方

法也许不难找到，而且其中有些变换可能会得出线性形式。正如寄存器分配的例子所示，这种递归确实会出现在算法分析中。

举另一个例子，考虑用变量代换求得与连分数相关的递归的准确解。

$$a_n = 1/(1 + a_{n-1}) \quad (n > 0,\ a_0 = 1)$$

迭代该递归得到序列

$$a_0 = 1$$

$$a_1 = \frac{1}{1+1} = \frac{1}{2}$$

$$a_2 = \cfrac{1}{1 + \cfrac{1}{1+1}} = \cfrac{1}{1 + \cfrac{1}{2}} = \frac{2}{3}$$

继续计算，得

$$a_3 = \cfrac{1}{1 + \cfrac{1}{1 + \cfrac{1}{1+1}}} = \cfrac{1}{1 + \cfrac{2}{3}} = \frac{3}{5}$$

$$a_4 = \cfrac{1}{1 + \cfrac{1}{1 + \cfrac{1}{1 + \cfrac{1}{1+1}}}} = \cfrac{1}{1 + \cfrac{3}{5}} = \frac{5}{8}$$

根据以上初始项可以判断这是斐波那契数。自然想到形式 $a_n = b_{n-1}/b_n$：将其代入递归，得

$$\frac{b_{n-1}}{b_n} = 1 \left/ \left(1 + \frac{b_{n-2}}{b_{n-1}}\right)\right. \quad (n > 1,\ b_0 = b_1 = 1)$$

等式两边同时除以 b_{n-1}，得

$$\frac{1}{b_n} = \frac{1}{b_{n-1} + b_{n-2}} \quad (n > 1,\ b_0 = b_1 = 1)$$

这意味着 $b_n = F_{n+1}$，即斐波那契序列。以上论述总结了一种方法，即将一般的"连分数"表示为递归的解。

习题 2.43　求解递归

$$a_n = \frac{\alpha a_{n-1} + \beta}{\gamma a_{n-1} + \delta} \quad (n > 0,\ a_0 = 1)$$

习题 2.44　考虑递归

$$a_n = 1/(s_n + t_n a_{n-1}) \quad (n > 0,\ a_0 = 1)$$

其中 $\{s_n\}$ 和 $\{t_n\}$ 是任意序列。将 a_n 表示为由线性递归定义的序列中两个相邻项的比值。

取值表法

在某些情况下还会用到另一种可得到准确解的方法，即取值表法。该方法利用已知函数找出一族解，这些解类似于所要寻找的解，将它们组合起来即可得到答案。该方法主要适用于线性递归，包括以下步骤。

- 通过添加一个附加函数项使递归宽松一些。
- 将已知函数代入递归，以得到类似该递归的等式。

● 用这些等式的线性组合推导出与递归相等的方程。

例如，考虑递归

$$a_n = (n-1)a_{n-1} - na_{n-2} + n - 1 \quad (n > 1,\ a_0 = a_1 = 1)$$

在等式右边引入一个量 $f(n)$，于是需要求解

$$a_n = (n-1)a_{n-1} - na_{n-2} + f(n)$$

其中 $n > 1$，$a_0 = a_1 = 1$ 而且 $f(n) = n - 1$。为此，我们考虑 a_n 的各种可能，并观察结果 $f(n)$，以得到求解（暂时不考虑初始条件）递归的"取值表"。对于这个例子，得到下表

a_n	$a_n - (n-1)a_{n-1} + na_{n-2}$
1	2
n	$n - 1$
n^2	$n + 1$

表格的第 1 行表明 $a_n = 1$ 是 $f(n) = 2$（初始条件为 $a_0 = 1$ 和 $a_1 = 1$）时的一个解；第 2 行表明 $a_n = n$ 是 $f(n) = n - 1$（初始条件为 $a_0 = 0$ 和 $a_1 = 1$）时的一个解；第 3 行表明 $a_n = n^2$ 是 $f(n) = n + 1$（初始条件为 $a_0 = 0$ 和 $a_1 = 1$）时的一个解。现在，它们的线性组合也是解。用第 3 行减去第 1 行，得到的结果说明 $a_n = n^2 - 1$ 是 $f(n) = n - 1$（初始条件为 $a_0 = -1$ 和 $a_1 = 0$）时的一个解。对于 $f(n) = n - 1$，现在有两个（线性无关的）解，组合这两个解进而得到右边的初始值，结果是 $a_n = n^2 - n + 1$。

该方法的成功依赖于能够找到一组线性无关解，也依赖于恰当地利用初始条件。与解的形式相关的直觉或知识可用于确定取值表。运用该方法的经典示例在参考资料[19]中有所涉及。

对于 Quicksort 递归，我们从

$$a_n = f(n) + \frac{2}{n} \sum_{1 \le j \le n} a_{j-1}$$

开始讨论，其中 $n > 0$ 且 $a_0 = 0$。由此得到下面的取值表

a_n	$a_n - (2\sum_{0 \le j < n} a_j)/n$
1	-1
H_n	$-H_n + 2$
n	1
$\lambda(n+1)$	0
nH_n	$\frac{1}{2}(n-1) + H_n$
$n(n-1)$	$\frac{1}{3}(n^2-1) + n - 1$

于是，$2nH_n + 2H_n + \lambda(n+1) + 2$ 是 $f(n) = n + 1$ 时的一个解；令 $\lambda = -2$ 解决初始值，正如所料，得到结果

$$2(n+1)H_n - 2n$$

这个解是根据取值表第 5 行得出的，应该试一试该解，因为由于其他原因我们怀疑该解可能是 $O(n\log n)$。注意，通过取值表也可以方便地给出对于其他 $f(n)$ 的解，但可能需要更详细的算法分析。

习题 2.45 求解 Quicksort 递归，其中 $f(n) = n^3$。

习题 2.46 [Greene 和 Knuth] 用取值表法求解 Quicksort 三项中值递归（见第 1 章的公式 (4)）。（关于该递归用差分和求和因子求得的直接解，可见参考资料[17]或[23]；关于用母函数求得的解，

见第 3 章。）

自助法

我们经常能够猜测某个递归的解的近似值。然后，用该递归本身限制估计，可以得到更准确的估计。通常来讲，该方法包括以下步骤。

- 用递归计算一些数值。
- 猜测解的近似形式。
- 把近似解代回递归。
- 根据所猜测的解和代入的情况，证明解的更严格的界限。

为了说明目的，假设将该方法应用到斐波那契递归中：

$$a_n = a_{n-1} + a_{n-2} \quad (n > 1,\ a_0 = 0,\ a_1 = 1)$$

首先，要注意 a_n 是递增的。因此，$a_{n-1} > a_{n-2}$ 且 $a_n > 2a_{n-2}$。迭代该不等式则有 $a_n > 2^{n/2}$，至少由此可知 a_n 的增长率是指数形式的。另一方面，$a_{n-2} < a_{n-1}$ 则有 $a_n < 2a_{n-1}$，或（迭代）$a_n < 2^n$。于是证明了 a_n 指数增长的上界和下界，而且感觉"猜测"解的形式为 $a_n \sim c_0 \alpha^n$ 是正确的，其中 $\sqrt{2} < \alpha < 2$。根据递归可得出结论：α 必须满足 $\alpha^2 - \alpha - 1 = 0$，由此得出 ϕ 和 $\widehat{\phi}$。确定了 α 值，我们就能用自助法回到递归和初始值，以找到适当的系数。

习题 2.47　求解递归

$$a_n = 2/(n + a_{n-1}) \quad (n > 0,\ a_0 = 1)$$

习题 2.48　用自助法证明：Quicksort 三项中值所用的比较次数是 $\alpha N \ln N + O(N)$。然后确定 α 的值。

习题 2.49　[Greene 和 Knuth] 用自助法证明：

$$a_n = \frac{1}{n} \sum_{0 \leqslant k < n} \frac{a_k}{n - k} \quad (n > 0,\ a_0 = 1)$$

满足 $n^2 a_n = O(1)$。

扰动法

求解递归近似解的另一个方法是求解更简单的相关递归。这是求解递归的一般方法，包括以下步骤：首先，选取那些似乎能起决定性作用的部分，得到简化的递归并研究这个递归；然后，求解这个简化的递归；最后，将原递归的解与简化后递归的解进行比较。这种方法类似数值分析中的一类经典方法，即扰动法。通常来讲，该方法包括以下步骤。

- 对递归进行微小的修改，使之变成一个已知的递归。
- 改变变量以得到已知的界，将其转换为一个关于解的（更少）未知部分的递归。
- 确定未知"误差"项的界。

例如，考虑递归

$$a_{n+1} = 2a_n + \frac{a_{n-1}}{n^2} \quad (n > 1,\ a_0 = 1,\ a_1 = 2)$$

似乎有理由假设最后一项对递归产生的影响很小，因为它的系数是 $1/n^2$，于是

$$a_{n+1} \approx 2a_n$$

从而可以预测粗略形式的增长为 $a_n \approx 2^n$。为使其更加精确，我们考虑更简单的序列

$$b_{n+1} = 2b_n \quad (n > 0,\ b_0 = 1)$$

（从而 $b_n = 2^n$），并通过构建比值

$$\rho_n = \frac{a_n}{b_n} = \frac{a_n}{2^n}$$

比较两个递归。由这两个递归可得

$$\rho_{n+1} = \rho_n + \frac{1}{4n^2}\rho_{n-1} \quad (n > 0,\ \rho_0 = 1)$$

显然，ρ_n 是递增的。为了证明 ρ_n 趋近于一个常数，需要注意

$$\rho_{n+1} \leqslant \rho_n\left(1 + \frac{1}{4n^2}\right) \quad (n \geqslant 1)$$

从而

$$\rho_{n+1} \leqslant \prod_{k=1}^{n}\left(1 + \frac{1}{4k^2}\right)$$

但对应于右侧的无限乘积单调收敛于

$$\alpha_0 = \prod_{k=1}^{\infty}\left(1 + \frac{1}{4k^2}\right) = 1.46505\cdots$$

因此，ρ_n 由 α_0 限定上界，并且随着 ρ_n 增加，它必然收敛于一个常数。于是证明了

$$a_n \sim \alpha \cdot 2^n$$

其中常数 $\alpha < 1.46505\cdots$（此外，这个界并非很粗略，例如 $\rho_{100} = 1.44130\cdots$）。

上面的例子只是一个简单的例子，其意义就是为了阐明扰动法。一般来说，实际情况也许会更复杂，可能需要将该方法迭代若干步，也可能需要引入几个中间的递归。这涉及刚刚讨论过的自助法。如果简化的递归没有闭形式的表达式，那么可能还会出现困难。尽管如此，扰动法仍是求解递归渐近解的重要方法。

习题 2.50 求"扰动的"斐波那契递归

$$a_{n+1} = \left(1 + \frac{1}{n}\right)a_n + \left(1 - \frac{1}{n}\right)a_{n-1} \quad (n > 1,\ a_0 = 0,\ a_1 = 1)$$

的解的渐近增长。

习题 2.51 求解递归

$$a_n = na_{n-1} + n^2 a_{n-2} \quad (n > 1,\ a_1 = 1,\ a_0 = 0)$$

习题 2.52 [Aho 和 Sloane] 递归

$$a_n = a_{n-1}^2 + 1 \quad (n > 0,\ a_0 = 1)$$

对于某些常数 α 和 γ，满足 $a_n \sim \lambda\alpha^{2^n}$。求 α 的收敛级数，并将 α 精确到 50 位十进制小数。（提示：考虑 $b_n = \lg a_n$。）

习题 2.53 求解下列斐波那契递归的扰动

$$a_n = \left(1 - \frac{1}{n}\right)(a_{n-1} + a_{n-2}) \quad (n > 1,\ a_0 = a_1 = 1)$$

实验 $n^\alpha \phi^n$ 形式的解，并确定 α。

2.6 二分分治递归和二进制数

通过运用以下基本算法设计范例，已经得到了求解各种问题的优良算法："把问题分为两个相等大小的子问题，递归地求解它们，然后用基于上述过程得到的解求解原问题。" Mergesort 就是这种算法的一个原型。例如（见 1.2 节中定理 1.2 的证明），Mergesort 所用的比较次数由递归

$$C_N = C_{\lfloor N/2 \rfloor} + C_{\lceil N/2 \rceil} + N \quad (N > 1, \ C_1 = 0) \tag{4}$$

的解给出。该递归以及其他与之类似的递归出现在各种算法的分析中，这些算法都具有与 Mergesort 相同的基本结构，它们通常能够确定满足这种递归的函数的渐近增长，但在获取准确解时要格外仔细。这主要因为若 N 是奇数，则"大小"为 N 的问题就不能分成两个大小相等的子问题，能够做到的最好的情形就是使问题的大小相差 1。若 N 值很大，则这个问题可以忽略；但是若 N 值很小，问题就会非常明显。通常来讲，这种递归结构必定会涉及许多小的子问题。

我们将会看到，这意味着准确解往往具有周期性，有时甚至严重不连续，而且常常无法用光滑函数来描绘。例如，图 2.1 显示了 Mergesort 递归和类似的递归的解。

$$C_N = 2C_{\lceil N/2 \rceil} + N \quad (N > 1, \ C_1 = 0)$$

前者的解相对平滑；而后者的解则表现为不规则的碎段，这一特征在分治递归中很常见。

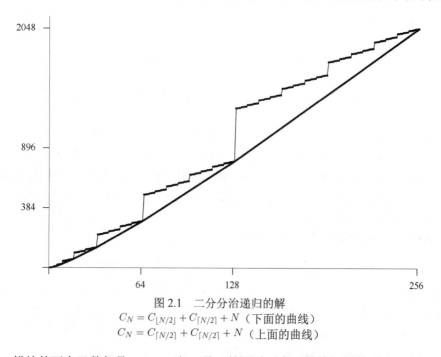

图 2.1　二分分治递归的解
$C_N = C_{\lfloor N/2 \rfloor} + C_{\lceil N/2 \rceil} + N$（下面的曲线）
$C_N = C_{\lceil N/2 \rceil} + C_{\lceil N/2 \rceil} + N$（上面的曲线）

图 2.1 描绘的两个函数都是 $\sim N\lg N$，当 N 是 2 的幂时两个函数恰好都等于 $N\lg N$。图 2.2 依旧描绘了这两个函数，只不过这是减去 $N\lg N$ 之后的图，该图表明两个函数的线性项具有周期性。与 Mergesort 相关的周期函数的值非常小且连续，其导数在 2 的幂处不连续；另一个函数的值则相对较大而且根本不连续。当我们为了比较程序而试图进行精确甚至渐近估计时，这种特性可能会导致问题的出现。然而幸运的是，在用数字表示法理解递归时，一般很容易看出解的性质。为了说明这一点，接下来我们研究另一个重要算法，这是一般问题求解策略的具体实例，可追溯至古代。

二分法检索

在最简单、最著名的二分分治算法中，有一种算法叫作二分法检索（binary search）。给定一个固定的数集，我们希望能够快速确定所要查找的数是否在这个数集中。为此，首先将数集中的数排序，得到数表。然后，对于所要查找的任意数，都可以用程序 2.2 所示的方法查找：查看正中间的数，如果所要查找的数与该数相等，则查找成功。否则，若所要查找的数比正中间的数小，就（递归地）用同样的方法查看表的左半部分；若所要查找的数比正中间的数大，就查看表的右半部分。

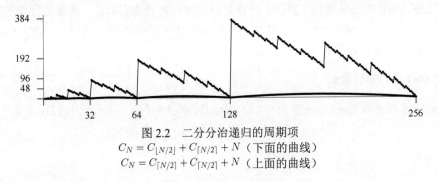

图 2.2　二分分治递归的周期项
$C_N = C_{\lfloor N/2 \rfloor} + C_{\lceil N/2 \rceil} + N$（下面的曲线）
$C_N = C_{\lceil N/2 \rceil} + C_{\lceil N/2 \rceil} + N$（上面的曲线）

程序 2.2　二分法检索

```java
public static int search(int key, int lo, int hi)
{
    if (lo > hi) return -1;
    int mid = lo + (hi - lo) / 2;
    if (key < a[mid])
        return search(key, lo, mid - 1);
    else if (key > a[mid])
        return search(key, mid + 1, hi);
    else return mid;
}
```

定理 2.3（二分法检索）　对大小为 N 的表进行二分法检索时，在失败检索中，最坏的情况下，其所用的比较次数等于 N 的二进制数表示的位数。两者均可表示为递归

$$B_N = B_{\lfloor N/2 \rfloor} + 1 \quad (N \geqslant 2, \ B_1 = 1)$$

其准确解是 $B_N = \lfloor \lg N \rfloor + 1$。

证明：查看完"中间数"之后，一个元素被删除，序列的两部分大小分别为 $\lfloor (N-1)/2 \rfloor$ 和 $\lceil (N-1)/2 \rceil$。通过分别查验奇数 N 和偶数 N 来建立递归，两个数中较大的数总是 $\lfloor N/2 \rfloor$。例如，在大小为 83 的表中，第一次比较后两个子序列的大小都是 41；但在大小为 82 的表中，一个子序列的大小是 40，另一个的大小则是 41。

$\lfloor N/2 \rfloor$ 等于 N 的二进制数表示中的位数（忽略前导 0），这是因为 $\lfloor N/2 \rfloor$ 的计算恰好等价于将 N 的二进制数表示右移一位。迭代这个递归就相当于计算位数，当遇到最高位时计算结束。

若 $2^n \leqslant N < 2^{n+1}$ 或取对数 $n \leqslant \lg N < n + 1$，则 N 的二进制数表示的位数是 $n + 1$。也就是说，根据定义，$n = \lfloor \lg N \rfloor$。

图 2.3 描绘了函数 $\lg N$ 和 $\lfloor \lg N \rfloor$，以及小数部分 $\{\lg N\} \equiv \lg N - \lceil \lg N \rceil$。

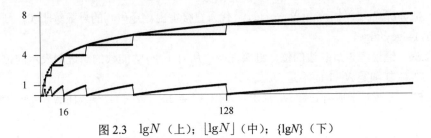

图 2.3　$\lg N$（上）；$\lfloor \lg N \rfloor$（中）；$\{\lg N\}$（下）

习题 2.54 在对大小为 N 的表进行二分法检索的失败检索中，在理想的情况下，其所用的比较次数是多少？

习题 2.55 考虑"三分查找"算法，在该算法中序列被分为三部分，需要进行两次比较才能确定关键字在哪部分，递归地运用该算法。写出该算法在最坏情况下所用比较次数的特点，并将其与二分法检索进行比较。

Mergesort 递归的准确解

利用差分容易求解 Mergesort 递归（2）：若将 D_N 定义为 $C_{N+1} - C_N$，则 D_N 满足递归

$$D_N = D_{\lfloor N/2 \rfloor} + 1 \quad (N \geqslant 2,\ D_1 = 2)$$

经过迭代得到

$$D_N = \lfloor \lg N \rfloor + 2$$

因此，

$$C_N = N - 1 + \sum_{1 \leqslant k < N} (\lfloor \lg k \rfloor + 1)$$

有些方法可用于计算这个和式，并以此得到 C_N 的准确公式：正如前面所述，记录与整数二进制表示的关系是有用的。尤其是我们刚刚看到的，$\lfloor \lg k \rfloor + 1$ 是 k 的二进制表示的位数（忽略前导 0），所以 C_N 恰好是所有小于 N 的正数的二进制表示的位数再加 $N-1$。

定理 2.4（Mergesort） Mergesort 所用的比较次数等于 $N-1$ 加上所有小于 N 的数的二进制表示的位数。这两个量均可表示为递归

$$C_N = C_{\lfloor N/2 \rfloor} + C_{\lceil N/2 \rceil} + N \quad (N \geqslant 2,\ C_1 = 0)$$

其准确解是 $C_N = N \lfloor \lg N \rfloor + 2N - 2^{\lfloor \lg N \rfloor + 1}$。

证明：定理的第一部分根据前面的讨论即可证明。现在，所有小于 N 的 $N-1$ 个数在最右边都有一位；其中，$N-2$ 个数（除去 1 的所有数）有从最右边数第 2 个位置上的位；$N-4$ 个数（除去 1、2 和 3 的所有数）有从最右边数第 3 个位置上的位；$N-8$ 个数有从最右边数第 4 个位置上的位，等等。所以，必然存在

$$\begin{aligned} C_N &= (N-1) + (N-1) + (N-2) + (N-4) + \cdots + (N - 2^{\lfloor \lg N \rfloor}) \\ &= (N-1) + N(\lfloor \lg N \rfloor + 1) - (1 + 2 + 4 + \ldots + 2^{\lfloor \lg N \rfloor}) \\ &= N \lfloor \lg N \rfloor + 2N - 2^{\lfloor \lg N \rfloor + 1} \end{aligned}$$

如前所述，$\lfloor \lg N \rfloor$ 是一个具有周期性的不连续函数。然而上面还提到过，C_N 本身是连续的，所以涉及 $\lfloor \lg N \rfloor$ 的两个函数的不连续性（但不是周期性）恰好抵消。图 2.4 解释了这种现象，且下面推论中的计算也支持上述结论。

推论 $C_N = N \lg N + N\theta(1 - \{\lg N\})$，其中 $\theta(x) = 1 + x - 2^x$ 是一个满足 $\theta(0) = \theta(1) = 0$ 和 $0 < \theta(x) < 0.086$（$0 < x < 1$）的正函数。

证明：把分解式 $\lfloor \lg N \rfloor = \lg N - \{\lg N\}$ 代入直接得出。令 $\theta(x)$ 的导数等于 0，则可计算得到值 $0.086 \approx 1 - \lg e + \lg \lg e$。

习题 2.56 通过考虑最右边的位，直接证明：所有小于 N 的数的二进制表示的位数都满足公式（4），但附加项是 $N-1$ 而不是 N。

习题 2.57 证明对于所有正数 N，都满足 $N \lfloor \lg N \rfloor + 2N - 2^{\lfloor \lg N \rfloor + 1} = N \lceil \lg N \rceil + N - 2^{\lceil \lg N \rceil}$（见习题 1.4）。

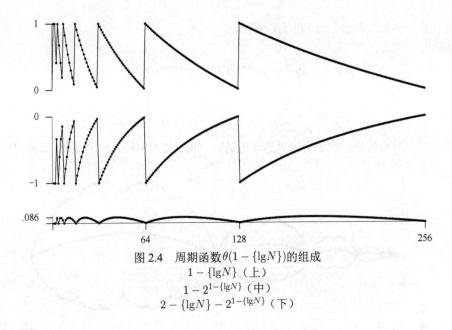

图 2.4　周期函数 $\theta(1-\{\lg N\})$ 的组成
$1-\{\lg N\}$（上）
$1-2^{1-\{\lg N\}}$（中）
$2-\{\lg N\}-2^{1-\{\lg N\}}$（下）

二进制数的其他性质

我们常常研究二进制整数的性质，这是因为在许多基本算法中，二进制整数能够自然地模拟（二分）决策过程。前面涉及的量可能会出现于任意通过递归地将问题分成两部分来进行求解的算法分析中，如二分法检索和 Mergesort 所用的方法，而类似的量显然还会出现在其他分治算法中。为了完成对分治递归的研究，接下来考虑两个算法分析中经常出现的数值二进制表示的性质。

定义　给定一个整数 N，定义总体计数函数（population count function）ν_N 为 N 的二进制数表示中 1 的个数；定义累积总体计数函数（cumulated population count function）P_N 为所有小于 N 的数的二进制数表示中 1 的个数。

定义　给定一个整数 N，定义标尺函数（ruler function）ψ_N 为 N 的二进制数表示中处于最后位置的 1 的个数；定义累积标尺函数（cumulate ruler function）R_N 为所有小于 N 的数的二进制数表示中处于最后位置的 1 的个数。

表 2.3 给出了当 $N < 16$ 时这些函数的值。当 N 值较大时，试着计算这些函数的值，读者可能会发现这一过程具有启发意义。例如，83 的二进制数表示是 1010011，所以 $\nu_{83} = 4$ 且 $\psi_{83} = 2$。累积的值

$$P_N \equiv \sum_{0 \leqslant j < N} \nu_j \text{ 和 } R_N \equiv \sum_{0 \leqslant j < N} \psi_j$$

表 2.3　标尺函数和总体计数函数

N	1	2	3	4	5	6	7	8	9	10	11	12	13	14	15
	0001	0010	0011	0100	0101	0110	0111	1000	1001	1010	1011	1100	1101	1110	1111
ν_N	1	1	2	1	2	2	3	1	2	2	3	2	3	3	4
P_N	0	1	2	4	5	7	9	12	13	15	17	20	22	25	28
ψ_N	1	0	2	0	1	0	3	0	1	0	2	0	1	0	4
R_N	0	1	1	3	3	4	4	7	7	8	8	10	10	11	11

不太容易计算。例如，$P_{84} = 215$ 和 $R_{84} = 78$。

不难看出，例如

$$P_{2^n} = n2^{n-1} \text{和} R_{2^n} = 2^n - 1$$

以及

$$P_N = \frac{1}{2}N\lg N + O(N) \text{和} R_N = N + O(\lg N)$$

但是却很难得到准确的表示或者更精确的渐近估计，如图 2.5 中 $P_N - (N\lg N)/2$ 的图所示。

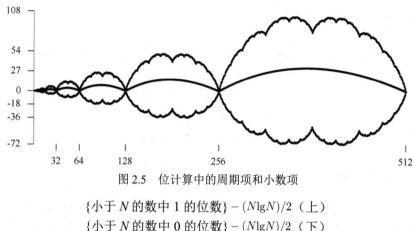

图 2.5　位计算中的周期项和小数项

{小于 N 的数中 1 的位数} $- (N\lg N)/2$（上）

{小于 N 的数中 0 的位数} $- (N\lg N)/2$（下）

{小于 N 的数的位数} $- N\lg N$（中）

如前所述，在描述相同的量时，这种类型的函数满足那些能够简单得到但可能明显不同的递归。例如，考虑最左边的位，可以看到小于 N 的 $2^{\lfloor \lg N \rfloor}$ 个数的起始数字为 0，其余的数起始数字为 1。于是，可得

$$P_N = P_{2^{\lfloor \lg N \rfloor}} + (N - 2^{\lfloor \lg N \rfloor}) + P_{N - 2^{\lfloor \lg N \rfloor}}$$

然而，考虑最右边的位，显然

$$P_N = P_{\lfloor N/2 \rfloor} + P_{\lceil N/2 \rceil} + \lfloor N/2 \rfloor \quad (N > 1, \ P_1 = 0)$$

这类似于 Mergesort 递归，该递归与统计所有小于 N 的位数有关（大约应该有 1 的位数的一半那么多），但这个函数却明显不同。（比较图 2.5 和图 2.2。）统计 0 的位数的函数与之相似：二者都表现为碎段状，但它们能够相互抵消进而形成周期性的连续函数，对此我们在前面已经见过（见图 2.2）。参考资料[7]详细研究了函数 P_N，并用随处可见的函数表示 P_N。

其他递归

二分法检索和 Mergesort 是典型的二分分治算法。前面给出的例子揭示了其与数的二进制表示属性之间的关系，沿着我们讨论的方向，可将之用于求其他类似递归的更为精确的解。

表 2.4 列举了一些常见的递归及其近似解，这些近似解均由下一节给出的一般定理求得。在该表中，$a_{N/2}$ 表示 "$a_{\lfloor N/2 \rfloor}$ 或 $a_{\lceil N/2 \rceil}$"，$2a_{N/2}$ 表示 "$a_{N/2} + a_{N/2}$" 等——2.7 节会讨论这样一个事实：这样的微小变动不会影响表 2.4 给出的渐近结果（尽管它们确实阻碍我们得到更一般的估计）。

表 2.4 二分分治递归及其解

$a_N = a_{N/2} + 1$	$\lg N + O(1)$
$a_N = a_{N/2} + N$	$2N + O(\lg N)$
$a_N = a_{N/2} + N\lg N$	$\Theta(N\lg N)$
$a_N = 2a_{N/2} + 1$	$\Theta(N)$
$a_N = 2a_{N/2} + \lg N$	$\Theta(N)$
$a_N = 2a_{N/2} + N$	$N\log N + O(N)$
$a_N = 2a_{N/2} + N\lg N$	$\frac{1}{2}N\lg N^2 + O(N\log N)$
$a_N = 2a_{N/2} + N\lg^{\delta-1} N$	$\delta^{-1}N\lg^\delta N + O(N\lg^{\delta-1} N)$
$a_N = 2a_{N/2} + N^2$	$2N^2 + O(N)$
$a_N = 3a_{N/2} + N$	$\Theta(N^{\lg 3})$
$a_N = 4a_{N/2} + N$	$\Theta(N^2)$

通常来讲，涉及这种递归的应用包含了最坏情况的结果，但是如果子问题具有独立性而且分隔后仍然是"随机"的，那么对于某些问题，这些结果也能够达到期望的开销。

值得一提的是，从这些数字的性质到更具组合学特性的位串性质只有一小步。例如，想知道在随机位串中连续 0 最长的串的平均长度，或许是为了在设计运算单元时可以对其进行某种优化。这是数的性质，还是表示它的那些位的性质？这样的问题立刻引发了更普遍适用的组合学研究，第 8 章将讨论这一内容。

在算法分析中经常遇到这种类型的函数，需要了解它们与二进制数的简单性质之间的关系。当然，除了分治算法，这些函数也会出现在关于二进制数表示的算术算法的直接分析中。其中一个著名的例子是分析加法器中进位传送链的期望长度，该问题可追溯至 von Neumann，在参考资料[18]中这个问题已被完全解决。这些结果与字符串基本算法的分析直接相关，第 8 章将研究此内容。有关二分分治递归及其解的性质的更为详细的研究，请见参考资料[2]以及参考资料[9]。

习题 2.58 给出图 2.5 所描绘的函数的递归。

习题 2.59 类似于上面推导P_N的方法，推导出R_N的递归。

习题 2.60 画出递归
$$A_N = A_{\lfloor N/2 \rfloor} + A_{\lceil N/2 \rceil} + \lfloor \lg N \rfloor \quad (N \geq 2, \ A_1 = 0)$$
的解，其中$1 \leq N \leq 512$。

习题 2.61 画出递归
$$B_N = 3B_{\lceil N/2 \rceil} + N \quad (N \geq 2, \ B_1 = 0)$$
的解，其中$1 \leq N \leq 512$。

习题 2.62 画出
$$D_N = D_{\lceil N/2 \rceil} + D_{\lceil N/2 \rceil} + C_N \quad (N > 1, \ D_1 = 0)$$
的解。其中C_N是
$$C_N = C_{\lceil N/2 \rceil} + C_{\lceil N/2 \rceil} + N \quad (N > 1, \ C_1 = 0)$$
的解。把每项的$\lceil N/2 \rceil$改成$\lfloor N/2 \rfloor$，然后考虑该问题的变体。

习题 2.63 取 N 的二进制数表示，将其倒置，并解释作为一个整数 $\rho(N)$ 的结果。证明 $\rho(N)$ 满足分治递归。画出当 $1 \leqslant N \leqslant 512$ 时 $\rho(N)$ 的图像，并解释你所观察到的现象。

习题 2.64 在小于 N 的数的二进制数表示中，由连续多个 1 组成的初始字符串的平均长度是多少？假设所有这样的数都是等可能的。

习题 2.65 在长度为 N 的随机位串中，由连续多个 1 组成的初始字符串的平均长度是多少？假设所有这样的字符串都是等可能的。

习题 2.66 在随机位（可能是无穷的）序列中，由连续多个 1 组成的初始字符串长度的平均值和方差是多少？

习题 2.67 当二进制计数器从 0 到 N 增加 N 次时，进位的总数是多少？

2.7 一般的分治递归

一般来讲，按照下列方法扩展分治算法设计范例，往往可以得到有效的算法和复杂性研究中的上界，该方法是："把问题分解成较小的（可能是重叠的）子问题，递归地求解这些子问题，然后再用得到的解去求解原问题。"各种分治递归相继出现，它们依赖于子问题的数量和相对大小、子问题的重叠程度以及为求解原问题而将其重新组合的开销。通常情况下，我们能够确定满足这些递归的函数的渐近增长。然而如上所述，由于所涉及的函数具有周期性和碎段性，所以必须详细地说明细节。

为了求得通解，我们从递归公式

$$a(x) = \alpha a(x/\beta) + f(x) \quad (x > 1 \text{ 且 } a(x) = 0，或 x \leqslant 1)$$

出发，定义一个正实数的函数（function）。从本质上来讲，这对应一个分治算法，该算法把一个大小为 x 的问题分解成 α 个大小为 x/β 的子问题，并将这些子问题重新组合，其开销为 $f(x)$。在此处，$a(x)$ 是一个由正实数 x 定义的函数，因而明确定义了 $a(x/\beta)$。在大多数应用中，α 和 β 都是整数，尽管求解时并不利用这一特点。当然，我们坚持 $\beta > 1$。

例如，设 $f(x) = x$ 且限制整数 $N = \beta^n$。在这种情况下，有

$$a_{\beta^n} = \alpha a_{\beta^{n-1}} + \beta^n \quad (n > 0, \ a_1 = 0)$$

等式两边同时除以 α^n 并迭代（即运用定理 2.1），得到解

$$a_{\beta^n} = \alpha^n \sum_{1 \leqslant j \leqslant n} \left(\frac{\beta}{\alpha}\right)^j$$

目前存在三种情况：若 $\alpha > \beta$，则 a_{β^n} 收敛于一个常数；若 $\alpha = \beta$，则 a_{β^n} 等于 n；若 $\alpha < \beta$，则后面的项对 a_{β^n} 的结果起决定性作用，且结果为 $O(\beta/\alpha)^n$。由于 $\alpha^n = (\beta^{\log_\beta \alpha})^n = (\beta^n)^{\log_\beta \alpha}$，这表明当 $\alpha > \beta$ 时，该递归的解为 $O(N^{\log_\beta \alpha})$；当 $\alpha = \beta$ 时，解为 $O(N\log N)$；当 $\alpha < \beta$ 时，解为 $O(N)$。虽然该解只对 $N = \beta^n$ 成立，但它说明了一般情况下所遇到的整体结构。

定理 2.5（分治函数） 如果函数 $a(x)$ 满足递归

$$a(x) = \alpha a(x/\beta) + x \quad (x \leqslant 1, \text{ 当 } x > 1 \text{ 时 } a(x) = 0)$$

则

$$\text{若 } \alpha < \beta \quad a(x) \sim \frac{\beta}{\beta - \alpha} x$$

$$\text{若 } \alpha = \beta \quad a(x) \sim x\log_\beta x$$

$$\text{若 } \alpha > \beta \quad a(x) \sim \frac{\alpha}{\alpha - \beta} \left(\frac{\beta}{\alpha}\right)^{\{\log_\beta \alpha\}} x^{\log_\beta \alpha}$$

证明：迭代递归直至子问题能够使用初始条件为止，这是适用于所有分治递归的基本思想。此处有

$$
\begin{aligned}
a(x) &= x + \alpha a(x/\beta) \\
&= x + \alpha \frac{x}{\beta} + \alpha a(x/\beta^2) \\
&= x + \alpha \frac{x}{\beta} + \alpha^2 \frac{x}{\beta^2} + \alpha a(x/\beta^3)
\end{aligned}
$$

等。迭代 $t = \lfloor \log_\beta x \rfloor$ 次后，出现的 $a(x/\beta^t)$ 项可以用 0 代替，迭代过程终止。由此得出解的准确表示：

$$
a(x) = x\left(1 + \frac{\alpha}{\beta} + \ldots + \frac{\alpha^t}{\beta^t}\right)
$$

前面提到过，现在可以分三种情况进行讨论。第一种情况，若 $\alpha < \beta$，则其和收敛且

$$
a(x) \sim x \sum_{j \geq 0} \left(\frac{\alpha}{\beta}\right)^j = \frac{\beta}{\beta - \alpha} x
$$

第二种情况，若 $\alpha = \beta$，则求和式的每一项都是 1，解是

$$
a(x) = x(\lfloor \log_\beta x \rfloor + 1) \sim x \log_\beta x
$$

第三种情况，若 $\alpha > \beta$，则求和式的最后一项起决定性作用，于是

$$
\begin{aligned}
a(x) &= x\left(\frac{\alpha}{\beta}\right)^t \left(1 + \frac{\beta}{\alpha} + \ldots + \frac{\beta^t}{\alpha^t}\right) \\
&\sim x \frac{\alpha}{\alpha - \beta} \left(\frac{\alpha}{\beta}\right)^t
\end{aligned}
$$

如上所述，通过将 $\log_\beta x$ 的整数部分和小数部分分隔开来并写成 $t \equiv \lfloor \log_\beta x \rfloor = \log_\beta x - \{\log_\beta x\}$，就能够分离第三种情况中表达式的周期性。由于 $\alpha^{\log_\beta x} = x^{\log_\beta \alpha}$，可得

$$
x\left(\frac{\alpha}{\beta}\right)^t = x\left(\frac{\alpha}{\beta}\right)^{\log_\beta x}\left(\frac{\alpha}{\beta}\right)^{-\{\log_\beta x\}} = x^{\log_\beta \alpha}\left(\frac{\beta}{\alpha}\right)^{\{\log_\beta x\}}
$$

证明完成。

当 $\alpha \leqslant \beta$ 时，首项不具有周期性；然而，当 $\alpha > \beta$ 时，$x^{\log_\beta \alpha}$ 的系数是 $\log_\beta x$ 的周期函数，它是有界的且在 $\alpha/(\alpha - \beta)$ 和 $\beta/(\alpha - \beta)$ 之间震荡。

图 2.6 说明了 α 和 β 的相对值是如何影响函数的渐近增长的。图中的方格对应着分治算法的问题大小。最上面的图显示了问题是如何具有线性的，因为问题的大小以指数级的增长速度趋向于 0，其中每个问题分成两个子问题，而每个子问题的大小都是原问题的三分之一。中间的图显示了整个问题的大小是如何得以平衡的，这里需要用到一个 "log" 乘数因子，其中每个问题分成三个子问题，而每个子问题的大小都是原问题的三分之一。最后一张图显示了整个问题的大小是如何以指数级的形式增长的，其中的每个问题分成四个子问题，而每个子问题的大小都是原问题的三分之一，所以问题的总数由最后一项控制。以上说明了函数的渐近增长，而且能够代表一般的情况。

为了概括该内容使之适用于实际情况，需要考虑其他的 $f(x)$ 以及不要求子问题的大小严格相等的划分策略（这将促使我们回到整数递归）。对于其他的 $f(x)$，则完全按照前面的方法进行处理：最高层有一个开销为 $f(x)$ 的问题，接着有 α 个开销为 $f(x/\beta)$ 的问题，然后有 α^2 个开销为 $f(x/\beta^2)$ 的问题，等等。所以总开销是

$$
f(x) + \alpha f(x/\beta) + \alpha^2 f(x/\beta^2) + \cdots
$$

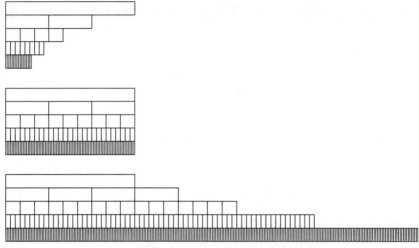

图 2.6 当 $\beta = 3$ 且 $\alpha = 2$、3、4 时的分治情况

如上所述，存在三种情况：若 $\alpha > \beta$，则求和式中后面的项起主要作用；若 $\alpha = \beta$，则各项大致相等；若 $\alpha < \beta$，则前面的项起主要作用。如果想得到精确的答案，就需要函数 f 的某些"光滑"约束。例如，如果限制 f 的形式为 $x^\gamma (\log x)^\delta$——这实际上代表了复杂性研究中出现的绝大部分函数——则可以用一个与前文类似的结论证明

$$\text{若 } \gamma < \log_\beta \alpha \qquad a(x) \sim c_1 x^\gamma (\log x)^\delta$$
$$\text{若 } \gamma = \log_\beta \alpha \qquad a(x) \sim c_2 x^\gamma (\log x)^{\delta+1}$$
$$\text{若 } \gamma > \log_\beta \alpha \qquad a(x) = \Theta(x^{\log_\beta \alpha})$$

其中 c_1 和 c_2 是适当的常数，取决于 α、β 和 γ。

习题 2.68 写出 c_1 和 c_2 的显式表达式。从 $\delta = 0$ 的情况开始计算。

直观地看，当这些子问题的大小几乎（但不必完全）相等时，我们依然希望能够得到同样的结果。事实上，由于"问题的大小"一定是整数，所以必须考虑这种情况：把一个大小为奇数的序列分成两部分，得到的子问题大小几乎相同但不是完全相同。而且，为了估计 $a(x)$ 的增长，不要求必须有 $f(x)$ 的准确值。当然，我们也对那些只定义在整数上的函数感兴趣。综上所述，我们得到了一个对各种算法分析都有用的结果。

定理 2.6（分治递归） 如果通过下面的方法来求解一个分治算法，即把一个大小为 n 的问题分成 α 个部分，其中每部分的大小都是 $n/\beta + O(1)$，并独立地求解这些因划分和组合而附加了开销 $f(n)$ 的子问题，那么当 $f(n) = \Theta(n^\gamma (\log n)^\delta)$ 时，总开销为

$$\text{若 } \gamma < \log_\beta \alpha \quad a_n = \Theta(n^\gamma (\log n)^\delta)$$
$$\text{若 } \gamma = \log_\beta \alpha \quad a_n = \Theta(n^\gamma (\log n)^{\delta+1})$$
$$\text{若 } \gamma > \log_\beta \alpha \quad a_n = \Theta(n^{\log_\beta \alpha})$$

证明：总体策略与前面所用的方法相同：迭代递归直至可以使用初始条件为止，然后将各项集中起来。所涉及的计算相当复杂，故在此省略。

在复杂性研究中，我们经常使用一个更普遍的公式，因为关于 $f(n)$ 的可用信息不够具体。在有关 $f(n)$ 光滑性的适当条件下，可以证明

$$\text{若 } f(n) = O(n^{\log_\beta \alpha - \epsilon}) \quad a_n = \Theta(n^{\log_\beta \alpha})$$
$$\text{若 } f(n) = \Theta(n^{\log_\beta \alpha}) \qquad a_n = \Theta(n^{\log_\beta \alpha} \log n)$$

$$\text{若} f(n) = \Omega(n^{\log_\beta \alpha + \epsilon}) \qquad a_n = \Theta(f(n))$$

该结果主要根据参考资料[4]得出；类似结果的全部证明请见参考资料[5]。这种类型的结果通常用于证明算法渐近性的下界和上界，方法是选取$f(n)$作为实际开销适当定界。在本书中，我们往往有兴趣去求得具体$f(n)$的更为精确的解。

习题 2.69 画出递归

$$a_N = 3a_{\lfloor N/3 \rfloor} + N \qquad (N > 3, \ a_1 = a_2 = a_3 = 1)$$

的解的周期部分，其中$1 \leqslant N \leqslant 972$。

习题 2.70 将一个大小为N的问题分成 3 部分，且每部分的大小是$\lfloor N/3 \rfloor$或$\lceil N/3 \rceil$，针对解决该问题其他可能的方法，回答前面的问题。

习题 2.71 给出递归

$$a(x) = \alpha a_{x/\beta} + 2^x \qquad (x > 1\text{时}a(x) = 0, \ \text{或} x \leqslant 1)$$

的渐近解。

习题 2.72 给出递归

$$a_N = a_{3N/4} + a_{N/4} + N \qquad (N > 2, \ a_1 = a_2 = a_3 = 1)$$

的渐近解。

习题 2.73 给出递归

$$a_N = a_{N/2} + a_{N/4} + N \qquad (N > 2, \ a_1 = a_2 = a_3 = 1)$$

的渐近解。

习题 2.74 考虑递归

$$a_n = a_{f(n)} + a_{g(n)} + a_{h(n)} + 1 \qquad (n > t\text{时}a_n = 1, \ \text{或} n < t)$$

其中约束条件为$f(n) + g(n) + h(n) = n$。证明$a_n = \Theta(n)$。

习题 2.75 考虑递归

$$a_n = a_{f(n)} + a_{g(n)} + 1 \qquad (N > t\text{时}a_n = 1, \ \text{或} n < t)$$

其中约束条件为$f(n) + g(n) = n - h(n)$。给出能够证明当$n \to \infty$时$a_n/n \to 0$的$h(n)$的最小值。

递归关系自然地对应迭代和递归程序，而且在算法分析的各种应用中能够很好地为我们服务，因此本章总结了可能出现的递归关系的类型以及处理它们的某些方法。为了能够得到描述重要性能特征的递归关系，充分理解一个算法常常是分析该算法的关键的第一步。给定一个递归关系，即使解析解似乎难以得到，我们还是常常可以计算或估计实际应用中所需的参数。另一方面，我们将看到，递归的存在通常表明问题具有很强的结构，可以用一般的工具来求得解析解。

有大量资料研究了"差分方程"和递归，我们尽量从这些资料中选择实用且相关的工具、方法和实例。有些一般而基本的数学工具可用于处理递归，但找到合适的方法来处理特定的递归则往往具有挑战性。尽管如此，仔细地分析可能有助于理解实际出现的各种递归的基本性质。通过计算递归的值以得到其增长率的某些启示；尝试叠缩（迭代）递归以得到解的渐近形式的启示；或是寻找求和因子、变量代换以及能够求得准确解的取值表；或者运用自助法或扰动法这样的渐近方法，对解进行估计。

我们的讨论仅针对具有一个指标 N 的递归。对于多元递归和其他类型的递归，我们打算在介绍求解这些递归的更高级工具之后再进行讨论。

算法理论的研究往往依赖于求解那些为算法性能特征进行估计和定界的递归。特别是本章末尾所涉及的分治递归在理论计算机科学资料中出现得极其频繁，因为分治是算法设计的一种主要工具。大多数这种递归都具有相似的结构，它们反映了算法设计的平衡程度。这些结构还与数字系统的性质紧密相关，因此倾向于呈现碎段式的性质。像我们已经看到的这种近似的界，在复杂性证明中适合（并广泛用于）求得下界，但对于分析算法的性能而言却不是必需的，因为它们并不总是能够为预测性能提供足够精确的信息。在掌握了关于 $f(n)$ 和分治算法更为精确的信息的情况下，常常能得到更精确的估计。

在算法性能特征的研究中，递归以一种自然的方式出现。当我们对复杂算法进行详细分析时，会遇到求解相当复杂的递归的情况。下一章将介绍母函数，它是算法分析的基础。母函数不仅可用于求解递归，而且与算法有着高层次的直接联系，这促使我们得到详细的结构，这些结构由许多深入到应用内部的递归描述。

参考资料

[1] A. V. Aho and N. J. A. Sloane."Some doubly exponential sequences,"*Fibonacci Quarterly* 11, 1973, 429-437.

[2] J.-P. Allouche and J. Shallit."The ring of *k*-regular sequences,"*Theoretical Computer Science* 98, 1992, 163-197.

[3] C. M. Bender and S. A. Orszag. *Advanced Mathematical Methods for Scientists and Engineers*, McGraw-Hill, New York, 1978.

[4] J. L. Bentley, D. Haken, and J. B. Saxe."A general method for solving divide-and-conquer recurrences,"*SIGACT News*, Fall 1980, 36-44.

[5] T. H. Cormen, C. E. Leiserson, R. L. Rivest, and C. Stein. *Introduction to Algorithms*, 3rd, edition, MIT Press, New York, 2009.

[6] N. G. De Bruijn. *Asymptotic Methods in Analysis*, Dover Publications, New York, 1981.

[7] H. Delange."Sur la function sommatoire de la function somme des chiffres,"*L'enseignement Mathématique* XXI, 1975, 31-47.

[8] P. Flajolet and M. Golin."Exact asymptotics of divide-and-conquer recurrences,"in *Automata, Languages, and Programming*, A. Lingas, R. Karlsson, and S. Carlsson, eds., Lecture Notes in Computer Science #700, Springer-Verlag, Berlin, 1993, 137-149.

[9] P. Flajolet and M. Golin."Mellin transforms and asymptotics:the mergesort recurrence," *Acta Informatica* 31, 1994, 673-696.

[10] P. Flajolet, P. Grabner, and P. Kirschenhofer. "Mellin transforms and asymptotics:digital sums,"*Theoretical Computer Science* 123, 1994, 291-314.

[11] P. Flajolet, J.-C. Raoult, and J.Vuillemin."The number of registers required to evaluate arithmetic expressions," *Theoretical Computer Science* 9, 1979, 99-125.

[12] P. Flajolet and R. Sedgewick. *Analytic Combinatorics*, Cambridge University Press, 2009.

[13] R. L. Graham, D. E. Knuth, and O. Patashnik. *Concrete Mathematics*, 1st edition, Addison-Wesley, Reading, MA, 1989.2nd edition, 1994.

[14] D. H. Greene and D. E. Knuth. *Mathematics for the Analysis of Algorithms*, Birkhäuser, Boston, 1981.

[15] P. Henrici. *Applied and Computational Complex Analysis*, 3 volumes, John Wiley & Sons, New York, 1974 (volume 1), 1977(volume 2), 1986(volume 3).

[16] D. E. Knuth. *The Art of Computer Programming. Volume 2:Seminumerical Algorithms*, 1st edition, Addison-Wesley, Reading, MA, 1969.3rd edition, 1997.

[17] D. E. Knuth. *The Art of Computer Programming. Volume 3:Sorting and Searching*, 1st edition, Addison-Wesley, Reading, MA, 1973.2nd edition, 1998.

[18] D. E. Knuth."The average time for carry propagation,"*Indagationes Mathematicae* 40, 1978, 238-242.

[19] D. E. Knuth AND A. SCHÖHAGE."The expected linearity of a simple equivalence algorithm,"*Theoretical Computer Science* 6, 1978, 281-315.

[20] G. Lueker."Some techniques for solving recurrences,"*Computing Surveys* 12, 1980, 419-436.

[21] Z. A. Melzak. *Companion to Concrete Mathematics*, John Wiley & Sons, New York, 1968.

[22] J. Riordan. *Combinatorial Identities*, John Wiley & Sons, New York, 1968.

[23] R. Sedgewick."The analysis of quicksort programs,"*Acta Informatica* **7**, 1977, 327-355.

[24] A. Yao."On random 2-3 trees,"*Acta Informatica* 9, 1978, 159-170.

第 3 章　母函数

本章将介绍分析算法和数据结构时所用的核心概念：母函数。这一数学工具是本书其余部分的重要基础，因此我们更注重对母函数的介绍，尽管为了阐明算法的性质确实会涉及一些实例，但本章不会具体讨论其应用。

在定义了基本术语"普通型"母函数和"指数型"母函数之后，我们开始介绍母函数在求解递归关系方面的应用，其中包括对必要的数学工具的讨论。对于普通型母函数和指数型母函数，本章将考查一些在实际中出现的基本函数，并研究它们的基本性质及操作方法。本章还会讨论一些例子，其中包括第 1 章中提到的 Quicksort 三项中值递归的求解细节。

一般来讲，我们不仅关注组合结构的计数，还要分析组合结构的性质，并为此研究了如何运用双变量母函数以及如何与"概率"母函数的使用相联系。

本章还会讨论在算法分析中可能出现的各种特殊类型的母函数。

鉴于母函数是全书的核心内容，我们将详细研究母函数的基本性质及操作方法，并以目录的形式总结本章最重要的母函数，以供读者参考。我们介绍了大量材料，其中的例证来源于组合学和算法分析，但对每个特定的论题都处理得相对简捷。关于这些论题更充分的讨论请见第 6 章到第 9 章的各种应用，以及本章最后列出的参考资料[1]、[5]、[4]和[19]。

更重要的是，我们在第 5 章将再次讨论母函数，并把母函数定义为算法分析的**主要研究对象**（central object of study）。

3.1　普通型母函数

由第 2 章的内容可知，通常来讲，算法分析的目的是推导出序列$a_0, a_1, a_2, \ldots$中各项的值的具体表达式，而该序列则确定了某些性能的参数。本章我们将看到用一个单一的数学对象表示整个序列的优点。

定义　给定一个序列$a_0, a_1, a_2, \ldots, a_k, \ldots$，则函数

$$A(z) = \sum_{k \geqslant 0} a_k z^k$$

称为该序列的**普通型母函数**（ordinary generating function，OGF），系数 a_k 记作 $[z^k]A(z)$。

表 3.1 列举了一些基本的普通型母函数及其对应的序列。我们稍后讨论如何推导这些函数以及这些函数的各种处理方式。表 3.1 给出的 OGF 是一些基本的母函数，这些函数在算法分析中频繁出现。每个序列都有多种表达方式（例如，用简单的递归关系），但是下面将会看到，直接用母函数表示序列具有显著优势。

表 3.1　基本的普通型母函数

$1, 1, 1, 1, \ldots, 1, \ldots$	$\dfrac{1}{1-z} = \sum_{N \geqslant 0} z^N$
$0, 1, 2, 3, 4, \ldots, N, \ldots$	$\dfrac{z}{(1-z)^2} = \sum_{N \geqslant 1} N z^N$

$0, 0, 1, 3, 6, 10, \ldots, \binom{N}{2}, \ldots$	$\dfrac{z^2}{(1-z)^3} = \sum_{N \geqslant 2} \binom{N}{2} z^N$
$0, \ldots, 0, 1, M+1, \ldots, \binom{N}{M}, \ldots$	$\dfrac{z^M}{(1-z)^{M+1}} = \sum_{N \geqslant M} \binom{N}{M} z^N$
$1, M, \binom{M}{2} \ldots, \binom{M}{N}, \ldots, M, 1$	$(1+z)^M = \sum_{N \geqslant 0} \binom{M}{N} z^N$
$1, M+1, \binom{M+2}{2}, \binom{M+3}{3}, \ldots$	$\dfrac{1}{(1-z)^{M+1}} = \sum_{N \geqslant 0} \binom{N+M}{N} z^N$
$1, 0, 1, 0, \ldots, 1, 0, \ldots$	$\dfrac{1}{1-z^2} = \sum_{N \geqslant 0} z^{2N}$
$1, c, c^2, c^3, \ldots, c^N, \ldots$	$\dfrac{1}{1-cz} = \sum_{N \geqslant 0} c^N z^N$
$1, 1, \dfrac{1}{2!}, \dfrac{1}{3!}, \dfrac{1}{4!}, \ldots, \dfrac{1}{N!}, \ldots$	$e^z = \sum_{N \geqslant 0} \dfrac{z^N}{N!}$
$0, 1, \dfrac{1}{2}, \dfrac{1}{3}, \dfrac{1}{4}, \ldots, \dfrac{1}{N}, \ldots$	$\ln \dfrac{1}{1-z} = \sum_{N \geqslant 1} \dfrac{z^N}{N}$
$0, 1, 1 + \dfrac{1}{2}, 1 + \dfrac{1}{2} + \dfrac{1}{3}, \ldots, H_N, \ldots$	$\dfrac{1}{1-z} \ln \dfrac{1}{1-z} = \sum_{N \geqslant 1} H_N z^N$
$0, 0, 1, 3\left(\dfrac{1}{2} + \dfrac{1}{3}\right), 4\left(\dfrac{1}{2} + \dfrac{1}{3} + \dfrac{1}{4}\right), \ldots$	$\dfrac{z}{(1-z)^2} \ln \dfrac{1}{1-z} = \sum_{N \geqslant 0} N(H_N - 1) z^N$

定义中的和可能收敛，也可能不收敛——暂时忽略收敛性的问题，有如下两点理由：第一，对母函数进行的操作通常都是基于幂级数的规范进行的，即便是在不考虑收敛性的情况下；第二，分析中出现的序列往往都可以确保其收敛性，至少对于某个充分小的 z，级数是收敛的。在算法分析的大量应用中，在典型分析的第一部分，通过仔细查验可以利用幂级数和算法之间形式上的关系推导出母函数的显式公式；在典型分析的第二部分，可以得到母函数详细的解析性质（这时收敛性将发挥重要作用），从而推导出描述算法基本性质的显式公式。第 5 章会详细研究这一内容。

给定母函数 $A(z) = \sum_{k \geqslant 0} a_k z^k$ 和 $B(z) = \sum_{k \geqslant 0} b_k z^k$，它们分别代表序列 $\{a_0, a_1, \ldots, a_k, \ldots\}$ 和 $\{b_0, b_1, \ldots, b_k, \ldots\}$。我们可以通过一些简单的变换得到其他序列的母函数。表 3.2 列举了这样一些运算。这些运算的应用示例可通过表 3.1 中所列各项之间的关系找到。

表 3.2　普通型母函数的运算

$A(z) = \sum_{n \geqslant 0} a_n z^n$	$a_0, a_1, a_2, \ldots, a_n, \ldots$
$B(z) = \sum_{n \geqslant 0} b_n z^n$	$b_0, b_1, b_2, \ldots, b_n, \ldots$
右移 $zA(z) = \sum_{n \geqslant 1} a_{n-1} z^n$	$0, a_0, a_1, a_2, \ldots, a_{n-1}, \ldots$

左移

$$\frac{A(z) - a_0}{z} = \sum_{n \geq 0} a_{n+1} z^n \qquad\qquad a_1, a_2, a_3, \ldots, a_{n+1}, \ldots$$

指数相乘（微分）

$$A'(z) = \sum_{n \geq 0} (n+1) a_{n+1} z^n \qquad\qquad a_1, 2a_2, \ldots, (n+1)a_{n+1}, \ldots$$

指数相除（积分）

$$\int_0^z A(t) \mathrm{d}t = \sum_{n \geq 1} \frac{a_{n-1}}{n} z^n \qquad\qquad 0, a_0, \frac{a_1}{2}, \frac{a_2}{3} \ldots, \frac{a_{n-1}}{n}, \ldots$$

比例缩放

$$A(\lambda z) = \sum_{n \geq 0} \lambda^n a_n z^n \qquad\qquad a_0, \lambda a_1, \lambda^2 a_2, \ldots, \lambda^n a_n, \ldots$$

相加

$$A(z) + B(z) = \sum_{n \geq 0} (a_n + b_n) z^n \qquad\qquad a_0 + b_0, \ldots, a_n + b_n, \ldots$$

差分

$$(1 - z)A(z) = a_0 + \sum_{n \geq 1} (a_n - a_{n-1}) z^n \qquad\qquad a_0, a_1 - a_0, \ldots, a_n - a_{n-1}, \ldots$$

卷积

$$A(z)B(z) = \sum_{n \geq 0} \Big(\sum_{0 \leq k \leq n} a_k b_{n-k} \Big) z^n \qquad\qquad a_0 b_0, a_1 b_0 + a_0 b_1, \ldots, \sum_{0 \leq k \leq n} a_k b_{n-k}$$

部分和

$$\frac{A(z)}{1 - z} = \sum_{n \geq 0} \Big(\sum_{0 \leq k \leq n} a_k \Big) z^n \qquad\qquad a_1, a_1 + a_2, \ldots, \sum_{0 \leq k \leq n} a_k, \ldots$$

定理 3.1（OGF 运算）　如果两个序列 $a_0, a_1, \ldots, a_k, \ldots$ 和 $b_0, b_1, \ldots, b_k, \ldots$ 分别由 OGF $A(z) = \sum_{k \geq 0} a_k z^k$ 和 $B(z) = \sum_{k \geq 0} b_k z^k$ 表示，那么利用表 3.2 给出的运算可得到表示指定序列的 OGF。特别地，

　　$A(z) + B(z)$ 是表示序列 $a_0 + b_0, a_1 + b_1, a_2 + b_2, \ldots$ 的 OGF。

　　$zA(z)$ 是表示序列 $0, a_0, a_1, a_2, \ldots$ 的 OGF。

　　$A'(z)$ 是表示序列 $a_1, 2a_2, 3a_3, \ldots$ 的 OGF。

　　$A(z)B(z)$ 是表示序列 $a_0 b_0, a_0 b_1 + a_1 b_0, a_0 b_2 + a_1 b_1 + a_2 b_0, \ldots$ 的 OGF。

　　证明：上述大多数公式都是初等公式，直接观察即可验证。通过调整求和顺序，更容易求解卷积（convolution）运算（以及作为特例的部分和（partial sum））：

$$
\begin{aligned}
A(z)B(z) &= \sum_{i \geq 0} a_i z^i \sum_{j \geq 0} b_j z^j \\
&= \sum_{i,j \geq 0} a_i b_j z^{i+j} \\
&= \sum_{n \geq 0} \Big(\sum_{0 \leq k \leq n} a_k b_{n-k} \Big) z^n
\end{aligned}
$$

在该公式中，取 $B(z) = 1/(1 - z)$，即可得到部分和运算的结果。你将会看到，卷积运算在母函数的操作中具有特殊作用。

推论 表示调和数的 OGF 是

$$\sum_{N \geq 1} H_N z^N = \frac{1}{1-z} \ln \frac{1}{1-z}$$

证明：从 $1/(1-z)$（表示 $1, 1, \ldots, 1, \ldots$ 的 OGF）出发，积分（得到表示 $0, 1, 1/2, 1/3, \ldots, 1/k, \ldots$ 的 OGF），再乘以 $1/(1-z)$ 即可。类似的例子可通过表 3.1 中所列各项之间的关系找到。

对于尚且不熟悉母函数的读者，我们建议做下列习题，以便掌握运用这些变换的基本能力。

习题 3.1 求出表示以下各个序列的 OGF。

$$\{2^{k+1}\}_{k \geq 0}, \qquad \{k 2^{k+1}\}_{k \geq 0}, \qquad \{k H_k\}_{k \geq 1}, \qquad \{k^3\}_{k \geq 2}$$

习题 3.2 求出下列各个 OGF 对应的序列 $[z^N]$。

$$\frac{1}{(1-3z)^4}, \quad (1-z)^2 \ln \frac{1}{1-z}, \quad \frac{1}{(1-2z^2)^2}$$

习题 3.3 将表示调和数的 OGF 微分，并以此验证表 3.1 的最后一行。

习题 3.4 证明

$$\sum_{1 \leq k \leq N} H_k = (N+1)(H_{N+1} - 1)$$

习题 3.5 通过用两种不同的方法对下式进行分解（并做相应的卷积运算），证明调和数与二项式系数所满足的一般恒等式。

$$\frac{z^M}{(1-z)^{M+1}} \ln \frac{1}{1-z}$$

习题 3.6 求出表示序列

$$\left\{ \sum_{0 < k < n} \frac{1}{k(n-k)} \right\}_{n > 1}$$

的 OGF，并概括你的答案。

习题 3.7 求出表示序列 $\{H_k/k\}_{k \geq 1}$ 的 OGF。

习题 3.8 求出下列各个 OGF 对应的序列 $[z^N]$。

$$\frac{1}{1-z} \left(\ln \frac{1}{1-z} \right)^2 \text{ 和 } \left(\ln \frac{1}{1-z} \right)^3$$

用符号

$$H_N^{(2)} \equiv 1 + \frac{1}{2^2} + \frac{1}{3^2} + \ldots + \frac{1}{N^2}$$

表示上述展开式中出现的"广义调和数"。

对于在算法分析中遇到的许多序列，上述初等运算已足够完成推导，然而很多算法还需要更高级的工具。由此可知，算法分析显然围绕着两个问题：一方面要确定与序列对应的母函数的显式公式；反过来还要根据母函数的表达式确定表示序列各项的准确公式。在本章的后面以及第 6 章到第 9 章中，我们会见到许多相关的例子。

从形式上看，可以用任意一组核函数 $w_k(z)$ 来定义一个"母函数"

$$A(z) = \sum_{k \geq 0} a_k w_k(z)$$

该式封装了序列 $a_0, a_1, \ldots, a_k, \ldots$。虽然本书几乎只考虑核函数 z^k 和 $z^k/k!$（详见 3.2 节），但在算法分析中偶尔也会出现其他类型的核函数，本章最后会简要地介绍这些核函数。

3.2 指数型母函数

对于某些序列，使用具有归一化因子的母函数将更方便进行处理。

定义 给定一个序列 $a_0, a_1, a_2, \ldots, a_k, \ldots$，函数

$$A(z) = \sum_{k \geqslant 0} a_k \frac{z^k}{k!}$$

称为该序列的指数型母函数（exponential generating function，EGF），系数 a_k 记作 $k![z^k]A(z)$。

序列 $\{a_k\}$ 对应的母函数与序列 $\{a_k/k!\}$ 对应的母函数相比，并没有什么差别，但因为一个简单的特定原因，组合学和算法分析中出现了序列 $\{a_k\}$。假设系数 a_k 表示的是一种与具有 k 项的结构相关的计数，并进一步假设逐一"标记" k 项，使得每一项都有一个不同的标记。在某些情况下，这些标记是相关的（适合用 EGF）；而在其他情况下，这些标记是无关的（适合用 OGF）。因子 $k!$ 表示被标记项的排列方式的总数，如果不进行标记，这些项就无法相互区分。我们在第 5 章会更加详细地研究这个问题，届时将看到关于母函数和组合对象的"符号方法"。这里给出的解释只是为了验证即将详细介绍的 EGF 的性质。因为标记对象的应用领域非常广泛，所以这些性质都经过了深入研究。

表 3.3 给出了一些基本的指数型母函数，这些函数会稍后出现；表 3.4 给出了一些关于 EGF 的基本运算。需要注意的是，EGF 的左移（或右移）运算与 OGF 的指数相乘（或指数相除）运算（见表 3.2）相同，反之亦然。如同 OGF，表 3.4 列出了表 3.3 中基本指数型母函数的运算，实际出现的大部分 EGF 可以通过这些运算得到。建议读者完成下面的习题，以便更加了解这些函数。与 OGF 一样，我们很容易确定基本运算的有效性。

表 3.3 基本的指数型函数

$1, 1, 1, 1, \ldots, 1, \ldots$	$\mathrm{e}^z = \sum_{N \geqslant 0} \dfrac{z^N}{N!}$
$0, 1, 2, 3, 4, \ldots, N, \ldots$	$z\mathrm{e}^z = \sum_{N \geqslant 1} \dfrac{z^N}{(N-1)!}$
$0, 0, 1, 3, 6, 10, \ldots, \binom{N}{2}, \ldots$	$\dfrac{1}{2}z^2\mathrm{e}^z = \dfrac{1}{2}\sum_{N \geqslant 2} \dfrac{z^N}{(N-2)!}$
$0, \ldots, 0, 1, M+1, \ldots, \binom{N}{M}, \ldots$	$\dfrac{1}{M!}z^M\mathrm{e}^z = \dfrac{1}{M!}\sum_{N \geqslant M} \dfrac{z^N}{(N-M)!}$
$1, 0, 1, 0, \ldots, 1, 0, \ldots$	$\dfrac{1}{2}(\mathrm{e}^z + \mathrm{e}^{-z}) = \sum_{N \geqslant 0} \dfrac{1+(-1)^N}{2}\dfrac{z^N}{N!}$
$1, c, c^2, c^3, \ldots, c^N, \ldots$	$\mathrm{e}^{cz} = \sum_{N \geqslant 0} \dfrac{c^N z^N}{N!}$
$1, \dfrac{1}{2}, \dfrac{1}{3}, \ldots, \dfrac{1}{N+1}, \ldots$	$\dfrac{\mathrm{e}^z - 1}{z} = \sum_{N \geqslant 0} \dfrac{z^N}{(N+1)!}$
$1, 1, 2, 6, 24, \ldots, N!, \ldots$	$\dfrac{1}{1-z} = \sum_{N \geqslant 0} \dfrac{N! z^N}{N!}$

表 3.4 指数型母函数的运算

$$A(z) = \sum_{n \geqslant 0} a_n \frac{z^n}{n!}$$ $a_0, a_1, a_2, \ldots, a_n, \ldots$

$$B(z) = \sum_{n \geqslant 0} b_n \frac{z^n}{n!}$$ $b_0, b_1, b_2, \ldots, b_n, \ldots$

右移（积分）

$$\int_0^z A(t)\mathrm{d}t = \sum_{n \geqslant 1} a_{n-1} \frac{z^n}{n!}$$ $0, a_0, a_1, \ldots, a_{n-1}, \ldots$

左移（微分）

$$A'(z) = \sum_{n \geqslant 0} a_{n+1} \frac{z^n}{n!}$$ $a_1, a_2, a_3, \ldots, a_{n+1}, \ldots$

指数相乘

$$zA(z) = \sum_{n \geqslant 0} n a_{n-1} \frac{z^n}{n!}$$ $0, a_0, 2a_1, 3a, \ldots, na_{n-1}, \ldots$

指数相除

$$(A(z) - A(0))/z = \sum_{n \geqslant 1} \frac{a_{n+1}}{n+1} \frac{z^n}{n!}$$ $a_1, \dfrac{a_2}{2}, \dfrac{a_3}{3} \cdots, \dfrac{a_{n+1}}{n+1}, \ldots$

相加

$$A(z) + B(z) = \sum_{n \geqslant 0} (a_n + b_n) \frac{z^n}{n!}$$ $a_0 + b_0, \ldots, a_n + b_n, \ldots$

差分

$$A'(z) - A(z) = \sum_{n \geqslant 0} (a_{n+1} - a_n) \frac{z^n}{n!}$$ $a_1 - a_0, \ldots, a_{n+1} - a_n, \ldots$

二项式卷积

$$A(z)B(z) = \sum_{n \geqslant 0} \left(\sum_{0 \leqslant k \leqslant n} \binom{n}{k} a_k b_{n-k} \right) \frac{z^n}{n!}$$ $a_0 b_0, a_1 b_0 + a_0 b_1, \ldots, \sum_{0 \leqslant k \leqslant n} \binom{n}{k} a_k b_{n-k}, \ldots$

二项式和

$$\mathrm{e}^z A(z) = \sum_{n \geqslant 0} \left(\sum_{0 \leqslant k \leqslant n} \binom{n}{k} a_k \right) \frac{z^n}{n!}$$ $a_0, a_0 + a_1, \ldots, \sum_{0 \leqslant k \leqslant n} \binom{n}{k} a_k, \ldots$

定理 3.2（ECF 运算）   如果两个序列 $a_0, a_1, \ldots, a_k, \ldots$ 和 $b_0, b_1, \ldots, b_k, \ldots$ 分别由 EGF $A(z) = \sum_{k \geqslant 0} a_k z^k / k$ 和 $B(z) = \sum_{k \geqslant 0} b_k z^k / k$ 表示，则利用表 3.4 给出的运算可得出表示特定序列的 EGF。特别地，

$A(z) + B(z)$ 是表示序列 $a_0 + b_0, a_1 + b_1, a_2 + b_2 \ldots$ 的 EGF。

$A'(z)$ 是表示序列 $a_1, a_2, a_3 \ldots$ 的 EGF。

$zA(z)$ 是表示序列 $0, a_0, 2a_1, 3a_2, \ldots$ 的 EGF。

$A(z)B(z)$ 是表示序列 $a_0 b_0, a_0 b_1 + a_1 b_0, a_0 b_2 + 2a_1 b_1 + a_2 b_0, \ldots$ 的 EGF。

证明：如同定理 3.1，这些公式都是初等公式，直接观察即可验证。虽然二项式卷积可能是例外，但是用 OGF 的卷积对其进行验证也是很简单的。

$$A(z)B(z) = \sum_{n\geqslant 0} \sum_{0\leqslant k\leqslant n} \frac{a_k}{k!}\frac{b_{n-k}}{(n-k)!}z^n$$

$$= \sum_{n\geqslant 0} \sum_{0\leqslant k\leqslant n} \binom{n}{k} a_k b_{n-k} \frac{z^n}{n!}$$

习题 3.9 求出表示以下各个序列的 EGF。

$$\{2^{k+1}\}_{k\geqslant 0}, \quad \{k2^{k+1}\}_{k\geqslant 0}, \quad \{k^3\}_{k\geqslant 2}$$

习题 3.10 求出表示序列 1,3,5,7,… 和 0,2,4,6… 的 EGF。

习题 3.11 求出下列各个 EGF 对应的序列 $N![z^N]A(z)$。

$$A(z) = \frac{1}{1-z}\ln\frac{1}{1-z}, \quad A(z) = \left(\ln\frac{1}{1-z}\right)^2, \quad A(z) = e^{z+z^2}$$

习题 3.12 证明

$$N![z^N]e^z \int_0^z \frac{1-e^{-t}}{t}dt = H_N$$

（提示：考虑 EGF $H(z) = \sum_{N\geqslant 0} H_N z^N/N!$ 的微分方程。）

若想更简便地得出一个问题的解，究竟应该用 OGF 还是用 EGF，并不总能显而易见地做出选择：有时用其中的一个会使求解过程很简单，用另一个则需要非常复杂的求解技巧；而有时两个又都很好用。对于我们遇到的许多组合学问题和算法问题，用 OGF 还是用 EGF 呢？根据问题的结构还是容易做出选择的。此外，从分析的角度来看，出现了有趣的问题：例如，能否把表示某一序列的 OGF 自动转换成表示同一序列的 EGF，或者反过来？（答案是肯定的，需要运用拉普拉斯变换；见习题 3.14。）本书将会讨论许多示例，这些示例涉及 OGF 和 EGF 的应用。

习题 3.13 已知序列 $\{a_k\}$ 的 EGF 是 $A(z)$，求下面序列的 EGF。

$$\left\{\sum_{0\leqslant k\leqslant N} N!\frac{a_k}{k!}\right\}$$

习题 3.14 已知序列 $\{a_k\}$ 的 EGF 是 $A(z)$，证明：若下面的积分存在，则该序列的 OGF 是

$$\int_0^\infty A(zt)e^{-t}dt$$

验证表 3.1 和表 3.3 中出现的序列是否满足这一结论。

3.3 利用母函数求解递归

接下来我们研究母函数在求解递归关系的过程中所发挥的作用，这是经典算法分析方法的第二步：在推导出描述算法某些基本性质的递归关系之后，可以利用母函数求解该递归。有些读者可能已熟悉这种方法，因为该方法应用广泛且具有一些基本性质。在第 5 章我们将会看到，常常可以为避免推导递归而直接用母函数进行处理。

母函数提供了一种能够求解许多递归关系的固定方法。给定一个表示某序列 $\{a_n\}_{n\geqslant 0}$ 的递归，往往可以按照下面的步骤求得递归的解。

● 在递归式的两边同时乘以 z^n，并对 n 求和。

● 估计这些和，以推导出一个 OGF 满足的方程式。

● 求解该方程式，以推导出 OGF 的显式公式。

● 将 OGF 展开为一个幂级数，从而得到系数的表达式（这些系数就是原序列的各项）。

同样的方法也适用于 EGF，只不过在第一步中递归式两边乘以的是 $z^n/n!$，然后再对 n 求和。

而 OGF 和 EGF 究竟哪个用起来更简便，这取决于递归的特点。

该方法最直接的示例是用它求解常系数线性递归（见第 2 章）。

平凡线性递归

为求解递归

$$a_n = a_{n-1} + 1 \quad (n \geq 1,\ a_0 = 0)$$

首先，在递归式两边同时乘以 z^n，然后对 n 求和，得到

$$\sum_{n \geq 1} a_n z^n = \sum_{n \geq 1} a_{n-1} z^n + \frac{z}{1-z}$$

因为母函数 $A(z) = \sum_{n \geq 0} a_n z^n$，所以该方程可表示为

$$A(z) = zA(z) + \frac{z}{1-z}$$

或 $A(z) = z/(1-z)^2$。进而得出所求结果 $a_n = n$。

简单指数型递归

为求解递归

$$a_n = 2a_{n-1} + 1 \quad (n \geq 1,\ a_0 = 1)$$

用上述方法处理递归式，发现相应的母函数 $A(z) = \sum_{n \geq 0} a_n z^n$ 满足

$$A(z) - 1 = 2zA(z) + \frac{z}{1-z}$$

经过化简可得

$$A(z) = \frac{1}{(1-z)(1-2z)}$$

根据表 3.1 可知，$1/(1-2z)$ 是表示序列 $\{2^n\}$ 的母函数；而且根据表 3.2 可知，乘以 $1/(1-z)$ 后的结果相当于求取部分和

$$a_n = \sum_{0 \leq k \leq n} 2^k = 2^{n+1} - 1$$

部分分式

还有一种方法也能求解上述问题的系数，即使用 $A(z)$ 的部分分式（partial fraction）展开式，这也是为解决更困难的问题做准备。根据分母因式分解的形式，母函数可表示为两个分式之和：

$$\frac{1}{(1-z)(1-2z)} = \frac{c_0}{1-2z} + \frac{c_1}{1-z}$$

其中 c_0 和 c_1 都是待定常数。交叉相乘，可以看出这两个常数必须满足方程组

$$c_0 + c_1 = 1$$
$$-c_0 - 2c_1 = 0$$

因此 $c_0 = 2$，$c_1 = -1$。于是，

$$[z^n] \frac{1}{(1-z)(1-2z)} = [z^n] \left(\frac{2}{1-2z} - \frac{1}{1-z} \right) = 2^{n+1} - 1$$

该方法适用于任何分母为多项式的情形，因而可作为求解高阶线性递归的一般方法，本节稍后会讨论。

斐波那契数

表示斐波那契数列
$$F_n = F_{n-1} + F_{n-2} \quad (n > 1时，F_0 = 0,\ F_1 = 1)$$
的母函数 $F(z) = \sum_{k \geq 0} F_k z^k$ 满足
$$F(z) = zF(z) + z^2 F(z) + z$$
这表明
$$F(z) = \frac{z}{1 - z - z^2} = \frac{1}{\sqrt{5}}\left(\frac{1}{1 - \phi z} - \frac{1}{1 - \widehat{\phi} z}\right)$$
利用部分分式，而且 $1 - z - z^2$ 可因式分解为 $(1 - z\phi)(1 - z\widehat{\phi})$，其中
$$\phi = \frac{1 + \sqrt{5}}{2},\ \widehat{\phi} = \frac{1 - \sqrt{5}}{2}$$
它们是 $1 - z - z^2 = 0$[①] 的根的相反数。于是，由表 3.4 直接得到该序列的展开式：
$$F_n = \frac{1}{\sqrt{5}}(\phi^n - \widehat{\phi}^n)$$
当然，这与第 2 章给出的推导有着紧密的关系。接下来研究一般项的这种关系。

习题 3.15 求表示斐波那契数的 EGF。

高阶线性递归

母函数使第 2 章介绍的"因式分解"过程变得更容易实现，进而能够求解常系数高阶递归。递归的因式分解对应于母函数分母中出现的多项式的因式分解，由此可得到部分分式展开式和显式解。例如，递归
$$a_n = 5a_{n-1} - 6a_{n-2} \quad (n > 1时，a_0 = 0,\ a_1 = 1)$$
相应的母函数 $a(z) = \sum_{n \geq 0} a_n z^n$ 为
$$a(z) = \frac{z}{1 - 5z + 6z^2} = \frac{z}{(1 - 3z)(1 - 2z)} = \frac{1}{1 - 3z} - \frac{1}{1 - 2z}$$
于是必有 $a_n = 3^n - 2^n$。

习题 3.16 用母函数求解下列递归：
$$a_n = -a_{n-1} + 6a_{n-2} \quad (n > 1时，a_0 = 0,\ a_1 = 1)$$
$$a_n = 11a_{n-2} - 6a_{n-3} \quad (n > 2时，a_0 = 0,\ a_1 = a_2 = 1)$$
$$a_n = 3a_{n-1} - 4a_{n-2} \quad (n > 1时，a_0 = 0,\ a_1 = 1)$$
$$a_n = a_{n-1} - a_{n-2} \quad (n > 1时，a_0 = 0,\ a_1 = 1)$$

一般来讲，母函数的显式表达式是两个多项式的比值；然后，由分母多项式的根得出部分分式展开式，进而得到关于这些根的幂的表达式。按照这种思路，经过严格的推导即可证明定理 2.2。

定理 3.3（表示线性递归的 OGF） 如果 a_n 满足递归
$$a_n = x_1 a_{n-1} + x_2 a_{n-2} + \ldots + x_t a_{n-t}$$
其中 $n \geq t$，则母函数 $a(z) = \sum_{n \geq 0} a_n z^n$ 是有理函数 $a(z) = f(z)/g(z)$，其中分母多项式是 $g(z) = 1 - x_1 z - x_2 z^2 - \ldots - x_t z^t$，而分子多项式由初始值 $a_0, a_1, \ldots, a_{t-1}$ 确定。

---

① 译者注：原书此处为 $1-z-z^2$，在翻译过程中发现这里有误，应为 $1-z-z^2=0$，故进行了修正。

证明：根据本节开始给出的求解递归的一般方法来证明该定理，即在递归式的两边同时乘以 z^n，然后对 $n \geq t$ 的情况求和，得到

$$\sum_{n \geq t} a_n z^n = x_1 \sum_{n \geq t} a_{n-1} z^n + \cdots + x_t \sum_{n \geq t} a_{n-t} z^n$$

左边可表示为用 $a(z)$ 减去一个初始值的生成多项式；右边的第一个求和式可表示为用 $za(z)$ 减去一个多项式，等等。于是，$a(z)$ 满足

$$a(z) - u_0(z) = (x_1 z a(z) - u_1(z)) + \ldots + (x_t z^t a(z) - u_t(z))$$

其中多项式 $u_0(z), u_1(z), \ldots, u_t(z)$ 的次数至多是 $t-1$，其系数只取决于初始值 $a_0, a_1, \ldots, a_{t-1}$。该函数方程是线性的。

求解关于 $a(z)$ 的方程，得到的显式公式的形式是 $a(z) = f(z)/g(z)$，其中 $g(z)$ 的形式在前面介绍过，而

$$f(z) \equiv u_0(z) - u_1(z) - \ldots - u_t(z)$$

只取决于递归的初始值，且次数小于 t。

关于 $f(z)$ 对初始条件的依赖性，由上述的一般形式可直接推导出其替代公式，形式如下。因为 $f(z) = a(z)g(z)$，且 f 的次数小于 t，所以必定有

$$f(z) = g(z) \sum_{0 \leq n < t} a_n z^n \pmod{z^t}$$

该方法不仅能简便地计算 $f(z)$ 的系数，还可以快速而准确地求解许多递归。

简单的例子

若要求解递归

$$a_n = 2a_{n-1} + a_{n-2} - 2a_{n-3} \quad (n > 2 \text{时}, \ a_0 = 0, \ a_1 = a_2 = 1)$$

首先计算

$$g(z) = 1 - 2z - z^2 + 2z^3 = (1-z)(1+z)(1-2z)$$

然后利用初始条件，可得

$$f(z) = (z + z^2)(1 - 2z - z^2 + 2z^3) \pmod{z^3}$$
$$= z - z^2 = z(1-z)$$

进而得出

$$a(z) = \frac{f(z)}{g(z)} = \frac{z}{(1+z)(1-2z)} = \frac{1}{3}\left(\frac{1}{1-2z} - \frac{1}{1+z}\right)$$

于是 $a_n = \frac{1}{3}(2^n - (-1)^n)$。

约简

上面的递归约去了因式 $1-z$，所以该递归的解中没有常数项。考虑同一递归，但改变初始条件：

$$a_n = 2a_{n-1} + a_{n-2} - 2a_{n-3} \quad (n > 2 \text{时}, \ a_0 = a_1 = a_2 = 1)$$

函数 $g(z)$ 与上面相同，但现在得到的却是

$$f(z) = (1 + z + z^2)(1 - 2z - z^2 + 2z^3) \pmod{z^3}$$
$$= 1 - z - 2z^2 = (1 - 2z)(1 + z)$$

在这种情况下，经过约简可得出平凡解 $a(z) = f(z)/g(z) = 1/(1-z)$，而且当 $n \geq 0$ 时，$a_n = 1$。利用这种方法约去因式，初始条件可能会对解的最终增长率产生极大影响。

设定 $g(z)$ 因式分解后的形式为

$$g(z) = (1 - \beta_1 z) \cdot (1 - \beta_2 z) \cdots (1 - \beta_n z)$$

这样一来会显得更自然一些。应该注意的是，如果多项式 $g(z)$ 满足 $g(0) = 1$（当 $g(z)$ 像上面那样由递归推导出来时，通常会满足），则所有根的乘积为 1，而且上式中的 $\beta_1, \beta_2, \ldots, \beta_n$ 恰好是各个根的倒数。如果 $q(z)$ 是定理 2.2 中的"特征多项式"，则 $g(z) = z^t q(1/z)$，而且各个 β_i 均为特征多项式的根。

复根

上述所有操作对复根都是有效的。我们利用下面的递归进行说明

$$a_n = 2a_{n-1} - a_{n-2} + 2a_{n-3} \quad （n > 2 时，\; a_0 = 1,\; a_1 = 0,\; a_2 = -1）$$

可得

$$g(z) = 1 - 2z + z^2 - 2z^3 = (1 + z^2)(1 - 2z)$$

而且

$$f(z) = (1 - z^4)(1 - 2z) \pmod{z^4} = 1 - 2z$$

所以

$$a(z) = \frac{f(z)}{g(z)} = \frac{1}{1 + z^2} = \frac{1}{2}\left(\frac{1}{1 - iz} - \frac{1}{1 + iz} \right),$$

进而可得出 $a_n = \frac{1}{2}(i^n + (-i)^n)$。由此容易看出，当 n 是奇数时，a_n 的值为 0；当 n 是 4 的倍数时，a_n 的值为 1；当 n 是偶数但不是 4 的倍数时，a_n 的值为 –1（也可根据 $a(z) = 1/(1 + z^2)$ 直接得出结论）。由初始条件 $a_0 = 1$、$a_1 = 2$ 以及 $a_2 = 3$，可得 $f(z) = 1$，因此该解以 2^n 的速率增长，但其中周期变化的项是由复根导致的。

多重根

当涉及多重根时，用表 3.1 中第 2、3 行给出的展开式完成推导。例如，递归

$$a_n = 5a_{n-1} - 8a_{n-2} + 4a_{n-3} \quad （n > 2 时，\; a_0 = 0,\; a_1 = 1,\; a_2 = 4）$$

可得

$$g(z) = 1 - 5z + 8z^2 - 4z^3 = (1 - z)(1 - 2z)^2$$

而且

$$f(z) = (z + 4z^2)(1 - 5z + 8z^2 - 4z^3) \pmod{z^3} = z(1 - z)$$

因此 $a(z) = z/(1 - 2z)^2$，进而根据表 3.1 得出 $a_n = n2^{n-1}$。

根据这些例子可归纳出直接求得线性递归的准确解的一般方法。

- 由递归推导出 $g(z)$。
- 根据 $g(z)$ 和初始条件计算 $f(z)$。
- 约去 $f(z)/g(z)$ 中的公因式。
- 利用部分分式将 $f(z)/g(z)$ 表示为形如 $(1 - \beta z)^{-j}$ 的项的线性组合。
- 将部分分式的各项按照下面的公式展开

$$[z^n](1 - \beta z)^{-j} = \binom{n + j - 1}{j - 1} \beta^n$$

从本质上讲，该过程相当于定理 2.2 的构造性证明。

习题 3.17 求解递归

$$a_n = 5a_{n-1} - 8a_{n-2} + 4a_{n-3} \quad （n > 2 时，\; a_0 = 1,\; a_1 = 2,\; a_2 = 4）$$

习题 3.18 求解递归

$$a_n = 2a_{n-2} - a_{n-4} \quad (n > 4时,\ a_0 = a_1 = 0,\ a_2 = a_3 = 1)$$

习题 3.19 求解递归

$$a_n = 6a_{n-1} - 12a_{n-2} + 18a_{n-3} - 27a_{n-4} \quad (n > 4\ 时,\ a_0 = 0,\ a_1 = a_2 = a_3 = 1)$$

习题 3.20 求解递归

$$a_n = 3a_{n-1} - 3a_{n-2} + a_{n-3} \quad (n > 2时,\ a_0 = a_1 = 0,\ a_2 = 1)$$

将 a_1 的初始条件改为 $a_1 = 1$ 时,再求解该递归。

习题 3.21 求解递归

$$a_n = -\sum_{1 \leqslant k \leqslant t} \binom{t}{k}(-1)^k a_{n-k} \quad (n \geqslant t时,\ a_0 = \cdots = a_{t-2} = 0,\ a_{t-1} = 1)$$

利用 OGF 求解 Quicksort 算法的递归

当递归的系数是指数为 n 的多项式时,约束母函数的隐含关系是一个微分方程。例如,让我们回顾一下第 1 章介绍的描述 Quicksort 算法所用比较次数的基本递归。

$$NC_N = N(N+1) + 2\sum_{1 \leqslant k \leqslant N} C_{k-1} \quad (N \geqslant 1,\ C_0 = 0) \tag{1}$$

定义母函数

$$C(z) = \sum_{N \geqslant 0} C_N z^N \tag{2}$$

利用前面介绍的方法,建立必须满足 $C(z)$ 的函数方程。首先,在式(1)的两边同时乘以 z^N,然后对 N 求和,得到

$$\sum_{N \geqslant 1} NC_N z^N = \sum_{N \geqslant 1} N(N+1)z^N + 2\sum_{N \geqslant 1}\sum_{1 \leqslant k \leqslant N} C_{k-1}z^N$$

现在可以直接求出每一项。上式的左边是 $zC'(z)$(对式(2)的两边求导,再乘以 z),而右边的第一项是 $2z/(1-z)^3$(见表 3.1)。剩余项是一个二重求和,也是部分和卷积(见表 3.2),其结果是 $zC(z)/(1-z)$。于是,该递归关系对应一个关于母函数的微分方程

$$C'(z) = \frac{2}{(1-z)^3} + 2\frac{C(z)}{1-z} \tag{3}$$

若想出该微分方程的解,需要求解相应的齐次方程 $\rho'(z) = 2\rho(z)/(1-z)$,得到一个"积分因子" $\rho(z) = 1/(1-z)^2$。由此得出

$$((1-z)^2 C(z))' = (1-z)^2 C'(z) - 2(1-z)C(z)$$
$$= (1-z)^2\left(C'(z) - 2\frac{C(z)}{1-z}\right) = \frac{2}{1-z}$$

最后,积分即可得到结果

$$C(z) = \frac{2}{(1-z)^2}\ln\frac{1}{1-z} \tag{4}$$

定理 3.4(Quicksort 算法的 OGF) 对一个随机排列运用 Quicksort 算法,则所用的平均比较次数为

$$C_N = [z^N]\frac{2}{(1-z)^2}\ln\frac{1}{1-z} = 2(N+1)(H_{N+1} - 1)$$

证明:前面的讨论给出了母函数的显式公式,参照本节开始给出的利用 OGF 求解递归的一般过

程可知，这完成了该过程的第三步。为了进一步求得系数，需要对表示调和级数的母函数求导。

　　利用 OGF 求解递归的一般方法尽管很有用，但肯定不能依赖这种方法求解所有的递归关系：第 2 章最后给出的各种示例可以证明这一点。对于某些问题，可能得不到形式简单的和；而对于另一些问题，很难推导出母函数的显式公式；还有一些问题，最大的障碍是将表达式展开为幂级数的形式。在许多情况下，运用有关递归的代数运算可以简化这一过程。总之，求解递归并不像我们想要的那样"自动"。

习题 3.22　用母函数求解递归

$$na_n = (n-2)a_{n-1} + 2 \quad (n > 1,\ a_1 = 1)$$

习题 3.23　[参考资料[6]] 求解递归

$$na_n = (n+t-1)a_{n-1} \quad (n > 0,\ a_0 = 1)$$

习题 3.24　求解递归

$$a_n = n + 1 + \frac{t}{n} \sum_{1 \leqslant k \leqslant n} a_{k-1} \quad (n \geqslant 1,\ a_0 = 0)$$

其中 $t = 2 - \epsilon$，$t = 2 + \epsilon$，且 ϵ 是一个很小的正常数。

3.4　母函数的展开

　　给定某母函数的显式函数形式，我们希望总结出求得相应序列的一般方法。这个过程就称为母函数的"展开"，也就是将紧凑的函数形式转换为无穷级数的形式。由前面的例子可以看出，根据表 3.1 到表 3.4 所列的基本恒等式及变换，运用相关的代数运算能够处理许多函数。那么，表 3.1 和表 3.3 中最基本的展开式又是如何得到的呢？

　　若给定 $f(z)$ 对 $z=0$ 的各阶导数，就可以利用泰勒定理（Taylor theorem）得到函数 $f(z)$ 的展开式：

$$f(z) = f(0) + f'(0)z + \frac{f''(0)}{2!}z^2 + \frac{f'''(0)}{3!}z^3 + \frac{f''''(0)}{4!}z^4 + \dots$$

因此从原则上讲，通过计算各阶导数，就能求得任意给定的母函数所对应的序列。

指数序列

由于 e^z 的各阶导数仍然是 e^z，泰勒定理最简单的应用就是建立 e^z 的基本展开式，即

$$e^z = 1 + z + \frac{z^2}{2!} + \frac{z^3}{3!} + \frac{z^4}{4!} + \dots$$

几何序列

根据表 3.1 可知，序列 $\{1, c, c^2, c^3, \dots\}$ 对应的母函数是 $(1-cz)^{-1}$。$(1-cz)^{-1}$ 的第 k 阶导数是 $k!c^k(1-cz)^{-k-1}$，当 $z = 0$ 时简化为 $k!c^k$，所以泰勒定理验证了表 3.1 所给该函数的展开式

$$\frac{1}{1-cz} = \sum_{k \geqslant 0} c^k z^k$$

二项式定理

函数 $(1+z)^x$ 的第 k 阶导数是

$$x(x-1)(x-2)\cdots(x-k+1)(1+z)^{x-k}$$

于是根据泰勒定理，得到二项式定理的广义版本，即著名的牛顿公式（Newton's formula）：

$$(1+z)^x = \sum_{k \geq 0} \binom{x}{k} z^k$$

其中的二项式系数定义为

$$\binom{x}{k} \equiv x(x-1)(x-2)\cdots(x-k+1)/k!$$

存在一种特别有趣的情况，即

$$\frac{1}{\sqrt{1-4z}} = \sum_{k \geq 0} \binom{2k}{k} z^k$$

该式可由下面的恒等式推导出

$$\begin{aligned}
\binom{-1/2}{k} &= \frac{-\frac{1}{2}(-\frac{1}{2}-1)(-\frac{1}{2}-2)\cdots(-\frac{1}{2}-k+1)}{k!} \\
&= \frac{(-1)^k}{2^k} \frac{1\cdot 3\cdot 5\cdots(2k-1)}{k!} \frac{2\cdot 4\cdot 6\cdots 2k}{2^k k!} \\
&= \frac{(-1)^k}{4^k} \binom{2k}{k}
\end{aligned}$$

与之密切相关的展开式在算法分析中发挥着核心作用，本书稍后将介绍一些应用，我们会在其中看到它。

习题 3.25 用泰勒定理写出下列函数的展开式。

$$\sin(z), \quad 2^z, \quad ze^z$$

习题 3.26 用泰勒定理证明$(1-az-bz^2)^{-1}$的级数展开式的系数满足二阶常系数线性递归。

习题 3.27 用泰勒定理直接证明

$$H(z) = \frac{1}{1-z}\ln\frac{1}{1-z}$$

是表示调和数的母函数。

习题 3.28 求

$$[z^n]\frac{1}{\sqrt{1-z}}\ln\frac{1}{1-z}$$

的表达式。（提示：展开$(1-z)^{-\alpha}$，并对α求导。）

习题 3.29 求

$$[z^n]\left(\frac{1}{1-z}\right)^t \ln\frac{1}{1-z} \qquad （整数 t>0）$$

的表达式。

从原则上来讲，直接利用泰勒定理总是能够计算出母函数的系数，但具体过程可能由于太复杂而无法实现。在大多数情况下，先把母函数分解成若干个较简单的部分，且每个部分的展开式都是已知的，然后再对原母函数求展开式。我们对前面的一些例子就是这样处理的，其中包括用卷积法展开二项式系数和调和数的母函数，以及用分解为部分分式的方法来展开斐波那契数的母函数。事实上，这正是精选的方法，而且在本书得到了充分运用。针对特定类别的问题，也可以用其他方法对母函数进行展开——例如拉格朗日逆定理（Lagrange inversion theorem），6.12 节会讨论这一方法。

此外，对于求解简单的系数表示形式，有的方法甚至比展开母函数的"一般性工具"更加有效：使用一种可以直接推导出系数的渐近估计的方法，有助于忽略不相关的细节，这种方法甚至适用于那些似乎无法通过分解得到相应展开式的问题。尽管这种一般方法涉及复杂的分析，而且超出了本书的范围，但前面介绍的运用部分分式展开法求解线性递归的方法正是基于同样的直觉。例如，根据斐波那契数的部分分式展开式可以直接得知，当 $z = 1/\phi$ 或 $z = 1/\widehat{\phi}$ 时，母函数 F_N 不收敛。但事实证明，这些"奇异性"完全决定了系数 F_N 的渐近增长。在这种情况下，直接利用展开式即可验证系数以 ϕ^N 的速率增长（增长至一个常数因子范围内）。可能会给出系数按照这种方式增长的一般条件，以及确定其他增长率的一般方法。通过分析母函数的奇异性，往往能够得到所需量的精确估计，而不是必须借助详尽的展开式。5.5 节将会讨论该问题，详细论述请见参考资料[3]。

然而依旧存在大量的序列，它们所对应的母函数是已知的，只要对这些母函数做简单的代数运算，就能得出所需量的简单表达式。本章会进一步详细讨论表示经典组合序列的基本母函数。对于组合算法分析中出现的熟知的函数，第 6 章至第 9 章将会对其进行全面分析。必要时我们会研究并讨论这些函数的处理细节，确保能够掌握用于求解相应系数的强有力工具。

3.5 利用母函数进行变换

母函数可以简单地表示无穷序列。对包含母函数的等式做简单运算，常常能够出乎意料地得到一些关于基本序列的关系式，而用其他方式却很难推导出这些关系式。这正是母函数的重要之处。下面分析几个基本的例子。

范德蒙德卷积

这是一个关于二项式系数的恒等式（见第 2 章）：

$$\sum_k \binom{r}{k}\binom{s}{N-k} = \binom{r+s}{N}$$

上式的推导非常简单，因为它就是下面函数关系式中系数的卷积

$$(1+z)^r(1+z)^s = (1+z)^{r+s}$$

利用更复杂的卷积可以推导出许多类似的恒等式。

Quicksort 递归

如表 3.2 所示，用 $(1-z)$ 乘以 OGF 相当于对系数做差分运算，第 1 章在研究 Quicksort 递归时就曾运用这一性质（只是当时没有标明）。若想进一步得到相应的解，还需要做其他变换。应该注意的是，与序列的表示式相比，对母函数的表示式做各种运算要容易得多。本章稍后会对此进行详细讨论。

斐波那契数

斐波那契数对应的母函数可表示为

$$F(z) = \frac{z}{1-y} \quad (y = z + z^2)$$

对 y 展开该式，得到

$$F(z) = z \sum_{N \geq 0} y^N = z \sum_{N \geq 0} (z + z^2)^N$$

$$= \sum_{N \geq 0} \sum_{k} \binom{N}{k} z^{N+k+1}$$

然而，在这里 F_N 就是 z^N 的系数，于是必然有

$$F_N = \sum_{k} \binom{N-k-1}{k}$$

这就是著名的斐波那契数与 Pascal 三角形（杨辉三角形）对角线之间的关系。

二项式变换

如果 $a^n = (1-b)^n$ 对所有的 n 成立，则显然有 $b^n = (1-a)^n$。令人惊讶的是，这一性质可以推广到任意序列：给定两个序列 $\{a_n\}$ 和 $\{b_n\}$，满足下面的方程

$$a_n = \sum_{k} \binom{n}{k} (-1)^k b_k$$

相应的母函数满足 $B(-z) = e^z A(z)$（见表 3.4）。不过自然也满足 $A(-z) = e^z B(z)$，这意味着

$$b_n = \sum_{k} \binom{n}{k} (-1)^k a_k$$

在后面的章节中，我们将看到更多用这种方法处理的例子。

习题 3.30　证明

$$\sum_{k} \binom{2k}{k} \binom{2N-2k}{N-k} = 4^N$$

习题 3.31　已知 Quicksort 算法的母函数满足微分方程（3），在该式两边乘以 $(1-z)^2$，求出表示对应序列 $\{C_N\}$ 的递归。

习题 3.32　假设存在一个 OGF 满足微分方程

$$A'(z) = -A(z) + \frac{A(z)}{1-z}$$

那么对应的递归是什么？方程两边乘以 $1-z$，并令系数相等，可推导出不同的递归，然后求解该递归。将这种求解方法与直接找出 OGF 然后利用展开式求解的方法进行比较。

习题 3.33　利用下述卷积推导出关于二项式系数的恒等式

$$(1+z)^r (1-z)^s = (1-z^2)^s (1+z)^{r-s}$$

其中 $r > s$。

习题 3.34　证明

$$\sum_{0 \leq k \leq t} \binom{t-k}{r} \binom{k}{s} = \binom{t+1}{r+s+1}$$

习题 3.35　利用母函数计算 $\sum_{0 \leq k \leq N} F_k$。

习题 3.36　利用母函数求出关于 $[z^n] \dfrac{z}{1-e^z}$ 的求和表达式。

习题 3.37　利用母函数求出关于 $[z^n] \dfrac{1}{2-e^z}$ 的求和表达式。

习题 3.38　[Dobinski，cf. Comtet] 证明：

$$n![z^n] e^{e^z - 1} = e^{-1} \sum_{k \geq 0} \frac{k^n}{n!}$$

习题 3.39 利用 OGF 证明二项式变换恒等式。设 $A(z)$ 和 $B(z)$ 满足下面的关系式

$$B(z) = \frac{1}{1-z}A\left(\frac{z}{z-1}\right)$$

然后运用变量代换 $z = y/(y-1)$。

习题 3.40 不使用母函数，直接证明二项式变换恒等式。

习题 3.41 [Faà di Bruno's formula, cf. Comtet] 设 $f(z) = \sum_n f_n z^n$，且 $g(z) = \sum_n g_n z^n$。用多项式定理推导出 $[z^n]f(g(z))$ 的表达式。

3.6 关于母函数的函数方程

在算法分析中，算法的递归（或者算法分析中的递归关系）往往会得到与相应母函数有关的函数方程。根据前面的论述可知，在某些情况下，能够求得函数方程的显式解，然后将其展开以得出所需要的系数。而对于另外一些情况，则可以利用函数方程确定解的渐近性，而不必求得母函数的显式形式；或者把问题变换为更容易求解的类似形式。本节将通过一些习题和示例对不同类型的函数方程进行讲解。

线性

斐波那契数对应的母函数就是一个典型的例子：

$$f(z) = zf(z) + z^2f(z) + z$$

由上述线性方程可推导出母函数的显式公式，该式或许还可以进一步展开。但这里的线性（linear）仅仅指的是出现于线性组合的函数本身——系数以及随后得出的公式却可能是任意复杂的。

非线性

更常见的情况是，母函数通常可以用等于它本身的任意一个函数表示，而不一定是线性方程。Catalan 数对应的母函数就是与之相关的著名示例之一，由函数方程

$$f(z) = zf(z)^2 + 1$$

和树的母函数定义，其中树的母函数满足函数方程

$$f(z) = ze^{f(z)}$$

前者在 3.3 节详细讨论过，而后者会在 6.14 节进一步介绍。根据非线性函数的性质可知，也许可以用代数方法推导出母函数的显式公式。

微分

函数方程可能包括母函数的导数。前面已经见过 Quicksort 的例子

$$f'(z) = \frac{2}{(1-z)^3} + 2\frac{f(z)}{1-z}$$

下面将看到更详细的例子。当然，求得母函数显式公式的能力与求解微分方程的能力直接相关。

复合函数

还有一些情况，函数方程可能含有与母函数参数有关的线性或非线性函数，例如下面算法分析中的例子：

$$f(z) = e^{z/2} f(z/2)$$
$$f(z) = z + f(z^2 + z^3)$$

第一个函数方程与二叉树和基数交换排序相关（见第 8 章），而第二个函数方程则用于计算 2-3 树（见第 6 章）。显然，我们可以任意编造复杂的方程，不过无法确保能够求得解。参考资料[3]介绍了求解此类方程的一般工具。

这些例子给出了在算法分析中运用母函数时可能会遇到的情况。本书将研究这些例子以及关于母函数的其他函数方程。通常来讲，函数方程是一条分界线，它标志着详细研究算法的终止和广泛应用分析工具的开始。无论函数方程的求解过程有多困难，重要的是应该记住，我们可以利用这些函数方程得到基本序列的性质。

与递归类似，迭代（iteration）方法即简单地将方程逐次代入方程本身，该方法对于确定由函数方程决定的母函数的性质往往很有用。例如，考虑满足下述函数方程的 EGF

$$f(z) = e^z f(z/2)$$

给定 $f(0) = 1$，必然有

$$
\begin{aligned}
f(z) &= e^z e^{z/2} f(z/4) \\
&= e^z e^{z/2} e^{z/4} f(z/8) \\
&\quad \vdots \\
&= e^{z+z/2+z/4+z/8+\cdots} \\
&= e^{2z}
\end{aligned}
$$

上述过程证明 2^n 是下面递归关系的解

$$f_n = \sum_k \binom{n}{k} \frac{f_k}{2^k} \quad (n > 0, \ f_0 = 1)$$

就技术而言，虽然需要迭代无穷多次，但是利用初始递归很容易验证该解。

习题 3.42 证明：对于展开式

$$e^{z+z^2/2} = \sum_{n \geqslant 0} f_n \frac{z^n}{n!}$$

的系数 f_n 满足二阶线性递归 $f_n = f_{n-1} + (n-1)f_{n-2}$。（提示：求函数 $f(z) = e^{z+z^2/2}$ 满足的微分方程。）

习题 3.43 求解函数方程

$$f(z) = e^{-z} f\left(\frac{z}{2}\right) + e^{2z} - 1$$

假设 $f(z)$ 是一个 EGF，求出相应的递归及其解。

习题 3.44 某序列满足分治递归

$$f_{2n} = f_{2n-1} + f_n \quad (n > 1, \ f_0 = 0)$$
$$f_{2n+1} = f_{2n} \quad (n > 0, \ f_1 = 1)$$

求出表示该序列的 OGF 的显式公式。

习题 3.45 迭代下述函数方程，以求得 $f(z)$ 的显式公式：

$$f(z) = 1 + zf\left(\frac{z}{1+z}\right)$$

习题 3.46 [Polya] 给定由下述函数方程定义的 $f(z)$：

$$f(z) = \frac{z}{1 - f(z^2)}$$

求 $a(z)$ 和 $b(z)$ 的显式表达式，其中 $f(z) = a(z)/b(z)$。

习题 3.47 证明：仅存在一个形如 $f(z) = \sum_{n \geqslant 1} f_n z^n$ 的幂级数，满足 $f(z) = \sin(f(z))$。

习题 3.48 根据 2-3 树对应的函数方程推导出一个基本递归，并利用该递归确定共有多少个具有 100 个节点的 2-3 树。

3.7 利用 OGF 求解三项中值 Quicksort 递归

我们回顾 1.5 节介绍的一个递归关系，该递归描述了三项中值 Quicksort 算法所用的平均比较次数，这是处理关于母函数的函数方程的一个详细的例子。如果不运用母函数，该递归就很难处理：

$$C_N = N + 1 + \sum_{1 \leqslant k \leqslant N} \frac{(N-k)(k-1)}{\binom{N}{3}}(C_{k-1} + C_{N-k}) \quad (N > 2)$$

其中 $C_0 = C_1 = C_2 = 0$。为了便于分析，用 $N + 1$ 表示划分 N 个元素时所需的比较次数。这里实际的开销取决于如何计算中位数和实现过程的其他性质，但可以将其限定在 $N + 1$ 附近的一个很小的加性常数范围内。此外，利用初始条件 $C_2 = 0$（以及由它推导出的 $C_3 = 4$）能够为分析带来便利，尽管在实际的实现过程中开销可能不同。正如 1.5 节所介绍的，这些细节可以通过该递归的解和其他类似递归的解的线性组合进行说明，比如计算划分阶段数这样的递归（仍然是相同的递归，只不过开销变为 1，而不再是 $N + 1$）。

接下来按照利用母函数求解递归的标准步骤处理上面的式子。在等式两边乘以 $\binom{N}{3}$，并消去求和式两边相同的部分，可得

$$\binom{N}{3} C_N = (N+1)\binom{N}{3} + 2 \sum_{1 \leqslant k \leqslant N} (N-k)(k-1)C_{k-1}$$

然后，在等式两边乘以 z^{N-3}，再对 N 求和，最后得到微分方程：

$$C'''(z) = \frac{24}{(1-z)^5} + 12 \frac{C'(z)}{(1-z)^2} \tag{5}$$

虽然不能总是指望可以求出高阶微分方程的显式解，但是这个例子却恰好是能够求得显式解的类型。首先，在等式两边乘以 $(1-z)^3$，得到

$$(1-z)^3 C'''(z) = 12(1-z)C'(z) + \frac{24}{(1-z)^2} \tag{6}$$

在每项的系数中，$(1-z)$ 的次数等于该项求导的阶数。这种微分方程在常微分方程理论中被称为欧拉方程（Euler equation）。在等号两边乘以同一算子，然后微分，即完成对方程的分解。在这种情况下，该算子定义为

$$\Psi C(z) \equiv (1-z)\frac{\mathrm{d}}{\mathrm{d}z} C(z)$$

利用该算子将式（6）改写为

$$\Psi(\Psi+1)(\Psi+2)C(z) = 12\Psi C(z) + \frac{24}{(1-z)^2}$$

将以上包含 Ψ 的各项合并成一个多项式，并进行因式分解，可得：

$$\Psi(\Psi+5)(\Psi-2)C(z) = \frac{24}{(1-z)^2}$$

这意味着，求解 $C(z)$ 的过程可转换为逐次求解三个一阶微分方程：

$$\Psi U(z) = \frac{24}{(1-z)^2} \text{ 或 } U'(z) = \frac{24}{(1-z)^3}$$

$$(\Psi + 5)T(z) = U(z) \text{ 或 } T'(z) = -5\frac{T(z)}{1-z} + \frac{U(z)}{1-z}$$

$$(\Psi - 2)C(z) = T(z) \text{ 或 } C'(z) = 2\frac{C(z)}{1-z} + \frac{T(z)}{1-z}$$

求解这些一阶差分方程比常规的 Quicksort 算法分析简单得多，可以很快得出结果。

定理 3.5（三项中值 Quicksort） 对于随机序列，三项中值 Quicksort 算法所用的平均比较次数可表示为

$$C_N = \frac{12}{7}(N+1)\Big(H_{N+1} - \frac{23}{14}\Big) \quad (N \geqslant 6)$$

证明：继续上面的讨论，求解上述微分方程，得到

$$U(z) = \frac{12}{(1-z)^2} - 12$$

$$T(z) = \frac{12}{7}\frac{1}{(1-z)^2} - \frac{12}{5} + \frac{24}{35}(1-z)^5$$

$$C(z) = \frac{12}{7}\frac{1}{(1-z)^2}\ln\frac{1}{1-z} - \frac{54}{49}\frac{1}{(1-z)^2} + \frac{6}{5} - \frac{24}{245}(1-z)^5$$

展开关于 $C(z)$ 的表达式（忽略最后一项），即可得出结果（见 3.1 节的习题）。该 OGF 的第一项与标准 Quicksort 对应的 OGF 相比，只差一个常数因子。

我们可以将这个分解转化为 $U(z)$，并把 $T(z)$ 转化为对应序列的递归。然后考虑母函数 $U(z)=\sum U_N z^N$ 和 $T(z)=\sum T_N z^N$。在这种情况下，处理母函数就相当于处理递归，但是与直接求解递归相比，前者使用的工具具有更广泛的适用性，而且用起来稍微容易一些。此外，利用母函数求解的方法也可用于使用大样本的情况。更多细节请见参考资料[9]或[14]。

除了作为运用母函数的实例，这个颇为详细的例子还说明，对于有价值的性能特征，需要多么精确的数学表述才能帮助我们选择适当的值来控制算法的参数（此处是样本的大小）。例如，上述分析表明，通过运用三项中值 Quicksort 算法，用于比较的开销可以节省大约 14%。更详细的分析还需要考虑额外的开销（主要是额外的交换，因为分隔元所处位置更接近中间），而且该分析表明，更大的样本会使算法性能得到进一步改善。

习题 3.49 证明 $(1-z)^t C^{(t)}(z) = \Psi(\Psi+1)\ldots(\Psi+t+1)C(z)$。

习题 3.50 求三项中值 Quicksort 算法所用的平均交换次数。

习题 3.51 若算法改为在分隔时使用 5 个元素的中位数，求 Quicksort 算法所用的平均比较次数和平均交换次数。

习题 3.52 [Euler] 讨论下面微分方程的解：

$$\sum_{0 \leqslant j \leqslant r}(1-z)^{r-j}\frac{\mathrm{d}^j}{\mathrm{d}z^j}f(z) = 0$$

若该方程是非齐次方程，且右边各项的形式为 $(1-z)^\alpha$，讨论该方程的解。

习题 3.53 [van Emden, cf. Knuth] 证明：若存在一个含有 $2t+1$ 个元素的样本，且用该样本的中位数进行分隔，则 Quicksort 所用的比较次数为

$$\frac{1}{H_{2t+2} - H_{t+1}}N\ln N + O(N)$$

3.8 利用母函数计数

迄今为止，我们一直将母函数作为求解递归关系的分析工具，然而这只是其重要功能的一部分——母函数还可用于系统地统计组合对象。此处的"组合对象"可能是正在进行算法操作的数据结构，因此这种计数功能在算法分析中也具有重要作用。

第一个例子是一个经典的组合学问题，该问题对应的基本数据结构会在第 6 章以及本书的其他几处进行讨论。二叉树（binary tree）是由递归定义的一种结构，它或者是一个单独的外部节点（external node），或者是一个连接两棵二叉树的内部节点（internal node），这两棵二叉树分别是*左子树*（*left subtree*）和*右子树*（right subtree）。图 3.1 给出了至多为 5 个节点的全部二叉树。许多组合学问题和算法分析问题会用到二叉树：例如，如果内部节点对应双参数算术运算符，而外部节点对应变量，则二叉树对应算术表达式。现在的问题是，有多少棵二叉树具有 N 个外部节点？

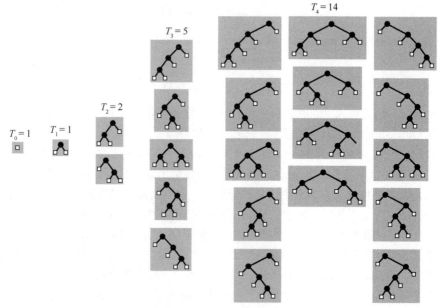

图 3.1　具有 1、2、3、4 和 5 个外部节点的所有二叉树

二叉树的计数

其中一种处理方法是定义一个递归。设 T_N 是具有 $N+1$ 个外部节点的二叉树的数量。从图 3.1 可知，$T_0 = 1$、$T_1 = 1$、$T_2 = 2$、$T_3 = 5$ 和 $T_4 = 14$。根据递归的定义可以推导出一个递归关系：存在一棵具有 $N+1$ 个外部节点的二叉树，如果左子树有 k 个外部节点（这样的左子树有 T_{k-1} 个），那么右子树一定有 $N-k+1$ 个外部节点（存在 T_{k-1} 种可能）。于是，T_N 必然满足

$$T_N = \sum_{1 \le k \le N} T_{k-1} T_{N-k} \quad (N > 0, \ T_0 = 1)$$

这是一个简单的卷积：两边乘以 z^N，再对 N 求和。我们发现对应的 OGF 一定满足非线性函数方程

$$T(z) = zT(z)^2 + 1$$

利用二次方程，很容易求出 $T(z)$ 的表达式

$$zT(z) = \frac{1}{2}(1 \pm \sqrt{1 - 4z})$$

为了保证 $z = 0$ 时等式两边相等，右边应取减号。

定理 3.6（表示二叉树的 OGF） 具有 $N+1$ 个外部节点的二叉树的数量由 Catalan 数表示：

$$T_N = [z^{N+1}] \frac{1 - \sqrt{1-4z}}{2} = \frac{1}{N+1} \binom{2N}{N}$$

证明：OGF 的显式表达式已经在上面给出，为了得到系数，二项式定理的指数取 $1/2$（牛顿公式）。

$$zT(z) = -\frac{1}{2} \sum_{N \geq 1} \binom{1/2}{N} (-4z)^N$$

令两边系数相等，可得

$$
\begin{aligned}
T_N &= -\frac{1}{2} \binom{1/2}{N+1} (-4)^{N+1} \\
&= -\frac{1}{2} \frac{\frac{1}{2}(\frac{1}{2}-1)(\frac{1}{2}-2)\cdots(\frac{1}{2}-N)(-4)^{N+1}}{(N+1)!} \\
&= \frac{1 \cdot 3 \cdot 5 \cdots (2N-1) \cdot 2^N}{(N+1)!} \\
&= \frac{1}{N+1} \frac{1 \cdot 3 \cdot 5 \cdots (2N-1)}{N!} \frac{2 \cdot 4 \cdot 6 \cdots 2N}{1 \cdot 2 \cdot 3 \cdots N} \\
&= \frac{1}{N+1} \binom{2N}{N}
\end{aligned}
$$

我们将在第 6 章看到，每棵二叉树的外部节点个数都恰好比内部节点个数多一个。因此，Catalan 数 T_N 也能表示具有 N 个内部节点的二叉树的数量。在第 4 章将看到，其近似值是 $T_N \approx \frac{4^N}{N} \sqrt{\pi N}$。

二叉树的（直接）计数

还有一种更简单的方法可用于确定上述母函数的显式表达式，这种方法进一步体现了母函数在计数问题中的实质性作用。定义 $\mathcal{T}$ 为全部二叉树的集合，用记号 $|t|$ 表示二叉树 t 的内部节点个数，其中 $t \in \mathcal{T}$。于是，可以得到：

$$
\begin{aligned}
T(z) &= \sum_{t \in \mathcal{T}} z^{|t|} \\
&= 1 + \sum_{t_L \in \mathcal{T}} \sum_{t_R \in \mathcal{T}} z^{|t_L| + |t_R| + 1} \\
&= 1 + zT(z)^2
\end{aligned}
$$

上式第一行是依据 $T(z)$ 的定义得出的另一种表达式。每存在一棵具有 k 个外部节点的二叉树，z^k 的系数就增加 1，所以求和式中 z^k 的系数就是对具有 k 个内部节点的二叉树所计的数。第二行是依据二叉树的递归定义得到的：一棵二叉树或者没有内部节点（对应于第二行的 1），或者可以分解为两棵独立的二叉树，这两棵子树的内部节点构成原树的内部节点，再加上一个根节点。因为下标变量 t_L 和 t_R 相互独立，所以最后得出第三行。建议读者认真研究这个基础的例子——本书还会介绍许多类似的例子。

习题 3.54 修改上面的推导，对于具有 N 个外部节点的二叉树，直接推导出表示其数量的母函数。

兑换美元（Polya）

Polya 提出了一个经典的利用母函数计数的例子，问题描述如下："用 1 美分、5 美分、10 美分、25 美分、50 美分的硬币兑换 1 美元，共有多少种兑换方法？"如果运用二叉树的直接计数

法，其母函数可表示为

$$D(z) = \sum_{p,n,d,q,f \geq 0} z^{p+5n+10d+25q+50f}$$

其中，求和式的下标 p、n、d 等分别表示所使用的 1 美分、5 美分、10 美分以及其他硬币的个数。每存在一个总数为 k 分的硬币组合，z^k 的系数就增加 1，因此这就是所需的母函数。由于在 $D(z)$ 的表达式中，求和式的每个下标都是相互独立的，于是可得

$$D(z) = \sum_p z^p \sum_n z^{5n} \sum_d z^{10d} \sum_q z^{25q} \sum_f z^{50f}$$

$$= \frac{1}{(1-z)(1-z^5)(1-z^{10})(1-z^{25})(1-z^{50})}$$

通过建立相应的递归，或者利用计算机代数系统，可以求得 $[z^{100}]D(z) = 292$。

习题 3.55　讨论 $[z^N]D(z)$ 的表达式的形式。

习题 3.56　写出能够计算 $[z^N]D(z)$ 的有效计算机程序，其中 N 由现场输入。

习题 3.57　证明：若将 N 表示成 2 的幂的（具有整数系数）线性组合，则与方法总数对应的母函数是

$$\prod_{k \geq 1} \frac{1}{1 - z^{2^k}}$$

习题 3.58　[Euler]　证明

$$\frac{1}{1-z} = (1+z)(1+z^2)(1+z^4)(1+z^8)\cdots。$$

写出前 t 个因子的乘积的封闭形式。有时该式也被称为"计算机科学家的恒等式"，为什么？

习题 3.59　将习题 3.58 推广到以 3 为底的情形。

习题 3.60　用 N 的二进制形式表示 $[z^N](1-z)(1-z^2)(1-z^4)(1-z^8)\cdots$。

二项分布

若长度为 N 的二进制数序列恰好有 k 位为 1（显然有 N-k 位为 0），那么这样的二进制序列有多少个？设 B_N 表示所有长度为 N 的二进制序列的集合，B_{Nk} 表示所有长度为 N 且恰好有 k 位为 1 的二进制数序列的集合，相应的母函数可表示为

$$B_N(z) = \sum_k |\mathcal{B}_{Nk}| z^k$$

但我们注意到在 B_N 中，每存在一个恰好有 k 位为 1 的二进制串 b，z^k 的系数就刚好增加 1。重写上面的母函数，使之按每个串"计数"

$$B_N(z) \equiv \sum_{b \in \mathcal{B}_N} z^{\{\#\, b\text{中1的位数}\}} = \sum_{b \in \mathcal{B}_{Nk}} z^k \left(= \sum_k |\mathcal{B}_{Nk}| z^k \right)$$

现在，将所有具有 k 位 1 的 N 位二进制串的集合表示为所有具有 k 位 1 的 N-1 位二进制串的集合（在每个字符串的前面加一位 0）与所有具有 k-1 位 1 的 N-1 位二进制串的集合（在每个字符串的前面加一位 1）的并。因此，

$$B_N(z) = \sum_{b \in \mathcal{B}_{(N-1)k}} z^k + \sum_{b \in \mathcal{B}_{(N-1)(k-1)}} z^k$$

$$= B_{N-1}(z) + z B_{N-1}(z)$$

所以 $B_N(z) = (1+z)^N$。利用二项式定理展开这个函数，即可得到所需要的结果 $|\mathcal{B}_{Nk}| = \binom{N}{k}$。

下面给出利用母函数进行计数的一般方法。

首先，对于需要计数的组合学对象，写出关于下标求和的母函数的一般表达式。

然后，将求和式分解为与处理对象相对应的结构，以推导出母函数的显式公式。

最后，将母函数表示为幂级数的形式，以求得系数的表达式。

前面的章节在介绍表示二叉树计数问题的母函数时，还介绍了一种不同的处理方法，即先利用处理对象的结构推导出一个递归，然后利用母函数求解这个递归。对于简单的问题，选择哪种方法都可以，没有什么理由；然而对于比较复杂的问题，刚刚简略描述的方法能够直接避免有时伴随递归出现的烦琐计算。第 5 章会介绍一个基于该思路的十分有效的一般方法，而且本书的后面还会介绍许多应用。

3.9　概率母函数

利用母函数处理概率问题可以简化平均值和方差的计算，这种应用与算法分析直接相关。

定义　给定一个随机变量 X，该变量只取非负整数，且 $p_k \equiv \Pr\{X = k\}$，则函数 $P(u) = \sum_{k \geq 0} p_k u^k$ 称为关于随机变量 X 的概率母函数（PGF）。

回顾 1.7 节以及关于算法平均情况分析的一些例子，我们在其中讨论过计算随机变量平均值和标准差的方法。在这里还需要复习有关的定义，因为本节和下一节会做一些相关计算。

定义　X 的期望值或 $E(X)$（也称为 X 的平均值），定义为 $\sum_{k \geq 0} k p_k$。根据 $r_k \equiv \Pr\{X \leq k\}$，它等价于 $E(X) = \sum_{k \geq 0}(1 - r_k)$。$X$ 的方差或 $\mathrm{var}(X)$ 定义为 $\sum_{k \geq 0}(k - E(X))^2 p_k$。$X$ 的标准差定义为 $\sqrt{\mathrm{var}(X)}$。

概率母函数非常重要，因为它提供了另一种计算平均值和方差的方法，避免了由求解离散和产生的烦冗运算。

定理 3.7（利用 PGF 求平均值和方差）　给定关于随机变量 X 的 PGF $P(z)$，则 X 的期望值为 $P'(1)$，方差为 $P''(1) + P'(1) - P'(1)^2$。

证明：若 $p_k \equiv \Pr\{X = k\}$，则根据定义可知，期望值是

$$P'(1) = \sum_{k \geq 0} k p_k u^{k-1}\big|_{u=1} = \sum_{k \geq 0} k p_k$$

类似地，我们注意到 $P(1) = 1$，则根据定义即可直接推导出方差的结果：

$$\sum_{k \geq 0}(k - P'(1))^2 p_k = \sum_{k \geq 0} k^2 p_k - 2\sum_{k \geq 0} k P'(1) p_k + \sum_{k \geq 0} P'(1)^2 p_k$$
$$= \sum_{k \geq 0} k^2 p_k - P'(1)^2 = P''(1) + P'(1) - P'(1)^2$$

$E(X^r) = \sum_k k^r p_k$ 称为 X 的 r 阶矩（the rth moment）。期望值是一阶矩，而方差是二阶矩与一阶矩的平方之差。

合成法则（即将在 5.2 节和 5.3 节介绍的通过符号法实现计数的定理）可转换为独立随机变量对应的 PGF 相互结合的表现形式。例如，如果 $P(u)$、$Q(u)$ 是表示独立随机变量 X 和 Y 的概率母函数，则 $P(u)Q(u)$ 是表示随机变量 $X+Y$ 的概率母函数。而且两个概率母函数之积所表示的概率分布的平均值和方差，分别是它们的平均值之和和方差之和。

习题 3.61　按照 $r_k = \Pr\{X \leq k\}$ 的形式，写出 $\mathrm{var}(X)$ 的简单表达式。

习题 3.62　定义 $\mathrm{mean}(P) \equiv P'(1)$ 和 $\mathrm{var}(P) \equiv P''(1) + P'(1) - P'(1)^2$。证明不仅仅是对 PGF，对任意满足 $P(1) = Q(1) = 1$ 的可微函数 P 和 Q，都有 $\mathrm{mean}(PQ) = \mathrm{mean}(P) + \mathrm{mean}(Q)$ 且 $\mathrm{var}(PQ) = \mathrm{var}(P) + \mathrm{var}(Q)$ 成立。

均匀离散分布

给定一个整数 $n > 0$，假设 X_n 是一个随机变量，等可能地取整数 $0, 1, 2, \ldots, n-1$ 中的每一个值。则关于 X_n 的概率母函数是

$$P_n(u) = \frac{1}{n} + \frac{1}{n}u + \frac{1}{n}u^2 + \cdots + \frac{1}{n}u^{n-1}$$

期望值是

$$P_n'(1) = \frac{1}{n}(1 + 2 + \cdots + (n-1)) = \frac{n-1}{2}$$

而且由于

$$P_n''(1) = \frac{1}{n}(1 \cdot 2 + 2 \cdot 3 + \cdots + (n-2)(n-1)) = \frac{1}{6}(n-2)(n-1)$$

所以方差是

$$P_n''(1) + P_n'(1) - P_n'(1)^2 = \frac{n^2-1}{12}$$

习题 3.63 根据闭形式

$$P_n(u) = \frac{1-u^n}{n(1-u)}$$

验证上述结果。（提示：利用洛必达法则计算 1 处的导数。）

习题 3.64 某随机变量可用于计算随机二进制字符串中前导 0 的个数，求出表示该随机变量的 PGF，并利用该 PGF 计算平均值和标准差。

二项分布

考虑一个具有 N 个独立位的随机字符串，其中每一位是 0 的概率为 p，每一位是 1 的概率为 $q = 1 - p$。可以证明 N 个位中恰好有 k 位是 0 的概率为

$$\binom{N}{k} p^k q^{N-k}$$

于是，对应的 PGF 是

$$P_N(u) = \sum_{0 \leqslant k \leqslant N} \binom{N}{k} p^k q^{N-k} u^k = (pu + q)^N$$

另外可以看出，单个位上的 0 所对应的 PGF 是 $(pu+q)$，且 N 个位都是相互独立的。所以表示 N 个位中 0 的个数的 PGF 是 $(pu+q)^N$，0 的平均个数是 $P'(1) = pN$，方差是 $P''(1) + P'(1) - P'(1)^2 = pqN$，等等。这些数值都很容易计算，不需要单独确定各项概率。

利用上述方法可以把需要求解的量完全分解成相互独立的 PGF，但我们不能指望总是如此幸运，这种方法有时是行不通的。在二项分布中，结构数 2^N 的计数表达式容易分解为 N 个简单的因子。而且由于在计算平均值时，该量出现在分母中，所以分子也能够进行因式分解。反过来讲，如果不按照这种方式进行因式分解（例如，在 Catalan 数的情况下），就不容易找到独立的参数。正是出于这样的原因（详见 3.10 节），我们在算法分析中强调使用双变量累积母函数，而不是 PGF。

Quicksort 分布

设 $Q_N(u)$ 是表示 Quicksort 所用比较次数的 PGF。利用 PGF 的合成法则可以证明 $Q_N(u)$ 满

足函数方程

$$Q_N(u) = \frac{1}{N} \sum_{1 \leqslant k \leqslant N} u^{N+1} Q_{k-1}(u) Q_{N-k}(u)$$

尽管利用这个方程很难求得 $Q_N(u)$ 的显式表达式，但它确实为矩的计算打下了基础。例如，微分并计算点 $u=1$ 处的值，会直接推导出 3.3 节介绍的标准 Quicksort 的递归关系。需要注意的是，该 PGF 对应的序列是将比较次数作为下标；而在 3.3 节求解式（1）时使用的 OGF 则是将文件中元素的个数作为下标。下一节会研究如何将两者统一处理成一个二重母函数。

尽管对于算法的平均情况分析而言，概率母函数似乎是很自然的工具，但我们通常更强调使用组合结构的参数来分析，而不是使用 PGF，下一节将给出更明确的解释。在处理离散结构时，如果说两种处理方法不等价的话，那么至少二者在形式上是相关的。不过 PGF 概率母函数的计数方法更自然一些，而且允许做更灵活的处理。

3.10　双变量母函数

通常情况下，在算法分析中我们不仅要关注对给定大小的结构进行计数，还要关注计算与结构相关的各种参数值。

为了达到这个目的，我们运用双变量母函数（bivariate generating function）。双变量母函数具有两个变量，用于表示双下标序列：一个下标表示问题的大小，另一个下标表示正在分析的参数值。通过运用双变量母函数，即可实现仅用一个双变量母函数同时控制两个下标。

定义　给定一个双下标序列 $\{a_{nk}\}$，函数

$$A(z, u) = \sum_{n \geqslant 0} \sum_{k \geqslant 0} a_{nk} z^n u^k$$

称为该序列的双变量母函数（BGF）。我们用记号 $[z^n u^k] A(z, u)$ 表示 a_{nk}；用 $[z^n] A(z, u)$ 表示 $\sum_{k \geqslant 0} a_{nk} u^k$；用 $[u^k] A(z, u)$ 表示 $\sum_{n \geqslant 0} a_{nk} z^n$。

有时需要通过对上式除以 $n!$，把 BGF 变成指数形式。于是，$\{a_{nk}\}$ 的指数形式的 BGF 为

$$A(z, u) = \sum_{n \geqslant 0} \sum_{k \geqslant 0} a_{nk} \frac{z^n}{n!} u^k$$

最常见的情况是，利用 BGF 来计算组合结构中的参数值，如下所示。对于 $p \in \mathcal{P}$（其中 $\mathcal{P}$ 是一类组合结构），令 $\mathrm{cost}(p)$ 表示一个函数，该函数给出了为每个结构定义的某些参数值。此时我们关注 BGF

$$P(z, u) = \sum_{p \in \mathcal{P}} z^{|p|} u^{\{\mathrm{cost}(p)\}} = \sum_{n \geqslant 0} \sum_{k \geqslant 0} p_{nk} z^n u^k$$

其中 p_{nk} 表示大小为 n 且开销为 k 的结构的数量。为了把大小为 n 的结构的所有开销分开，上式也可写成

$$P(z, u) = \sum_{n \geqslant 0} p_n(u) z^n, \ \ 其中 p_n(u) = [z^n] A(z, u) = \sum_{k \geqslant 0} p_{nk} u^k$$

而为了把所有开销为 k 的结构分开，则写成

$$P(z, u) = \sum_{k \geqslant 0} q_k(z) u^k, \ \ 其中 q_k(z) = [u^k] P(z, u) = \sum_{n \geqslant 0} p_{nk} z^n$$

此外，需要注意

$$P(z, 1) = \sum_{p \in \mathcal{P}} z^{|p|} = \sum_{n \geqslant 0} p_n(1) z^n = \sum_{k \geqslant 0} q_k(z)$$

是对 $\mathcal{P}$ 计数的常规母函数。

我们主要关注以下内容：如果所有大小为 n 的结构都等可能地被取用，那么 $p_n(u)/p_n(1)$ 就是表示开销的随机变量所对应的 PGF。因此，已知 $p_n(u)$ 和 $p_n(1)$ 就能计算平均开销以及其他的矩，这在前一节已经介绍过。基于对组合结构开销参数的计数与分析，BGF 为这类计算提供了方便的架构。

二项分布

用 $\mathcal{B}$ 表示所有二进制字符串的集合，并把二进制字符串的"开销"函数当作 1 位的个数。在这种情况下，$\{a_{nk}\}$ 表示具有 k 个 1 的 n 位二进制字符串的个数。因此，相关的 BGF 为

$$P(z,u) = \sum_{n \geqslant 0} \sum_{k \geqslant 0} \binom{n}{k} u^k z^n = \sum_{n \geqslant 0} (1+u)^n z^n = \frac{1}{1-(1+u)z}$$

BGF 展开

把大小为 n 的结构分离为 $[z^n]P(z,u) = p_n(u)$ 的形式，这个过程常常称作 BGF 的"水平"展开。这源于将全 BGF 的展开自然地表示为一个二维表，其中 u 的幂沿水平方向增加，z 的幂沿垂直方向增加。例如，表示二项分布的 BGF 可以写成下面的形式。

$$z^0(u^0)+$$
$$z^1(u^0+u^1)+$$
$$z^2(u^0+2u^1+u^2)+$$
$$z^3(u^0+3u^1+3u^2+u^3)+$$
$$z^4(u^0+4u^1+6u^2+4u^3+u^4)+$$
$$z^5(u^0+5u^1+10u^2+10u^3+5u^4+u^5)+\ldots$$

或者垂直地列出这样的表，可以整理得 $[u^k]P(z,u) = q_k(z)$。对于二项分布，由该式得到

$$u^0(z^0+z^1+z^2+z^3+z^4+z^5+\ldots)+$$
$$u^1(z^1+2z^2+3z^3+4z^4+5z^5+\ldots)+$$
$$u^2(z^2+3z^3+6z^4+10z^5+\ldots)+$$
$$u^3(z^3+4z^4+10z^5+\ldots)+$$
$$u^4(z^4+5z^5+\ldots)+$$
$$u^5(z^5+\ldots)+\ldots$$

这就是 BGF 的垂直展开。我们将会看到，这些表示方法在算法分析中非常重要，尤其是在不能直接使用全 BGF 的显式表达式的时候。

矩的"水平"计算

如果使用这些表示法，概率和矩的计算会变得简单。对 u 微分并求在 $u=1$ 处的值，即可得出

$$p_n'(1) = \sum_{k \geqslant 0} k p_{nk}$$

$P(z,u)$ 在 $u=1$ 处对 u 求偏导数，得到的就是 u 的母函数。现在，$p_n(1)$ 是大小为 n 的 $\mathcal{P}$ 的成员

数。如果把大小为 n 的 $\mathcal{P}$ 的所有成员都看作等可能的，那么大小为 n 的结构、开销为 k 的概率是 $p_{nk}/p_n(1)$，并且大小为 n 的结构的平均开销是 $p_n'(1)/p_n(1)$。

定义 令 $\mathcal{P}$ 表示具有 BGF $P(z,u)$ 的一类组合结构，则函数

$$\frac{\partial P(z,u)}{\partial u}\bigg|_{u=1} = \sum_{p \in \mathcal{P}} \mathrm{cost}(p) z^{|p|}$$

定义为该类的累积母函数（cumulative generating function，CGF）。再有，令 $\mathcal{P}_n$ 表示 $\mathcal{P}$ 中大小为 n 的所有结构的类，则将和

$$\sum_{p \in \mathcal{P}_n} \mathrm{cost}(p)$$

定义为大小为 n 的结构的累加开销（cumulated cost）。

因为累加开销恰好是 CGF 中 z^n 的系数，所以这个术语是合理的。累加开销有时也被称为非正则化平均值（unnormalized mean），因为真正的平均值是通过"正则化"得到的，或者是通过用大小为 n 的结构的数量去除（dividing）而得到的。

定理 3.8（BGF 和平均开销） 若给定一类组合结构的 BGF $P(z,u)$，则给定大小的所有结构的平均开销由累加开销除以结构数得出，即

$$\frac{[z^n]\dfrac{\partial P(z,u)}{\partial u}\bigg|_{u=1}}{[z^n]P(1,z)}$$

证明：计算很简单，直接从 $p_n(u)/p_n(1)$ 是相关的 PGF 出发，然后运用定理 3.7 即可。

BGF 的使用和定理 3.8 的重要性在于通过从

$$\frac{\partial P(z,u)}{\partial u}\bigg|_{u=1} \text{和} P(1,z)$$

中独立地抽取系数并采用除法可以计算平均开销。而更简捷的表示法往往把偏导数写成 $P_u(z,1)$。标准差可以用类似的方法算出。表 3.5 总结了这些表示法和计算。

表 3.5 利用双变量母函数计算矩

$$P(z,u) = \sum_{p \in \mathcal{P}} z^{|p|} u^{\{\mathrm{cost}(p)\}} = \sum_{n \geqslant 0} \sum_{k \geqslant 0} p_{nk} u^k z^n = \sum_{n \geqslant 0} p_n(u) z^n = \sum_{k \geqslant 0} q_k(z) u^k$$

大小为 n 的结构的开销母函数	$[z^n]P(z,u) \equiv p_n(u)$
计数开销为 k 的结构的母函数	$[u^k]P(z,u) \equiv q_k(z)$
累积母函数（CGF）	$\dfrac{\partial P(z,u)}{\partial u}\bigg|_{u=1} \equiv q(z)$
	$= \sum_{k \geqslant 0} k q_k(z)$
大小为 n 的结构的数量	$[z^n]P(1,z) = p_n(1)$
累加开销	$[z^n]\dfrac{\partial P(z,u)}{\partial u}\bigg|_{u=1} = \sum_{k \geqslant 0} k p_{nk}$
	$= p_n'(1)$
	$= [z^n]q(z)$

续表

平均开销	$$\frac{[z^n]\dfrac{\partial P(z,u)}{\partial u}\Big|_{u=1}}{[z^n]P(1,z)} = \frac{p_n'(1)}{p_n(1)}$$ $$= \frac{[z^n]q(z)}{p_n(1)}$$
方差	$$\frac{p_n''(1)}{p_n(1)} + \frac{p_n'(1)}{p_n(1)} - \left(\frac{p_n'(1)}{p_n(1)}\right)^2$$

对于上面给出的关于二项分布的例子，长度为 n 的二进制字符串的个数为

$$[z^n]\frac{1}{1-(1+u)z}\Big|_{u=1} = [z^n]\frac{1}{(1-2z)} = 2^n$$

且累加开销（所有 n 位二进制字符串中 1 位的个数）是

$$[z^n]\frac{\partial}{\partial u}\frac{1}{1-(1+u)z}\Big|_{u=1} = [z^n]\frac{z}{(1-2z)^2} = n2^{n-1}$$

于是 1 位的平均个数是 $n/2$。从 $p_n(u) = (1+u)^n$ 开始，结构的数量是 $p_n(1) = 2^n$ 且累加开销为 $p_n'(1) = n2^{n-1}$。也可通过直接论证来计算平均值：长度为 n 的二进制字符串的个数是 2^n，因为总共有 $n2^n$ 位，它的一半就是 1 位的个数，所以在所有长度为 n 的二进制字符串中 1 位的个数是 $n2^{n-1}$。

习题 3.65   根据前面的内容，利用表 3.5 和 $p_n(u) = (1+u)^n$，计算长度为 n 的随机二进制字符串中 1 位的个数的方差。

矩的"垂直"计算

另外，利用垂直展开也可以计算得出累加开销：

$$[z^n]\sum_{k\geqslant 0}kq_k(z) = \sum_{k\geqslant 0}kp_{nk}$$

推论   累加开销还等于

$$[z^n]\sum_{k\geqslant 0}(P(1,z)-r_k(z)),\quad 其中 r_k(z) \equiv \sum_{0\leqslant j\leqslant k}q_j(z)$$

证明：函数 $r_k(z)$ 是表示所有开销不大于 k 的结构的母函数。由于 $r_k(z) - r_{k-1}(z) = q_k(z)$，所以累加开销为

$$[z^n]\sum_{k\geqslant 0}k(r_k(z)-r_{k-1}(z))$$

将其叠缩则得到所述结果。

随着求和式中 k 值的增加，初始项相互抵消（所有小结构的开销都不大于 k），可见该表达式本身就导致了渐近逼近。第 6 章将对此进行详细讨论，届时会遇到一些适合用垂直公式解决的问题。

习题 3.66   根据垂直展开式验证二项分布的平均值是 $n/2$。（提示：按照前面的描述，先计算 $r_k(z)$。）

Quicksort 分布

1.5 节和 3.3 节已经详细研究了 Quicksort 运行时间的平均情况分析，因此从 BGF 的角度检验

这一分析过程是很有价值的，其中包括方差的计算。我们从指数型 BGF

$$Q(z,u) = \sum_{N \geqslant 0} \sum_{k \geqslant 0} q_{Nk} u^k \frac{z^N}{N!}$$

出发，其中 q_{Nk} 表示 Quicksort 算法所用比较次数的累积计数，且该算法是关于 N 个元素的所有排列方式。现在，因为 N 个元素存在 $N!$ 种排列方式，所以这实际上是一个"概率" BGF：$[z^N]Q(z,u)$ 就是在前一节末尾介绍的 PGF $Q_N(u)$。根据第 7 章的几个例子可以得知，只要研究排列的性质，指数型 BGF 和 PGF 之间的关系就必然成立。因此，在 3.9 节的递归

$$Q_N(u) = \frac{1}{N} \sum_{1 \leqslant k \leqslant N} u^{N+1} Q_{k-1}(u) Q_{N-k}(u)$$

两边同时乘以 z^N 并对 N 求和，得到函数方程

$$\frac{\partial}{\partial z} Q(z,u) = u^2 Q^2(zu, u) \quad (Q(u,0) = 1)$$

上述 BGF 一定满足该方程。该方程携带了足够的信息，使得我们能够计算这种分布的各种矩。

定理 3.9（Quicksort 方差） Quicksort 所用比较次数的方差为

$$7N^2 - 4(N+1)^2 H_N^{(2)} - 2(N+1)H_N + 13N \sim N^2\left(7 - \frac{2\pi^2}{3}\right)$$

证明：前面的讨论和后面的习题已经对证明本定理的相关计算做了概括，这些计算最好是在计算机代数系统的帮助下进行。根据近似值 $H_N \sim \ln N$（见定理 4.3 的第一个推论）和 $H_N^{(2)} \sim \pi^2/6$（见习题 4.56）可以推导出渐近估计。该结果由参考资料[9]给出。

1.7 节曾讨论过，标准差（$\approx 0.65N$）渐近地小于平均值（$\approx 2N\ln N - 0.846N$）。这意味着，当运用 Quicksort 对随机排列进行排序时（或者当分隔元是随机选取时），所观察到的比较次数应该以很高的概率接近平均值，而且随着 N 的增加，该现象甚至愈加明显。

习题 3.67 确定

$$q^{[1]}(z) \equiv \frac{\partial}{\partial u} Q(z,u) \big|_{u=1} = \frac{1}{(1-z)^2} \ln \frac{1}{1-z}$$

并证明

$$q^{[2]}(z) \equiv \frac{\partial^2}{\partial u^2} Q(z,u) \big|_{u=1} = \frac{6}{(1-z)^3} + \frac{8}{(1-z)^3} \ln \frac{1}{1-z} + \frac{8}{(1-z)^3} \ln^2 \frac{1}{1-z}$$
$$- \frac{6}{(1-z)^2} - \frac{12}{(1-z)^2} \ln \frac{1}{1-z} - \frac{4}{(1-z)^2} \ln^2 \frac{1}{1-z}$$

习题 3.68 提取 $q^{[2]}(z) + q^{[1]}(z)$ 中 z^N 的系数，并验证定理 3.9 中给出的方差的准确表达式（见习题 3.8）。

在算法分析中，二叉树叶子节点的分析和 Quicksort 所用比较次数的分析在许多运用双变量母函数的例子中极具代表性，这些例子将会在第 6 章至第 9 章介绍。这里的例子说明两点一是我们能够利用符号论据封装算法和数据结构的性质，这些算法和数据结构所对应的母函数之间存在关联；二是 BGF 为计算矩（特别是平均值）提供了方便的架构。

3.11 特殊函数

我们已经遇到过一些"特殊"的数列，例如调和数、斐波那契数列、二项式系数以及阶乘 $N!$。这些序列是问题研究的内在因素，且应用广泛，因而极具研究价值。本节将简要地再考虑

几个这样的序列。

表 3.6 将这些序列定义为所给母函数的系数。另外，用组合学解释也可以定义这些序列，然而我们更愿意把母函数作为定义，因为这样能避免讨论偏向于任何特定的应用。可以将这些母函数看作已添加到"已知"函数工具箱中的工具——这些特殊的函数出现得非常频繁，因此我们对其性质有了相当透彻的理解。

表 3.6　经典的"特殊"母函数

二项式系数	$\dfrac{1}{1-z-uz} = \sum_{n,k\geqslant 0} \binom{n}{k} u^k z^n$
	$\dfrac{z^k}{(1-z)^{k+1}} = \sum_{n\geqslant k} \binom{n}{k} z^n$
	$(1+u)^n = \sum_{k\geqslant 0} \binom{n}{k} u^k$
第一类 Stirling 数	$\dfrac{1}{(1-z)^u} = \sum_{n,k\geqslant 0} \begin{bmatrix} n \\ k \end{bmatrix} u^k \dfrac{z^n}{n!}$
	$\dfrac{1}{k!}\left(\ln\dfrac{1}{1-z}\right)^k = \sum_{n\geqslant 0} \begin{bmatrix} n \\ k \end{bmatrix} \dfrac{z^n}{n!}$
	$u(u+1)\dots(u+n-1) = \sum_{k\geqslant 0} \begin{bmatrix} n \\ k \end{bmatrix} u^k$
第二类 Stirling 数	$e^{u(e^z-1)} = \sum_{n,k\geqslant 0} \begin{Bmatrix} n \\ k \end{Bmatrix} u^k \dfrac{z^n}{n!}$
	$\dfrac{1}{k!}(e^z-1)^k = \sum_{n\geqslant 0} \begin{Bmatrix} n \\ k \end{Bmatrix} \dfrac{z^n}{n!}$
	$\dfrac{z^k}{(1-z)(1-2z)\dots(1-kz)} = \sum_{n\geqslant k} \begin{Bmatrix} n \\ k \end{Bmatrix} z^n$
伯努利数	$\dfrac{z}{(e^z-1)} = \sum_{n\geqslant 0} B_n \dfrac{z^n}{n!}$
Catalan 数	$\dfrac{1-\sqrt{1-4z}}{2z} = \sum_{n\geqslant 0} \dfrac{1}{n+1}\binom{2n}{n} z^n$
调和数	$\dfrac{1}{1-z}\ln\dfrac{1}{1-z} = \sum_{n\geqslant 1} H_n z^n$
阶乘	$\dfrac{1}{1-z} = \sum_{n\geqslant 0} n! \dfrac{z^n}{n!}$
斐波那契数	$\dfrac{z}{1-z-z^2} = \sum_{n\geqslant 0} F_n z^n$

这些序列主要源于组合学：每一个序列都是对某个基本组合对象的"计数"，本节会简要介绍其中的一些序列。例如，$N!$是N个对象排列方式的数量；当从左向右扫描一个随机序列时，有的数大于前面扫描过的所有数，而H_N则表示遇到这样的值所需要的平均次数（见第 7 章）。本书将避免详细分析特殊数列的组合学，而是重点关注那些在第 6 章到第 9 章讨论的基本算法和基本结构中起作用的特殊数列。关于特殊数列的更多信息请见参考资料[1]、参考资料[5]、参考资料[4]等。这些序列也会出现在分析中。例如，可以利用特殊序列将多项式从一种表示方式转化成另一种表示方式。下面介绍一些例子，但是会避免过分深究细节。

算法分析可能为特殊序列的研究开辟了一个新的维度：我们反对用基础算法的基本性能特性定义特殊序列，尽管就像第 6 章到第 9 章所讨论的那样，对每个序列都能这么做。与此同时，熟悉这些序列是必要的，因为它们出现得太频繁了——或者是直接出现，比如在研究处理基本组合学对象的算法时；或者是间接出现，比如在得到此处讨论的母函数时。不管我们是否意识到特殊组合学中的联系，这些为人们充分理解的母函数性质常常应用于算法分析。对于与特殊算法密切相关的序列，第 6 章到第 9 章将就此讨论更多细节。

二项式系数

假设读者已经熟悉这些特殊数列的性质：数$\binom{n}{k}$表示从n个对象中选取k个对象（不考虑置换）的方法数；这也是多项式$(1+x)^n$按照x的幂展开时所产生的系数。前面已经看到，二项式系数在算法分析中经常出现，比如从伯努利实验的基本问题到 Catalan 数，再到 Quicksort 的取样，以及无数的其他应用。

Stirling 数

存在两类 Stirling 数，它们能够在多项式的标准表示和使用所谓的递减阶乘幂$x(x-1)$ $(x-2)\ldots(x-k+1)$

$$x^{\underline{n}} = \sum_k \begin{bmatrix} n \\ k \end{bmatrix} (-1)^{n-k} x^k \text{ 和 } x^n = \sum_k \begin{Bmatrix} n \\ k \end{Bmatrix} x^{\underline{k}}$$

的表示之间来回转换。Stirling 数具有类似于二项式系数的组合学解释：$\begin{Bmatrix} n \\ k \end{Bmatrix}$表示将包含$n$个对象的集合分成$k$个非空子集的方法数；而$\begin{bmatrix} n \\ k \end{bmatrix}$则表示将$n$个对象分成$k$个非空循环的方法数。我们在 3.9 节已经接触过$\begin{bmatrix} n \\ k \end{bmatrix}$Stirling 分布，并将在第 7 章对此进行详细讨论。$\begin{Bmatrix} n \\ k \end{Bmatrix}$Stirling 分布会在第 9 章讨论的优惠券收集问题中出现。

伯努利数

具有 EGF $z/(e^z-1)$的序列在许多组合应用中出现。例如，如果想写出小于N的整数的t次幂之和的显式表达式，以此作为N的标准多项式，那么就需要用到这些数列。通过在等式

$$z = \left(B_0 + B_1 z + \frac{B_2}{2} z^2 + \frac{B_3}{6} z^3 + \ldots \right) \left(z + \frac{z^2}{2} + \frac{z^3}{6} + \ldots \right)$$

中令z的系数相等，可以推导出序列的前几项。由此可知$B_0 = 1$；然后$B_1 + B_0/2 = 0$，所以$B_1 = -1/2$；然后$B_2/2 + B_1/2 + B_0/6 = 0$，所以$B_2 = 1/6$等。若令

$$S_{Nt} = \sum_{0 \leqslant k < N} k^t$$

则根据

$$S_N(z) = \sum_{t \geqslant 0} \sum_{0 \leqslant k < N} k^t \frac{z^t}{t!} = \sum_{0 \leqslant k < N} e^{kz} = \frac{e^{Nz} - 1}{e^z - 1}$$

可以得出 EGF。这是"已知"母函数的一个卷积，由此得到显式公式

$$S_{Nt} = \frac{1}{t+1} \sum_{0 \leqslant k \leqslant t} \binom{t+1}{k} B_k N^{t+1-k}$$

我们有

$$\sum_{1 \leqslant k \leqslant N} k = \frac{N^2}{2} + \frac{N}{2} = \frac{N(N+1)}{2}$$

$$\sum_{1 \leqslant k \leqslant N} k^2 = \frac{N^3}{3} + \frac{N^2}{2} + \frac{N}{6} = \frac{N(N+1)(2N+1)}{6}$$

$$\sum_{1 \leqslant k \leqslant N} k^3 = \frac{N^4}{4} + \frac{N^3}{2} + \frac{N^2}{4} = \frac{N^2(N+1)^2}{4}$$

而且一般而言

$$\sum_{1 \leqslant k \leqslant N} k^t \sim \frac{N^{t+1}}{t+1}$$

除了这种基本应用，伯努利数在欧拉-麦克劳林求和公式中也起着至关重要的作用（将在 4.5 节讨论），而且伯努利数还理所当然地出现在了算法分析的其他应用中。例如，第 8 章讨论的与数字树相关的一族算法，其对应的母函数就涉及伯努利数。

伯努利多项式

多项式

$$B_m(x) = \sum_k \binom{m}{k} B_k x^{m-k}$$

具有 EGF

$$\sum_{m \geqslant 0} B_m(x) \frac{z^m}{m!} = \frac{z}{e^z - 1} e^{xz}$$

许多有趣的性质可以由此证明。例如，对该 EGF 进行微分计算，得到恒等式

$$B'_m(x) = m B_{m-1}(x) \quad (m > 1)$$

对于伯努利多项式，我们主要关注的是欧拉-麦克劳林求和公式近似积分的解析应用，下一章将对其进行详细研究。

习题 3.69 写出下列各式的闭型表达式

$$\sum_{n,k \geqslant 0} \binom{n}{k} u^k \frac{z^n}{n!} \qquad \sum_{n,k \geqslant 0} k! \begin{bmatrix} n \\ k \end{bmatrix} u^k \frac{z^n}{n!} \qquad \sum_{n,k \geqslant 0} k! \begin{Bmatrix} n \\ k \end{Bmatrix} u^k \frac{z^n}{n!}$$

习题 3.70 利用母函数证明

$$\binom{n}{k} = \binom{n-1}{k} + \binom{n-1}{k-1}$$

习题 3.71 利用母函数证明

$$\begin{bmatrix} n \\ k \end{bmatrix} = (n-1) \begin{bmatrix} n-1 \\ k \end{bmatrix} + \begin{bmatrix} n-1 \\ k-1 \end{bmatrix}$$

习题 3.72 利用母函数证明

$$\begin{Bmatrix} n \\ k \end{Bmatrix} = k \begin{Bmatrix} n-1 \\ k \end{Bmatrix} + \begin{Bmatrix} n-1 \\ k-1 \end{Bmatrix}$$

习题 3.73 证明对所有 $m > 1$ 都满足 $B_m(0) = B_m(1) = B_m$。

习题 3.74 利用母函数证明对于任意奇数 k 且 $k \geqslant 3$，B_k 都为零。

其他类型的母函数

本章开始部分曾提到，利用那些不同于 z^k 和 $z^k/k!$ 的核函数可以推导出其他类型的母函数。例如，以 k^{-z} 作为核函数，可得出狄利克雷母函数（Dirichlet generating function，DGF），这种函数在数论和几种算法的分析中起着重要作用。最好将这些核函数理解为复数 z 的函数，只是这样一来它们的解析性质就超出了本书的范围。尽管如此，本书提及这些内容是为了充分利用其他核函数，并说明可能会出现何种操作。序列 1,1,1,... 对应的 DGF 是

$$\zeta(z) = \sum_{k \geqslant 1} \frac{1}{k^z}$$

即黎曼 ζ 函数（Riemann zeta function），该函数是解析数论的核心内容。

在算法分析中，DGF 通常表现了序列的数论性质，并且由 ζ 函数表示。例如，

$$\zeta(z)^2 = \sum_{k \geqslant 1} \frac{1}{k^z} \sum_{j \geqslant 1} \frac{1}{j^z} = \sum_{k \geqslant 1} \sum_{j \geqslant 1} \frac{1}{(kj)^z} = \sum_{N \geqslant 1} \sum_{j \text{ divides } N} \frac{1}{N^z} = \sum_{N \geqslant 1} \frac{d_N}{N^z}$$

其中 d_N 是 N 的因子的个数。换句话说，$\zeta(z)^2$ 是序列 $\{d_N\}$ 的 DGF。

实际上，当需要使用数的二进制表示法时，DGF 是特别有用的。例如，容易求出偶数特征序列的 DGF：

$$\sum_{\substack{N \geqslant 1 \\ N \text{ even}}} \frac{1}{N^z} = \sum_{N \geqslant 1} \frac{1}{(2N)^z} = \frac{1}{2^z} \zeta(z)$$

此外，虽然这些操作很有趣，但是这些复平面函数的解析性质在算法分析中十分重要。具体细节请见参考资料 [3] 或 [9]。

通过运用其他核函数，例如 $z^k/(1-z^k)$（Lambert，朗伯）、$\binom{z}{k}$（Newton，牛顿），或者 $z^k/(1-z)(1-z^2) \ldots (1-z^k)$（Euler，欧拉），可以得到其他类型的母函数，经过多个世纪，已经证明这些函数的性质在分析中非常实用。这样的函数偶尔出现于算法分析中，探究其性质的过程令人着迷。我们只是顺便提及这一内容，并不会做详细研究，因为这些母函数远不如 OGF 和 EGF 那样重要。关于这方面的更多信息请见参考资料 [5]、[7]、[11] 和 [17]。

习题 3.75 证明：对于任意的 $k \geqslant 0$，若某些数的二进制表示形式中末尾有 k 个 0，那么这些数的特征序列所对应的 DGF 为 $\zeta(z)/2^{kz}$。

习题 3.76 求函数 ψ_N 的 DGF，ψ_N 为 N 的二进制表示形式中末尾 0 的个数。

习题 3.77 求 $\{N^2\}$ 的特征函数的 DGF。

习题 3.78 证明

$$\sum_k \frac{z^k}{1-z^k} = \sum_N d_N z^N$$

其中 d_N 为 N 的因子的个数。

组合学、概率论以及解析数论长期运用母函数；大量的数学工具由此得以发展，实际上这些

数学工具都与算法分析密切相关。正如第 5 章所要详细描述的那样，母函数在算法分析中相当重要，我们一方面将其作为组合工具（formal object），用以精确统计一些重要的量；另一方面又将其作为解析工具（analytic object），用以求得问题的解。

本书引入母函数，并将其作为一种求解由算法分析产生的递归的工具，目的是强调母函数与所研究的量（运行时间，或者其他能够反映问题大小的特征参数）的直接关系。我们已经看到，这种直接关系构建了一种数学模型，该模型适用于各种经典技术，可以得到算法的信息。

但我们也注意到，递归其实只是序列的一个特征；而与之对应的母函数本身则是另一个特征。对于许多问题而言，直接论证能够得到母函数的显式表达式，可以完全避免递归。该论题在后面的各章节将继续讨论，其在参考资料[3]中被形式化。

利用母函数表示法往往能对一个问题进行变换，以观察如何用经典的特殊数列表示重要的序列。如果无法准确地表示，那么母函数表示法则便于使用基于复变函数性质的强大数学方法，并以此得到算法的性质。对于在算法分析中出现的多种函数，我们可以通过由经典函数表示的展开式，得出对系数渐近性能的精确估计。如果不行，那么可以保证，复数渐近方法可用于提取系数渐近值的估计量，第 5 章将简要讨论这一内容，参考资料[3]介绍得很详细。

普通型、指数型和双变量母函数构建了一个基本框架，使我们能够开辟一条通向分析大量基础结构的系统途径，这些结构在算法设计中起核心作用。下一章我们将深入讨论渐近方法，在其帮助下，我们可以使用这些工具获得所需要的结果，并预测各种重要且有用的算法性能特征。这个论题在第 6 章到第 9 章会再次详细讨论。

参考资料

[1] L. Comtet. *Advanced Combinatorics*, Reidel, Dordrecht, 1974.

[2] P. Flajolet, B. Salvy, and P. Zimmerman."Automatic average-case analysis of algorithms,"*Theoretical Computer Science* 79, 1991, 37-109.

[3] P. Flajolet and R. Sedgewick. *Analytic Combinatorics*, Cambridge University Press, 2009.

[4] I. Goulden and D. Jackson. *Combinatorial Enumeration*, John Wiley & Sons, New York, 1983.

[5] R. L. Graham, D. E. Knuth, and O. Patashnik. *Concrete Mathematics*, 1st edition, Addison-Wesley, Reading, MA, 1989. 2nd edition, 1994.

[6] D. H. Greene and D. E. Knuth. *Mathematics for the Analysis of Algorithms*, Birkhä user, Boston, 1981.

[7] G. H. Hardy. *Divergent Series*, Oxford University Press, 1947.

[8] D. E. Knuth. *The Art of Computer Programming. Volume 1:Fundamental Algorithms*, 1st edition, Addison-Wesley, Reading, MA, 1968. 3rd edition, 1997.

[9] D. E. Knuth. *The Art of Computer Programing. Volume 3:Sorting and Searching*, 1st edition, Addison-Wesley, Reading, MA, 1973. 2nd edition, 1998.

[10] D. E. Knuth. *The Art of Computer Programming. Volume 4A:Combinatorial Algorithms, Part 1*, Addison-Wesley, Boston, 2011.

[11] N. E. Norlund. *Vorlesungen uber Differenzenrechnung*, Chelsea Publishing Company, New York, 1954.

[12] G. PÓLYA, R. E. Tarjan, and D.R.Woods. *Notes on Introductory Combinatorics*, Birkhauser, Boston, 1983.

[13] J. Riordan. *Introduction to Combinatorial Analysis*, Princeton University Press, Princeton, NJ, 1980.

[14] R. Sedgewick."The analysis of quicksort programs,"*Acta Informatica* 7, 1977, 327-355.

[15] R. Sedgewick. *Quicksort*, Garland Publishing, New York, 1980.

[16] R. P. Stanley. *Enumerative Combinatorics*, Wadsworth & Brooks/Cole, 1986, 2nd edition, Cambridge, 2011.

[17] R. P. Stanley."Generating functions,"in *Studies in Combinatorics* (MAA Studies in Mathematics, 17, G.C.Rota, ed.), The Mathematical Association of America, 1978, 100-141.

[18] J. S. Vitter and P. Flajolet."Analysis of algorithms and data structures,"in *Handbook of Theoretical Computer Science A:Algorithms and Complexity*, J.van Leeuwen, ed., Elsevier, Amsterdam, 1990, 431-524.

[19] H. Wilf. *Generatingfunctionology*, Academic Press, San Diego, 1990, 2nd edition, A.K.Peters, 2006.

第4章 渐近逼近

对于算法分析，我们一开始的想法一般都是推导出精确的数学结果。然而，精确的数学结果并不是总能获得的，又或者即使能够得到，但是太过繁杂并没有太大的作用。本章将讨论一些方法，它们能够得到问题的近似解或者逼近精确解。作为结果，我们可能需要修正一下一开始的研究初衷，转而简捷、精确、无误地推导我们关注的量的估计。

同第3章介绍的方法类似，本章我们一开始的目标是提供一个综述，包括渐近展开式的基本特性、处理渐近展开式的方法、对在算法分析过程中最常见的问题进行分类。虽然有时候这看起来似乎让我们远离了算法分析，但是我们将继续采用与第1章特定算法有关的问题相同的例子和练习，并为第6章到第9章学习宽泛多变的算法打下基础。

正如我们一直做的，本章中关注的重点是那些源自实际分析的方法。对于算法分析过程中遇到的问题，我们有时需要运用复分析的渐近方法。这些方法在参考资料[11]中是一个主要的论题。本章中的处理方法是学习使用这些方法所必要的背景知识。我们在5.5节将简要介绍其中最重要的一项技术所基于的原理。

通过前面章节的学习可知，对计算机算法的分析涉及离散数学的工具，通过离散函数（例如调和数或二项式系数）而不是分析中更常用的函数（如对数或指数）能将答案更容易地表达出来。然而，这两种类型的函数一般具有紧密联系——做渐近分析的一个原因就是为了在二者之间进行"翻译"。

问题一般都包含"规模"的概念。随着规模的扩大，逼近也变得更加精确，这正是我们希望看到的。就数学和我们处理的问题的本质而言，如果结果可以用一个参数 N 来表示，那么通常（基本上）也可以用 N 和 $\log N$ 的渐近级数表示。这些级数没有必要是收敛的（事实上它们通常是发散的），但是初始的项为出现在算法分析中的许多量提供了非常精确的估计。我们的思路就是使用这些级数来表达关注的量，用良好的定义方式对这些量进行操作，以获得简捷、精确、无误的表达式。

我们考虑渐近方法的一个动机就是想简单地找到一种方法，可以为关注量的特殊值计算出良好的逼近。另一个动机就是把所有的量表达成一个规范的形式，这样就可以很容易地对它们进行比较、整合。例如，就像我们在第1章看到的，与最优值 $\lg N!$ 相比，了解快速排序算法（Quicksort）所进行的比较次数 $2NHN$ 对我们是很有帮助的，但更有用的是知道二者都与 $N\lg N$ 成正比，前者的系数是 1.4421…，后者的系数是 1，我们甚至可以得到更为准确的估计。

另一个例子是我们在 7.6 节中将要遇到的一个排序算法，它的平均运行时间正比于 $N4^{N-1}/\binom{2N}{N}$。这是一个简捷精确的结果，但是我们怎样知道这个量的值呢？比如当 $N=1000$ 的时候。对较大的 N 而言，利用上述公式求值并不是一项简单直接的任务，因为公式中涉及两个很大的数相除，或可重新安排计算以避免这样的操作。在本章中，我们将看到如何证明这个量是非常接近于 $N\sqrt{\pi N}/4$ 的，当 $N=1000$ 时，用 $N\sqrt{\pi N}/4$ 求得的值约为 14012，而准确值约为 14014，所以计算出来的值偏离准确值的程度大约只有万分之几。更重要的是，与以前一样，近似结果把这个量的值随 N 的增加而增加的规律清楚地表现了出来（例如，通过检验我们知道，与 $100N$ 相关的值大约是与 N 相关的值的 1000 倍），这使得把这个近似结果与基于其他算法或相同算法的其他形式所得到的类似结果进行比较变得容易了。

研究近似值的另一个重要原因在于它能够大大简化在许多问题分析中可能会涉及的符号运算，从而导出用其他方法可能得不到的简单答案。在第 2 章中讨论递归的解时，就曾经涉及这一点，我们通过求解类似的更为简单的递归来估计误差。渐近分析提供了一个系统的方法来辅助这样的论证。

本章的首要论题是计算和近似值的方法，因为得到精确的估计是很困难的，甚至是不可能的。特别的是，我们会考虑如何通过欧拉-麦克劳林求和公式用积分来逼近和值。我们同样会研究如何用拉普拉斯方法来计算和值，通过调整求和的范围，做适用于不同范围内的不同逼近。

我们考虑了一些例子，它们使用了这些概念找到了第 3 章中特殊数字序列的近似值和其他很有可能在算法分析中出现的一些量的值。特别的是，我们详细论述了 Ramanujan- Knuth 的 Q-函数和相关的分布，这些分布在分析中频繁出现。我们还讨论了在多种情形下二项分布的极限。正态逼近和泊松逼近是非常典型的结果，它们在算法分析过程中非常有用，同时也为本章开发出来的工具提供了良好的应用实例。

这些论题见参考资料[6]，该参考资料值得每一个对渐近分析有强烈兴趣的人阅读。Odlyzko在参考资料[18]中也提供了大量的信息和丰富的实例。有关正态逼近和泊松逼近的具体信息也可以被找到，例如在参考资料[8]中。我们讨论的许多话题的详尽细节可以在参考资料[2]、[12]、[13]、[15]、[19]以及本章末尾所列出的其他参考资料中找到。参考资料[11]详细讨论了基于复分析的各种方法。

4.1 渐近逼近的概念

下列这些记号至少可以追溯到 20 世纪初，它们被广泛地使用在对函数的近似值进行精确的陈述中。

定义 给定一个函数 $f(N)$，

当且仅当 $N \to \infty$，$|g(N)/f(N)|$ 存在上限时，记作
$$g(N) = O(f(N))$$

当且仅当 $N \to \infty$，$g(N)/f(N) \to 0$ 时，记作
$$g(N) = o(f(N))$$

当且仅当 $N \to \infty$，$g(N)/f(N) \to 1$ 时，记作
$$g(N) \sim f(N)$$

记号大 O 和小 o 是表达上界的方式（小 o 代表更强的论断），记号~代表渐近相等。这里的大 O 记号与我们在第 1 章中讨论计算复杂性时给出的定义是一致的。大量类似的记号和定义不停地被提出来，有兴趣了解记号含义的读者可以阅读参考资料[6]或者[12]。

习题 4.1 证明
$$N/(N+1) = O(1), \quad 2^N = o(N!), \quad \sqrt[N]{e} \sim 1$$

习题 4.2 证明
$$\frac{N}{N+1} = 1 + O\left(\frac{1}{N}\right), \quad \frac{N}{N+1} \sim 1 - \frac{1}{N}$$

习题 4.3 证明：若 $\alpha < \beta$，则
$$N^\alpha = o(N^\beta)$$

习题 4.4 证明：对于一个定值 r，有

$$\binom{N}{r} = \frac{N^r}{r!} + O(N^{r-1}), \quad \binom{N+r}{r} = \frac{N^r}{r!} + O(N^{r-1})$$

习题 4.5 证明对任意 $\epsilon > 0$，均有

$$N = o(N^\epsilon)$$

习题 4.6 证明

$$\frac{1}{2 + \ln N} = o(1), \quad \frac{1}{2 + \cos N} = O(1) \text{（不是 } o(1)\text{）}$$

正如我们在后面将看到的，直接运用这些定义来确定关注量的渐近值是没有必要的，因为大 O 这个记号让我们有可能利用一组较少的基本代数操作得到逼近。

在任意给定点的附近逼近实变量或者复变量函数时，同样的记号也适用。例如，我们称

$$\frac{1}{1+x} = \frac{1}{x} - \frac{1}{x^2} + \frac{1}{x^3} + O\left(\frac{1}{x^4}\right) \quad x \to \infty$$

$$\frac{1}{1+x} = 1 - x + x^2 - x^3 + O(x^4) \quad x \to 0$$

有关这些应用的 O 记号更一般的定义可以用 $x \to x_0$ 代替前面定义中的 $N \to \infty$ 来得到，对 x 可以进行任何限制（例如，限制 x 必须为整数、实数或者复数）。极限值 x_0 通常是 0 或者 ∞，但是它可以取任意值。通常情况下根据上下文可以很明显地知道我们关注的数字、极限值，所以一般情况下可以不写 "$x \to x_0$" 或者 "$N \to \infty$"。当然，同样的标记也适用于小 o 和 $\sim$ 标记。

在算法分析过程中，我们避免直接使用诸如"这个量的平均值是 $O(f(N))$," 这样的表述，因为这对于预测算法表现提供的信息太少。相反，我们力求使用大 O 标记来为那些远远小于主项、"首要项"的"误差"项定界。非正式的，我们期待涉及的项能够足够小，以便对于大的 N 值可以忽略不计。

O 逼近

我们用 $g(N) = f(N) + O(h(N))$ 来表明可以通过计算 $f(N)$ 来逼近 $g(N)$，并且逼近的误差会被界定在 $h(N)$ 的一个常数因子之内。同往常一样，在使用大 O 标记时，涉及的常数不会特别指定，但是是在基于该常数不会很大的假设下。正如随后讨论的，一般情况下会使用 $h(N) = o(f(N))$ 的记法。

o 逼近

我们用 $g(N) = f(N) + o(h(N))$ 这种更强的表达来说明我们可以通过计算 $f(N)$ 来逼近 $g(N)$，并且随着 N 的增大，误差相较于 $h(N)$ 会变得越来越小。衰减的速率涉及一个未指明的函数，但同样要假定它的数值永远不会太大（即使对于很小的 N 也是如此）。

$\sim$ 逼近

表达式 $g(N) \sim f(N)$ 表示最弱非平凡的小 o 逼近 $g(N) = f(N) + o(f(N))$。

这些记号是很有用的，因为它们可以忽略不重要的细节，同时不失数学的严谨和结果的精确。必要时，我们可以得到更精确的答案，否则就会忽略大部分过于详细的计算。我们对能够保持这种"潜在精确性"的方法更加关注，因为如果需要，它就可以提供能计算到任意良好精度的答案。

指数级小项

当涉及对数和指数时，"指数差异"值得引起我们的注意，应当避免进行那些对所关注量的

最终答案几乎没有什么贡献的计算。例如，如果我们知道一个量的值是$2N+O(\log N)$，那么我们有理由相信，当N等于 1000 或者 1,000,000 时，$2N$是准确值的主要部分，误差不超过百分之几或者十万分之几，我们没有必要寻求$\log N$的系数或者将其展到$O(1)$的精确度。类似的，对$2^N+O(N^2)$的渐近估计也是相当准确的。另一方面，如果要确保估计值的相对误差在一个因子 2 的范围内，知道一个量是$2N\ln N+O(N)$可能是不够的，即使N等于 100 万。为了强调指数差异，如果一个量比N的任何负指数幂都小，即$O(1/N^M)$，M是任意正整数，我们通常非正式地把它称作指数级小量。典型的指数级小量有e^{-N}、$e^{-\log^2 N}$、$(\log N)^{-\log N}$等。

习题 4.7 证明：对任意正常数ϵ，e^{-N^ϵ}是指数级小量。（即，对于给定的ϵ，证明对任意定值$M>0$时有$e^{-N^\epsilon}=O(N^{-M})$。）

习题 4.8 证明：$e^{-\log^2 N}$与$(\log N)^{-\log N}$均是指数级小量。

习题 4.9 如果$\alpha<\beta$，说明α^N是相对于β^N的指数级小量。当N分别等于 10 和 100 时，用β^N来逼近$\alpha^N+\beta^N$，计算绝对误差与相对误差。

习题 4.10 证明一个指数级小量和N的任何一个多项式的乘积是指数级小量。

习题 4.11 对下列每一个递归关系，找到a_n最精确的表达：

$$a_n=2a_{n/2}+O(n)$$
$$a_n=2a_{n/2}+o(n)$$
$$a_n\sim 2a_{n/2}+n$$

在每一个递归中，$a_{n/2}$是对$a_{\lfloor n/2\rfloor}+O(1)$的简写。

习题 4.12 利用第 1 章的定义，为下列每一个递归关系找到a_n最精确的表达。

$$a_n=2a_{n/2}+O(n)$$
$$a_n=2a_{n/2}+\Theta(n)$$
$$a_n=2a_{n/2}+\Omega(n)$$

在每一个递归中，$a_{n/2}$是对$a_{\lfloor n/2\rfloor}+O(1)$的简写。

习题 4.13 假设$\beta>1$，当$\alpha>0$时，$f(x)=x^\alpha$。如果$a(x)$满足递归

$$a(x)=a(x/\beta)+f(x)\quad(x\geq 1\text{时},\ a(x)=0,\ \text{或}x<1)$$

且$b(x)$满足递归

$$b(x)=b(x/\beta+c)+f(x)\quad(x\geq 1\text{时},\ b(x)=0,\ \text{或}x<1)$$

证明当$x\to\infty$时，$a(x)\sim b(x)$。推广你的证明，使之适用于更一般形式的函数$f(x)$。

线性递归的渐近性

线性递归指出渐近表达式可以被极大地简化。正如我们在 2.4 节和 3.3 节看到的，任意线性递归序列$\{a_n\}$都有一个有理 OGF，以及一些诸如$\beta^n n^j$形式的项的线性组合。从渐近的角度来说，很明显只需要考虑其中部分项，因为相较于那些β比较小的项来说，那些β比较大的项处于指数级的支配地位（见习题 4.9）。例如，我们在 2.3 节看到，对于

$$a_n=5a_{n-1}-6a_{n-2}\ (n>1,\ a_0=0,\ a_1=1)$$

的准确解是3^n-2^n，但是当$n>25$时，近似值3^n已经可以精确到只有十万分之一的误差。简而言之，我们仅需要追踪那些拥有最大的绝对值或者模数的项。

定理 4.1（线性递归的渐近性） 当$f(z)$、$g(z)$互素，$g(0)\neq 0$时，假设有理母函数$f(z)/g(z)$有唯一一个最小模数极点$1/\beta$（也就是说，$g(1/\alpha)=0$，$\alpha\neq\beta$，意味着$|1/\alpha|>|1/\beta|$，即$|\alpha|<|\beta|$），则当极点$1/\beta$的重数是ν时，我们有：

$$[z^n]\frac{f(z)}{g(z)} \sim C\beta^n n^{\nu-1} \qquad \text{这里 } C = \nu\frac{(-\beta)^\nu f(1/\beta)}{g^{(\nu)}(1/\beta)}$$

证明：从 3.3 节的讨论中可以得知，$[z^n]f(z)/g(z)$ 可以写成一系列项的和的形式，它与 $g(z)$ 的每一个根 $1/\alpha$ 都有联系，每一项都可以写成 $[z^n]c_0(1-\alpha z)^{-\nu_\alpha}$ 的形式，ν_α 是 α 的重数。当所有的 α 满足 $|\alpha| < |\beta|$ 时，这样的项相对于与 β 有关的项为指数级小量。这是因为

$$[z^n]\frac{1}{(1-\alpha z)^{\nu_\alpha}} = \binom{n+\nu_\alpha-1}{\nu_\alpha-1}\alpha^n$$

并且对任意非负的 M，都有 $\alpha^n n^M = o(\beta^n)$（见习题 4.10）。

因此，我们仅需要考虑与 β 有关的项

$$[z^n]\frac{f(z)}{g(z)} \sim [z^n]\frac{c_0}{(1-\beta z)^\nu} \sim c_0\binom{n+\nu-1}{\nu-1}\beta^n \sim \frac{c_0}{(\nu-1)!}n^{\nu-1}\beta^n$$

（见习题 4.4），c_0 待确定。因为 $(1-\beta z)$ 不是 $f(z)$ 的因子，根据洛必达法则，有

$$c_0 = \lim_{z\to 1/\beta}(1-\beta z)^\nu\frac{f(z)}{g(z)} = f(1/\beta)\frac{\lim\limits_{z\to 1/\beta}(1-\beta z)^\nu}{\lim\limits_{z\to 1/\beta}g(z)} = f(1/\beta)\frac{\nu!(-\beta)^\nu}{g^{(\nu)}(1/\beta)}$$

对于拥有唯一最小模数极点的 $g(z)$ 的递归，定理给出了确定解的渐近增长的方法，包括前导项系数的计算。如果 $g(z)$ 的最小模数极点不止一个，那么在这些与极点相关的项中，拥有最高重数的极点所对应的项占据主导地位（但不是指数级的）。这产生了确立线性递归解的渐近增长的一般方法，3.3 节末尾给出了该方法在精确解下的修正。

- 从递归中推导 $g(z)$。
- 从 $g(z)$ 和初始条件中计算 $f(z)$。
- 消除 $f(z)/g(z)$ 中的公因子。这可以通过分解 $f(z)$ 和 $g(z)$ 并消去公因子来完成，但是该过程不需要函数完整的多项式分解，只需要计算最大的公因子即可。
- 在最小模数极点的项中，确定重数最高的极点对应的那一项。
- 使用定理 4.1 确定系数。如上述所言，当 n 非常大时，这会提供非常精确的答案，因为被忽略的那些项相对于留下来的项是指数级小量。

这个过程会得到线性递归解简捷、精确、无误的近似。例如，考虑递归

$$a_n = 2a_{n-1} + a_{n-2} - 2a_{n-3} \quad (n > 2 \text{时}, a_0 = 0, a_1 = a_2 = 1)$$

我们在 3.3 节得到解的母函数为

$$a(z) = \frac{f(z)}{g(z)} = \frac{z}{(1+z)(1-2z)}$$

这里 $\beta = 2$，$\nu = 1$，$g'(1/2) = -3$，$f(1/2) = 1/2$。定理 4.1 告诉我们 $a_n \sim 2^n/3$，与前面的结果一致。

习题 4.14　使用定理 4.1，求下列递归的一个渐近解。

$$a_n = 5a_{n-1} - 8a_{n-2} + 4a_{n-3} \quad (n > 2 \text{时}, a_0 = 1, a_1 = 2, a_2 = 4)$$

当初始条件 a_0 和 a_1 变成 $a_0 = 1$、$a_1 = 2$ 时，求解上述递归的一个渐近解。

习题 4.15　使用定理 4.1，求下列递归的一个渐近解。

$$a_n = 2a_{n-2} - a_{n-4} \quad (n > 4 \text{时}, a_0 = a_1 = 0, a_2 = a_3 = 1)$$

习题 4.16　使用定理 4.1，求下列递归的一个渐近解。

$$a_n = 3a_{n-1} - 3a_{n-2} + a_{n-3} \quad (n > 2 \text{时}, a_0 = a_1 = 0, a_2 = 1)$$

习题 4.17　[Miles, cf. Knuth]证明多项式 $z^t - z^{t-1} - \ldots - z - 1$ 有 t 个不同的根，且对于所有

的 $t>1$，这些根中恰好有一个根的模数大于 1。

习题 4.18 对"第 t 阶斐波那契"递归

$$F_N^{[t]} = F_{N-1}^{[t]} + F_{N-2}^{[t]} + \ldots + F_{N-t}^{[t]} \qquad (N \geq t)$$

其中，$F_0^{[t]} = F_1^{[t]} = \ldots = F_{t-2}^{[t]} = 0$ 及 $F_{t-1}^{[t]} = 1$，给出它的一个渐近解。

习题 4.19 [Schur]证明：利用各种面值 $d_1, d_2, \ldots, d_t$ 的硬币，其中 $d_1 = 1$，交换一张面值为 N 的纸币的方式数目逼近于

$$\frac{N^{t-1}}{d_1 d_2 \ldots d_t (t-1)!}$$

（见习题 3.55。）

4.2 渐近展开式

正如之前提到的，相较于方程 $f(N) = O(g_0(N))$，我们更愿意用方程 $f(N) = c_0 g_0(N) + O(g_1(N))$，其中 $g_1(N) = o(g_0(N))$。后者提供了常数 c_0，从而使我们可以在 N 增大时对 $f(N)$ 提出特定的估计，可提高精确性。如果 $g_0(N)$ 与 $g_1(N)$ 很接近，我们可能希望找到一个与 g_1 相关的常数，这样就能得到更好的逼近：如果 $g_2(N) = o(g_1(N))$，我们写作 $f(N) = c_0 g_0(N) + c_1 g_1(N) + O(g_2(N))$。

渐近展开的概念由 Poincaré 发展起来（见参考资料[6]），可以用下面的定义来概括。

定义 假设一个函数序列 $\{g_k(N)\}_{k \geq 0}$，在 $k \geq 0$ 时满足 $g_{k+1}(N) = o(g_k(N))$，我们称公式

$$f(N) \sim c_0 g_0(N) + c_1 g_1(N) + c_2 g_2(N) + \ldots$$

为 f 的一个渐近级数，或者 f 的渐近展开式。这个渐近级数代表一系列方程的集合

$$f(N) = O(g_0(N))$$
$$f(N) = c_0 g_0(N) + O(g_1(N))$$
$$f(N) = c_0 g_0(N) + c_1 g_1(N) + O(g_2(N))$$
$$f(N) = c_0 g_0(N) + c_1 g_1(N) + c_2 g_2(N) + O(g_3(N))$$
$$\vdots$$

而 $g_k(N)$ 被称作一个渐近级。

从渐近级数中每多取一项，就会得到更为精确的渐近估计。对于在算法分析过程中遇到的许多函数，其完整的渐近级数都是可获得的，并且我们优先考虑那些原则上能够被展开的方法，因为它们能够提供对关注量的渐近展开。我们使用"~"记号来简单地丢弃误差项的信息，或者使用大 O/小 o 记号来提供更加具体的信息。

例如，在 Quicksort 方法中，就实际值 N 而言，表达式 $2N\ln N + (2\gamma - 2)N + O(\log N)2$ 相较于表达式 $2N\ln N + O(N)$ 能够使我们对平均比较次数进行更加精确的估计。加上 $O(\log N)$ 和 $O(1)$ 项后，提供的估计精度更高，如表 4.1 所示。

表 4.1 快速排序法比较次数的渐近估计

N	$2(N+1)(H_{N+1}-1)$	$2N\ln N$	$+(2\gamma-2)N$	$+2(\ln N + \gamma)+1$
10	44.43	46.05	37.59	44.35
100	847.85	921.03	836.47	847.84
1000	12,985.91	13,815.51	12,969.94	12,985.91
10,000	175,771.70	184,206.81	175,751.12	175,771.70

渐近展开式拓展了我们在 4.1 节开始考虑的对 "~" 的定义。之前的用法仅仅包含右边的一项，而当前的定义要求有许多（递减的）项。

确实，我们一开始处理的是有限的展开式，不是（无限的）渐近级数，并且使用了诸如

$$f(N) \sim c_0 g_0(N) + c_1 g_1(N) + c_2 g_2(N)$$

的表达式来表示一个带有隐含的误差 $o(g_2(N))$ 的有限展开式。最常用的有限展开式是

$$f(N) = c_0 g_0(N) + c_1 g_1(N) + c_2 g_2(N) + O(g_3(N))$$

它可以通过简单地缩短渐近级数来得到。实际上，我们一般仅仅用一些项（三项或四项）来进行逼近，因为通常情况下存在这样一个渐近级，当 N 比较大时，后面的项相对于前面的项极小。对于在表 4.1 中展示的快速排序例子，当 $N=10$ 的时候，"更加精确" 的公式 $2N\ln N + (2\gamma - 2)N + 2\ln N + 2\gamma + 1$ 的绝对误差已经小于 0.1 了。

习题 4.20 扩展表 4.1，使之包含 $N = 10^5$ 和 $N = 10^6$ 的情况。

Poincaré 方法的完全一般形式能够将渐近展开式表达成任意衰减（在 o 记号意义下）的无限函数级数的形式。然而，我们通常关注的是非常有限的函数集；事实上，随着 N 的增大逼近函数，我们常用 N 的幂级数递减来表示逼近。其他的函数偶尔也会用到，但是在正常情况下我们满意于由一个 N、$\log N$、重复的对数，例如 $\log\log N$ 和指数的幂极数递减构成的渐近级。

当进行一次渐近估计时，事先不一定清楚展开式中应该携带多少项才能得到结果中需要的精确性。例如，经常需要减去或者除以一些量，而这些量我们仅仅有其渐近估计，故当需要包含更多的项时，需要进行一些删除操作。通常情况下，我们在一个展开式中携带三项或四项，也许当结果的特性已知时，重新推导来简化它或者加上更多的项是合适的。

泰勒展开式

泰勒级数是许多渐近展开的源头：当 $x \to 0$ 时，每一个（无限）泰勒展开式都会产生一个渐近级数。表 4.2 给出了一些基本函数的渐近展开式，这些是从缩短的泰勒级数中推导出来的。这些展开式很经典，它们直接从泰勒定理中得来。在接下来的章节中，我们将使用这些展开式来描述处理渐近级数的方法。另一些直接从母函数中得到的相似的展开式在前面章节已经给出过。前 4 个展开式是我们做许多渐近计算的基础（实际上，前三个已经足够了，因为几何展开是二项式展开的一个特例）。

表 4.2 从泰勒级数（$x \to 0$）中推导的渐近展开式

指数展开式	$e^x = 1 + x + \dfrac{x^2}{2} + \dfrac{x^3}{6} + O(x^4)$
对数展开式	$\ln(1 + x) = x - \dfrac{x^2}{2} + \dfrac{x^3}{3} + O(x^4)$
二项式展开式	$(1 + x)^k = 1 + kx + \dbinom{k}{2}x^2 + \dbinom{k}{3}x^3 + O(x^4)$
几何展开式	$\dfrac{1}{1 - x} = 1 + x + x^2 + x^3 + O(x^4)$
三角函数展开式	$\sin(x) = x - \dfrac{x^3}{6} + \dfrac{x^5}{120} + O(x^7)$
	$\cos(x) = 1 - \dfrac{x^2}{2} + \dfrac{x^4}{24} + O(x^6)$

下面这个问题可以作为表 4.2 的典型示例：当 $N \to \infty$ 时，寻求 $\ln(N-2)$ 的渐近展开。我们可以提取前导项，写成

$$\ln(N-2) = \ln N + \ln\Big(1 - \frac{2}{N}\Big) = \ln N - \frac{2}{N} + O\Big(\frac{1}{N^2}\Big)$$

这是因为为了使用表 4.2 中的公式，当 $x \to 0$ 时，我们进行了替换（$x = -2/N$）。

或者，可以使用泰勒展开式中更多的项来得到更通用的渐近结果。例如，对于展开式

$$\ln(N + \sqrt{N}) = \ln N + \frac{1}{\sqrt{N}} - \frac{1}{2N} + O\Big(\frac{1}{N^{3/2}}\Big)$$

我们可以先分离出 $\ln N$ 的因子，然后把 $x = 1/\sqrt{N}$ 带入 $\ln(1+x)$ 的泰勒展开式中。这种处理很典型，我们将在后面看到它的许多例子。

习题 4.21 当 $x \to 0$ 时，展开 $\ln(1 - x + x^2)$ 到 $O(x^4)$。

习题 4.22 对 $\ln(N^\alpha + N^\beta)$ 给出一个渐近展开，其中 α、β 是正常数，且 $\alpha < \beta$。

习题 4.23 对 $\dfrac{N}{N-1}\ln\dfrac{N}{N-1}$ 给出一个渐近展开。

习题 4.24 不用计算器，估计 $e^{0.1} + \cos(0.1) - \ln(0.9)$ 的值，精确到 10^{-4}。

习题 4.25 证明

$$\frac{1}{9801} = 0.000102030405060708091011\cdots 47484950\cdots$$

在 10^{-100} 的范围内。你还能预测多少位的数字？给出一般的结论。

不收敛的渐近级数

任何收敛的级数会产生一个完全的渐近逼近，但是反之不一定成立——一个渐近级数可能是发散的，认识这一点很重要。例如，函数

$$f(N) \sim \sum_{k \geqslant 0} \frac{k!}{N^k}$$

这意味着（例如）

$$f(N) = 1 + \frac{1}{N} + \frac{2}{N^2} + \frac{6}{N^3} + O\Big(\frac{1}{N^4}\Big)$$

即使无限多项的和也不收敛。为什么允许这样做呢？如果我们取展开式中任意固定数量的项，随着 $N \to \infty$，定义中隐含的等式是有意义的。也就是说，我们虽然有越来越好的逼近集，但是它们开始提供有用信息的点也会变得越来越大。

Stirling 公式

对于发散的渐近级数，一个最著名的例子便是 Stirling 公式。这个公式最初是这样的：

$$N! = \sqrt{2\pi N}\Big(\frac{N}{e}\Big)^N\Big(1 + \frac{1}{12N} + \frac{1}{288N^2} + O\Big(\frac{1}{N^3}\Big)\Big)$$

4.6 节将展示该公式是如何推导的。我们使用了一种方法，该方法能够给出一个按 N 的幂次递减的完全（但是发散）级数。事实上，"级数是发散"的在实践中几乎不用担心，因为最开始的几项已经可以给出非常精确的估计了，如表 4.3 所示，我们接下来将更详细地讨论这个问题。目前，严格来说，大 O 记号中暗含的常数意味着这样的公式并不能对于 N 的一个特定值给出完全的信息，因为常数是任意的（非具体的）。原则上，我们总是可以凭借渐近级数的资源，并通

过证明常数存在特别的界限来克服这个缺点。例如，证明在 $0 < \theta_N < 1$ 时

$$N! = \sqrt{2\pi N}\left(\frac{N}{e}\right)^N\left(1 + \frac{\theta_N}{12N}\right)$$

对于所有的 $N>1$ 均成立（示例见参考资料[1]）。在这个例子中，正常情况下，假设大 O 记号中暗含的常数很小，放弃对误差做精确的定界是安全的。一般如果需要更高的精确度，那么对于足够大的 N，渐近级数中的下一项将最终提供这样的精确度。

表 4.3　关于 $N!$ 的 Stirling 公式的精度

N	$N!$	$\sqrt{2\pi N}\left(\dfrac{N}{e}\right)^N\left(1 + \dfrac{1}{12N} + \dfrac{1}{288N^2}\right)$	绝对误差	相对误差
1	1	1.002183625	.0022	10^{-2}
2	2	2.000628669	.0006	10^{-3}
3	6	6.000578155	.0006	10^{-4}
4	24	24.00098829	.001	10^{-4}
5	120	120.0025457	.002	10^{-4}
6	720	720.0088701	.009	10^{-4}
7	5040	5040.039185	.039	10^{-5}
8	40,320	40320.21031	.210	10^{-5}
9	362,880	362881.3307	1.33	10^{-5}
10	3,628,800	3628809.711	9.71	10^{-5}

习题 4.26　使用非渐近形式的 Stirling 公式，对在用 $N\sqrt{\pi N}/4$ 估计 $N4^{N-1}/\binom{2N}{N}$ 时产生的误差进行定界。

绝对误差

如前面的定义，一个有限的渐近展开仅仅含有一个大写的 O 记号，我们将在这里讨论怎样进行多种标准操作来保持这种性质。如果可以的话，我们力图将最终的答案表达成 $f(N) = g(N) + O(h(N))$ 的形式，以便让由 O 记号表示的未知误差随着 N 的增加，在一个绝对的意义上变得可忽略（这意味着 $h(N) = o(1)$）。在一个渐近级数中，我们可以通过在 $g(N)$ 中包含更多的项、取用更小的 $h(N)$ 来得到更精确的估计。例如，表 4.4 表明了怎样向调和数的渐近级数中加入项来得到更加精确的估计。我们将在后面的章节展示这个级数是怎样推导出来的。类似于 Stirling 公式，它也是一个发散的渐近级数。

表 4.4　调和数的渐近估计

N	H_N	$\ln N$	$+\gamma$	$+\dfrac{1}{2N}$	$+\dfrac{1}{12N^2}$
10	2.9289683	2.3025851	2.8798008	2.9298008	2.9289674
100	5.1873775	4.6051702	5.1823859	5.1873859	5.1873775
1000	7.4854709	6.9077553	7.4849709	7.4854709	7.4854709
10,000	9.7876060	9.2103404	9.7875560	9.7876060	9.7876060
100,000	12.0901461	11.5129255	12.0901411	12.0901461	12.0901461
1,000,000	14.3927267	13.8155106	14.3927262	14.3927267	14.3927267

相对误差

我们总是可以用可选择的形式 $f(N) = g(N)(1 + O(h(N)))$ 来表示估计，这里 $h(N) = o(1)$。在某些情况下，绝对误差可能随着 N 的增大而增大，对此我们只能表示认同。当尝试计算 $f(N)$ 时，

相对误差随着 N 的增加而减小，但是绝对误差不一定可以 "忽略"。当 $f(N)$ 呈指数增长时，我们经常遇到这种类型的估计。例如，表 4.3 表明了在 Stirling 公式中的绝对误差和相对误差。Stirling 展开式中的对数提供了 $\ln N!$ 的绝对误差很小的渐近级数，就像表 4.5 所示的一样。

表 4.5　Stirling 公式中关于 $\ln N!$ 的绝对误差

N	$\ln N!$	$(N + \frac{1}{2})\ln N - N + \ln\sqrt{2\pi} + \dfrac{1}{12N}$	误差
10	15.104413	15.104415	10^{-6}
100	363.739375556	363.739375558	10^{-11}
1000	5912.128178488163	5912.128178488166	10^{-15}
10,000	82,108.9278368143533455	82,108.9278368143533458	10^{-19}

通常情况下，只有当需要处理的量在 N 中呈指数级增大时，才使用 "相对误差" 公式，例如 $N!$ 或者 Catalan 数。在算法分析中，一些量通常会出现在计算的中间阶段，诸如将两个这样的量相除、取对数的操作会将我们带入绝对误差的领域，对于应用中我们关注的大多数的量都是如此。

当我们使用累积计数的方法计算平均值时，这种情况是正常的。例如，在第 3 章中，为了找到二叉树叶子节点的数量，我们统计了所有树上叶子节点的总和，然后除以 Catalan 数。在这种情况下，能够计算精确的结果，但是对于许多其他问题，将两个渐近估计相除比较常见。事实上，这个例子阐述了使用渐近的一个首要原因。在一棵有 1000 个节点的二叉树上，满足某些性质的节点的平均数量毫无疑问会少于 1000，我们可以使用母函数来推导 Catalan 数和二项式系数的准确形式。但是不借助渐近的方法计算这些数（可能包括乘以或除以像 2^{1000}、$1000!$ 的数字）是一项相当复杂繁重的工作。在 4.3 节，为了能在这种情形下得到精确的渐近估计，我们将展示处理渐近展开的基本方法。

表 4.6 给出了在组合数学和算法分析中经常遇到的特殊数列的渐近级数。作为处理和推导渐近级数的例子，这些逼近大部分可以在本章中推导出来。我们将在本书后面的章节频繁地提及这些展开式，因为在研究算法性质时，这些数列本身就自然地出现了，并且这些渐近展开式可以很方便地定量分析算法的性质，恰当地进行算法间的比较。

表 4.6　当 $N \to \infty$ 时一些特殊数的渐近展开式

阶乘数（Stirling 公式）

$$N! = \sqrt{2\pi N}\Big(\frac{N}{e}\Big)^N\Big(1 + \frac{1}{12N} + \frac{1}{288N^2} + O\Big(\frac{1}{N^3}\Big)\Big)$$

$$\ln N! = \Big(N + \frac{1}{2}\Big)\ln N - N + \ln\sqrt{2\pi} + \frac{1}{12N} + O\Big(\frac{1}{N^3}\Big)$$

调和数

$$H_N = \ln N + \gamma + \frac{1}{2N} - \frac{1}{12N^2} + O\Big(\frac{1}{N^4}\Big)$$

二项式系数

$$\binom{N}{k} = \frac{N^k}{k!}\Big(1 + O\Big(\frac{1}{N}\Big)\Big) \quad k = O(1)$$

$$= \frac{2^{N/2}}{\sqrt{\pi N}}\Big(1 + O\Big(\frac{1}{N}\Big)\Big) \quad k = \frac{N}{2} + O(1)$$

二项分布的正态逼近

$$\binom{2N}{N - k}\frac{1}{2^{2N}} = \frac{e^{-k^2/N}}{\sqrt{\pi N}} + O\Big(\frac{1}{N^{3/2}}\Big)$$

续表

二项分布的泊松逼近

$$\binom{N}{k} p^k (1-p)^{N-k} = \frac{\lambda^k \mathrm{e}^{-\lambda}}{k!} + o(1) \quad p = \lambda/N$$

第一类 Stirling 数

$$\begin{bmatrix} N \\ k \end{bmatrix} \sim \frac{(N-1)!}{(k-1)!} (\ln N)^{k-1} \quad k = O(1)$$

第二类 Stirling 数

$$\begin{Bmatrix} N \\ k \end{Bmatrix} \sim \frac{k^N}{k!} \quad k = O(1)$$

伯努利数

$$B_{2N} = (-1)^N \frac{(2N)!}{(2\pi)^{2N}} (-2 + O(4^{-N}))$$

Catalan 数

$$T_N \equiv \frac{1}{N+1} \binom{2N}{N} = \frac{4^N}{\sqrt{\pi N^3}} \Big(1 + O\Big(\frac{1}{N}\Big) \Big)$$

斐波那契数

$$F_N = \frac{\phi^N}{\sqrt{5}} + O(\phi^{-N}) \quad \phi = \frac{1+\sqrt{5}}{2}$$

习题 4.27　假设 O 记号中的常数 C 的绝对值小于 10。分别对绝对公式

$$H_N = \ln N + \gamma + O(1/N)$$

和相对公式

$$H_N = \ln N (1 + O(1/\log N))$$

中的 H_{1000} 给出具体的界限。

习题 4.28　假设 O 记号中的常数 C 的绝对值小于 10。对相对公式

$$\frac{1}{N+1} \binom{2N}{N} = \frac{4^N}{\sqrt{\pi N^3}} \Big(1 + O\Big(\frac{1}{N}\Big) \Big)$$

中暗含的第 10 个 Catalan 数给出具体的界限。

习题 4.29　假设 $f(N)$ 在 $N > N_0$（N_0 是一个固定的常数）时满足下面的收敛形式

$$f(N) = \sum_{k \geqslant 0} a_k N^{-k}$$

证明，对任意 $M > 0$，有

$$f(N) = \sum_{0 \leqslant k < M} a_k N^{-k} + O(N^{-M})$$

习题 4.30　构造一个函数 $f(N)$，使之满足 $f(N) \sim \sum_{k \geqslant 0} \dfrac{k!}{N^k}$。

4.3　处理渐近展开式

我们之所以使用渐近级数，尤其是有限形式的展开式，不仅因为它们提供了一种简单的、能对精确性进行控制的方式来表达逼近的结果，同样也是由于它们相对容易处理，使得我们可以用相对简单的表达式来进行复杂的操作。其原因在于，我们很少需要保留所研究量的完整渐近

级数表示，仅使用展开式中的前几项就可以很方便地在每次计算时舍弃不重要的一些项。实际上，结果就是我们仅使用得到的用来描述一系列函数的精确表达式中的很少几项。

O 记号的基本性质

从定义很容易证明，许多基本的属性对处理包含 O 的表达式很有帮助。这里有一些直观上的性质，其中的一些我们已经默认在使用了。在任意表达式中，我们使用箭头来表明，箭头左边的部分可以用等式右边的部分来简化。

$$f(N) \to O(f(N))$$
$$cO(f(N)) \to O(f(N))$$
$$O(cf(N)) \to O(f(N))$$
$$f(N) - g(N) = O(h(N)) \to f(N) = g(N) + O(h(N))$$
$$O(f(N))O(g(N)) \to O(f(N)g(N))$$
$$O(f(N)) + O(g(N)) \to O(g(N)) \text{，其中} f(N) = O(g(N))$$

严格来说，在一个方程的左边使用 O 记号并不合适。我们通常将表达式写成类似 $N^2+N+O(1) = N^2+O(N) = O(N^2)$ 的形式，以避免像上面使用箭头的写法，冗余不便。但是，不能使用这样的方程如 $N = O(N^2)$ 和 $N^2 = O(N^2)$，这样会产生怪异的结论，如 $N = N^2$。

实际上，O 记号提供了描述任一特定的函数的多种方式。不过通常我们会应用这些规则写出不带常数的简单正则表达式。我们会写成 $O(N^2)$，但不写成 $NO(N)$、$2O(N^2)$ 或者 $O(2N^2)$ 的形式，即使它们都是等价的。对一个未指定的常数，写成 $O(1)$ 而不是 $O(3)$ 更为方便。同样，我们写成 $O(\log N)$ 而不用具有具体底数的对数（当它是常数时），这样做是因为具体化底数相当于给定了一个常数，这对于 O 记号是无关紧要的。

一般我们可以用一种简单的方式，通过一种或几种基本操作来减少渐近展开式的操作，下面将依次进行讨论。在例子中，正常情况下我们考虑那些带有一项、两项或者三项的级数（不算 O 项）。当然，这样的方法应用在更长的级数上也是可以的。

习题 4.31　当 $N \to \infty$ 时，证明以下式子是否正确。

$$\mathrm{e}^N = O(N^2), \ \mathrm{e}^N = O(2^N), \ 2^{-N} = O\Big(\frac{1}{N^{10}}\Big), \ N^{\ln N} = O(\mathrm{e}^{(\ln N)^2})$$

简化

我们在做逼近时必须认识到的主要原则是：一个渐近级数仅仅精确到它的 O 这一项，其他更小的项（在一个渐近意义上）都可能会被舍弃。例如，表达式 $\ln N + O(1)$ 和表达式 $\ln N + \gamma + O(1)$ 在数学上是等价的，但前者更简单。

替代

最简单、最常用的渐近展开是这样得到的：通过将选中的变量代入泰勒级数展开式，如同表 4.2 中所示的那样；或者代入其他的渐近级数。例如，令几何级数

$$\frac{1}{1 - x} = 1 + x + x^2 + O(x^3) \qquad x \to 0$$

其中 $x = -1/N$，我们得到

$$\frac{1}{N + 1} = \frac{1}{N} - \frac{1}{N^2} + O\Big(\frac{1}{N^3}\Big) \qquad N \to \infty$$

类似的，

$$e^{1/N} = 1 + \frac{1}{N} + \frac{1}{2N^2} + \frac{1}{6N^3} + \cdots + \frac{1}{k!N^k} + O\left(\frac{1}{N^{k+1}}\right)$$

习题 4.32 对 $e^{1/(N+1)}$ 进行渐近展开，精确到 $O(N^{-3})$。

分解

许多情况下，可以较为明显地看出一个函数的"近似"值，但也有必要以包含相对或绝对误差的形式重写该函数。例如，当 N 比较大时，函数 $1/(N^2+N)$ 很明显接近于 $1/N^2$，我们可以相对明确地将该函数重写为

$$\begin{aligned}\frac{1}{N^2+N} &= \frac{1}{N^2}\frac{1}{1+1/N} \\ &= \frac{1}{N^2}\left(1 + \frac{1}{N} + O\left(\frac{1}{N^2}\right)\right) \\ &= \frac{1}{N^2} + \frac{1}{N^3} + O\left(\frac{1}{N^4}\right)\end{aligned}$$

如果遇到一个很复杂的函数，它的近似值不能直接看出来，那可能就需要一个短暂的试错过程。

乘法

两个级数相乘，就是简单地做项与项之间的乘法再求和。例如，

$$\begin{aligned}(H_N)^2 &= \left(\ln N + \gamma + O\left(\frac{1}{N}\right)\right)\left(\ln N + \gamma + O\left(\frac{1}{N}\right)\right) \\ &= \left((\ln N)^2 + \gamma\ln N + O\left(\frac{\log N}{N}\right)\right) \\ &\quad + \left(\gamma\ln N + \gamma^2 + O\left(\frac{1}{N}\right)\right) \\ &\quad + \left(O\left(\frac{\log N}{N}\right) + O\left(\frac{1}{N}\right) + O\left(\frac{1}{N^2}\right)\right) \\ &= (\ln N)^2 + 2\gamma\ln N + \gamma^2 + O\left(\frac{\log N}{N}\right)\end{aligned}$$

在这个例子中，结果比两个因子的绝对渐近"精度"要低——结果仅仅精确到 $O(\log N/N)$ 这一项。这是正常的，对渐近展开进行推导时，所取的渐近展开式的项数会比结果中需要的项数要多。通常，我们使用两个过程：做计算，如果答案没有达到要求的精度，就将原始的成分表达得更精准后再重复计算。

习题 4.33 计算 $(H_N)^2$ 至 $O(1/N)$，再计算至 $o(1/N)$。

对于另一个例子，我们来估计 N 阶乘的平方

$$\begin{aligned}N!N! &= \left(\sqrt{2\pi N}\left(\frac{N}{e}\right)^N\left(1 + O\left(\frac{1}{N}\right)\right)\right)^2 \\ &= 2\pi N\left(\frac{N}{e}\right)^{2N}\left(1 + O\left(\frac{1}{N}\right)\right)\end{aligned}$$

这是因为

$$\left(1 + O\left(\frac{1}{N}\right)\right)^2 = 1 + 2O\left(\frac{1}{N}\right) + O\left(\frac{1}{N^2}\right) = 1 + O\left(\frac{1}{N}\right)$$

除法

为了计算两个渐近级数的商，对于一些 x 趋向于 0 的渐近表达式，典型的做法是将分母分离

并重写成 $1/(1-x)$ 的形式，并像几何级数一样展开，然后相乘。例如，为了计算 $\tan x$ 的渐近展开式，我们可以用 $\sin x$ 的级数除以 $\cos x$ 的级数，如下所示。

$$
\begin{aligned}
\tan x = \frac{\sin x}{\cos x} &= \frac{x - x^3/6 + O(x^5)}{1 - x^2/2 + O(x^4)} \\
&= \left(x - x^3/6 + O(x^5)\right) \frac{1}{1 - x^2/2 + O(x^4)} \\
&= \left(x - x^3/6 + O(x^5)\right)\left(1 + x^2/2 + O(x^4)\right) \\
&= x + x^3/3 + O(x^5)
\end{aligned}
$$

习题 4.34　推导 $\cot x$ 的渐近展开式至 $O(x^4)$ 项。

习题 4.35　推导 $x/(e^x - 1)$ 的渐近展开式至 $O(x^5)$ 项。

再看一个例子，我们考虑中间二项式系数 $\binom{2N}{N}$。将级数

$$
(2N)! = 2\sqrt{\pi N}\left(\frac{2N}{e}\right)^{2N}\left(1 + O\left(\frac{1}{N}\right)\right)
$$

除以

$$
N!N! = 2\pi N\left(\frac{N}{e}\right)^{2N}\left(1 + O\left(\frac{1}{N}\right)\right)
$$

得到结果

$$
\binom{2N}{N} = \frac{2^{2N}}{\sqrt{\pi N}}\left(1 + O\left(\frac{1}{N}\right)\right)
$$

将此结果乘以 $1/(N+1) = 1/N - 1/N^2 + O(1/N^3)$，就得到表 4.6 中关于 Catalan 数的逼近。

指数/对数

当进行幂或者乘积的渐近时，将 $f(x)$ 写成 $\{\ln(f(x))\}$ 的形式往往是简便的开始。例如，一种使用 Stirling 逼近来推导 Catalan 数的渐近性的方式是

$$
\begin{aligned}
\frac{1}{N+1}\binom{2N}{N} &= \exp\{\ln((2N)!) - 2\ln N! - \ln(N+1)\} \\
&= \exp\Big\{\left(2N + \frac{1}{2}\right)\ln(2N) - 2N + \ln\sqrt{2\pi} + O\left(\frac{1}{N}\right) \\
&\quad - 2\left(N + \frac{1}{2}\right)\ln N + 2N - 2\ln\sqrt{2\pi} + O\left(\frac{1}{N}\right) \\
&\quad - \ln N + O\left(\frac{1}{N}\right)\Big\} \\
&= \exp\Big\{\left(2N + \frac{1}{2}\right)\ln 2 - \frac{3}{2}\ln N - \ln\sqrt{2\pi} + O\left(\frac{1}{N}\right)\Big\}
\end{aligned}
$$

这与在表 4.6 中 Catalan 数的逼近是等价的。

习题 4.36　继续对 Catalan 数进行展开，使其精确到 $O(N^{-4})$。

习题 4.37　计算 $\binom{3N}{N}/(N+1)$ 的渐近展开式。

习题 4.38　计算 $(3N)!/(N!)^3$ 的渐近展开式。

另一个关于 exp/log 处理的典型例子是下面关于 e 的逼近：

$$
\left(1 + \frac{1}{N}\right)^N = \exp\left\{N\ln\left(1 + \frac{1}{N}\right)\right\}
$$

$$= \exp\Big\{N\Big(\frac{1}{N}+O\Big(\frac{1}{N^2}\Big)\Big)\Big\}$$
$$= \exp\Big\{1+O\Big(\frac{1}{N}\Big)\Big\}$$
$$= e+O\Big(\frac{1}{N}\Big)$$

这个推导的最后一步将在 4.4 节中进行推证。此外，当考虑 N（比如说）是 100 万或者 10 亿时，我们就能感受到渐近分析的实用性了。

习题 4.39 $\Big(1-\frac{\lambda}{N}\Big)^N$ 的近似值是多少？

习题 4.40 给出 $\Big(1-\frac{\ln N}{N}\Big)^N$ 的带有三项的渐近表达式。

习题 4.41 假设一个银行账户的利息是以"每日复利"计算的——即每天账户上增加 1/365 的利息，总共持续 365 天。对于一个有\$10,000 的账户，如果每日复利的利率是 10%，那么与按年付息方式应付的利息\$1000 相比，一年后银行应付多少利息？

合成

通过代入指数表达式，显然有

$$e^{1/N}=1+\frac{1}{N}+O\Big(\frac{1}{N^2}\Big)$$

但这与下面的表达式有略微的不同

$$e^{O(1/N)}=1+O\Big(\frac{1}{N}\Big)$$

在这种情况下，将 $O(1/N)$ 带入指数展开式中仍然是合理的。

$$e^{O(1/N)}=1+O\Big(\frac{1}{N}\Big)+O\Big(\Big(O\Big(\frac{1}{N}\Big)\Big)^2\Big)$$
$$=1+O\Big(\frac{1}{N}\Big)$$

尽管我们处理的都是相对较短的表达式，但是仍然能够通过幂级数替换对相当复杂的函数进行渐近估计。这种处理需要的特殊条件在资料[7]中给出。

习题 4.42 化简渐近表达式 $\exp\{1+1/N+O(1/N^2)\}$，但不损失渐近精确性。

习题 4.43 找到 $\ln(\sin((N!)^{-1}))$ 的一个渐近估计，精确到 $O(1/N^2)$。

习题 4.44 证明 $\sin(\tan(1/N))\sim 1/N$ 和 $\tan(\sin(1/N))\sim 1/N$。然后求 $\sin(\tan(1/N))-\tan(\sin(1/N))$ 的增长阶数。

习题 4.45 T_N 是第 N 个 Catalan 数，求 H_{T_N} 的渐近估计，精确到 $O(1/N)$。

可逆性

假设有一个渐近展开式

$$y=x+c_2x^2+c_3x^3+O(x^4)$$

我们省略了常数项和一次项的系数来简化运算。这个展开式可以通过一个自举的过程变成一个用 y 来表示 x 的方程，该过程同第 2 章中用估计递归逼近解类似。首先，我们必须有

$$x=O(y)$$

因为当 $x\to 0$ 时，$x/y=x/(x+c_2x^2+O(x^3))$ 是有界的。代入原始的展开式，意味着 $y=x+O(y^2)$，或

$$x = y + O(y^2)$$

将其再代入原始的展开式中，我们有 $y = x + c_2(y + O(y^2))^2 + O(y^3)$，或者

$$x = y - c_2 y^2 + O(y^3)$$

每次我们带回到原始的展开式中，就会得到另一项。接着，有

$$y = x + c_2(y - c_2 y^2 + O(y^3))^2 + c_3(y - c_2 y^2 + O(y^3))^3 + O(y^4)$$

或者

$$x = y - c_2 y^2 + (2c_2^2 - c_3)y^3 + O(y^4)$$

习题 4.46 若 a_n 定义为方程

$$n = a_n e^{a_n} \quad n > 1$$

的唯一正根。对 a_n 寻求一个渐近估计，精确到 $O(1/(\log n)^3)$。

习题 4.47 给出幂级数

$$y = c_0 + c_1 x + c_2 x^2 + c_3 x^3 + O(x^4)$$

的逆形式。（提示：取 $z = (y - c_0)/c_1$。）

4.4 有限和的渐近逼近

我们经常可以将一个量表达成有限和的形式，因此，需要能够精确地估计和的值。正如在第 2 章中看到的，一些求和能够被精确地计算，但是在许多情况中，确切的值是不能得到的。同样的，我们可能只有那些本身就是和形式的量的估计值，这种情况也是存在的。

在参考资料[6]中 De Bruijn 详尽地讨论了这个话题。他概括了许多不同的经常出现的情形，主要是和式中的项的值经常发生剧烈变化的情况。我们在本节简单地来看一些基本的例子，主要来讨论欧拉-麦克劳林公式，它是用积分求和的基本工具。我们将展现欧拉-麦克劳林公式如何对调和数与阶乘（Stirling 公式）给出渐近展开式。

本章的其他部分还会讨论欧拉-麦克劳林求和的许多应用，尤其是那些具有由二次项系数例证的经典"二元"功能的被加数。正如我们将看到的，这些应用建立在基于求和范围的不同部分对被加数的不同估计上，但是它们最终都依赖于用欧拉-麦克劳林公式来估计积分和式。更多细节和相关话题可以在参考资料[2]、[3]、[6]、[12]和[19]中找到。

确定尾部界限

当有限和中的项急剧减少时，渐近估计可以通过逼近有限项的和并对无限的尾部进行定界来实现。下面关于统计"错位"排列（见第 6 章）个数的经典例子证明了这一点

$$N! \sum_{0 \leq k \leq N} \frac{(-1)^k}{k!} = N! e^{-1} - R_N$$

这里

$$R_N = N! \sum_{k > N} \frac{(-1)^k}{k!}$$

现在我们可以通过对每一项定界来为尾部 R_N 定界

$$|R_N| < \frac{1}{N+1} + \frac{1}{(N+1)^2} + \frac{1}{(N+1)^3} + \ldots = \frac{1}{N}$$

所以和是 $N! e^{-1} + O(1/N)$。在这个例子中，收敛很快，从而可以通过四舍五入到最接近整数来

使得和的值始终等于 $N!\mathrm{e}^{-1}$。

有关的无限和会收敛到一个常数，但这个常数可能没有明确的表达式。然而，快速收敛通常意味着计算该常数非常精确的值是很容易的。接下来的例子是在研究字典树（见第 7 章）的过程中出现的和式

$$\sum_{1 \leqslant k \leqslant N} \frac{1}{2^k - 1} = \sum_{k \geqslant 1} \frac{1}{2^k - 1} - R_N$$

这里

$$R_N = \sum_{k > N} \frac{1}{2^k - 1}$$

在本例中，我们有

$$0 < R_N < \sum_{k > N} \frac{1}{2^{k-1}} = \frac{1}{2^{N-1}}$$

因此，常数 $1 + 1/3 + 1/7 + 1/15 + \ldots = 1.6066\cdots$ 是对有限和非常好的估计。计算这个常数的值到任何合理的期望精度是一件轻而易举的事情。

使用尾部

当有限和中的项数急剧增长时，最后一项通常能够对整个和式提供良好的渐近估计。例如，

$$\sum_{0 \leqslant k \leqslant N} k! = N!\Big(1 + \frac{1}{N} + \sum_{0 \leqslant k \leqslant N-2} \frac{k!}{N!}\Big) = N!\Big(1 + O\Big(\frac{1}{N}\Big)\Big)$$

之所以可以写出后面的等式，是因为和式中总共有 $N - 1$ 项，每一项都小于 $1/(N(N-1))$。

习题 4.48 对 $\sum_{1 \leqslant k \leqslant N} 1/(k^2 H_k)$ 给出渐近估计。

习题 4.49 对 $\sum_{0 \leqslant k \leqslant N} 1/F_k$ 给出渐近估计。

习题 4.50 对 $\sum_{0 \leqslant k \leqslant N} 2^k/(2^k + 1)$ 给出渐近估计。

习题 4.51 对 $\sum_{0 \leqslant k \leqslant N} 2^{k^2}$ 给出渐近估计。

用积分逼近和

更一般的，我们希望能够用积分来估计和的值，并且希望能够充分利用已知的积分的各种性质。

当我们使用 $\int_a^b f(x)\mathrm{d}x$ 来估计 $\sum_{a \leqslant k < b} f(k)$ 时，产生的误差的幅度有多少？这个问题的答案取决于函数 $f(x)$ 有多"光滑"。本质上，在 a 和 b 之间，$b\text{-}a$ 中每一个积分单元，我们用 $f(k)$ 来估计 $f(x)$。令

$$\delta_k = \max_{k \leqslant x < k+1} |f(x) - f(k)|$$

来表示每个积分单元内的最大误差，可以得到对总误差的一个粗略的近似：

$$\sum_{a \leqslant k < b} f(k) = \int_a^b f(x)\mathrm{d}x + \Delta \quad (|\Delta| \leqslant \sum_{a \leqslant k < b} \delta_k)$$

如果该函数在整个积分区间[a,b]内单调递增或递减，那么误差项就简单地收缩成 $\Delta \leqslant |f(a) - f(b)|$。例如，对于调和数，给出估计

$$H_N = \sum_{1 \leqslant k \leqslant N} \frac{1}{k} = \int_1^N \frac{1}{x}\mathrm{d}x + \Delta = \ln N + \Delta \quad (|\Delta| \leqslant 1 - 1/N)$$

这是对 $\ln N! \sim N\ln N - N$ 的一个简单证明。对于 $N!$，它也给出了估计

$$\ln N! = \sum_{1 \le k \le N} \ln k = \int_1^N \ln x \, \mathrm{d}x + \Delta = N\ln N - N + 1 + \Delta$$

其中，对于 $\ln N!$ 有 $|\Delta| \le \ln N$，这是 $\ln N! \sim N\ln N - N$ 的一个简单证明。这些估计的精确程度取决于逼近误差时的仔细程度。

误差项更为精确的估计依赖于函数 f 的导数。由此生成用欧拉-麦克劳林公式推导的渐近级数，它是渐近分析中最有力的工具之一。

4.5 欧拉-麦克劳林求和

在算法分析中，我们采用两种不同的方法来用积分逼近和。第一种方法，我们有一个定义在固定区间上的函数，通过在区间上抽样该函数获取不断增加的点数来估计和值，随着步长越来越小，和值与积分之间的差值也会收敛于零，这类似于古典的黎曼积分。第二种方法，我们有一个固定的函数和固定的离散步长，当积分的区间变得越来越大时，和值与积分之间的差值收敛于一个常数。我们会分别讨论这两种方法，它们体现的是同一种基本方法，而这得追溯到 18 世纪。

欧拉-麦克劳林求和公式的一般形式

这种方法以分步积分为基础，涉及伯努利数（和伯努利多项式），这在 3.11 节介绍过。我们从公式

$$\int_0^1 g(x)\mathrm{d}x = \left(x - \frac{1}{2}\right)g(x)\Big|_0^1 - \int_0^1 \left(x - \frac{1}{2}\right)g'(x)\mathrm{d}x$$

开始，该公式是通过对 $g(x)$ 分步积分，并"聪明地"选择积分常数 $x - \frac{1}{2} = B_1(x)$ 得到的。联立该公式和 $g(x) = f(x + k)$，可以得到

$$\int_k^{k+1} f(x)\mathrm{d}x = \frac{f(k+1) + f(k)}{2} - \int_k^{k+1}\left(\{x\} - \frac{1}{2}\right)f'(x)\mathrm{d}x$$

这里，一如既往，$\{x\} \equiv x - \lfloor x \rfloor$ 代表 x 的小数部分。取 k 的所有值都大于等于 a 且小于等于 b，然后再对这些公式求和，得到

$$\int_a^b f(x)\mathrm{d}x = \sum_{a \le k \le b} f(k) - \frac{f(a) + f(b)}{2} - \int_a^b\left(\{x\} - \frac{1}{2}\right)f'(x)\mathrm{d}x$$

这是由于除 a 和 b 之外的每一个 k 值，$f(x)$ 都出现在了两个公式中。接着，重新组合这些项，我们会得到和与相关积分之间的精确关系：

$$\sum_{a \le k \le b} f(k) = \int_a^b f(x)\mathrm{d}x + \frac{f(a) + f(b)}{2} + \int_a^b\left(\{x\} - \frac{1}{2}\right)f'(x)\mathrm{d}x$$

为了了解这个逼近有多好，我们需要对尾部的那个积分判界。本来可以像前面章节那样找一个绝对界限，但是结果表明，通过迭代这个过程，往往会留下一个非常小的误差项，因为 $f(x)$ 的导数趋向于越来越小（作为 N 的函数），并且/或者同样包含在积分中的 $\{x\}$ 的多项式也变得越来越小。

定理 4.2（欧拉-麦克劳林求和公式，形式一）　$f(x)$ 是定义在区间 $[a,b]$ 上的函数，a、b 是

整数，假设导数 $f^{(i)}(x)$ 存在且连续 ($1 \leqslant i \leqslant 2m$，$m$ 是固定常数）。那么

$$\sum_{a \leqslant k \leqslant b} f(k) = \int_a^b f(x)\mathrm{d}x + \frac{f(a) + f(b)}{2} + \sum_{1 \leqslant i \leqslant m} \frac{B_{2i}}{(2i)!} f^{(2i-1)}(x) \Big|_a^b + R_m$$

其中，B_{2i} 是伯努利数，R_m 是余项，满足

$$|R_m| \leqslant \frac{|B_{2m}|}{(2m)!} \int_a^b |f^{(2m)}(x)|\mathrm{d}x < \frac{4}{(2\pi)^{2m}} \int_a^b |f^{(2m)}(x)|\mathrm{d}x$$

证明：我们继续上面的讨论，使用分步积分和伯努利多项式的基本性质。任何一个在 $[0,1)$ 区间上可微的函数 $g(x)$，对于任意 $i > 0$，我们可以对 $g(x)B'_{i+1}(x)$ 分步积分得到

$$\int_0^1 g(x)B'_{i+1}(x)\mathrm{d}x = B_{i+1}(x)g(x) \Big|_0^1 - \int_0^1 g'(x)B_{i+1}(x)\mathrm{d}x$$

根据 3.11 节的介绍，现在我们知道 $B'_{i+1}(x) = (i+1)B_i(x)$。两边同除以 $(i+1)!$，将得到递归关系

$$\int_0^1 g(x)\frac{B_i(x)}{i!}\mathrm{d}x = \frac{B_{i+1}(x)}{(i+1)!}g(x) \Big|_0^1 - \int_0^1 g'(x)\frac{B_{i+1}(x)}{(i+1)!}\mathrm{d}x$$

从 $i = 0$ 开始迭代，有

$$\int_0^1 g(x)\mathrm{d}x = \frac{B_1(x)}{1!}g(x) \Big|_0^1 - \frac{B_2(x)}{2!}g'(x) \Big|_0^1 + \frac{B_3(x)}{3!}g''(x) \Big|_0^1 - \cdots$$

只要函数无限可微，这个展开式就可以展开至任意长。更精确地说，我们在经历 m 步后停止迭代，同样有 $B_1(x) = x - \frac{1}{2}$，对 $i > 1$ 有 $B_i(0) = B_i(1) = B_i$，当 i 为奇数且比 1 大时（见习题 3.86 和习题 3.87），$B_i = 0$，我们得到公式

$$\int_0^1 g(x)\mathrm{d}x = \frac{g(0) + g(1)}{2} - \sum_{1 \leqslant i \leqslant m} \frac{B_{2i}}{(2i)!} g^{2i-1}(x) \Big|_0^1 - \int_0^1 g^{2m}(x)\frac{B_{2m}(x)}{(2m)!}\mathrm{d}x$$

代入 $g(x) = f(x + k)$，并对 $a \leqslant k < b$ 求和，便可将公式简化成之前陈述过的结果，其余项

$$|R_m| = \int_a^b \Big| \frac{B_{2m}(\{x\})}{(2m)!} f^{(2m)}(x) \Big| \mathrm{d}x$$

的界可以根据伯努利数的渐近性质而得到。（更详细的讨论可见参考资料 [6] 或者参考资料 [12]。）

举一个例子，令函数 $f(x) = \mathrm{e}^x$，等号左边是 $(\mathrm{e}^b - \mathrm{e}^a)/(\mathrm{e} - 1)$，等号右边的所有导数形式都相同，两边同除以 $\mathrm{e}^b - \mathrm{e}^a$，增加 m，就可以得到 $1/(\mathrm{e} - 1) = \sum_k B_k/k!$。

因为伯努利数会增长到相当大，故该公式时常是一个发散的渐近级数，一般被用在当 m 的值比较小时。在定理 4.2 的典型应用中，开始的几个伯努利数 $B_0 = 1$、$B_1 = -1/2$、$B_2 = 1/6$、$B_3 = 0$、$B_4 = -1/30$ 已经足够了。我们可以写出简单的形式

$$\sum_{a \leqslant k \leqslant b} f(k) = \int_a^b f(x)\mathrm{d}x + \frac{1}{2}f(a) + \frac{1}{2}f(b) + \frac{1}{12}f'(x) \Big|_a^b - \frac{1}{720}f'''(x) \Big|_a^b + \cdots$$

这里需要理解定理的条件，并且为了使逼近是可靠的，误差的界必须被检验。

令 $f(x) = x^t$，对相当大的 m 来说，导数和余项都会消失，因此可以证明，在表示整数幂的和中，伯努利数可以作为系数。我们得到

$$\sum_{1 \leqslant k \leqslant N} k = \frac{N^2}{2} + \frac{N}{2} = \frac{N(N+1)}{2}$$

$$\sum_{1 \leqslant k \leqslant N} k^2 = \frac{N^3}{3} + \frac{N^2}{2} + \frac{N}{6} = \frac{N(N+1)(2N+1)}{6}$$

这与 3.11 节所示的结果是完全一样的。

习题 4.52 当 $\sum_{1 \leqslant k \leqslant N} k^t$ 表示成 N 的幂的和形式时,用欧拉-麦克劳林求和公式决定系数(见 3.11 节)。

推论 若 h 为一个无限可微函数,那么

$$\sum_{0 \leqslant k \leqslant N} h(k/N) \sim N \int_0^1 h(x)\mathrm{d}x + \frac{h(0) + h(1)}{2} + \sum_{i \geqslant 1} \frac{B_{2i}}{(2i)!} \frac{1}{N^{2i-1}} h^{(2i-1)}(x)\big|_0^1$$

证明:运用定理 4.2 令 $f(x) = h(x/N)$。

上式两端同除以 N,将会得到相对于 h 的黎曼和。换句话说,该推论是对

$$\lim_{N \to \infty} \frac{1}{N} \sum_{0 \leqslant k \leqslant N} h(k/N) = \int_0^1 h(x)\mathrm{d}x$$

的精简化。欧拉-麦克劳林求和对这种类型的相关和的渐近展开是非常有用的,例如

$$\sum_{0 \leqslant k \leqslant N} h(k^2/N)$$

我们将很快看到这种类型的应用。

习题 4.53 求出对

$$\sum_{0 \leqslant k \leqslant N} \frac{1}{1 + k/N}$$

的渐近展开式。

习题 4.54 证明

$$\sum_{0 \leqslant k \leqslant N} \frac{1}{1 + k^2/N^2} = \frac{\pi N}{4} + \frac{3}{4} - \frac{1}{24N} + O\left(\frac{1}{N^2}\right)$$

如前面所述的一样,当求和/积分的区间增大且步长固定时,定理 4.2 不能提供足够精确的估计。例如,如果我们试图用

$$\int_a^b f(x)\mathrm{d}x$$

来估计

$$H_k = \sum_{1 \leqslant k \leqslant N} \frac{1}{k}$$

时,会遇到困难,因为当 $N \to \infty$ 时,和与积分的差将趋向于一个未知的常数。接下来,我们转向通过欧拉-麦克劳林求和来解决这个问题。

欧拉-麦克劳林求和的离散形式

在定理 4.2 之前的讨论中取 $a = 1$ 和 $b = N$,我们得到

$$\int_1^N f(x)\mathrm{d}x = \sum_{1 \leqslant k \leqslant N} f(k) - \frac{1}{2}(f(1) + f(N)) - \int_1^N \left(\{x\} - \frac{1}{2}\right) f'(x)\mathrm{d}x$$

如果当 $N \to \infty$ 时,$f'(x)$ 能很快衰减至 0,那么这个公式会把和与积分关联至一个常数因子上。特别是如果量

$$C_f = \frac{1}{2}f(1) + \int_1^\infty \left(\{x\} - \frac{1}{2}\right)f'(x)\mathrm{d}x$$

存在，它就决定了 f 的欧拉-麦克劳林常数，并且，我们已经证明

$$\lim_{N\to\infty}\left(\sum_{1\leqslant k\leqslant N} f(k) - \int_1^N f(x)\mathrm{d}x - \frac{1}{2}f(N)\right) = C_f$$

取 $f(x) = 1/x$，就得到对调和数的逼近。在这种情况下，欧拉-麦克劳林常数就简单地成为了欧拉常数：

$$\gamma = \frac{1}{2} - \int_1^\infty \left(\{x\} - \frac{1}{2}\right)\frac{\mathrm{d}x}{x^2}$$

因此

$$H_N = \ln N + \gamma + o(1)$$

常数 γ 近似等于 0.57721…，我们目前还不知道它是不是其他基本常数的简单函数。

取 $f(x) = \ln x$，这将给出对 $\ln N!$ 的 Stirling 逼近。在这种情况下，欧拉-麦克劳林常数是

$$\int_1^\infty \left(\{x\} - \frac{1}{2}\right)\frac{\mathrm{d}x}{x}$$

这个常数被证实是其他基本常数的简单函数：它等于 $\ln\sqrt{2\pi} - 1$。我们将在 4.7 节看到对此的一个证明。值 $\sigma = \sqrt{2\pi}$ 就是 Stirling 常数。它在算法分析和许多其他应用中经常出现。于是

$$\ln N! = N\ln N - N + \frac{1}{2}\ln N + \ln\sqrt{2\pi} + o(1)$$

当欧拉-麦克劳林常数被很好的定义时，继续分析以获得渐近级数中更多的项就相对容易了。概括一下前面的讨论，我们证明了

$$\sum_{1\leqslant k\leqslant N} f(k) = \int_1^N f(x)\mathrm{d}x + \frac{1}{2}f(N) + C_f - \int_N^\infty \left(\{x\} - \frac{1}{2}\right)f'(x)\mathrm{d}x$$

现在，不断地对余下的积分进行分步积分，就如前面一样的方式，我们得到了包括伯努利数和更高阶导数的展式。这通常会导致一个完全的渐近展开式，因为一个明显的事实是光滑函数的高阶导数在 ∞ 处会变得越来越小。

定理 4.3（欧拉-麦克劳林求和公式，形式二） $f(x)$ 是定义在区间 $[1,\infty)$ 上的函数，假设对 $1 \leqslant i \leqslant 2m$（$m$ 是固定常数），导数 $f^{(i)}(x)$ 存在且绝对可积。则有

$$\sum_{1\leqslant k\leqslant N} f(k) = \int_1^N f(x)\mathrm{d}x + \frac{1}{2}f(N) + C_f + \sum_{1\leqslant k\leqslant m} \frac{B_{2k}}{(2k)!}f^{(2k-1)}(N) + R_m$$

这里 C_f 是与函数有关的常数，R_{2m} 是余项，满足

$$|R_{2m}| = O\left(\int_N^\infty |f^{(2m)}(x)|\mathrm{d}x\right)$$

证明：用归纳法，对之前讨论中的论述进行扩展即可。详尽的讨论可以在参考资料[6]和[12]中找到。

推论   调和数可以按照 N 的降幂进行完全渐近展开

$$H_N \sim \ln N + \gamma + \frac{1}{2N} - \frac{1}{12N^2} + \frac{1}{120N^4} - \cdots$$

证明：在定理 4.3 中令 $f(x) = 1/x$，使用在前面讨论过的常数 γ，注意余项与和式中最后一项同阶，对于任意固定的 m，证明

$$H_N = \ln N + \gamma + \frac{1}{2N} - \sum_{1\leqslant k<M} \frac{B_{2k}}{2kN^{2k}} + O\left(\frac{1}{N^{2m}}\right)$$

由此可以得出论述过的结果。

推论 （Stirling 公式）函数 $\ln N!$ 和 $N!$ 均可以按照 N 的降幂进行完全的渐近展开

$$\ln N! \sim \left(N + \frac{1}{2}\right)\ln N - N + \ln\sqrt{2\pi} + \frac{1}{12N} - \frac{1}{360N^3} + \cdots$$

$$N! \sim \sqrt{2\pi N}\left(\frac{N}{\mathrm{e}}\right)^N\left(1 + \frac{1}{12N} + \frac{1}{288N^2} - \frac{139}{5140N^3} + \cdots\right)$$

证明：在定理 4.3 中取 $f(x) = \ln x$，用和上面一样的方法得到对 $\ln N!$ 的展开。如前面所说，一阶导数不是绝对可积，但是欧拉-麦克劳林常数存在，故定理 4.3 显然成立。$N!$ 的展开式可以通过指数和 4.3 节讨论的基本操作得到。

推论 Catalan 数可以按照 N 的降幂进行完全渐近展开：

$$\frac{1}{N+1}\binom{2N}{N} \sim \frac{4^N}{N\sqrt{\pi N}}\left(1 - \frac{9}{8N} + \frac{145}{128N^2} - \cdots\right)$$

证明：通过对 $(2N)!$ 和 $N!$ 的渐近级数进行基本操作可以得到。例子中的许多细节在 4.3 节可以找到。

欧拉-麦克劳林求和是一个一般的工具，使用时会受到一些制约，比如函数必须"光滑"（因为其许多阶导数在渐近级数项中需要用到，故导数必须存在），并且我们要能够计算包含的积分。在许多基本算法的分析过程中，阶乘、调和数和 Catalan 数的渐近展开式扮演了至关重要的角色，而这些方法也在许多其他应用中出现。

习题 4.55 将 γ 计算到 10 位小数。

习题 4.56 证明一般的（二阶）调和数可渐近展开为

$$H_N^{(2)} \equiv \sum_{1 \leqslant k \leqslant N} \frac{1}{k^2} \sim \frac{\pi^2}{6} - \frac{1}{N} + \frac{1}{2N^2} - \frac{1}{6N^3} + \cdots。$$

习题 4.57 推导

$$H_N^{(3)} \equiv \sum_{1 \leqslant k \leqslant N} \frac{1}{k^3}$$

的渐近展开，精确到 $O(N^3)$。

习题 4.58 使用欧拉-麦克劳林求和估计

$$\sum_{1 \leqslant k \leqslant N} \sqrt{k}, \quad \sum_{1 \leqslant k \leqslant N} \frac{1}{\sqrt{k}}, \quad \sum_{1 \leqslant k \leqslant N} \frac{1}{\sqrt[3]{k}}$$

精确到 $O(1/N^2)$。

习题 4.59 推导

$$\sum_{1 \leqslant k \leqslant N} \frac{(-1)^k}{k}, \quad \sum_{1 \leqslant k \leqslant N} \frac{(-1)^k}{\sqrt{k}}$$

的完全渐近展开式。

习题 4.60 对正实数 x，Gamma 函数的定义如下：

$$\Gamma(x) = \int_0^\infty \mathrm{e}^{-t} t^{x-1} \mathrm{d}t$$

因为 $\Gamma(1) = 1$、$\Gamma(x+1) = x\Gamma(x)$（分步积分），对所有的正整数 n，有 $\Gamma(n) = (n-1)!$。也就是说，Gamma 函数将阶乘拓展至实数（并最终拓展至复平面，除了负整数）。使用欧拉-麦克劳林求和来估计接下来要讨论的一般的二项式系数。证明

$$\binom{n+\alpha}{n} \equiv \frac{\Gamma(n+\alpha+1)}{\Gamma(n+1)\Gamma(\alpha+1)} \sim \frac{n^{\alpha}}{\Gamma(\alpha+1)}$$

4.6　二元渐近

在逼近和的过程中，我们遇到的大部分具有挑战性的问题被称作二元渐近，被加数取决于和的指数和描述渐近增长的参数"大小"。与文中多次定义的一样，假设有两个名称分别为 k 和 N 的参数。k 和 N 的相对值以及它们的增长率表明了渐近估计的意义。来看一个与之相关的简单例子，对于固定的 k 值，当 $N \to \infty$ 时，函数 $k^N/k!$ 呈指数增长，但对于固定的 N 值，当 $N \to \infty$ 时，函数值却呈指数级减小。

在求和的时候，我们一般需要考虑所有小于 N（或者是 N 的其他函数）的 k 值，因此我们感兴趣的是，对尽可能大的 k 值做出精确的渐近估计。计算和值消除了 k，让我们又回到了单变量情形。在本节中我们将对一些在算法分析中至关重要的二元函数进行详尽的检测：Ramanujan 函数和二项式系数。在接下来的几节中，我们将看到这里开发的估计方法是如何被运用于获得包含这些函数的和的渐近展开中的，以及如何将这些应用关联到算法分析中。

Ramanujan 分布

我们的第一个例子涉及一个分布，Ramanujan 第一个研究了它（见参考资料[4]），后来 Knuth 将其应用到算法分析的许多应用中[16]。我们将在第 9 章看到，很多算法的表现取决于函数

$$Q(N) \equiv \sum_{1 \leqslant k \leqslant N} \frac{N!}{(N-k)! N^k}$$

这个函数就是概率论中非常著名的生日函数：找到两个生日相同的人预估要尝试的次数就是 $Q(N)+1$（一年有 N 天）。表 4.7 给出了 N 和 k 较小时的被加数，并在图 4.1 中表示了出来。在图 4.1 中，通过用实线将相继的 k 值连接起来，为对应 N 的每个值都给出不同的曲线。对应每条曲线，k 轴都进行了扩展，以使每条曲线都能够充满整张图。为了能够估计出和的值，我们首先需要能够做到当 N 增长时，对 k 的所有值精确估计出被加数的值。

表 4.7　Ramanujan Q-分布 $\dfrac{N!}{(N-k)! N^k}$

N $\downarrow$ $k \to$ 1	2	3	4	5	6	7	8	9	10
2　1	.5000								
3　1	.6667	.2222							
4　1	.7500	.3750	.0938						
5　1	.8000	.4800	.1920	.0384					
6　1	.8333	.5556	.2778	.0926	.0154				
7　1	.8571	.6122	.3499	.1499	.0428	.0061			
8　1	.8750	.6563	.4102	.2051	.0769	.0192	.0024		
9　1	.8889	.6914	.4609	.2561	.1138	.0379	.0084	.0009	
10　1	.9000	.7200	.5040	.3024	.1512	.0605	.0181	.0036	.0004

定理 4.4（Ramanujan Q-分布）　当 $N \to \infty$ 时，下面的（相对）逼近对 $k = o(N^{2/3})$ 成立：

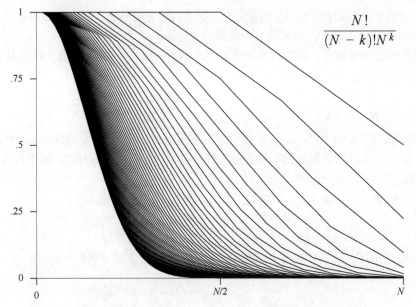

图 4.1 Ramanujan Q-分布，$2 \leqslant N \leqslant 60$（$k$ 轴按照 N 的比例标度）

$$\frac{N!}{(N-k)!N^k} = \mathrm{e}^{-k^2/(2N)}\Big(1 + O\Big(\frac{k}{N}\Big) + O\Big(\frac{k^3}{N^2}\Big)\Big)$$

此外，下面的（绝对）逼近对所有的 k 均成立：

$$\frac{N!}{(N-k)!N^k} = \mathrm{e}^{-k^2/(2N)} + O\Big(\frac{1}{\sqrt{N}}\Big)$$

证明：在 4.3 节，我们用"exp/log"方法证明了相对误差的界。

$$\frac{N!}{(N-k)!N^k} = \frac{N(N-1)(N-2)\ldots(N-k+1)}{N^k}$$

$$= 1 \cdot \Big(1 - \frac{1}{N}\Big)\Big(1 - \frac{2}{N}\Big)\cdots\Big(1 - \frac{1}{N}\Big)$$

$$= \exp\Big\{\ln\Big(1 - \frac{1}{N}\Big)\Big(1 - \frac{2}{N}\Big)\cdots\Big(1 - \frac{1}{N}\Big)\Big\}$$

$$= \exp\Big\{\sum_{1 \leqslant j < k} \ln\Big(1 - \frac{j}{N}\Big)\Big\}$$

现在，对于 $k = o(N)$，我们能应用逼近

$$\ln(1 + x) = x + O(x^2)\ \ (x = -j/N)$$

来计算和

$$\frac{N!}{(N-k)!N^k} = \exp\Big\{\sum_{1 \leqslant j < k}\Big(-\frac{j}{N} + O\Big(\frac{j^2}{N^2}\Big)\Big)\Big\}$$

$$= \exp\Big\{-\frac{k(k-1)}{2N} + O\Big(\frac{k^3}{N^2}\Big)\Big\}$$

最后，对于 $k = o(N^{2/3})$，我们可以运用逼近 $\mathrm{e}^x = 1 + O(x)$ 来得到相对逼近。

我们需要保留两个 O 项，以便覆盖所有的 k 值。$O(k^3/N^2)$ 项本身是不充分的，因为如果我们要求的是 $O(1/N^2)$，当 $k = O(1)$ 时，它等于 $O(1/N)$。$O(k/N)$ 项是不充分的，因为如果我们需要 $O(1/N^{2/5})$，当 $k = O(N^{3/5})$ 时，它是 $O(1/N^{1/5})$。现在，$N^{1/5}$ 对于 N 的任何实际值都

足够小了，并且它的精确值 1/5 不是特别重要，但是我们需要选择一些近路，以便能够丢掉大量更小的项。这种情形暗示了在二元逼近中必要的关注点。

为了得到绝对误差的界，我们首先考虑 k 很"小"的情况，即 $k \leqslant k_0$，k_0 是离 $N^{3/5}$ 最近的整数。相对逼近显然成立，我们有

$$\frac{N!}{(N-k)!N^k} = \mathrm{e}^{-k^2/(2N)} + \mathrm{e}^{-k^2/(2N)}O\Big(\frac{k}{N}\Big) + \mathrm{e}^{-k^2/(2N)}O\Big(\frac{k^3}{N^2}\Big)$$

现在，第二项变成了 $O(1/\sqrt{N})$，因为我们将它重写成 $x\mathrm{e}^{-x^2}O(1/\sqrt{N})$ 的形式，而对于所有的 $x \geqslant 0$，有 $x\mathrm{e}^{-x^2} = O(1)$。相似的，第三项具有 $x^3\mathrm{e}^{-x^2}O(1/\sqrt{N})$ 的形式，等于 $O(1/\sqrt{N})$，因为对于所有的 $x \geqslant 0$ 均有 $x^3\mathrm{e}^{-x^2} = O(1)$。

接下来我们来考虑 k 很"大"或者说 $k \geqslant k_0$ 的情况。刚刚论述表明了

$$\frac{N!}{(N-k_0)!N^{k_0}} = \mathrm{e}^{-\sqrt[5]{N}/2} + O\Big(\frac{1}{\sqrt{N}}\Big)$$

第一项是指数级小量，且系数随着 k 的增加而减小，所以这表明了当 $k \geqslant k_0$ 时

$$\frac{N!}{(N-k)!N^k} = O\Big(\frac{1}{\sqrt{N}}\Big)$$

但是 $\exp\{-k^2/(2N)\}$ 在 $k \geqslant k_0$ 时同样也是指数级小量，所以讨论的绝对误差界在 $k \geqslant k_0$ 时成立。

上面两段内容建立了对所有 $k \geqslant k_0$ 时的绝对误差界。正如前面所说，截断点 $N^{3/5}$ 在这种情况下并不是特别重要：它只需要足够小，让相对误差界在比较小的 k 值（稍小于 $N^{2/3}$）下成立；又需要足够大，以至于让那些项在 k 值（稍大于 $\sqrt{N}$）比较大时是指数级小量。

推论 对于所有的 k 和 N，有

$$\frac{N!}{(N-k)!N^k} \leqslant \mathrm{e}^{-k(k-1)/(2N)}$$

证明：使用不等式 $\ln(1-x) \leqslant -x$ 取代之前推导中的渐近估计，即可证明。

Ramanujan 将事实上相同的一组方法应用到另外一个函数中，叫作 R-分布。表 4.8 展示了当 N 和 k 值较小时该函数的值，并在图 4.2 中绘制了出来。我们也总结了关于这个函数渐近结果的详细论述，原因在后面很快就会变得明朗。

表 4.8 Ramanujan R-分布 $\dfrac{N!N^k}{(N+k)!}$

N \ $k \rightarrow$	1	2	3	4	5	6	7	8	9
2	.6667	.3333							
3	.7500	.4500	.2250						
4	.8000	.5333	.3048	.1524					
5	.8333	.5952	.3720	.2067	.1033				
6	.8571	.6429	.4286	.2571	.1403	.0701			
7	.8750	.6806	.4764	.3032	.1768	.0952	.0476		
8	.8889	.7111	.5172	.3448	.2122	.1212	.0647	.0323	
9	.9000	.7364	.5523	.3823	.2458	.1475	.0830	.0439	.0220

定理 4.5（Ramanujan R-分布） 当 $N \rightarrow \infty$ 时，下面（相对）的逼近对 $k = o(N^{2/3})$ 成立。

$$\frac{N!N^k}{(N+k)!} = \mathrm{e}^{-k^2/(2N)}\Big(1 + O\Big(\frac{k}{N}\Big) + O\Big(\frac{k^3}{N^2}\Big)\Big)$$

此外，下面（绝对）逼近对所有的 k 均成立。

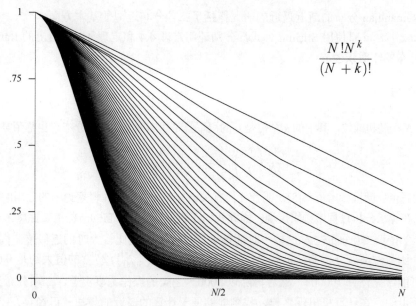

$$\frac{N!N^k}{(N+k)!}$$

图 4.2 Ramanujan R-分布，$2 \leqslant N \leqslant 60$（$k$ 轴按照 N 的比例标度）

$$\frac{N!N^k}{(N+k)!} = e^{-k^2/(2N)} + O\left(\frac{1}{\sqrt{N}}\right)$$

证明：在第一步后，证明实际上等同于 Q-分布的证明过程。

$$\begin{aligned}
\frac{N!N^k}{(N-k)!} &= \frac{N^k}{(N+k)(N+k-1)\dots(N+1)} \\
&= \frac{1}{\left(1+\dfrac{k}{N}\right)\left(1+\dfrac{k-1}{N}\right)\cdots\left(1+\dfrac{1}{N}\right)} \\
&= \exp\left\{-\sum_{1 \leqslant j \leqslant k} \ln\left(1+\frac{j}{N}\right)\right\} \\
&= \exp\left\{\sum_{1 \leqslant j \leqslant k}\left(-\frac{j}{N}+O\left(\frac{j^2}{N^2}\right)\right)\right\} \\
&= \exp\left\{-\frac{k(k+1)}{2N}+O\left(\frac{k^3}{N^2}\right)\right\} \\
&= e^{-k^2/(2N)}\left(1+O\left(\frac{k}{N}\right)+O\left(\frac{k^3}{N^2}\right)\right)
\end{aligned}$$

Q-分布绝对误差界得证。

推论 对所有的 k 和 N，若 $k \leqslant N$，有 $\dfrac{N!N^k}{(N+k)!} \leqslant e^{-k(k+1)/(4N)}$。

证明：使用不等式 $-\ln(1+x) \leqslant -x/2$（对 $0 \leqslant x \leqslant 1$ 成立）取代上述推导过程中的渐近估计即可。

习题 4.61 证明对所有的 k 和 N，有 $\dfrac{N!N^k}{(N+k)!} \geqslant e^{-k(k+1)/(2N)}$。

在本章的后面，我们将回到 Ramanujan 分布的一些应用。但是，在这之前，我们将注意力放在二元变量分布，即我们所熟知的二项分布上，它在算法分析中起到了更加重要的作用。前期给出的对 Ramanujan 分布的渐近逼近的研究概括了二项分布近似的基本方面。

习题 4.62　对 $\ln N!$ 使用 Stirling 公式，分别证明定理 4.4 和定理 4.5 中给出的 Ramanujan Q-分布和 R-分布的相对误差界。

二项分布

假设有 N 个随机的位，其中的 k 个位是 0 的概率就是我们熟悉的二项分布，也称伯努利分布：

$$\frac{1}{2^N}\binom{N}{k} = \frac{1}{2^N}\frac{N!}{k!(N-k)!}$$

感兴趣的读者可以阅读参考资料[8]，或者任何有关该分布的性质和在概率论中的应用的标准参考资料。由于它在算法分析过程中频繁出现，因此我们在这里概述一下它的一些重要性质。

表 4.9 给出了二项分布在 N 比较小时的精确值，以及 N 值比较大时的近似值。同往常一样，我们对这个函数做渐近分析的动机就是计算这些近似值。$\binom{10000}{5000}/2^{5000}$ 的值大约是 0.007979，但是我们不可能做先计算 $10000!$，然后再除以 $5000!$ 之类的操作。事实上，二项分布已经被人们研究了三个世纪，在计算机出现之前，找到能够便于计算的逼近的想法就已经存在了。

表 4.9　正态分布 $\binom{N}{k}/2^N$

N ↓ k →	0	1	2	3	4	5	6	7	8	9
1	.5000	.5000								
2	.2500	.5000	.2500							
3	.1250	.3750	.3750	.1250						
4	.0625	.2500	.3750	.2500	.0625					
5	.0312	.1562	.3125	.3125	.1562	.0312				
6	.0156	.0938	.2344	.3125	.2344	.0938	.0156			
7	.0078	.0547	.1641	.2734	.2734	.1641	.0547	.0078		
8	.0039	.0312	.1094	.2188	.2734	.2188	.1094	.0312	.0039	
9	.0020	.0176	.0703	.1641	.2461	.2461	.1641	.0703	.0176	.0020

习题 4.63　编写一个程序，计算二项分布的精确值，精确到单精度浮点数。

我们已经计算过中间的二项式系数的逼近：

$$\binom{2N}{N} = \frac{2^{2N}}{\sqrt{\pi N}}\left(1 + O\left(\frac{1}{N}\right)\right)$$

也就是说，表 4.9 中的中间项是递减的，其递减的形式类似于 $1/\sqrt{N}$。对于 k 的其他值，该分布如何变化呢？图 4.3 给出了按比例绘制的分布图形，该图能给我们一些暗示，我们将在这里给出一个精确的渐近分析。

这里的极限曲线就是我们熟悉的"钟形曲线"，可以被正态概率密度函数 $e^{-x^2/2}/\sqrt{2\pi}$ 所描述。曲线的顶部在 $\binom{N}{\lfloor N/2\rfloor}/2^N \sim 1/\sqrt{\pi N/2}$ 之间，当 $N=60$ 的时候，大概是 0.103。

这里的目标是使用我们一直在建立的渐近工具来分析钟形曲线的性质。我们展示的结果是典型的，它在概率和统计中扮演了重要的角色。在这些结果中，我们关注的点不仅在于它们在许多算法分析中直接有用，同样也基于这样一个事实，那就是对二项分布进行渐近逼近的方法，也可直接应用到出现在算法分析过程中的类似的问题上。例如，关于概率统计方面的有关正态逼近的处理，可见参考资料[8]。

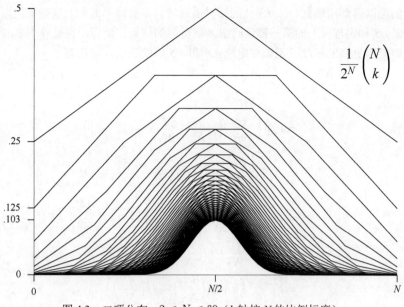

$$\frac{1}{2^N}\binom{N}{k}$$

图 4.3 二项分布，$2 \le N \le 60$（k 轴按 N 的比例标度）

图 4.3 使得下面的事实一目了然：曲线中最重要的部分集中在中心附近——当 N 增长时，靠近边缘部分的值就变得可以忽略了。从我们一开始的模型来看这是非常直观的：我们期望在一个随机位序列中 0 和 1 的数目是大致相等的，当位序列的规模增大时，位几乎全是 0 或者全是 1 的概率就变得非常小。我们现在转向更精确地量化这些论述。

正态逼近

因为二项分布的重要值在中心附近，故可以很方便地重写它，进而估计 $\binom{2N}{N-k}/2^{2N}$。它关于 $k=0$ 对称，并随着 $|k|$ 从 0 增长到 N 而递减。在处理任意分布时，这是重要的一步：将大项置于开始而将小项放在尾部，这将使得定界尾部和集中于主要项变得更加容易，尤其是当我们使用逼近来计算和的时候，正如我们下面将看到的。

事实上，证明经典的正态分布逼近二项分布所需的基本方法我们已经知道了。

定理 4.6（正态逼近） 当 $N \to \infty$ 时，下面的（相对）逼近对 $k = o(N^{3/4})$ 成立

$$\frac{1}{2^{2N}}\binom{2N}{N-k} = \frac{\mathrm{e}^{-k^2/N}}{\sqrt{\pi N}}\Big(1 + O\Big(\frac{1}{N}\Big) + O\Big(\frac{k^4}{N^3}\Big)\Big)$$

此外，下面的（绝对）逼近对所有的 k 均成立

$$\frac{1}{2^{2N}}\binom{2N}{N-k} = \frac{\mathrm{e}^{-k^2/N}}{\sqrt{\pi N}} + O\Big(\frac{1}{N^{3/2}}\Big)$$

证明：如果我们写成

$$\frac{1}{2^{2N}}\binom{2N}{N-k} = \frac{1}{2^{2N}}\frac{(2N)!}{N!N!}\frac{N!}{(N-k)!N^k}\frac{N!N^k}{(N+k)!}$$

会看到：二项分布是 Ramanujan Q-分布和 Ramanujan R-分布（！）的乘积

$$\frac{1}{2^{2N}}\binom{2N}{N} = \frac{1}{\sqrt{\pi N}}\Big(1 + O\Big(\frac{1}{N}\Big)\Big)$$

相应的，我们可以得到精确到 $O(k^3/N^2)$ 的相对逼近，只需要简单地乘上这些量的渐近估计（定理 4.4、定理 4.5 和定理 4.3 的第三推论给出）就可得到结果。然而，在推导中多取一项就会导致消项，从而给出更高的精度。正如在定理 4.4 和 4.5 中的证明，我们有

$$\frac{N!}{(N-k)!}\frac{N!}{(N+k)!} = \exp\Big\{ \sum_{1\leqslant j<k}\ln\Big(1-\frac{j}{N}\Big) - \sum_{1\leqslant j\leqslant k}\ln\Big(1+\frac{j}{N}\Big)\Big\}$$

$$= \exp\Big\{ \sum_{1\leqslant j<k}\Big(-\frac{j}{N}-\frac{j^2}{2N^2}+O\Big(\frac{j^3}{N^3}\Big)\Big)$$

$$-\sum_{1\leqslant j\leqslant k}\Big(\frac{j}{N}-\frac{j^2}{2N^2}+O\Big(\frac{j^3}{N^3}\Big)\Big)\Big\}$$

$$= \exp\Big\{ -\frac{k(k-1)}{2N} - \frac{k(k+1)}{2N} + O\Big(\frac{k^2}{N^2}\Big)+O\Big(\frac{k^4}{N^3}\Big)\Big\}$$

$$= \exp\Big\{ -\frac{k^2}{N} + O\Big(\frac{k^2}{N^2}\Big)+O\Big(\frac{k^4}{N^3}\Big)\Big\}$$

$$= \mathrm{e}^{-k^2/N}\Big(1+O\Big(\frac{k^2}{N^2}\Big)+O\Big(\frac{k^4}{N^3}\Big)\Big)$$

提高的精度来源于和中对 j^2/N^2 的消除。$O(k^2/N^2)$ 项可以被 $O(1/N)$ 代替，因为如果 $k\leqslant\sqrt{N}$，则 k^2/N^2 等于 $O(1/N)$，并且若 $k\geqslant\sqrt{N}$ 时，k^2/N^2 等于 $O(k^4/N^3)$。

同定理 4.4 中一样的证明过程，可以建立对所有 $k\geqslant 0$ 时的绝对误差界，并且由于二项式系数具有对称性，因此它对于所有的 k 均成立。

这是二项分布的正态逼近：函数 $\mathrm{e}^{-k^2/N}/\sqrt{\pi N}$ 就是图 4.3 底部著名的"钟形"曲线。这条曲线的大部分落在 $\sqrt{N}$ 的一个正或负的小常数倍的范围内。通常，当处理正态逼近时，我们需要利用下列这些事实。

推论　对所有的 k 和 N，有

$$\frac{1}{2^{2N}}\binom{2N}{N-k} \leqslant \mathrm{e}^{-k^2/(2N)}$$

证明：注意，$\binom{2N}{N}/2^{2N}<1$，然后乘以定理 4.4 和定理 4.5 推论中的界即可证明。

这种结果通常以下面的方式用来对分布的尾部定界。假设 $\epsilon>0$，对于 $k>\sqrt{2N^{1+\epsilon}}$，我们有

$$\frac{1}{2^{2N}}\binom{2N}{N-k} \leqslant \mathrm{e}^{-(2N)^\epsilon}$$

这表明，当 k 比 $\sqrt{N}$ 增长快时，该分布的尾部是指数级小量。

习题 4.64　当 $k=\sqrt{N}+O(1)$ 时，计算正态逼近至精度 $O(1/N^2)$。

习题 4.65　作为 N 的一个函数，画出使二项式概率大于 0.001 时最小的 k。

泊松逼近

在更一般的形式中，二项分布给出了在 N 个独立实验中成功 k 次的概率，每次实验成功的概率是 p：

$$\binom{N}{k}p^k(1-p)^{N-k}$$

正如我们将在第 9 章讨论的，这个公式经常用"占有分布"的概念来研究 N 个球在 M 个瓮中的分布。取 $p=1/M$，恰好有 k 个球落入某个特定的瓮（例如，第一个瓮）中的概率是

$$\binom{N}{k}\left(\frac{1}{M}\right)^k\left(1-\frac{1}{M}\right)^{N-k}$$

这个"球-瓮"模型相当经典（见参考资料[8]），事实上，正如我们将在第 8 章和第 9 章看到的，它可以直接应用在许多广泛使用的基本算法中。

只要 M 是一个常数，这个分布就可以用中心在 Np 的正态分布来逼近，正如习题 4.67 和图 4.4 中 $p = 1/5$ 所证实的。

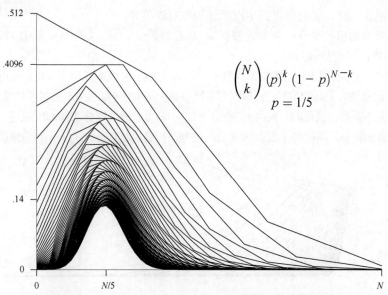

图 4.4   二项分布，$3 \leqslant N \leqslant 60$（$k$ 轴按 N 的比例标度）

M 随着 N 变化这种情况是我们特别关注的。换句话说，取 $p = 1/M = \lambda/N$，这里 λ 是一个常数。这相当于进行 N 次实验，每次实验都有一个小的（λN）的成功概率。于是我们期待的平均成功次数是 λ。与这个结论相对应（在渐近极限上）的概率法则叫作泊松定律。当我们描述大量"主体"，每个个体"激活""成功"或者其他与众不同的特征的概率很小时，则该定律是适用的。泊松定律最早的一个应用（19 世纪 Von Bortkiewicz）是被用来描述普鲁士军队中被马匹踢死的骑兵数量的特征。从那时起，泊松定律一直被用来描述大量的场景，从放射性衰减到伦敦的空袭（见参考资料[8]）。在本章中，我们之所以关注泊松定律，是因为对于很多基本的算法，尤其是哈希算法，它都是一个合适的模型。

在"球-瓮"模型中，球的数量是一个常数，瓮的数量少于球的数量。泊松定律可以用来描述任意一个瓮（例如，第一个瓮）的情形。最终，这种行为可以用一个简单的渐近表达式来描述。

定理 4.7（泊松逼近） 对于固定的 λ，当 $N \to \infty$ 时，对所有的 k 值，有

$$\binom{N}{k}\left(\frac{\lambda}{N}\right)^k\left(1-\frac{\lambda}{N}\right)^{N-k} = \frac{\lambda^k e^{-\lambda}}{k!} + o(1)$$

特别是对 $k = O(N^{1/2})$，有

$$\binom{N}{k}\left(\frac{\lambda}{N}\right)^k\left(1-\frac{\lambda}{N}\right)^{N-k} = \frac{\lambda^k e^{-\lambda}}{k!}\left(1 + O\left(\frac{1}{N}\right) + O\left(\frac{k}{N}\right)\right)$$

证明：重写二项式系数为另一种形式

$$\binom{N}{k}\left(\frac{\lambda}{N}\right)^k\left(1-\frac{\lambda}{N}\right)^{N-k} = \frac{\lambda^k}{k!}\frac{N!}{(N-k)!N^k}\left(1-\frac{\lambda}{N}\right)^{N-k}$$

我们看到 Ramanujan Q-分布又出现了。将

$$\left(1-\frac{\lambda}{N}\right)^{N-k} = \exp\left\{(N-k)\ln\left(1-\frac{\lambda}{N}\right)\right\}$$

$$= \exp\left\{(N-k)\left(-\frac{\lambda}{N}+O\left(\frac{1}{N^2}\right)\right)\right\}$$

$$= e^{-\lambda}\left(1+O\left(\frac{1}{N}\right)+O\left(\frac{k}{N}\right)\right)$$

与定理 4.4 的结果结合，我们就得到定理所述的相对误差界。

为了证明定理的第一部分（绝对误差界），注意对 $k > \sqrt{N}$（λ固定），泊松项与二项式的项均是指数级小量，因而是 $o(1)$。

当 k 增长时，$\lambda^k/k!$ 项也随之增加，直到 $k = \lfloor\lambda\rfloor$，然后就快速减小。与正态逼近一样，使用不等式而不是 O 记号进行上面的推导，可以很容易地推导出尾部的界。图 4.5 表明了对固定的小值λ，当 N 增长时，该分布是如何演化的。表 4.10 给出了对$\lambda = 3$时的二项分布和泊松逼近。无论何时，只要概率相对而言比较小，即使对于很小的 N 值，该分布也是对二项分布的一个相当精确的估计。

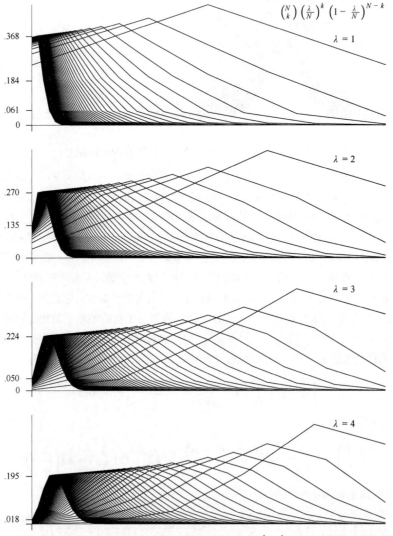

图 4.5　二项分布，$3 \leqslant N \leqslant 60$及 $p = \lambda/N$，趋于泊松分布$\lambda^k e^{-\lambda}/k!$（$k$ 轴按 N 的比例标度）

表 4.10 二项分布 $\binom{N}{k}\left(\frac{3}{N}\right)^k\left(1-\frac{3}{N}\right)^{N-k}$，泊松逼近分布 $3^k e^{-3}/k!$

N $\downarrow k \to$	0	1	2	3	4	5	6	7	8	9
4	.0039	.0469	.2109	.4219	.3164					
5	.0102	.0768	.2304	.3456	.2592	.0778				
6	.0156	.0938	.2344	.3125	.2344	.0938	.0156			
7	.0199	.1044	.2350	.2938	.2203	.0991	.0248	.0027		
8	.0233	.1118	.2347	.2816	.2112	.1014	.0304	.0052	.0004	
9	.0260	.1171	.2341	.2731	.2048	.1024	.0341	.0073	.0009	
10	.0282	.1211	.2335	.2668	.2001	.1029	.0368	.0090	.0014	.0001
11	.0301	.1242	.2329	.2620	.1965	.1031	.0387	.0104	.0019	.0002
12	.0317	.1267	.2323	.2581	.1936	.1032	.0401	.0115	.0024	.0004
13	.0330	.1288	.2318	.2550	.1912	.1032	.0413	.0124	.0028	.0005
14	.0342	.1305	.2313	.2523	.1893	.1032	.0422	.0132	.0031	.0006
100	.0476	.1471	.2252	.2275	.1706	.1013	.0496	.0206	.0074	.0023
∞	.0498	.1494	.2240	.2240	.1680	.1008	.0504	.0216	.0027	.0009

函数 $\lambda^k e^{-\lambda}/k!$ 是泊松分布，可以对很多随机过程进行建模。该分布的 PGF 是 $e^{\lambda(z-1)}$，其均值和方差都是 λ。更详细的讨论见参考资料[8]。

习题 4.66 对 $\binom{N}{pN}p^{pN}(1-p)^{N-pN}$ 给出一个渐近逼近。

习题 4.67 当 p 固定时，对 $\binom{N}{k}p^k(1-p)^{N-k}$ 给出一个渐近逼近。（提示：变换形式，使分布中最大的项在 $k=0$ 处。）

习题 4.68 当 $p = \lambda/\sqrt{N}$ 时，给出对二项分布的一个渐近逼近。

习题 4.69 当 $p = \lambda/\ln N$ 时，给出对二项分布的一个渐近逼近。

4.7 拉普拉斯方法

在之前的章节中，我们看到对于二元分布，不同的范围有着恰当的不同界限。当估计整个范围的和时，我们想充分利用这个能力，即在各种不同的范围得到被加数的精确估计。另一方面，如果我们在关注的范围内使用同一种形式的函数，那无疑会方便许多。

在这一节中，我们讨论能够使我们二者兼得的一般方法——拉普拉斯方法来估计积分与和的值。在算法分析中，我们经常会遇到能够用这种方法估计值的求和的情况。一般在这种情况下，也可以利用积分的方法来逼近和。完整的论述和众多例子可以在参考资料[2]或者[6]中找到。为了估计和，该方法重点在下面三步。

- 限制包含最大被加项的区域范围。
- 逼近被加项，并对尾部定界。
- 拓展范围，对新的尾部定界，得到更简单的和值。

图 4.6 以一种严谨的方式解释了该方法。实际上，当逼近和时，涉及的函数都是阶梯函数；通常在应用了欧拉-麦克劳林公式后，一个"光滑"的函数就出现在了末尾。

拉普拉斯方法的一个典型应用案例就是 Ramanujan Q-函数的计算，我们在上一节中就引入了该分布。就像那时提到的，该函数是算法分析的关注点，因为它出现在许多应用中，包括哈希算法、随机映射、等价算法、内存缓存分析（见第 9 章）等。

定理 4.8（Ramanujan Q-分布） 当 $N \to \infty$ 时，

$$Q(N) \equiv \sum_{1 \leq k \leq N} \frac{N!}{(N-k)!N^k} = \sqrt{\pi N/2} + O(1)$$

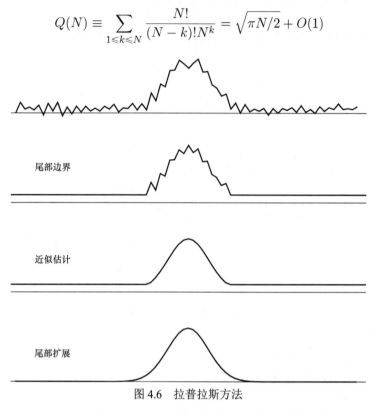

尾部边界

近似估计

尾部扩展

图 4.6　拉普拉斯方法

证明：定理 4.4 给出的估计就整个被加项的范围来说是不适用的，因此我们必须重新把它们限制在它们适用的范围内。更精确地说，我们定义 k_0 为一个 $o(N^{2/3})$ 量级的整数，并将和分成两部分：

$$\sum_{1 \leq k \leq N} \frac{N!}{(N-k)!N^k} = \sum_{1 \leq k \leq k_0} \frac{N!}{(N-k)!N^k} + \sum_{k_0 < k \leq N} \frac{N!}{(N-k)!N^k}$$

利用这两部分对 k 的不同限制，分别来逼近。对第一项（主项），我们使用定理 4.4 中的逼近。对第二项（尾部），对 k 的限制为 $k > k_0$，事实上，它的各项都在递减，这表明它们是指数级小量，正如在定理 4.4 的证明过程中讨论的那样。将这两项结合在一起，就会发现

$$Q(N) = \sum_{1 \leq k \leq k_0} e^{-k^2/(2N)} \Big(1 + O\Big(\frac{k}{N}\Big) + O\Big(\frac{k^3}{N^2}\Big) \Big) + \Delta$$

除非另有说明，这里使用记号 Δ 表示一个项是指数级小量。此外，当 $k > k_0$ 时，$\exp(-k^2/(2N))$ 同样是指数级小量，我们可以把 $k > k_0$ 的项加进来，因此有

$$Q(N) = \sum_{k \geq 1} e^{-k^2/(2N)} + O(1)$$

实质上，我们用逼近的尾部来代替最初和的尾部，因为二者都是指数级小量。关于误差项贡献的绝对误差 $O(1)$ 的证明我们留在下面的练习中，因为该证明是主项证明的一个轻微修正，主项的证明将在后面讨论。当然，$O(1)$ 也吸收了指数级小项。

余下的和是函数 $e^{x^2/2}$ 以步长 $1/\sqrt{N}$ 在有规律的间隔点上所取的函数值的和。因此，欧拉-麦克劳林定理提供了逼近

$$\sum_{k \geq 1} e^{-k^2/(2N)} = \sqrt{N} \int_0^\infty e^{-x^2/2} dx + O(1)$$

积分的值就是众所周知的$\sqrt{\pi/2}$。将其代入上述$Q(N)$的表达式，就可以得到所述的结果。

注意，在这种情况下，对于很小的k值，大的项往往会出现，因此我们仅仅需要处理一个尾部。一般情况下，起决定作用的项都会出现在范围的中部，故左部和右部的尾部都必须被处理。

习题 4.70 对函数$xe^{-x^2/2}$和$x^3e^{-x^3/2}$应用欧拉-麦克劳林求和，证明

$$\sum_{1\leq k\leq k_0} e^{-k^2/(2N)}O\left(\frac{k}{N}\right)$$

与

$$\sum_{1\leq k\leq k_0} e^{-k^2/(2N)}O\left(\frac{k^3}{N^2}\right)$$

都是$O(1)$。

Q-函数有几种形式，在参考资料[15]中 Knuth 也定义了两种相关的函数，P-函数和R-函数（即我们之前考虑到的R-分布的和）。这些，连同在参考资料[15]中 Knuth 给出的渐近估计，都汇总在表 4.11 中。注意根据 Stirling 逼近，我们有：

$$Q(N) + R(N) = \sum_k \frac{N!}{k!}\frac{N^k}{N^N} = \frac{N!}{N^N}e^N = \sqrt{2\pi N} + \frac{1}{6}\sqrt{\frac{\pi}{2N}} + O\left(\frac{1}{N}\right)$$

表 4.11 Ramanujan P-函数、Q-函数和R-函数

$$Q(N) = \sum_{1\leq k\leq N} \frac{N!}{(N-k)!N^k}$$

$$= \sum_{1\leq k\leq N}\prod_{1\leq j<k}\left(1-\frac{j}{N}\right) = \sum_{1\leq k\leq N}\left(1-\frac{1}{N}\right)\left(1-\frac{2}{N}\right)\cdots\left(1-\frac{k-1}{N}\right)$$

$$= \sum_{0\leq k<N} \frac{N!}{k!}\frac{N^k}{N^N}$$

$$= \sum_k \binom{N}{k}\frac{k!}{N^k} - 1$$

$$= \sqrt{\frac{\pi N}{2}} - \frac{1}{3} + \frac{1}{12}\sqrt{\frac{\pi}{2N}} + O\left(\frac{1}{N}\right)$$

$$P(N) = \sum_{0\leq k\leq N} \frac{(N-k)^k(N-k)!}{N!}$$

$$= \sum_{1\leq k\leq N}\prod_{1\leq j<k}\left(\frac{N-k}{N-j}\right)$$

$$= \sum_{0\leq k<N} \frac{k!}{N!}\frac{k^N}{k^k}$$

$$= \sum_k \frac{(N-k)^k}{k!\binom{N}{k}}$$

$$= \sqrt{\frac{\pi N}{2}} - \frac{2}{3} + \frac{11}{24}\sqrt{\frac{\pi}{2N}} + O\left(\frac{1}{N}\right)$$

$$R(N) = \sum_{k\geq 0} \frac{N!N^k}{(N+k)!}$$

续表

$$
\begin{aligned}
&= \sum_{1 \leqslant k \leqslant N} \prod_{1 \leqslant j < k} \left(\frac{N}{N+j} \right) \\
&= \sum_{k \geqslant N} \frac{N!}{k!} \frac{N^k}{N^N} \\
&= \sqrt{\frac{\pi N}{2}} + \frac{1}{3} + \frac{1}{12} \sqrt{\frac{\pi}{2N}} + O\left(\frac{1}{N} \right)
\end{aligned}
$$

习题 4.71 证明

$$
P(N) = \sum_{k \geqslant 0} \frac{(N-k)^k (N-k)!}{N!} = \sqrt{\pi N/2} + O(1)
$$

习题 4.72 找到一个直接的证明，说明 $R(N) - Q(N) \sim 2/3$。

4.8 算法分析中的"正态"举例

一些算法的分析取决于类似二项分布的和的计算：

$$
\sum_k F(k) \binom{2N}{N-k} \Big/ \binom{2N}{N}
$$

当 $F(k)$ 逻辑上表现良好时，我们可以用拉普拉斯方法和欧拉-麦克劳林公式（定理 4.2）来精确地估计这样的和值。我们之所以比较详细地考虑这个问题，一方面是因为它代表了算法分析中出现的许多类似的问题，另一方面由于它提供了进一步阐明拉普拉斯方法的良好工具。

我们在这里仅对涉及各种 $F(k)$ 应用的本质进行了简要描述，因为这些应用在引用的资料中已被详尽地描述，并且在接下来的章节将会涉及相关的基本概念。这里的目标是提供一个具体的例子，说明逼近方法如何对实际中出现的复杂表达式给出精确的估计。这种和有时候被称作 *Catalan 和*，因为它们的出现与树遍历和 Catalan 数有关，具体将在第 5 章进行介绍。它们同样与路径遍历和融入算法有关，这将在第 6 章进行介绍。

2 阶序列

对于一个数列，如果奇数位置的数字是递减的，偶数位置上的数字是递增的，那么该数列称作 2 阶序列。取两个有序的序列，然后将它们"混合"起来（依次从每个数列中取一个数），就产生了一个 2 阶序列。在第 6 章和第 7 章，我们将检验这种序列的组合性质。许多融入算法和排序算法的分析都会对 2 阶序列的性质进行研究。在 Catalan 和中取 $F(k) = k^2$，会得到一个 2 阶序列逆序列的平均个数，它与该序列的一个简单排序算法的平均运行时间成正比。

Batcher 的奇-偶合并

另一个有关排序算法的例子要归功于 Batcher（见参考资料[16]和[20]），该算法适合硬件实现。取 $F(k) = k \log k$，会得到这种方法运行时间的主项，更进一步精确地分析是可能的，包括更加复杂的 $F(k)$。

对于 $F(k) = 1$，直接有结果 $4^N / \binom{2N}{N}$，我们已经证明了它逼近 $\sqrt{\pi N}$。类似的，取 $F(k) = k$ 和 $F(k) = k^2$，同样也可以推导出和的精确值，该值是一些二项式系数的线性组合，然后用 Stirling 逼近来进行渐近估计。与 Batcher 方法的分析一样，当 $F(k)$ 更加复杂时，本节的方法就会发挥作用，我们对 $F(k)$ 做的首要假设就是它被多项式所限定。

正如在定理 4.6 的证明中讨论的那样，我们将对 Ramanujan Q-分布和 R-分布的乘积进行处理：

$$\frac{\binom{2N}{N-k}}{\binom{2N}{N}} = \frac{\frac{(2N)!}{(N-k)!(N+k)!}}{\frac{(2N)!}{N!N!}}$$

$$= \frac{N!N!}{(N-k)!(N+k)!} = \frac{N!}{(N-k)!N^k}\frac{N!N^k}{(N+k)!}$$

这样我们就可以使用在定理 4.6 的证明过程中推导出的结果和推论在拉普拉斯方法中的应用来解决这个问题。对于小的常数 $\epsilon > 0$，选择截断点 $k_0 = \sqrt{2N^{1+\epsilon}}$，我们可得到逼近

$$\frac{N!N!}{(N-k)!(N+k)!} = \begin{cases} e^{-k^2/N}\left(1+O\left(\frac{1}{N^{1-2\epsilon}}\right)\right) & \text{当 } k < k_0 \\ O\left(e^{-(2N)^\epsilon}\right) & \text{当 } k \geq k_0 \end{cases}$$

这是我们逼近被加数，然后使用拉普拉斯方法所需的基本信息。正如前面所说，利用这里的第一项来逼近和的主项，用第二项来对尾部进行限定

$$\sum_k \frac{\binom{2N}{N-k}}{\binom{2N}{N}}F(k) = \sum_{|k|\leq k_0} F(k)e^{-k^2/N}\left(1+O\left(\frac{1}{N^{1-2\epsilon}}\right)\right) + \Delta$$

这里，Δ 也代表了指数级小量。同之前一样，我们将尾部加进来，因为 $\exp(-k^2/N)$ 在 $k > k_0$ 时也是指数级小量，这就导出了下面的定理。

定理 4.9（Catalan 数）   如果 $F(k)$ 被一个多项式所限定，则

$$\sum_k F(k)\binom{2N}{N-k} \Big/ \binom{2N}{N} = \sum_k e^{-k^2/N}F(k)\left(1+O\left(\frac{1}{N^{1-2\epsilon}}\right)\right) + \Delta$$

这里 Δ 代表一个指数级小量的误差项。

证明：见上面的论述。为了保持误差项指数级小，我们需要对 F 进行限制。

如果序列 $\{F(k)\}$ 是充分光滑的实函数 $F(x)$ 的一个特定序列，那么和很容易用欧拉-麦克劳林公式来逼近。实际上，指数和它的导数在 ∞ 处会快速消失，故在那里所有的误差项也都会消失，并且，在 F 性能适宜的情况下，我们期望有

$$\sum_{-\infty < k < \infty} F(k)\binom{2N}{N-k} \Big/ \binom{2N}{N} = \int_{-\infty}^{\infty} e^{-x^2/N}F(x)\mathrm{d}x\left(1+O\left(\frac{1}{N^{1-2\epsilon}}\right)\right)$$

单边求和也是类似的过程，此时 k 被限制为非负，积分也是类似限制。

Stirling 常数

取 $F(x) = 1$，出现了一个熟悉的积分，该积分会导出一个期待中的解 $\sqrt{\pi N}$。事实上，这构成了 Stirling 常数值的一个导数，正如我们在 4.5 节承诺的一样：我们知道和等于 $4^N/\binom{2N}{N}$，并且通过使用与 4.3 节中相同的基本操作可得出，这个值是逼近 $\sigma\sqrt{N/2}$ 的，但是却将 σ 作为一个未知的量留在了 Stirling 公式里。取 $N \to \infty$，我们得到结果 $\sigma = \sqrt{2\pi}$。

其他例子

在一个 2 阶文件中，平均逆序列数可由单边形式的 Catalan 数取 $F(x) = x^2$ 来得到。这个积分很容易计算（分步积分），其渐近结果是 $N\sqrt{\pi N}/4$。对于 Batcher 归并方法，我们使用单边的和，取 $F(x) = x\lg x + O(x)$，可得到估计

$$\int_0^\infty e^{-x^2/N} x\lg x \, dx + O(N)$$

令 $t = x^2/N$ 做替换，这个积分便变成了另一个著名的积分，即"指数积分函数"，其渐近结果为

$$\frac{1}{4}N\lg N + O(N)$$

对 $F(x)$ 做更好的逼近不是一件容易的事情，正如参考资料[20]中所描述的，事实上，复分析能够被用来得到更加精确的答案。这些结果被概括在表 4.12 中。

表 4.12　Catalan 和

$F(k)$	$\displaystyle\sum_{k\geqslant 0} F(k)\binom{2N}{N-k}\bigg/\binom{2N}{N}$
1	$\sim \dfrac{\sqrt{\pi N}}{2}$
k	$\dfrac{N}{2}$
$k\lg k$	$\sim \dfrac{N\lg N}{4}$
k^2	$N4^{N-1}\bigg/\binom{2N}{N} \sim \dfrac{\sqrt{\pi N^3}}{4}$

习题 4.73　求 $\displaystyle\sum_{k\geqslant 0}\binom{N}{k}^3$ 的渐近估计。

习题 4.74　求 $\displaystyle\sum_{k\geqslant 0}\frac{N!}{(N-2k)!\,k!\,2^k}$ 的渐近估计。

习题 4.75　求 $\displaystyle\sum_{k\geqslant 0}\binom{N-k}{k}^2$ 的渐近估计。

4.9　算法分析中的"泊松"举例

一些其他的基本算法需要计算和值，这些和的最大项在开始部分，后面的项呈指数级减小。这种和更像是 $\lambda < 1$ 时的泊松分布。一个这种和的例子是

$$\sum_k \binom{N}{k}\frac{f(k)}{2^k}$$

这里，例如，$f(k)$ 是一个快速递减的函数。

举例来说，我们考虑第 1 章提到的基数交换排序方法，它与第 8 章描述的字典树数据结构关联密切。下面我们将表明，在基数交换排序算法中，描述位检查次数的递归的解涉及了"字典树和"

$$S_N = \sum_{j \geqslant 0} \left(1 - \left(1 - \frac{1}{2^j} \right)^N \right)$$

展开这个二项式，并取 $f(k) = (-1)^k$、$(-1/2)^k$、$(-1/4)^k$、$(-1/8)^k$ 等，会得到上述形式的项的和。要精确地计算这个和最好用复分析来完成，但是从逼近

$$1 - \left(1 - \frac{1}{2^j} \right)^N \sim 1 - e^{-N/2^j}$$

可以很容易地得到一个很好的估计。我们能够证明，当 $j < \lg N$ 时，这个逼近可精确到 $O(1/N)$ 的范围内，当 $j \gg \lg N$ 时，两边都非常小，所以它本质上表明了

$$S_N = \sum_{j \geqslant 0} (1 - e^{-N/2^j}) + o(1)$$

通过将求和的范围分成三部分，得到这个和的良好估计不是一件困难的事情。正如在图 4.7 中显示的那样，j 的值比较小时，被加数接近 1，j 的值比较大时，被加数接近 0，当 j 的值在 $\lg N$ 附近时，被加数从 1 到 0 变化。更精确地说，当 $j < (1 - \epsilon) \lg N$ 时，被加数非常接近 1；当 $j > (1 + \epsilon) \lg N$ 时，被加数非常接近 0；当 j 在这两个界限的中间时，和自然是在 0 和 1 中间。这个论证表明了，对任意 ϵ，直到更小阶数的项之前，和的值都在 $(1 - \epsilon) \lg N$ 和 $(1 + \epsilon) \lg N$ 之间。更加仔细地选取界限将会证明和是 $\sim \lg N$。

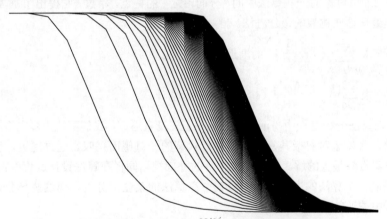

图 4.7　$\sum_{j \geqslant 0} (1 - e^{-N/2^j})$ 中项的渐近行为

定理 4.10（字典树的和）　当 $N \to \infty$ 时，

$$S_N = \sum_{j \geqslant 0} \left(1 - \left(1 - \frac{1}{2^j} \right)^N \right) = \lg N + O(\log\log N)$$

证明：使用在上面论述中的界限 $\lg N \pm \ln\ln N$。更加详尽的讨论可以用来证明 $S_N = \lg N + O(1)$。我们将在第 8 章详细分析函数 $S_N - \lg N$。

推论　在基数交换排序法中，位检验的平均次数是 $N\lg N + O(N)$。

证明：正如在 1.5 节所讨论的，这个量满足递归

$$C_N = N + \frac{2}{2^N} \sum_k \binom{N}{k} C_k \quad (N > 1,\ C_0 = 0,\ C_1 = 0)$$

乘以 z^N，并对 N 求和，直接得出一个卷积，该卷积能够简化下面问题的证明：

$$\text{EGF} \sum_{N \geqslant 0} C_N z^N / N!$$

必须满足函数方程

$$C(z) = ze^z - z + 2e^{z/2}C(z/2)$$

正如我们所期待的，该方程也能够通过符号方法[10]来得到。迭代该方程，我们发现

$$
\begin{aligned}
C(z) &= ze^z - z + 2e^{z/2}C(z/2) \\
&= ze^z - z + 2e^{z/2}\Big(\frac{z}{2}e^{z/2} - \frac{z}{2} + 2e^{z/4}C(z/4)\Big) \\
&= z(e^z - 1) + z(e^z - e^{z/2}) + 4e^{3z/4}C(z/4) \\
&= z(e^z - 1) + z(e^z - e^{z/2}) + z(e^z - e^{3z/4}) + 8e^{7z/8}C(z/8) \\
&\;\;\vdots \\
&= z\sum_{j\geqslant 0}\Big(e^z - e^{(1-2^{-j})z}\Big)
\end{aligned}
$$

因此

$$C_N = N![z^N]C(z) = N\sum_{j\geqslant 0}\Big(1 - \Big(1 - \frac{1}{2^j}\Big)^{N-1}\Big)$$

这样我们便有 $C_N = NS_{N-1}$，可见上面宣称的结果是成立的。

我们将在第 8 章进一步讨论线性项的值是摆动的。这也许并不奇怪，因为算法处理的是位，并且它具备在 2.6 节讨论的一些算法中的"分而治之"的特点。不过，它提出了重大的解析挑战，复分析方法是处理这些挑战的最佳办法。

习题 4.76 求 $\sum_{0\leqslant j\leqslant N}\Big(1 - \frac{1}{2^j}\Big)^N$ 的渐近估计。

习题 4.77 求 $\sum_{j\geqslant 0}(1 - e^{-N/j^t})$（$t > 1$）的渐近估计。

逼近方法在算法分析过程中扮演了重要的角色。没有逼近，我们可能止步在令人绝望的复杂精确的结果前，又或者对着极其复杂的闭合形式解的计算望而兴叹。通过逼近，我们能够重点关注那些对答案贡献最大的解。这种来自分析的外部视角同样在算法设计过程中占有一席之地：当我们寻求提高一个算法的表现时，应该集中在算法的某些部分上，而这些部分，恰恰就是我们在渐近分析中关注的部分。

对于渐近分析中常见的各种记号，理解它们之间的区别非常重要。本章囊括多个练习和例子，目的就是帮助读者梳理它们的区别，建议读者细心地学习它们。合理地使用基本的定义和操作能够极大地简化渐近公式。

就母函数而言，大量渐近分析中的基本材料都伴随着著名的经典展开式而产生，因为母函数与一些著名的特殊数有关，如 Stirling 数、调和数、几何级数、二项式系数等。代数处理和简化同样扮演了重要的角色。事实上，在相关的计算中避免细节的能力使得渐近表达式非常有吸引力。

我们详细讨论了如何使用这些方法来推导两个最重要的二项分布的逼近：正态逼近和泊松逼近。还考虑了被 Ramanujan 和 Knuth 研究过的相关函数，这些函数出现在许多算法的分析过程中。这些逼近不仅在算法分析中非常有用，同时它们也是一些常见处理方法的原型。

我们的注意力一直集中在来自实分析中的基本方法。对基本方法的熟练使用是很重要的，尤其可以简化复杂的渐近表达式、改善估计、逼近带有积分的和值、对尾部进行定界，包括拉普拉斯方法等。更好地理解渐近分析依赖于对复平面上函数性质的理解。令人惊奇的是，强大的方法仅仅从一些基本性质就可以推导出来，特别是母函数的奇异性。我们给出了基本方法的一般性的概念，在资料[11]中有更加详细的讨论。在详细的渐近分析中，先进的技巧通常不可避免，因为答案中会出现

复值。特别的是，我们看见过许多这样的例子，即随着被研究的函数的增长，会出现一种振荡现象。这似乎令人感觉惊奇，但回想起它出现在最基本的算法中，包括分治方法如归并、涉及整数的二项式表达式方法等，出现这种现象也就不足为奇了。复分析提供了一种简单的方式来解释这种现象。

同之前章节一样，我们以一种相似的风格来总结本章：本章中给出的技巧能够使我们对计算机基础算法的重要特性的研究走得相对更远。这些技巧会对我们在第 6 章到第 9 章中处理有关树、排列、串、映射的算法大有裨益。

参考资料

[1] M. Abramowitz and I. Stegun. *Handbook of Mathematical Functions*, Dover, New York, 1972.

[2] C. M. Bender and S. A. Orszag. *Advanced Mathematical Methods for Scientists and Engineers*, McGraw-Hill, New York, 1978.

[3] E. A. Bender. "Asymptotic methods in enumeration," *SIAM Review* 16, 1974, 485-515.

[4] B. C. Berndt. *Ramanujan 's Notebooks, Parts I and II*, Springer-Verlag, Berlin, 1985 and 1989.

[5] L. Comtet. *Advanced Combinatorics*, Reidel, Dordrecht, 1974.

[6] N. G. De Bruijn. *Asymptotic Methods in Analysis*, Dover, New York,1981.

[7] A. Erdélyi. *Asymptotic Expansions*, Dover, New York, 1956.

[8] W. Feller. *An Introduction to Probability Theory and Its Applications*, volume 1, John Wiley & Sons, New York, 1957, 2nd edition, 1971.

[9] P. Flajolet and A. Odlyzko. "Singularity analysis of generating functions," *SIAM Journal on Discrete Mathematics* 3, 1990, 216-240.

[10] P. Flajolet, M. Regnier, and D. Sotteau. "Algebraic methods for trie statistics," *Annals of Discrete Mathematics* 25, 1985, 145-188.

[11] P. Flajolet and R. Sedgewick. *Analytic Combinatorics*, Cambridge University Press, 2009.

[12] R. L. Graham, D. E. Knuth, and O. Patashnik. *Concrete Mathematics*, 1st edition, Addison-Wesley, Reading, MA, 1989. 2nd edition, 1994.

[13] D. H. Greene and D. E. Knuth. *Mathematics for the Analysis of Algorithms*, Birkhäuser, Boston, 1981.

[14] Peter Henrici. *Applied and Computational Complex Analysis*, 3 volumes, John Wiley & Sons, New York, 1977.

[15] D. E. Knuth. *The Art of Computer Programming. Volume 1: Fundamental Algorithms*, 1st edition, Addison-Wesley, Reading, MA, 1968. 3rd edition, 1997.

[16] D. E. Knuth. *The Art of Computer Programming. Volume 3: Sorting and Searching*, 1st edition, Addison-Wesley, Reading, MA, 1973. 2nd edition, 1998.

[17] D. E. Knuth. "Big omicron and big omega and big theta," *SIGACT News*, April-June 1976, 18-24.

[18] A. Odlyzko. "Asymptotic enumeration methods," in *Handbook of Combinatorics*, volume 2, R. Graham, M. Grötschel, and L. Lovász, eds., North Holland, 1995.

[19] F. W. J. Olver. *Asymptotics and Special Functions*, Academic Press, New York, 1974, reprinted by A. K. Peters, 1997.

[20] R. Sedgewick. "Data movement in odd-even merging," *SIAM Journal on Computing* **7**, 1978, 239-272.

[21] E. T. Whittaker and G. N. Watson. *A Course of Modern Analysis*, Cambridge University Press, 4th edition, 1927.

[22] H. Wilf. *Generatingfunctionology*, Academic Press, San Diego, 1990, 2nd edition, A. K. Peters, 2006.

第 5 章 分析组合

本章介绍分析组合，它是一种研究在算法分析中频繁遇到的分类组合结构问题的现代方法。这种方法基于这样一种思想，即组合结构通常能够被简单正式的规则所定义，这些规则恰恰是理解它们性质的关键。这种论述的一个最终自然产物就是：一个相对小的转换理论集合最终产生了所寻求量的精确逼近。图 5.1 对这个过程给出了一般性的描述。

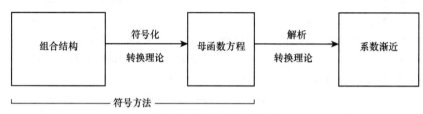

图 5.1　分析组合的概述

母函数在分析组合的研究过程中十分关键。第一步，直接将组合对象的正式定义转换成描述对象或其性质的母函数的定义。其次，使用经典的数学分析分离出母函数系数的估计。

首先，我们将母函数看成正式的对象，它提供了一种方便、简捷而又优雅的方式来理解组合对象的类之间的关系。关键的想法就是发展出直观的组合结构的集合，它能直接转换成必定满足相关母函数的方程。我们将这种方法称作符号方法，因为它将这种思想公式化，即利用符号可以完成对一个对象的描述。

符号方法对母函数给出了显式的或隐式的描述。正如我们已经看到的，将那些相同的母数看成分析对象是富有成效的。我们能够提取出含有所求信息的系数（如第 3 章描述的那样），然后推导出它们增长的渐近估计（如第 4 章描述的那样）。虽然这个过程经常需要较强的技巧，但也时常会出现以下情形：即一般的变换理论能够直接提供精确或是渐近的信息。一般来说，复分析是非常必要的，所以对于那些运用实分析就足以解决问题的例子，在此处仅进行简单的介绍。

经典的组合学研究为分析组合提供了底层框架，但是算法分析的目的却是直接明确的。现代的程序员定义了数据结构来系统地组织应用中需要用到的数据。一种数据结构就是一个被正式定义的（用编程语言）组合对象，故研究分析组合就显得很有必要了。我们目前的知识水平远远不能分析所有可以用编程语言定义的程序，但是对于在我们周围的计算基础设施中发挥关键作用的许多重要的算法和数据结构来说，在研究中使用这种方法已被证明是相当成功的。

5.1　正式的基础

为了理解符号方法的动机，我们考虑二叉树的计算问题。在 3.8 节推导出的二叉树函数方程相当简单，故一个问题自然而然就出现了，即是否存在一个更加直接的推导过程呢？事实上，树的递归定义与 OGF 的二次方程之间的相似性是惊人的。利用符号方法我们可以证明，这种相似性不是偶然的，而是必然的；我们可以将 $T(z) = 1 + zT(z)^2$ 解释为定义"二叉树或者是一个外部节点或者是连接到两棵二叉树的内部节点"的直接结果。

我们使用的方法有两个主要的特点。首先，它是符号化的，仅仅使用一些代数规则来对符号信息进行处理。为了强调这一点，在推导公式时，一些作者实际上使用的是符号示意图而不是类似 z 的变量。其次，它直接反映了我们定义结构的方式。我们生成结构，这与剖析结构来分析是相对的。

符号方法的正式基础是精确的定义，它能够精确地捕获任何组合计算问题的根本特性。

定义　一个组合类是离散对象和相关规模函数的集合。其中，任意对象的规模是非负数，任何给定规模的对象的数量是有限的。

组合对象以元素为基础，元素被定义成规模为 1 的物体。元素的例子包括在位串中的 0 或 1 位，以及树中内部或外部的节点。对类 $\mathcal{A}$，我们将规模为 n 的类中元素的个数记为 a_n，并把这个序列称作与 $\mathcal{A}$ 有关的可计数序列。通常使用规模函数枚举某种元素，故一个规模为 n 的组合对象由 n 个这样的元素组成。

为特指某个类，我们使用了规模为 0 的中性对象 ϵ 和包含一个中性对象的中性类 $\mathcal{E}$。我们用 $\mathcal{Z}$ 代表包含一个元素的类，用下标来区分不同类型的元素。同样的，我们用 ϕ 表示空类。

对象可能是无标记的（元素间不加区分），或者是有标记的（元素彼此不同，我们用元素出现的不同顺序来区分不同的对象）。我们先考虑这两种情况中较简单的情形——无标记对象。

5.2　无标记类的符号方法

作为参考，图 5.2 给出了三种基本的无标记组合类的例子。第一种仅仅是一个元素的序列——每个规模仅有一个对象，故这等同于将自然数编码成一元。第二种是一个基于两个元素之一的序列——规模为 N 的对象是 N 位的二进制数字或者是位串。第三种是二叉树的类，我们曾在第 3 章考虑过（在这个例子中仅仅基于内部节点）。

假设给定一个无标记类 $\mathcal{A}$，一个可计数序列 $\{a_n\}$，我们感兴趣的是 OGF

$$A(z) = \sum_{n \geqslant 0} a_n z^n$$

注意，$\mathcal{E}$ 的 OGF 是 1，ϕ 的 OGF 是 0。当有关的元素可以被规模函数计数时，$\mathcal{Z}$ 的 OGF 是 z，不能被计数时，$\mathcal{Z}$ 的 OGF 是 1（这种差别将在后面的例子中进行解释）。

正如我们一直看到的，基本的特性

$$A(z) = \sum_{n \geqslant 0} a_n z^n = \sum_{a \in \mathcal{A}} z^{|a|}$$

允许我们将 OGF 看成一个代表计数序列的分析形式（左边的和形式），或者看成代表所有单独对象的组合形式（右边的累计和形式）。表 5.1 给出了图 5.2 中的计数序列和 OGF。一般情况下，我们使用同一字母的不同字体来分别指代一个组合类、计数序列以及它的母函数。通常，当讨论一般类时我们使用小写字母，讨论特殊类时使用大写字母。

自然数（序列或元素集合）

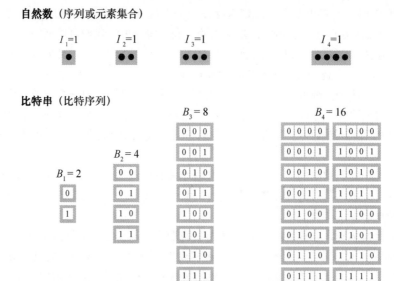

比特串（比特序列）

二叉树（以内部节点数量为规模）

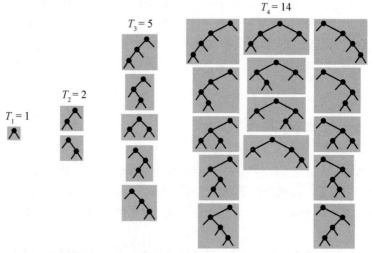

图 5.2　基本的无标记类，$1 \leqslant N \leqslant 4$

表 5.1　图 5.2 中类的计数序列和 OGF

	元素	规模函数	计数序列	OGF
自然数	●	●的数量	1	$\dfrac{1}{1-z}$
位串	0 位 1 位	位数	2^N	$\dfrac{1}{1-2z}$
二叉树	●	●的数量	$\dfrac{1}{N+1}\dbinom{2N}{N}$	$\dfrac{1-\sqrt{1-4z}}{2}$

　　符号方法的本质是这样的机制，即在具体化相关类的同时推导 OGF。不像我们一直使用的非正式的自然语言描述，这里转向简单正式的运算。仅仅一点练习，你就会发现这样的运算实际上简化了将我们研究的组合对象和类具体化的过程。一开始，我们定义了三个简单而又直观的运算。假设有两个拥有组合对象的类 $\mathcal{A}$ 和类 $\mathcal{B}$，我们可以建立新的类，如下所示。

$\mathcal{A}+\mathcal{B}$：该类由$\mathcal{A}$、$\mathcal{B}$中互斥的元素构成。

$\mathcal{A}\times\mathcal{B}$：该类由有序的对象对组成，一个来自$\mathcal{A}$，一个来自$\mathcal{B}$。

$SEQ(\mathcal{A})$：指类$\epsilon+\mathcal{A}+\mathcal{A}\times\mathcal{A}+\mathcal{A}\times\mathcal{A}\times\mathcal{A}+\ldots$

我们分别称这些运算为互斥并集、笛卡儿积和序列运算。互斥并集有时候也被称作组合和。如果两个变量是互斥的，那么互斥并集运算等同于标准的集合并集；但如果不是互斥的，它实则建立了多重集合。序列操作类似于用来定义形式语言（字符串集）的连接操作。

组合结构是包含这些运算的代数表达式，里面每一个运算对象都可能是代表元素的符号，或是代表组合类的符号，或者是带括号的组合结构。图 5.3 给出了组合结构的一个例子。

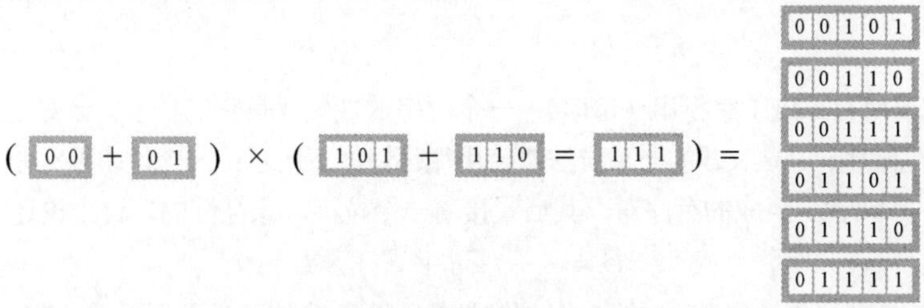

图 5.3　简单的组合结构（无标记）

从介绍的层面来说，组合结构形式上类似于基本代数中的算术表达式、常见表达式或者其他计算机理论科学中的形式语言。我们将在第 8 章检验后者的联系。当然，它们的差别在这里是可以解释一下的：使用组合结构，我们的目的是通过这样的方式来具体化组合类，这样我们就能够解决计算问题。互斥并集、笛卡儿积和序列运算仅仅是一个开始：参考资料[8]中描述了其他的一些运算（也可见习题 5.3 和习题 5.4），它们大大拓展了我们能够研究的组合类。

组合结构在分析组合中的重要性不仅来源于这样一个事实，即它们提供了一直能够对所有类似的组合类进行具体化的方式，同时也基于这样一种事实，即它们也暗含了其与母函数间的关系。下面的定理给出了我们已经定义的三种组合结构上的运算与有关的母函数间的简单相关性。

定理 5.1（无标记类 OGF 的符号方法）　$\mathcal{A}$和$\mathcal{B}$是组合对象的无标记类。若$A(z)$是枚举$\mathcal{A}$的 OGF，$B(z)$是枚举$\mathcal{B}$的 OGF，则

$$A(z)+B(z)\text{计算的是}\mathcal{A}+\mathcal{B}\text{的 OGF，}$$

$$A(z)B(z)\text{计算的是}\mathcal{A}\times\mathcal{B}\text{的 OGF，}$$

$$\frac{1}{1-A(z)}\text{计算的是 }SEQ(\mathcal{A})\text{的 OGF。}$$

证明：第一部分的证明是显而易见的。如果a_n是$\mathcal{A}$中规模为n的对象的数量，b_n是$\mathcal{B}$中规模为n的对象的数量，那么a_n+b_n就是$\mathcal{A}+\mathcal{B}$中规模为n的对象的数量。

为了证明第二部分，我们注意到，对取值为从 0 到n的k值，我们从$\mathcal{A}$中的规模为k的对象a_k中任取一个，将其与从$\mathcal{B}$中规模为$n-k$的对象b_{n-k}中任取的一个进行匹配，这样就得到$\mathcal{A}\times\mathcal{B}$中规模为$n$的对象。因此，$\mathcal{A}\times\mathcal{B}$中规模为$n$的对象的数量为

$$\sum_{0\leq k\leq n}a_kb_{n-k}$$

这阐明了陈述结果中的一个简单的卷积。或者，通过使用 OGF 的组合形式，我们有

$$\sum_{\gamma\in\mathcal{A}\times\mathcal{B}}z^{|\gamma|}=\sum_{\alpha\in\mathcal{A}}\sum_{\beta\in\mathcal{B}}z^{|\alpha|+|\beta|}=\sum_{\alpha\in\mathcal{A}}z^{|\alpha|}\sum_{\beta\in\mathcal{B}}z^{|\beta|}=A(z)B(z)$$

这个方程看上去简单，实则是欺骗人的：在读下去之前，确定你已经理解了它。

序列遵从定义

$$SEQ(\mathcal{A}) = \epsilon + \mathcal{A} + \mathcal{A} \times \mathcal{A} + \mathcal{A} \times \mathcal{A} \times \mathcal{A} + \ldots$$

根据定理的前两部分计算这个类的母函数，是

$$1 + A(z) + A(z)^2 + A(z)^3 + A(z)^4 + \ldots = \frac{1}{1 - A(z)}$$

应用定理 5.1 来寻求简单类的 OGF 是一种简单的说明互斥并集、笛卡儿积和序列定义的方式。例如，$\mathcal{Z} + \mathcal{Z} + \mathcal{Z}$ 是一个包含 3 个规模为 1 的对象的多重集合，其 OGF 是 $3z$，而 $\mathcal{Z} \times \mathcal{Z} \times \mathcal{Z}$ 包含一个规模为 3 的对象（长度为 3 的序列），其 OGF 是 z^3。类 $SEQ(\mathcal{Z})$ 代表自然数（就规模而言，一个对象与一个数字相关），正如我们期待的一样，其拥有 OGF $1/(1-z)$。

位串

我们用 $\mathcal{B}$ 代表所有二进制字符串（位串），一个位串的规模就是它的长度。计算是很基础的：长度为 N 的位串的数量为 2^N。定义 $\mathcal{B}$ 的一个方法是使用循环，如下所示：一个位串要么是空的，要么精确地对应于一个由 0 或者 1 组成的有序对，其后紧接着一个位串。象征性的，这个论述给出了组合结构

$$\mathcal{B} = \epsilon + (\mathcal{Z}_0 + \mathcal{Z}_1) \times \mathcal{B}$$

定理 5.1 允许我们直接将这种符号的形式转换成满足母函数的函数方程。我们有

$$B(z) = 1 + 2zB(z)$$

故 $B(z) = 1/(1-2z)$，$B_N = 2^N$，正如预期一样。或者，我们将 $\mathcal{B}$ 看成位序列的形式，这样能够使用组合结构

$$\mathcal{B} = SEQ(\mathcal{Z}_0 + \mathcal{Z}_1)$$

然后根据定理 5.1 的序列规则，$B(z) = 1/(1-2z)$，因为 $\mathcal{Z}_0 + \mathcal{Z}_1$ 的 OGF 就是 $2z$。这个例子很基础，仅仅是一个开始。

变量

符号方法的重要性在于，它极大地简化了这些基本结构的变量的分析。比如，考虑没有 2 个连续 0 位的二进制串的类 $\mathcal{G}$，如图 5.4 所示。这些串要么是 ϵ，一个单独的 0，要么是 1 或 01 后紧接着一个没有两个连续 0 位的二进制串。在符号上，

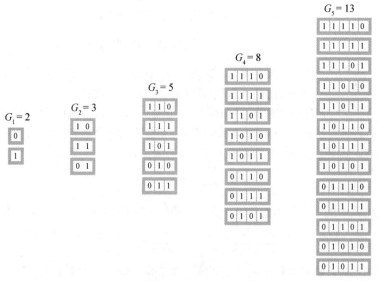

图 5.4 不含 00 的位串，$1 \leqslant N \leqslant 4$

$$\mathcal{G} = \epsilon + \mathcal{Z}_0 + (\mathcal{Z}_1 + \mathcal{Z}_0 \times \mathcal{Z}_1) \times \mathcal{G}$$

定理 5.1 也允许我们将这个直接转换为计算这些串的母函数 $G(z)$ 的公式：

$$G(z) = 1 + z + (z + z^2)G(z)$$

因此有 $G(z) = (1 + z)/(1 - z - z^2)$，这可直接导出这样一个结果：即长度为 N，没有两个连续 0 位的位串数量是 $F_N + F_{N+1} = F_{N+2}$，这是一个斐波那契数。第 8 章涉及了许多这种类型的变量。

习题 5.1 长度为 N，不含 000 的位串的数量是多少？

习题 5.2 长度为 N，不含 01 的位串的数量是多少？

二叉树

对于二叉树的类，我们有结构

$$\mathcal{T} = \mathcal{Z}_\square + \mathcal{Z}_\bullet \times \mathcal{T} \times \mathcal{T}$$

如果树的规模是它内部节点的数量，那么我们将 $\mathcal{Z}_\square$ 转换成 1，将 $\mathcal{Z}_\bullet$ 转换成 z，这样就得到

$$T^\bullet(z) = 1 + zT^\bullet(z)^2$$

这是我们已经推导过的定义 Catalan 数的函数方程。如果一棵树的规模是它外部节点的数量，我们将 $\mathcal{Z}_\bullet$ 转换成 1，将 $\mathcal{Z}_\square$ 转换成 z，这样就得到

$$T^\square(z) = z + T^\square(z)^2$$

我们可以用相似的方法来求解它。这些方程同样也暗示了，例如，$T^\square(z) = zT^\bullet(z)$，它表明一棵二叉树中外部节点的数量要远远多于内部节点的数量（见第 6 章）。符号方法在研究多种类型的树时的简便性是值得关注的，特别是在与使用递归的分析比较之下。我们将在第 6 章详细讨论这个话题。

习题 5.3 $\mathcal{U}$ 是将规模定义为节点总数（内部加外部）的二叉树的集合，其计数序列的母函数是 $U(z) = z + z^3 + 2z^5 + 5z^7 + 14z^9 + \ldots$。推导 $U(z)$ 的精确表达式。

习题 5.4 在二叉树中定义"超级叶子节点"，它的 4 个孙子节点都是外部节点。对于 1 棵有 N 个节点的二叉树，其没有超级叶子节点的比例有多少？从图 5.2 可以看出，当 $N=1$、2、3 和 4 时，答案分别为 0、0、4/5 和 6/7。

定理 5.1 被称作"转换定理"，因其可将一种数学公式直接转换成另一种——它将一个定义结构的符号公式转换成包含计算结构的母函数的方程。这样的处理能力相当强大。因为我们有这样的一个定理，所以只需要使用这样的处理来定义一个结构，就能够了解相关母函数的一些信息。

除了对应于定理 5.1 的并集、笛卡儿积和序列运算，我们还有一些用来建立组合结构的处理方法。例如组或多组，这将应用在下面的两个习题中。这些和其他的处理方法都在资料[8]中有所介绍。通过这些处理方法，我们能够定义并研究一种无限范围的组合结构，包括许多经典组合学中一直在研究的那些和算法分析过程中很重要的结构，具体将在第 6 章至第 9 章看到。

习题 5.5 将 $\mathcal{B}$ 定义为 $\mathcal{A}$ 的所有有限子集的集合。如果 $A(z)$ 和 $B(z)$ 是 $\mathcal{A}$ 和 $\mathcal{B}$ 的 OGF，证明

$$B(z) = \prod_{n \geq 1}(1 + z^n)^{A_n} = \exp\left(A(z) - \frac{1}{2}A(z^2) + \frac{1}{3}A(z^3) - \ldots\right)$$

习题 5.6 将 $\mathcal{B}$ 定义为 $\mathcal{A}$ 的所有有限多重集（包括带有重复项的子集）的集合。如果 $A(z)$ 和 $B(z)$ 是 $\mathcal{A}$ 和 $\mathcal{B}$ 的 OGF，证明

$$B(z) = \prod_{n \geq 1}\frac{1}{(1 - z^n)^{A_n}} = \exp\left(A(z) + \frac{1}{2}A(z^2) + \frac{1}{3}A(z^3) + \ldots\right)$$

5.3 有标记类的符号方法

前面章节的首要特点在于，那些组合对象聚集的个体项是不可区分的。可采取的一个规范是假定这些个体项是有标记的，故聚集起来组成组合对象的项出现的顺序是很重要的。有标记的对象通常使用指数母函数来计算。我们将用一些基本的例子来阐明根本的原则，接着在后面的章节再详细学习多种多样的有标记的对象。

如果一个组合结构包含 N 个元素，为了具体一点，我们用整数 1 到 N 表示它们的标记，并且认为，结构中当标记的顺序不同时，对象也是不同的。

图 5.5 给出了三个基本的有标记的组合类的例子。第一个例子仅仅是元素的集合——每个规模

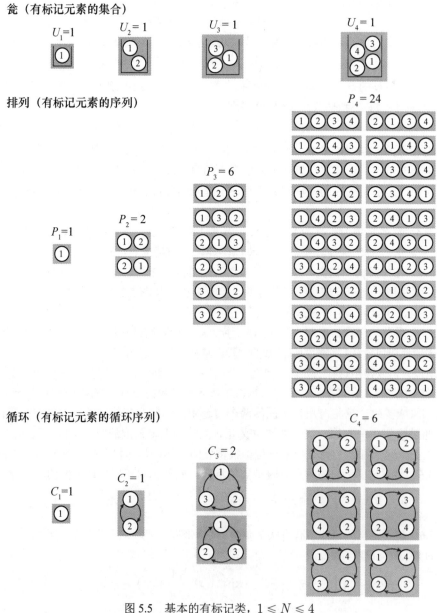

图 5.5 基本的有标记类，$1 \leqslant N \leqslant 4$

只有一个对象，这是另一种在一元中编码自然数的方法（原因将在第 9 章解释，我们把它们称作瓮）。第二个例子由有标记元素的序列组成——规模为 N 的对象是长度 N 的排列，即对整数 1 到 N 进行排序的所有可能的方式，故规模为 N，总共有 $N!$ 种排列。第三个例子由有标记元素的循环序列组成——规模为 N 的对象是长度 N 的循环。当规模是 N 时，共有 $(N-1)!$ 个循环，因为循环中任意一个规模为 $N-1$ 的 $(N-1)!$ 排列会依次出现在 1 后面。

假设一个有标记的类 $\mathcal{A}$，其计数序列为 $\{a_n\}$，我们关注的是 EGF

$$A(z) = \sum_{n \geq 0} a_n \frac{z^n}{n!} = \sum_{a \in \mathcal{A}} \frac{z^{|a|}}{|a|!}$$

同样地，基本性质允许我们将这个 EGF 看成一个代表计数序列（左边的和）的分析形式，或者当成一个代表所有个体对象（右边的和）的组合形式。表 5.2 给出了计数序列和图 5.5 中类的 EGF。

表 5.2　熟悉的有标记组合类

	元素	规模函数	计数序列	EGF
瓮	ⓘ	# of ⓘs	1	e^z
排列	ⓘ	# of ⓘs	$N!$	$\dfrac{1}{1-z}$
循环	ⓘ	# of ⓘs	$(N-1)!$	$\ln\dfrac{1}{1-z}$

对于无标记对象，我们通过互斥并集、笛卡儿积和序列运算来描述聚集组合结构的方式。对于有标记对象，我们将定义有标记对象的模拟结构。它们主要的差别在于，在笛卡儿积运算的模拟化中，若结果对象的规模为 N，为了仅让标号 1 到 N 出现，以一种连续的方式重新标记是很有必要的。

特别是，我们定义两个有标记对象的类 $\mathcal{A}$ 和 $\mathcal{B}$ 的星号积为 $\mathcal{A} \star \mathcal{B}$，这是一个有序对象对构成的类，一个来自 $\mathcal{A}$，一个来自 $\mathcal{B}$，然后以所有一致的方式来进行重新标记。图 5.6 描述了一个 3-循环序列和一个 2-循环序列的星号积。其结果是一个循环序列对，标记 1 到 5 必须重新标号。为了达到这一目的，对 3-循环的标记，挑选 $\binom{5}{3} = 10$ 种不同的可能性，然后把它们分配给 3-循环序列的元素，用 3 个中最小的值代替 1，中间值代替 2，最大的值代替 3。然后以同样的方式将剩下的 2 个标记分配给 2-循环序列。这种重新标记算法对有标记对象的任意一对都是有效的。

关于聚集结构化的、有标记对象的工具包括和、星号积和下面三个额外的处理方法：

$$SEQ(\mathcal{A}) \text{ 是 } \mathcal{A} \text{ 中元素序列的类，}$$
$$SET(\mathcal{A}) \text{ 是 } \mathcal{A} \text{ 中元素集合的类，}$$
$$CYC(\mathcal{A}) \text{ 是 } \mathcal{A} \text{ 中元素周期序列的类。}$$

就无标记对象来说，$SEQ(\mathcal{A})$ 就是类 $\epsilon + \mathcal{A} + \mathcal{A} \star \mathcal{A} + \ldots$。运用这些定义，对于有标记的类，我们有下面的转换定理。

定理 5.2（有标记类 EGF 的符号方法）　$\mathcal{A}$ 和 $\mathcal{B}$ 是有标记组合对象的类。若 $A(z)$ 计算的是 $\mathcal{A}$ 的 EGF，$B(z)$ 计算的是 $\mathcal{B}$ 的 EGF，那么

$$A(z)+B(z) \text{ 计算的是 } \mathcal{A}+\mathcal{B} \text{ 的 EGF，}$$
$$A(z)B(z) \text{ 计算的是 } \mathcal{A} \star \mathcal{B} \text{ 的 EGF，}$$
$$\frac{1}{1-A(z)} \text{ 计算的是 } SEQ(\mathcal{A}) \text{ 的 EGF，}$$

$e^{A(z)}$计算的是 $SET(\mathcal{A})$ 的 EGF，

$\ln\dfrac{1}{1-A(z)}$计算的是 $CYC(\mathcal{A})$ 的 EGF。

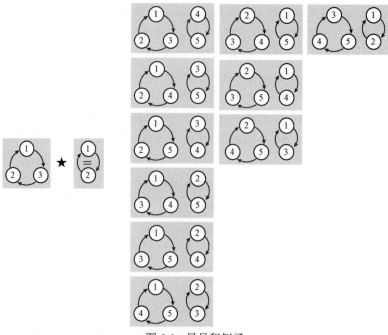

图 5.6　星号积例子

证明：第 1 部分的证明与定理 5.1 一样。为了证明第 2 部分，我们注意到，对取值为从 0 到 n 的 k 值，为了得到 $\mathcal{A}\star\mathcal{B}$ 中规模为 n 的一个对象，我们可以从 $\mathcal{A}$ 中任意拿出一个规模为 k 的对象 a_k，从 $\mathcal{B}$ 中任意拿出一个规模为 $n-k$ 的对象 b_{n-k}，并将二者组成一对。重新标号可以有 $\binom{n}{k}$ 种方式（简单地选择标记，它们的分配情况是确定的）。因此，$\mathcal{A}\star\mathcal{B}$ 中规模是 n 的对象的数量为

$$\sum_{0\leqslant k\leqslant n}\binom{n}{k}a_k b_{n-k}$$

同样的，使用一个简单的卷积就可以得到想要的结果。

序列的结果与定理 5.1 类似。现在，如果在序列安排中有 k 个统一的部分，并且我们将它们以所有可能的方式进行了重新标号，则每一部分的集合会出现 $k!$ 次，这是因为我们"忽略"了组成部分间的顺序。因此，通过用序列安排的数量除以 $k!$，可以计算出集合的数量。相似地，若每一个周期序列出现 k 次，故序列的数量等于序列安排的次数除以 k。基于这些论述，如果我们定义更加特殊的运算

$SEQ_k(\mathcal{A})$ 是 $\mathcal{A}$ 中元素的 k-序列的类，

$SET_k(\mathcal{A})$ 是 $\mathcal{A}$ 中元素的 k-集合的类，

$CYC_k(\mathcal{A})$ 是 $\mathcal{A}$ 中元素的 k-周期的类。

很自然的，有

$\mathcal{A}(z)^k$ 计算的是 $SEQ_k(\mathcal{A})$ 的 EGF，

$\mathcal{A}(z)^k/k!$ 计算的是 $SET_k(\mathcal{A})$ 的 EGF，

$\mathcal{A}(z)^k/k$ 计算的是 $CYC_k(\mathcal{A})$ 的 EGF。

并且在定理中陈述的结果之后需要计算 k 的和。

同样地，考虑一些小例子有助于弄清楚这些定义和相关的 EGF 操作运算。例如，$\mathcal{Z} + \mathcal{Z} + \mathcal{Z}$ 是包含 3 个规模为 1 的对象的类（一个多重集合），其 EGF 是 $3z$；①②③是一个规模为 3 的对象（一个序列），其 EGF 是 $z^3/6$；$SEQ_3(\mathcal{Z})$是一个包含 1 个规模为 3 的对象的类，其 EGF 是 z^3；$SET_3(\mathcal{Z})$是一个包含 1 个规模为 3 的对象的类，其 EGF 是 $z^3/6$；$CYC_3(\mathcal{Z})$是一个包含 2 个规模为 3 的对象的类，其 EGF 是 $z^3/3$。

排列

$\mathcal{P}$ 是所有排列的集合，一个排列的规模是它的长度。相关的计算是很基础的：长度为 N 的排列的数量是 $N!$。定义 $\mathcal{P}$ 的一种方法是使用递归，如下所示：

$$\mathcal{P} = \epsilon + \mathcal{Z} \star \mathcal{P}$$

一个排列要么是空的，要么精确地等于一个元素与一个排列的星号积。或者，更特殊一点，如果 $\mathcal{P}_N$ 是规模为 N 的排列的类，那么 $\mathcal{P}_0 = \phi$，并且，对于 $N > 0$，有

$$\mathcal{P}_N = \mathcal{Z} \star \mathcal{P}_{N-1}$$

正如图 5.7 中所示。定理 5.2 允许我们直接将这些符号形式转换成满足相关母函数的函数方程。我们有

$$P(z) = 1 + zP(z)$$

故 $P(z) = 1/(1-z)$，$P_N = N![z^N]P(z) = N!$，这和我们预期的一样。或者，我们可以转换 $\mathcal{P}_N$ 的结构以得到

$$P_N(z) = zP_{N-1}(z)$$

这通过压缩来得到 $P_N(z) = z^N$，$P_N = N![z^N]P_N(z) = N!$。或者根据定理 5.2 的求和规则，有 $P(z) = 1/(1-z)$，因为 $\mathcal{P} = \sum_{N \geqslant 0} \mathcal{P}_N$。第三种可选择的方式是将 $\mathcal{P}$ 看成由有标记元素组成的序列，其由组合结构 $\mathcal{P} = SEQ(\mathcal{Z})$ 定义，则基于定理 5.2 的序列规则同样可以给出 $P(z) = 1/(1-z)$ 这个结果。这个例子也很基础，仅仅是一个开始。

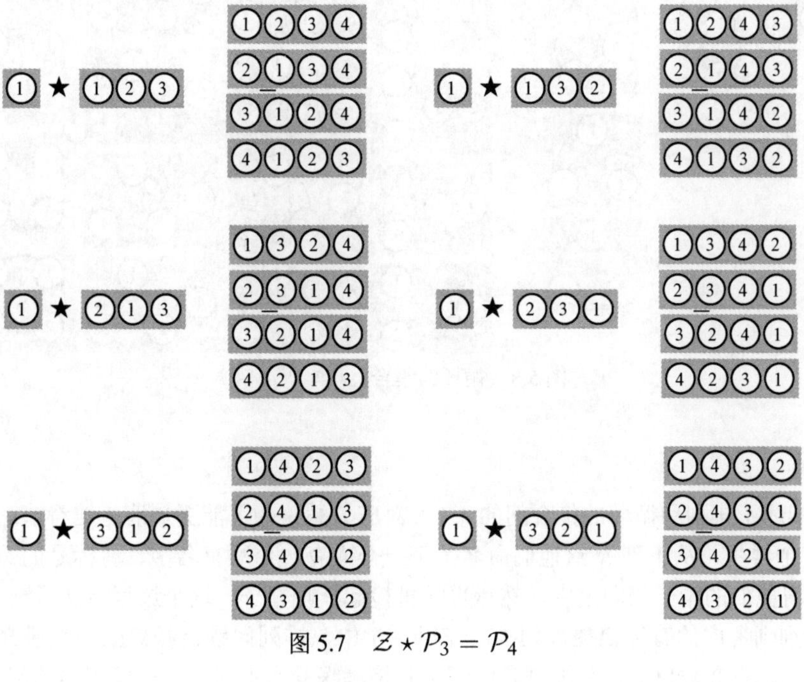

图 5.7 $\mathcal{Z} \star \mathcal{P}_3 = \mathcal{P}_4$

集合和循环

类似的，我们可以将瓮 $\mathcal{U}$ 的类看成由有标记元素组成的集合，将循环 $\mathcal{C}$ 的类看成由有标记元素组成的周期序列，故根据定理 5.2 的集合规则，$U(z) = \mathrm{e}^z$，根据定理 5.2 的循环规则，$C(z) = \ln(1/(1-z))$，这将导出 $U_N = 1$ 和 $C_{N-1} = (N-1)!$，同预期的一样。

循环的集合

接下来我们考虑一个基本的例子，例子中混合了两个组合结构。特别的是，我们考虑由循环集合组成的类 $\mathcal{P}^*$，图 5.8 给出了小规模下的情形。从符号上来说，我们有结构

$$\mathcal{P}^* = SET(CYC(\mathcal{Z}))$$

通过定理 5.2 中的序列和循环的规则，它给出了 EGF

$$P^*(z) = \exp\left(\ln\frac{1}{1-z}\right) = \frac{1}{1-z}$$

故 $P_N^* = N![z^N]P^*(z) = N!$。也就是说，$N$ 个项目的标记循环集合的数量正好是排列 $N!$ 的数量。这是一个基本的结论，在这里我们主要研究一下细节（为第 7 章做铺垫）。

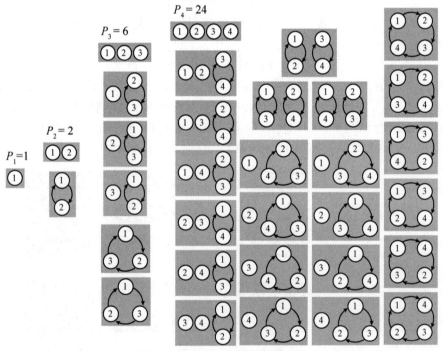

图 5.8　循环的集合，$1 \leqslant N \leqslant 4$

双射

图 5.9 阐述了排列和循环的集合间的 1∶1 对应关系。为了能更加清楚地看清这个问题，我们假设有 N 个学生，从 1 到 N 给他们命名，每一个人有一个写有名字、有标号的帽子。毕业时每一个人都将他们的帽子扔向空中，然后再随机捡起一顶帽子。这个过程定义了一个随机排列，可以用我们刚刚考虑的有标记类来刻画。在组合学中，排列问题已经被很好地研究过了，许多有意思的情形一直在被提出，从歌剧院的帽子到挤满喝醉水手的床——发挥你的想象力！

2-行表示	1	2	3	4	5	6	7	8	9
	9	3	2	1	8	5	7	6	4

循环-集体表示

图 5.9 排列是循环的集合

描述一个排列的一种方法叫作 2-行表示，即将学生的名字从 1 到 N 按顺序写在第 1 行，把每个学生捡起的帽子的号码写在第 2 行。在图 5.9 描述的排列中，1 捡了 9 的帽子，2 捡了 3 的帽子等。现在，想象学生 1，拿着帽子 9，去问学生 9 是否有帽子 1，然后，因为学生 9 有帽子 4，故他继续去问学生 4，以此类推，直到找到帽子 1。（花一些时间来明白这一点，即你总是可以通过这种方式来找到自己的帽子。）这产生了另一种描述排列的方式，叫作循环-集合表示，在图 5.9 所述的排列中，1 有 9 的帽子，9 有 4 的帽子，4 有 1 的帽子，等等。每一个人都在一个环里面，并且这些环是不相交的，因为每一个人都有 1 个帽子，它们的顺序是无关的，故每一个排列对应于一个循环的集合。相反，假定有一系列循环的集合，一个人能够轻易地写出 2-行表示，这样我们就定义了一个双射。要证明 N 项循环的有标记集合的数量恰好等于 $N!$，双射是一个可选择的方法。

在目前的内容中，我们关注于这样一个事实，即利用循环集合组合构造的简单结构，容易得出问题的解，如果用其他方法求解这些问题，将会复杂得多。我们接下来考虑一个例子，在第 7 章和第 9 章还会有一些类似的例子。

错排

同样地，当我们考虑基本结构的变量时，分析组合的真实用处是明显的。比如，我们考虑著名的错排问题：如前面一样，当 N 个毕业生将他们的帽子扔向空中时，每个人捡起他人帽子的概率有多大？从图 5.10 中可以看出，当 $N=2$、3、4 时，答案分别是 1/2、1/3 和 3/8。这恰好等于 N 项循环的集合数量除以 $N!$。对于目前的关注点，我们想要的量是 $[z^N]D(z)$，这里 $D(z)$ 是与组合类 $\mathcal{D}$、N 个规模大于 1 的循环的集合相关的 EGF。（在本例中，EGF 是一个 PGF。）这个简单的组合结构

$$\mathcal{D} = SET(CYC_2(\mathcal{Z}) + CYC_3(\mathcal{Z}) + CYC_4(\mathcal{Z}) + \ldots)$$

直接转换成 EGF

$$\begin{aligned}
D(z) &= \exp\left(\frac{z^2}{2} + \frac{z^3}{3} + \frac{z^4}{4} + \ldots\right) \\
&= \exp\left(\ln\frac{1}{1-z} - z\right) \\
&= \frac{e^{-z}}{1-z}
\end{aligned}$$

注意，1 个排列是 1 个单元循环（1 个瓮）的集合与 1 个错排的星号积，这可以导出更为简单的推导，因此我们有这个结构

$$SET(\mathcal{Z}) \star \mathcal{D} = \mathcal{P}$$

将它转化为 EGF 方程

$$e^z D(z) = \frac{1}{1-z}$$

之后可导出相同的结果。因此 $D(z)$ 是一个简单的卷积，有

$$D_N = \sum_{0 \leqslant k \leqslant N} \frac{(-1)^k}{k!} \sim 1/e$$

注意，精确的公式对 $N=2$、3、4 时是满足的；渐近的估计我们在 4.4 节讨论过了。

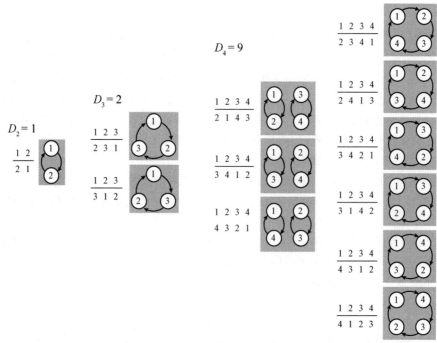

图 5.10　错排，$2 \leqslant N \leqslant 4$

一般的错排

同样地，当我们考虑基本结构的变量时，分析组合的真实能力是很显而易见的。例如，当学生将他们的帽子扔向空中时，M 个学生构成的小组中每个人都捡到组外同学的帽子的概率有多大？答案精确地等于 N 个规模大于 M 的循环集合的数量，再除以 $N!$。如前面一样，我们需要的量是 $[z^N]\mathcal{P}^*_{>M}(z)$，这里的 $\mathcal{P}^*_{>M}(z)$ 是与组合类 $\mathcal{P}_{>M}$、N 个规模大于 M 循环集合的组合类相关的 EGF。然后我们有结构

$$\mathcal{P}^*_{>M} = SET(CYC_{>M}(\mathcal{Z}))$$

这里，为了直观，我们使用 $CYC_{>M}(\mathcal{Z})$ 来表示 $CYC_{M+1}(\mathcal{Z}) + CYC_{M+2}(\mathcal{Z}) + CYC_{M+3}(\mathcal{Z}) + \ldots$，它直接转换成了 EGF

$$\mathcal{P}^*_{>M}(z) = \exp\left(\frac{z^{M+1}}{M+1} + \frac{z^{M+2}}{M+2} + \frac{z^{M+3}}{M+3} + \ldots\right)$$
$$= \exp\left(\ln\frac{1}{1-z} - z - \frac{z^2}{2} - \ldots - \frac{z^M}{M}\right)$$
$$= \frac{e^{-z - z^2/2 \ldots - z^M/M}}{1-z}$$

总的来说，符号方法可以直接导出 EGF 的简单表达式，而用其他方法推导可能会显得很复杂。从这个母函数中提取出系数看起来不那么容易，但是我们应当很快想到转换定理，毕竟它直接

给出了渐近的估计。

习题 5.7 推导由奇数长度的循环组成的排列的数量的 EGF。

习题 5.8 推导循环序列的 EGF。

习题 5.9 推导序列循环的 EGF。

定理 5.2 是关于有标记对象的转换定理,对于那些可以被我们之前考虑的操作描述的组合类,它直接给出了 EGF 方程。对此,我们将在第 6 章到第 9 章讨论大量的例子。相较于无标记的类,针对有标记类的一些附加的处理方法一直在被人们不断地开发出来(参考资料[8]中详尽地涉及了这些内容),这些基本的处理方法对于我们研究第 6 章到第 9 章中宽泛、众多的类大有裨益。

5.4 参数的符号方法

对于建立那些与组合参数有关的 BGF 所满足的方程,正如第 3 章所介绍的,符号方法同样有效。事实上,对那些带有非常简单的组合结构中的自然参数的 BGF 方程,转换定理就非常容易得到它们的解。

在本节中,我们将阐述无标记类与有标记类的定理,并给出各自应用的基本例子,为第 6 章到第 9 章中所研究的多种组合类预留了更多的应用。一旦理解了计算的基本定理,与参数分析相关的定理也就很好理解了。为了简化,我们仅阐述基本结构的定理,并把证明留在练习中。

假设一个无标记类 $\mathcal{A}$ 带有一个定义于代价函数上的参数,该代价函数是定义在类中的每一个对象上的。我们关注于普通的双变量母函数(OBGF)

$$A(z,u) = \sum_{n \geqslant 0} \sum_{k \geqslant 0} a_{nk} z^n u^k$$

这里 a_{nk} 是规模为 n、代价为 k 的对象的数量。正如我们已经看到的,基本性质

$$A(z,u) = \sum_{n \geqslant 0} \sum_{k \geqslant 0} a_{nk} z^n u^k = \sum_{a \in \mathcal{A}} z^{|a|} u^{\mathrm{cost}(a)}$$

允许我们将 OGF 看成一个代表规模和代价的双计数序列的分析项(左边和),或者看成一个代表所有个体对象的组合形式(右边和)。

定理 5.3(无标记类 OBGF 的符号方法) $\mathcal{A}$ 和 $\mathcal{B}$ 都是组合对象的无标记类。若 $A(z,u)$ 和 $B(z,u)$ 分别对应于 $\mathcal{A}$ 和 $\mathcal{B}$ 的 OBGF,这里 z 代表规模、u 代表 1 个参数,则

$$A(z,u)+B(z,u) \text{ 对应于 } \mathcal{A}+\mathcal{B} \text{ 的 OBGF,}$$

$$A(z,u)+B(z,u) \text{ 对应于 } \mathcal{A}\times\mathcal{B} \text{ 的 OBGF,}$$

$$\frac{1}{1-A(z,u)} \text{ 对应于 } SEQ(\mathcal{A}) \text{ 的 OBGF。}$$

证明:略。

类似地,假设一个有标记类 $\mathcal{A}$,带有一个定义在代价函数上的参数,该代价函数是定义在类中的每一个对象上的,我们关注的是指数双变量母函数(EBGF)

$$A(z,u) = \sum_{n \geqslant 0} \sum_{k \geqslant 0} a_{nk} \frac{z^n}{n!} u^k$$

这里的 a_{nk} 是规模为 n、代价为 k 的对象的数量。同样的,基本性质

$$A(z,u) = \sum_{n \geqslant 0} \sum_{k \geqslant 0} a_{nk} \frac{z^n}{n!} u^k = \sum_{a \in \mathcal{A}} \frac{z^{|a|}}{|a|!} u^{\mathrm{cost}(a)}$$

允许我们将 OGF 看成一个代表规模和代价的双计数序列的分析项（左边和），或者看成一个代表所有个体对象的组合形式（右边和）。

定理 5.4（有标记类 EBGF 的符号方法）　$\mathcal{A}$ 和 $\mathcal{B}$ 都是有标记组合对象的类。若 $A(z, u)$ 和 $B(z, u)$ 分别对应于 $\mathcal{A}$ 和 $\mathcal{B}$ 的 EBGF，这里 z 代表规模、u 代表 1 个参数，则

$$A(z, u) + B(z, u)\text{ 对应于 } \mathcal{A} + \mathcal{B}\text{ 的 EBGF，}$$
$$A(z, u)\ B(z, u)\text{ 对应于 } \mathcal{A} \times \mathcal{B}\text{ 的 EBGF，}$$
$$\frac{1}{1 - A(z, u)}\text{ 对应于 } SEQ(\mathcal{A})\text{ 的 EBGF，}$$
$$\mathrm{e}^{A(z, u)}\text{ 对应于 } SET(\mathcal{A})\text{ 的 EBGF，}$$
$$\ln \frac{1}{1 - A(z, u)}\text{ 对应于 } CYC(\mathcal{A})\text{ 的 EBGF。}$$

证明：略。

习题 5.10　扩展定理 5.1 的证明，给出定理 5.3 的证明。

习题 5.11　扩展定理 5.2 的证明，给出定理 5.4 的证明。

注意，在定理 5.3 和 5.4 中取 $u=1$，就可以把它们转换成定理 5.1 和定理 5.2。要建立满足描述组合类参数的 BGF 的方程，可以直接从之前推导计算类母函数的相同结构出发，仅需要稍微增加一下标记的参数值和大小。为了阐明这个过程，我们考虑 3 个经典的例子。

位串

有多少个长度为 N 的位串有 k 个 1 位？这个量就是著名的二项式系数 $\binom{N}{k}$，我们在第 3 章讨论过。用符号方法来推导非常直接。在结构

$$\mathcal{B} = \epsilon + (\mathcal{Z}_0 + \mathcal{Z}_1) \times \mathcal{B}$$

中，我们使用 BGF z 来替代 $\mathcal{Z}_0$，用 BGF zu 来替代 $\mathcal{Z}_1$，然后使用定理 5.4 直接将其转换成 BGF 方程

$$B(z, u) = 1 + z(1 + u)B(z, u)$$

故

$$B(z, u) = \frac{1}{1 - (1 + u)z} = \sum_{N \geqslant 0} (1 + u)^N z^N = \sum_{N \geqslant 0} \sum_{k \geqslant 0} \binom{N}{k} z^N u^k$$

结果如期望的一样。

另一种方法，我们使用结构

$$\mathcal{B} = SEQ(\mathcal{Z}_0 + \mathcal{Z}_1)$$

通过定理 5.4 中序列规则，可以得到相同的结果。这个例子很基础，仅仅是一个开始。

排列中的循环

长度为 N 的一个排列中循环的平均数量是多少？从图 5.8 的视角可以看出，当 $N=1$、2、3、4 时，累计的数量分别是 1、3、11 和 50。在符号上，我们有结构

$$\mathcal{P}^* = SET(CYC(\mathcal{Z}))$$

根据定理 5.4 中的循环和序列的规则（每个循环都带有 u），它给出了 EGF

$$P^*(z) = \exp\left(u \ln \frac{1}{1 - z}\right) = \frac{1}{(1 - z)^u}$$

为了精确地表达 BGF，我们可以使用在第 3 章详细描述过的技巧来分析参数。在本例中，

$$P(z, 1) = \frac{1}{1-z}$$

正如我们期望的一样，并且

$$P_u(z, 1) = \frac{1}{1-z} \ln \frac{1}{1-z}$$

故一个随机排列中循环的平均数量为

$$\frac{N![z^N]P_u(z, 1)}{N![z^N]P(z, 1)} = H_N$$

二叉树的叶子

在一棵规模为 N 的二叉树中，其内部节点中含有 2 个外部孩子节点的比例是多少？这样的节点称为叶子。从图 5.2 中可看出，当 $N=0$、1、2、3、4 时，这种节点的总数分别是 0、1、2、6 和 20。除以 Catalan 数，相关的比例是 0、1、1、6/5、10/7。根据 BGF

$$T(z, u) = \sum_{t \in \mathcal{T}} z^{|t|} u^{\text{leaves}(t)}$$

接下来的就是 z^0、z^1、z^2、z^3 和 z^4 各自的系数，这直接在图 5.2 中反映出来。

$$u^0$$

$$u^1$$

$$u^1 + u^1$$

$$u^1 + u^1 + u^2 + u^1 + u^1$$

$$u^1 + u^1 + u^2 + u^1 + u^1 + u^2 + u^2 + u^1 + u^1 + u^2 + u^1 + u^1 + u^2 + u^2$$

加上这些项，我们得到

$$T(z, u) = 1 + z^1 u + 2z^2 u + z^3(4u + u^2) + z^4(8u + 6u^2) + \dots$$

检查小的值，我们发现

$$T(z, 1) = 1 + z^1 + 2z^2 + 5z^3 + 14z^4 + \dots$$

和

$$T_u(z, 1) = z^1 + 2z^2 + 6z^3 + 20z^4 + \dots$$

和期望的一样。为了推导带有符号方法的 GF 方程，我们在标准回归结构的两边加上 $\mathcal{Z}_\bullet$，有

$$\mathcal{T} + \mathcal{Z}_\bullet = \mathcal{E} + \mathcal{Z}_\bullet + \mathcal{Z}_\bullet \times \mathcal{T} \times \mathcal{T}$$

这给了我们一种可以标记叶子的方式（对右边的 $\mathcal{Z}_\bullet$ 这一项使用 BGF zu），并且可以平衡规模为 1 的树的方程。应用定理 5.3（对左边的 $\mathcal{Z}_\bullet$ 项和最右边的项中的 $\mathcal{Z}_\bullet$ 因子使用 BGF z，因为这二者均与叶子无关）直接给出了函数方程

$$T(z, u) + z = 1 + zu + zT(z, u)^2$$

令 $u = 1$ 给出了 Catalan 树的 OGF，如期望的一样。对 u 求偏导，并在 $u = 1$ 处计算，有

$$\begin{aligned} T_u(z, 1) &= z + 2zT(1, z)T_u(z, 1) \\ &= \frac{z}{1 - 2zT(z, 1)} \\ &= \frac{z}{\sqrt{1 - 4z}} \end{aligned}$$

因此，通过表 3.6 中的标准 BGF 计算，在规模为 n 的二叉树中，内部节点中带有 2 个外部节点的平均数量为

$$\frac{[z^n]\dfrac{z}{\sqrt{1-4z}}}{\dfrac{1}{n+1}\dbinom{2n}{n}} = \frac{\dbinom{2n-2}{n-1}}{\dfrac{1}{n+1}\dbinom{2n}{n}} = \frac{(n+1)n}{2(2n-1)}$$

（见 3.4 节和 3.8 节），取极限为 $n/4$。二叉树中大概 $1/4$ 的内部节点是叶子。

习题 5.12 在 1 个随机位串中，通过计算 $B_u(z,1)$，证实 1 位的平均数目是 $N/2$。

习题 5.13 在长度为 N、没有 00 的一个随机位串中，1 位的平均数目是多少？

习题 5.14 在一个随机错排中，环的平均数量是多少？

习题 5.15 在规模为 n 的二叉树中，带有 2 个孩子节点的内部节点的数量是多少？

习题 5.16 在规模为 n 的二叉树中，带有 1 个子内部节点和 1 个子外部节点的内部节点的数量是多少？

习题 5.17 找出 $T(z,u)$ 的精确公式，并计算二叉树中叶子数量的方差。

以上简单的介绍仅仅概述了符号方法的冰山一角，它是现代分析组合的基石之一。在定理 5.1、定理 5.2、定理 5.3 和定理 5.4 中概括的符号方法适用于一种不断扩大的结构，尽管它不能解决所有问题：一些组合对象拥有过多的内部"十字结构"，以至于不能被这种处理方式所修正。但是它对于那些拥有良好的可分解形式的组合结构而言是一个可选的方法，如经典的树（第 6 章）、排列（第 7 章）、字符串与字典树（第 8 章）、单词与映射（第 9 章）。当这种方法确实适用时，它的成功是显而易见的，尤其是在要求对基本结构中的变量进行快速分析的时候。

关于符号方法更多的信息可在参考资料[9]或[13]中找到。在参考资料[8]中，我们给出了该方法一个更完整的处理方式（更多算法分析的内容可以见参考资料[14]）。该理论是充分完整的，正如在参考资料[7]中 Flajolet、Salvy、Zimmerman 所描述的一样，它已经由计算机程序实现，该程序能够自动确定一个由简单回归定义的结构的母函数。

接下来我们考虑分析组合的第二阶段，该阶段的关注点从符号化转为分析，因此我们可能需要考虑转换定理——从母函数表达式转为系数逼近，该过程同样是易得的。

5.5 母函数系数逼近

与符号方法相关联的结构产生了广泛的母函数方程。分析组合的下一个挑战是将这些母函数方程转换成那些类的计数序列的有用逼近。在本节，我们简要地回顾一下已经见过的定理的例子，这些例子对于这样的转换和推导相关的定理是有效的。尽管分析组合的能力是直观的，并且对于书中我们用到的许多类是有效的，这些定理仍然只是一个开始。在参考资料[8]中，我们使用复分析技巧结合符号方法来建立一般的转换定理，为"如果可以具体化它，那就能分析它"论断打下基础。

泰勒定理

转换定理的第一个例子是我们在第 3 章为提取母函数系数所采取的第 1 种方法。简而言之，泰勒定理表明

$$[z^n]f(z) = \frac{f^{(n)}(0)}{n!}$$

成立的前提是导数存在。正如我们所看到的，基于 $1/(1-2z)$（位串的 OGF）、e^z（排列的 EGF）和许多由符号方法推导出的基本母函数，都是一个有效提取系数的方法。尽管泰勒定理原则上对广泛的母函数表达式都是有效的，但由于定理明确给出了精确的值，而这是涉及详细计算的，故我们一般更愿意使用转换定理，毕竟它直接给出了我们最终寻求的渐近估计值。

习题 5.18 利用泰勒定理，找到 $[z^N]\dfrac{e^{-z}}{1-z}$。

有理函数

转换定理的第二个例子是定理 4.1，它给出了有理函数系数的渐近值（有理函数是 $f(z)/g(z)$ 的形式，这里 $f(z)$ 和 $g(z)$ 是多项式）。回顾一下 4.1 节，我们知道系数的增长取决于 $g(z)$ 最大模数的根 $1/\beta$。如果 $1/\beta$ 的重数是 1，那么

$$[z^n]\frac{f(z)}{g(z)} = -\frac{\beta f(1/\beta)}{g'(\beta)}\beta^n$$

举一个例子，这对于提取 $(1+z)/(1-z-z^2)$（没有 00 的位串的 OGF）的系数和相似的母函数是一个很有效的方法。我们将在第 8 章详尽地研究类似的应用。

习题 5.19 利用定理 4.1，说明没有 00 出现的位串的数量为 $\sim \phi^N/\sqrt{5}$。

习题 5.20 对没有 01 出现的位串的数量进行一个估计。

收敛半径界

母函数的收敛半径给出了它系数增长率方面的信息——这个性质被人们所熟知要归功于欧拉（Euler）和柯西（Cauchy）。具体来说，如果 $f(z)$ 是一个收敛半径 $R > 0$ 的幂级数，那么对任意正实数 $r < R$，有 $[z^n]f(z) = O(r^{-n})$。这个性质是很容易证明的：从 $0 < r < R$ 中取任意 r，令 $f_n = [z^n]f(z)$。级数 $\sum_n f_n r^n$ 收敛，故它的一般项 $f_n r^n$ 趋向于 0，并且受限于一个常数上限。

例如，Catalan 数的母函数在 $|z| < 1/4$ 的范围内收敛，因为它包含 $(1-4z)^{1/2}$，二项式系数 $(1+u)^{1/2}$ 在 $|u| < 1$ 内收敛。对于任意 ϵ，它给出了一个界限

$$[z^n]\frac{1-\sqrt{1-4z}}{2} = O((4+\epsilon)^n)$$

它是我们在 4.4 节从 Stirling 公式推导出的结果的缩减形式。

在组合母函数的情形中，我们可以大大强化这些界限。更一般的是，令 $f(z)$ 有正系数，则

$$[z^n]f(z) \leqslant \min_{x\in(0,R)}\frac{f(x)}{x^n}$$

这可以简单地从 $f_n x^n \leqslant f(x)$ 得出，因为 $f_n x^n$ 仅仅是正量收敛和中的一项。特别值得一提的是，第 8 章当我们讨论受限环长度的排列时，将再一次使用这个非常一般的定界技巧。

习题 5.21 证明：存在常数 C，有

$$[z^n]\exp(z/(1-z)) = O(\exp(C\sqrt{n}))$$

习题 5.22 对整数分割的 OGF

$$[z^n]\prod_{k\geqslant 1}(1-z^k)^{-1}$$

建立类似的界限。

更具体来说，我们可以使用卷积和部分分式分解来建立包含 $1/(1-z)$ 幂的母函数的系数渐近，这个幂在组合结构的推导过程中频繁出现。例如，如果 $f(z)$ 是一个多项式，r 是一个整数，

则部分分式分解（定理 4.1）

$$[z^n]\frac{f(z)}{(1-z)^r} \sim f(1)\binom{n+r-1}{n} \sim f(1)\frac{n^{r-1}}{(r-1)!}$$

成立的前提是 $f(1) \neq 0$。更加普遍性的结果实际上也成立。

定理 5.5（收敛半径转换定理）　$f(z)$ 的收敛半径严格大于 1，假设 $f(1) \neq 0$。对任意实数 $\alpha \notin \{0, -1, -2, \ldots\}$，有

$$[z^n]\frac{f(z)}{(1-z)^\alpha} \sim f(1)\binom{n+\alpha-1}{n} \sim \frac{f(1)}{\Gamma(\alpha)}n^{\alpha-1}$$

证明：令 $f(z)$ 的收敛半径大于 r，这里 $r > 1$。根据收敛半径界限，我们知道 $f_n \equiv [z^n]f(z) = O(r^{-n})$，特别是，和 $\sum_n f_n$ 会呈几何级快速收敛到 $f(1)$。

分析卷积则是一件简单的事情了：

$$[z^n]\frac{f(z)}{(1-z)^\alpha} = f_0\binom{n+\alpha-1}{n} + f_1\binom{n+\alpha-2}{n-1} + \cdots + f_n\binom{\alpha-1}{0}$$

$$= \binom{n+\alpha-1}{n}\Big(f_0 + f_1\frac{n}{n+\alpha-1}$$

$$+ f_2\frac{n(n-1)}{(n+\alpha-1)(n+\alpha-2)}$$

$$+ f_3\frac{n(n-1)(n-2)}{(n+\alpha-1)(n+\alpha-2)(n+\alpha-3)} + \cdots\Big)$$

和中的第 j 项是

$$f_j\frac{n(n-1)\cdots(n-j+1)}{(n+\alpha-1)(n+\alpha-2)\cdots(n+\alpha-j)}$$

当 $n \to +\infty$ 时，它趋向于 f_j。从这里，我们推断出

$$[z^n]f(z)(1-z)^{-\alpha} \sim \binom{n+\alpha-1}{n}(f_0 + f_1 + \cdots + f_n) \sim f(1)\binom{n+\alpha-1}{n}$$

因为部分和 $f_0 + \cdots + f_n$ 呈几何级快速收敛到 $f(1)$。二项式系数的逼近遵循欧拉-麦克劳林公式（见习题 4.60）。

一般来说，系数渐近由母函数发散处的性质所决定。收敛半径不是 1 的时候，我们可以重新调整一个函数使之能够运用定理，这种调整总是会引入乘法指数因子。

推论　$f(z)$ 的收敛半径严格大于 ρ，并假定 $f(\rho) \neq 0$。对任意实数 $\alpha \notin \{0, -1, -2, \ldots\}$，下式成立

$$[z^n]\frac{f(z)}{(1-z/\rho)^\alpha} \sim \frac{f(\rho)}{\Gamma(\alpha)}\rho^n n^{\alpha-1}$$

证明：令 $g(z) = f(z/\rho)$，则 $[z^n]g(z) = \rho^n[z^n]g(\rho z) = \rho^n[z^n]f(z)$。

尽管存在条件限制，定理 5.5（及其推论）对我们在本书中遇到的许多母函数系数的提取都是很有效的。这是包含分析组合第二阶段的分析转换定理的一个杰出的例子。我们接下来考虑该定理应用的第三个例子。

一般的错排

在 5.3 节，我们使用符号方法阐明了：一个给定的排列，其没有长度小于或等于 M 的环的概率是 $[z^N]P^*_{>M}(z)$，这里

$$P_{>M}^*(z) = \frac{e^{-z-z^2/2\ldots-z^M/M}}{1-z}$$

基于这个表达式，定理 5.5 直接给出了

$$[z^N]P_{>M}^*(z) \sim \frac{1}{e^{H_M}}$$

分析组合通过两个一般的转换定理得出了这个结果，图 5.11 概括了这种情况。虽然可以沿着定理的证明直接计算得到相同的结果，但这样的计算可能是冗长而复杂的。尽管一般的转换定理能够给出大量组合类的精确结果，正如它们在这个例子中的应用一样，但是分析组合首要准则之一就是，这样详细的计算通常是没有必要的。

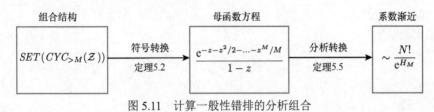

图 5.11 计算一般性错排的分析组合

Catalan 数

类似的，定理 5.5 的推论直接给出了 Catalan 数的母函数

$$T(z) = \frac{1-\sqrt{1-4z}}{2}$$

到其系数的渐近形式的转换：忽略常数项，取 $\alpha = -1/2$ 和 $f(z) = -1/2$，得到渐近结果

$$T_N \sim \frac{4^N}{N\sqrt{\pi N}}$$

尽管这种简单的推导非常吸引人，但是我们注意到，根据这个形式

$$T(z) = z + T(z)^2$$

使用基于复分析技巧的一般性转换定理实际上可以直接推导出结果。复分析的技巧已经超出了本书的讨论范围（可见参考资料[8]）。

经典应用

这种技巧（见参考资料[5]）应用的一个著名的例子是下面这个函数

$$f(z) = \frac{e^{z/2+z^2/4}}{\sqrt{1-z}}$$

它是被称为 2-正则图的 EGF。这里包含分子 $g(z) = \exp(z/2 + z^2/4)$，其收敛半径毫无疑问等于∞。同样地，定理 5.5 直接给出了结果

$$[z^n]f(z) \sim \frac{e^{3/4}}{\sqrt{\pi n}}$$

在本例和许多其他应用的母函数中，这种系数的渐近形式带来的方便性是值得考虑的。

通过一些如定理 5.5 的结果，我们知道，系数的渐近形式直接从像 $(1-z)^{-\alpha}$（称为"奇异元素"）的部分进行"转换"，这部分在有理函数分析中扮演了类似部分分式的角色。更深的数学真理在这里起作用。定理 5.5 于 20 世纪起源于 Darboux（见参考资料[5]和[16]），并被 Flajolet、Odlyzko、

Bender 等人（见参考资料[1]和[6]）进一步发展，它只是一系列相似的结果中最简单的之一。这些方法在参考资料[8]中进行了详细讨论；不同于我们在这里进行的处理，对它们进行充分表述需要用到复变函数的理论。这种渐近的方式被称作奇异性分析。

本节中我们讨论的转换定理产生了对明确的母函数公式中的系数渐近。直接从隐性的母函数表达式出发也是有可能的，例如我们在二叉树中得到的方程 $T(z) = z + T(z)^2$。在 6.12 节，我们将讨论拉格朗日逆定理，它是提取隐性表达式系数的有力工具。在分析组合中基于逆运算的一般性转换定理扮演了至关重要的角色。

习题 5.23 证明：在长度为 N 的随机排列中，所有的环都是奇数长度的概率是 $1/\sqrt{\pi N/2}$（见习题 5.7）。

习题 5.24 对定理 5.5 给出更加精确的形式——扩展渐近级数至 3 项。

习题 5.25 证明

$$[z^n] f(z) \ln \frac{1}{1-z} \sim \frac{f(1)}{n}$$

习题 5.26 对

$$[z^n] f(z) \frac{1}{1-z} \ln \frac{1}{1-z}$$

给出类似定理 5.5 的一个转换定理。

分析组合是对大量的组合结构定量分析的一种计算。作为一种分析各种经典组合结构的通用方法，包括那些出现在算法分析中的方法，它是非常成功的。表 5.3 总结了本章中推导出的结果，它表明了分析组合应用的宽泛性，虽然我们目前仅讨论了几个转换定理。有兴趣的读者可以在资料[8]中找到更加宽泛、高级的转换定理和更多的应用案例。

表 5.3　本章中的分析组合实例

	结构	符号转换	母函数	分析转换	系数渐近
无标记类					
整数	$SEQ(\mathcal{Z})$	5.1	$\dfrac{1}{1-z}$	泰勒定理	1
位串	$SEQ(\mathcal{Z}_0 + \mathcal{Z}_1)$	5.1	$\dfrac{1}{1-2z}$	泰勒定理	2^N
无 00 位串	$\mathcal{G} = \epsilon + \mathcal{Z}_0$ $+ (\mathcal{Z}_1 + \mathcal{Z}_{01}) \times \mathcal{G}$	5.1	$\dfrac{1+z}{1-z-z^2}$	4.1	$\sim \dfrac{\phi^N}{\sqrt{5}}$
二叉树	$\mathcal{T} = \square + \mathcal{T} \times \mathcal{T}$	5.1	$\dfrac{1-\sqrt{1-4z}}{2}$	5.5 推论	$\dfrac{4^N}{N\sqrt{\pi N}}$
字节串	$SEQ(\mathcal{Z}_0 + \ldots + \mathcal{Z}_{M-1})$	5.1	$\dfrac{1}{1-Mz}$	泰勒定理	M^N
有标记类					
瓮	$SET(\mathcal{Z})$	5.2	e^z	泰勒定理	1
排列	$SEQ(\mathcal{Z})$	5.2	$\dfrac{1}{1-z}$	泰勒定理	$N!$
循环	$CYC(\mathcal{Z})$	5.2	$\ln \dfrac{1}{1-z}$	泰勒定理	$(N-1)!$
错排	$SET(CYC_{>1}(\mathcal{Z}))$	5.2	$\dfrac{e^{-z}}{1-z}$	5.5	$\sim \dfrac{N!}{e}$

续表

结构		符号转换	母函数	分析转换	系数渐近
一般错排	$SET(CYC_{>M}(\mathcal{Z}))$	5.2	$\dfrac{e^{-z...-z^M/M}}{1-z}$	5.5	$\sim \dfrac{N!}{e^{H_M}}$

更重要的是，分析组合仍然是一个充满活力的研究领域。新的转换定理、日益多样化的组合结构和在各种科学学科中的应用等待着人们去发现，完整的分析组合有待书写。

本书的其余部分致力于研究经典的组合结构及其与各种重要的计算机算法间的关系。由于我们主要研究基本的结构，故会频繁使用分析组合。另一个重要的主题是，算法分析中产生的许多重要问题还没有完全被理解。事实上，分析组合中一些最具挑战性的问题来自于在经典计算机算法中定义的结构，这些算法简单、优美且被广泛使用。

参考资料

[1] E. A. Bender. "Asymptotic methods in enumeration," *SIAM Review* 16, 1974, 485-515.

[2] E. A. Bender and J. R. Goldman. "Enumerative uses of generating functions," *Indiana University Mathematical Journal* 2, 1971, 753-765.

[3] F. Bergeron, G. Labelle, and P. Leroux. *Combinatorial Species and Tree-like Structures*, Cambridge University Press, 1998.

[4] N. Chomsky and M. P. Schützenberger. "The algebraic theory of context-free languages," in *Computer Programming and Formal Languages*, P. Braffort and D. Hirschberg, eds., North Holland, 1963, 118-161.

[5] L. Comtet. *Advanced Combinatorics*, Reidel, Dordrecht, 1974.

[6] P. Flajolet and A. Odlyzko. "Singularity analysis of generating functions," *SIAM Journal on Discrete Mathematics* 3, 1990, 216-240.

[7] P. Flajolet, B. Salvy, and P. Zimmerman. "Automatic average-case analysis of algorithms," *Theoretical Computer Science* 79, 1991, 37-109.

[8] P. Flajolet and R. Sedgewick. *Analytic Combinatorics*, Cambridge University Press, 2009.

[9] I. Goulden and D. Jackson. *Combinatorial Enumeration*, John Wiley & Sons, New York, 1983.

[10] G. Pólya. "On picture-writing," *American Mathematical Monthly* 10, 1956, 689-697.

[11] G. Pólya, R. E. Tarjan, and D. R. Woods. *Notes on Introductory Combinatorics*, Progress in Computer Science, Birkhäuser, 1983.

[12] V. N. Sachkov. *Combinatorial Methods in Discrete Mathematics*, volume 55 of *Encyclopedia of Mathematics and its Applications*, Cambridge University Press, 1996.

[13] R. P. Stanley. *Enumerative Combinatorics*, Wadsworth & Brooks/Cole, 1986, 2nd edition, Cambridge, 2011.

[14] J. S. Vitter and P. Flajolet. "Analysis of algorithms and data structures," in *Handbook of Theoretical Computer Science A: Algorithms and Complexity*, J. van Leeuwen, ed., Elsevier, Amsterdam, 1990, 431-524.

[15] E. T. Whittaker and G. N. Watson. *A Course of Modern Analysis*, Cambridge University Press, 4th edition, 1927.

[16] H. Wilf. *Generatingfunctionology*, Academic Press, San Diego, 1990, 2nd edition, A. K. Peters, 2006.

第6章 树

　　树是一种基本结构，直接或间接地用于许多实际算法。若要分析这些算法，理解树的性质十分关键。在某些情况下，许多算法直接构建树；而在另外一些情况下，树作为程序模型，尤其是递归程序模型，具有重要意义。事实上，树是典型的非平凡递归定义的对象：一棵树或者为空，或者是连接一系列树（或树的多重集）的根节点。本章将详细研究如何根据结构的递归性质直接得到基于母函数的递归分析。

　　本章从二叉树开始研究，这是一种特殊类型的树，曾在第3章讨论过。二叉树非常实用，而且特别适合用计算机来实现。接下来，我们从整体上来考虑树，其中包括一般的树与二叉树之间的对应关系。树和二叉树也与一些其他的组合学结构直接相关，例如格子路径、三角剖分和破产序列等。本章之所以讨论用多种不同的方法来表示树，不只是因为应用中经常出现各种能够相互转换的表示法，还因为改变树的表示方法往往能使分析论述变得更容易理解。

　　本章将从以下两个角度来研究二叉树：一是纯粹的组合学角度（列举并分析所有可能的不同结构的性质）；二是算法角度（这些结构由算法建立和利用，每种结构出现的概率都由输入决定）。前者在递归结构分析和算法分析中具有重要意义，后者中最重要的实例是一个名为二叉树搜索（binary tree search）的基本算法。二叉树和二叉树搜索在实际应用中极其重要，因此需要详细研究其性质，并在第3章的基础上进行更充分的讨论。

　　像前面一样，在考虑完计数问题之后，我们继续分析参数。重点是对路径长度（path length）的分析，它是树的基本参数，非常实用。此外还要考虑高度（height）以及其他一些参数。掌握各种类型的树所对应的路径长度和高度的基本知识，对于理解各种基本的计算机算法是至关重要的。对这些问题进行分析体现了基本结构的经典组合学研究和现代算法研究之间的关系，也是本书反复出现的论题。

　　我们将看到，一方面，树的路径长度分析自然而然地以已开发的基本工具为基础，并经过总结得到一种研究各种树参数的方法。而另一方面，树的高度分析面临重要的技术挑战。虽然描述问题的难易程度和解决问题的难易程度之间不一定有关系，但是这种分析难易程度上的差异乍一看还是有点令人惊讶的，因为路径的长度和高度都具有简单的递归描述参数，这些表述非常相似。

　　第5章曾讨论过，分析组合能够把树的计数问题研究和树的参数分析统一起来，从而可以直接求解许多难以处理的问题。为了获得最佳效果，需要对某些基本的组合学工具进行一定的投入（具体细节请见参考资料[15]）。我们对本章考虑的许多重要问题提供直接的分析推导，同时对它们如何应用提供了符号论证或非正式描述。本章中的详细研究有助于深入理解符号方法的意义。

　　本章考虑了一些不同类型的树，以及与树的性质有关的某些经典组合学结果。我们将从研究二叉树的特性转而分析树作为无环连通图的一般概念。我们的目标是，从关于树的分析组合的大量资料中得到结论，同时进行大量关于算法应用的基础性工作。

6.1　二叉树

　　第3章曾介绍了二叉树，也许这是形式最简单的树。二叉树是由两种不同类型的节点组成的递归结构，其中的两种节点根据简单的递归定义连接在一起。

定义 一棵二叉树或者是一个外部节点，或者是一个连接两棵有序的二叉树的内部节点，其中两棵有序的二叉树分别被称为该节点的左子树和右子树。

我们将二叉树中的空子树称为外部节点（external node）。就其本身而言，它们充当占位符。除非在同时考虑这两种类型的情况下，否则将树的内部节点简称为树的"节点"，我们通常认为节点的子树通过两个链（即左链和右链）连接到节点。

图 6.1 描绘了三棵二叉树。根据定义，每个内部节点都刚好有两个链；按照习惯，把每个节点的子树都画在该节点的下面，并用连接节点的直线表示链。除去顶部的节点，每个节点都恰好有一个链"通向"该节点自身，而顶部的特殊节点称为根（root）。我们习惯从家谱中借用术语：位于节点下方的节点称为该节点的孩子节点（children）；再往下的那些节点称为该节点的后代节点（descendants）；位于节点上方的节点称为该节点的父节点（parent）；再往上的那些节点称为该节点的祖先节点（ancestors），位于树顶部的根节点没有父节点。

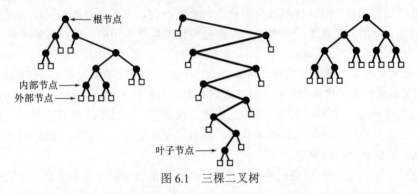

图 6.1 三棵二叉树

外部节点位于树的底部且没有孩子节点，在图 6.1 中用空白框表示。为了避免混乱，如果图中有大型的树或者大量的树，通常不会画代表外部节点的框。二叉树的叶子节点（leaf）是一个没有孩子节点（其两棵子树均为空）的内部节点，其不同于外部节点（一个空子树的占位符）。

我们已经讨论过二叉树的计数问题。前面的图 3.1 和图 5.2 描绘了具有 1、2、3 和 4 个内部节点的所有二叉树，接下来的结果在第 3 章和第 5 章中有详细描述。

定理 6.1（二叉树的计数） 具有 N 个内部节点的二叉树的数量由 Catalan 数表示

$$T_N = \frac{1}{N+1}\binom{2N}{N} \sim \frac{4^N}{\sqrt{\pi N^3}}$$

证明：见 3.8 节和 5.2 节。图 6.2 总结了已证明的分析组合。

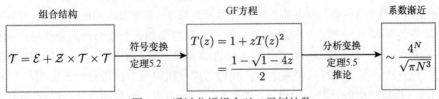

图 6.2 通过分析组合对二叉树计数

通过下面的引理（以及如第 5 章的分析证明所指出的），Catalan 数也计算了具有 $N+1$ 个外部节点的二叉树的数量。在与其他类型的树进行比较的前提下，本章还考虑了其他的基本参数。

引理 在任意一棵二叉树中，外部节点的个数恰好比内部节点的个数多 1。

证明：令 e 表示外部节点的个数，i 表示内部节点的个数。我们用两种不同的方法对树的链进行计数。每个内部节点恰好有两个链从该节点"发出"，因此链的总数是 $2i$。但是链的总数还等于 $i+e-1$，因为除去根节点，每个节点恰好有一个链"通向"该节点。上述两数相等，由此得到 $2i=i+e-1$，即 $i=e-1$。

习题 6.1 利用归纳法写出上面结果的另一种证明。

习题 6.2 在具有 N 个节点的所有二叉树中，根节点的两棵子树均为非空的二叉树占多大比例？对于 $N=1$、2、3 和 4，答案分别是 1、1、1/5 和 4/14（见图 5.2）。

习题 6.3 在具有 $2N+1$ 个内部节点的所有二叉树中，根节点的每棵子树都有 N 个内部节点的二叉树占多大比例？

6.2 森林和树

二叉树任意节点的孩子节点都不多于两个。这个特点显然决定了在计算机实现的过程中如何表示和处理这样的树，而这自然与分治算法联系在一起，该算法的基本原理是把一个问题分成两个子问题。然而，在许多应用中（以及在更传统的数学应用中）我们需要考虑一种更一般的树。

定义 森林是一系列不相交的树。树是与森林中的树的根相连接的节点（被称为根节点）。

这个定义是递归的，就像树结构一样。在讨论时，有时用术语一般树（general tree）来指代树。对于二叉树来说，森林中树的顺序相当重要。在合适的情况下，我们使用与二叉树相同的命名法则：一个节点的子树是它的孩子节点，根节点没有父节点，等等。然而对于某些计算而言，树是比二叉树更合适的模型。

图 6.3 描绘了一个包含三棵树的森林。再次说明，树的根节点没有父节点，而且按照习惯画在树的顶部。没有外部节点，且底部没有孩子节点的节点被称为叶子节点（leaf）。

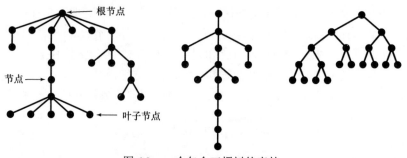

图 6.3 一个包含三棵树的森林

图 6.4 描绘了具有 1～4 个节点的所有森林以及具有 1～5 个节点的所有树。具有 N 个节点的森林的数量与具有 $N+1$ 个节点的树的数量相同——只需添加一个根节点。令森林中树的根节点成为其孩子节点。此外，Catalan 数在图 6.4 中非常明显。众所周知，二叉树的对应关系是二叉树计数的一种方法。在研究对应关系之前，我们考虑使用符号方法进行分析证明。

定理 6.2（森林和树的计数） 设 F_N 表示具有 N 个节点的森林的数量，G_N 表示具有 N 个节点的树的数量。G_N 与 F_{N-1} 完全相等，并且 F_N 与具有 N 个内部节点的二叉树的数量完全相等，F_N 可由 Catalan 数表示。

$$F_N = T_N = \frac{1}{N+1}\binom{2N}{N} \sim \frac{4^N}{\sqrt{\pi N^3}}$$

森林 (具有N个节点，$1 \leqslant N \leqslant 4$)

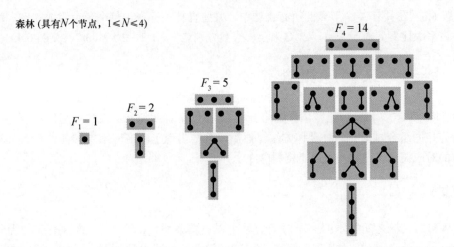

一般树 (具有N个节点，$1 \leqslant N \leqslant 5$)

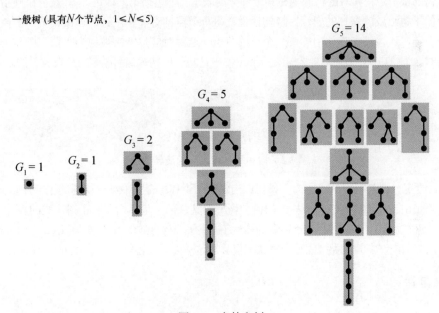

图 6.4 森林和树

证明：利用符号方法。森林是一系列的树，树是连接到一个森林的节点，有

$$\mathcal{F} = SEQ(\mathcal{G}), \quad \text{且} \quad \mathcal{G} = \mathcal{Z} \times \mathcal{F}$$

该式直接变换（见定理 5.1）为

$$F(z) = \frac{1}{1 - G(z)} \ , \ \text{且} \ G(z) = zF(z)$$

这意味着 $G_N = F_{N-1}$ 且

$$F(z) - zF(z)^2 = 1$$

所以 $F_N = T_N$，因为它们的 GF 满足相同的函数方程（见 5.2 节）。

习题 6.4 在具有 N 个内部节点的所有树中，根节点只有一个孩子节点的树占多大比例？对于 N=1、2、3、4 和 5，答案分别是 0、1、1/2、2/5 和 5/14（见图 6.4）。

习题 6.5 对于根节点有 t 个孩子节点（其中 t=2、3 和 4）的情况，回答上面的问题。

习题 6.6　在具有 N 个节点的所有森林中，某些森林不存在由单个节点组成的树，那么这样的森林占多大比例？对于 $N=1$、2、3 和 4，答案分别是 0、1/2、2/5 和 3/7（见图 6.4）。

6.3　树和二叉树的组合等价

本节将树和二叉树的广泛范围作为组合模型。首先，证明树和二叉树可用作表示（由 Catalan 数计数）相同组合对象的两种具体方法。然后，总结出现于众多应用中的其他组合对象，并研究类似的对应关系（例如，见参考资料[31]）。

旋转对应

森林和二叉树之间基本的一一对应关系可以直接证明 $F_N = T_N$。这种对应称为旋转对应（rotation correspondence），如图 6.5 所示。给定一个森林，构造如下二叉树：二叉树的根节点是森林中第一棵树的根节点；其右链指向森林其余部分的表示（不包括第一棵树）；其左链指向由第一棵树的根节点的子树组成的森林的表示。换句话说，每个节点都有一个左链，连接其第一个孩子节点；都有一个右链，连接其在森林中的下一个兄弟节点（这种对应也常常被称为"第一个儿子，下一个兄弟"的对应）。在图 6.5 中，二叉树中的节点似乎是将一般树顺时针旋转 45° 来放置的。

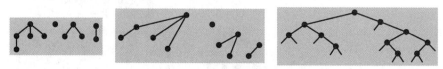

图 6.5　树和二叉树之间的旋转对应

相反，给定一棵具有根节点 x 的二叉树，构建如下森林：森林中第一棵树的根节点是 x；该节点的孩子节点是由 x 左子树构成的森林中的树；森林的其余部分包括由 x 右子树构成的森林中的树。

这种对应关系在计算应用中十分重要，因为它提供了一种有效的方式来（利用二叉树）表示森林。接下来可以看到，许多其他类型的组合对象不仅具有这一性质，还能用其他方法表示树和二叉树。

括号系统

每个具有 N 个节点的森林对应于一组 N 对括号：根据定义，存在一系列的树，每棵树都由一个根节点和一系列具有相同结构的子树组成。如果把每棵树都封装在括号内，那么可以立即得到一个只使用括号的表达式：对于森林中的每棵树，写一个左括号，接着是包含子树的森林所对应的括号系统，最后是一个右括号。下面表示了图 6.5 左侧的森林。

$$(\ (\ (\ ) \ ) \ (\ ) \ (\ ) \ ) \ (\ (\ ) \ (\ ) \ ) \ (\ (\ ) \ )$$

通过在被括号封装的树的根节点所对应的层次上写括号，可以发现该方法与树结构之间的关系，如下所示。

压缩该结构即可得到括号系统的表示法。

按照树遍历的方法进行投射，通过对树递归遍历，可以找到与树对应的括号系统，当从边缘"向下"时写"("，当从边缘"向上"时写")"。同样地，可以认为"("对应"开始递归调用"，")"对应"结束递归调用"。

然而，这种表示法只能描述树的形状，不能记录任何节点中可能包含的信息。接下来，我们将针对节点可能具有相关关键信息或其他附加信息的情况研究合适的表示法。

习题 6.7 写出与图 6.1 中的森林对应 的括号系统。

树形空间的有效表示法

括号系统用一个 $2N + O(1)$ 位的序列编码一棵大小为 N 的树。这明显小于带指针的树的标准表示。而且事实上，它很接近信息论的最佳编码长度，即 Catalan 数的对数：

$$\lg T_N = 2N - O(\log N)$$

这种树形表示法适用于大型树的存储（例如，数据库的索引结构）或传递（例如，哈夫曼树的表示，见参考资料[33]）。

树的先序和后序表示法

本章将在 6.5 节讨论基本的树遍历（tree traversal）算法，该算法直接引出各种树的表示法。具体来说，我们将扩展括号系统，使其包含节点处的信息。与树遍历一样，根节点或者是在子树之前列出（先序），或者是在子树之后列出（后序）。因此，图 6.5 中左侧森林的先序表示为

$$(\bullet\ (\bullet\ (\bullet)\ )\ (\bullet)\ (\bullet)\ )\ (\bullet)\ (\bullet\ (\bullet)\ (\bullet)\ )\ (\bullet\ (\bullet)\ )$$

其后序表示为

$$(\ (\ (\bullet)\ \bullet)\ (\bullet)\ (\bullet)\ \bullet)\ (\bullet)\ (\ (\bullet)\ (\bullet)\ \bullet)\ (\ (\bullet)\ \bullet)$$

下面讨论的改进都会运用先序表示法，尽管这些表示法基本上是等价的，并且这些改进同样适用于后序表示法。

先序度表示法

图 6.5 中森林形状的另一种表示方法是用整数串

$$3\ 1\ 0\ 0\ 0\ 0\ 2\ 0\ 0\ 0\ 1\ 0$$

在先序遍历中，这只是这些节点的孩子节点数量的列表。若想知道它为什么是一个独特的表示法，只需简单地考虑相同的序列，但其中每一项都减 1，即

$$2\ 0\ -1\ -1\ -1\ -1\ 1\ -1\ -1\ -1\ 0\ -1$$

从左往右看，该序列可分为具有下述性质的子序列：（1）子序列中各数之和为 -1；（2）子序列中数的任意前缀之和大于或等于 -1。用括号划分子序列，从而得到

$$(\ 2\ 0\ -1\ -1\ -1\ )\ (\ -1\ )\ (\ 1\ -1\ -1\ )\ (\ 0\ -1\ )$$

这与括号系统相对应：每个子序列都对应着森林中的一棵树。删除每个序列的第一个数并递归分解，即可得出括号系统。现在，每个加括号的数字序列不仅总和为 -1，而且具有任意前缀之和非负的性质。通过归纳法可以直接证明，条件（1）和（2）是必要的，并且足以建立整数序列和树之间的直接对应关系。

二叉树遍历表示法

因为外部节点（0 度）和内部节点（2 度）之间有明显区别，所以二叉树表示法更简单。例

如，本章将在 6.5 节讨论算术表达式的二叉树表示法（见图 6.11）。熟悉的表示形式对应于括号内列出的子树，该子树的性质与下式的根有关。

$$((x + y) * z) - (w + ((a - (v + y)) / ((z + y) * x)))$$

这在算术表达式中称为中序（inorder）或中缀（infix），对应于中序遍历树，即先写"("，接着遍历左子树，然后写根的字符，再遍历右子树，最后写")"。

可以用类似的方式定义先序遍历表示法和后序遍历表示法。但是这两种表示法不需要括号：外部节点（操作数）和内部节点（运算符）是可识别的。

因此，先序节点度序列隐含于表达式中，可以由此确定树的结构，这与上面讨论的方式相同。上述序列的先序或前缀表示形式为

$$- * + x y z + w / - a + v y * + z y x$$

其后序或后缀表示形式为

$$x y + z * w a v y + - z y + x * / + -$$

习题 6.8 给定一棵（有序）树，利用旋转对应写出其作为二叉树的表达式。讨论有序树的先序、后序表达式和对应二叉树的先序、中序、后序表达式之间的关系。

赌徒破产序列与格子路径

二叉树的节点或有两个孩子节点，或没有孩子节点。如果以先序列出每个节点的孩子节点数量并减 1，则得到+1或−1，简写为+或−。于是，一棵二叉树可以唯一地表示成+、−的符号串。图 6.11 中树的结构是

$$+ + + - - - + - + + - + - - + + - -$$

这种编码是先序度表示法的特例。+和−的哪些符号串对应二叉树？

赌徒破产序列

这些符号串恰好对应下面的情况。假设一个赌徒有 0 元并投赌 1 元。如果他输了，那么他就有−1 元，从而破产；但是如果他赢了，那么他就有 1 元并再次投赌。他的财产曲线图就是正负号序列的部分和曲线图（正号的个数减去负号的个数）。不穿过 0 点的任意路径（除最后一步外）都可能是赌徒的破产路径，这样的路径也与二叉树直接对应。给定一棵二叉树，像刚刚描述的那样写出对应的路径；前面曾证明有序树的先序度表示法的有效性，通过运用相同的归纳推理，能够证明这条路径是赌徒的破产路径。给定赌徒的破产路径，恰好有一种方法可以将该路径分成两条具有相同特征的子路径：删除第一步，并在该路径与 0 元轴相交的第一个位置将其分裂。这种分裂能够（归纳地）推导出对应的二叉树。

选票问题

解决该问题的第二种方式是通过选举，其中胜者得到 $N + 1$ 张选票，败者得到 N 张选票。此时正负号序列对应选票的集合，而与二叉树相对应的正负号序列则是那些在计算选票时胜者从未落后的序列。

格子中的路径

解决该问题的第三种方式是利用 $N \times N$ 方格中的路径。这些路径通过"向右走"和"向下走"，从左上角延伸到右下角。这样的路径共有 $\binom{2N}{N}$ 条，但是每 $N + 1$ 条路径中只有一条路径开始就

"向右走"而且不与对角线相交，因为该路径与二叉树直接对应，如图 6.6 所示。显然这是一个被旋转 45°的赌徒财产图（或计算选票时获胜者的盈余票数图）。如果以先序遍历对应的树，那么这也是描绘栈大小的图。

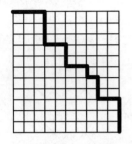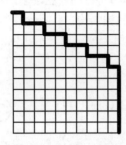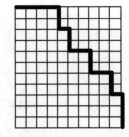

图 6.6　图 6.1 中二叉树的格子-路径表示法

我们将在第 7 章和第 8 章中研究这些赌徒破产序列或选票序列的性质。实际上，这些序列在排序算法和归并算法的分析中是相关的（见 7.6 节），并且可以运用与字符串计数相关的一般工具来研究它们（见 8.5 节）。

习题 6.9　找出并证明 N 步赌徒破产路径和 $N-1$ 个节点的有序森林之间的对应关系的有效性。

习题 6.10　有多少 N 位二进制字符串具有下述性质：对于所有 k，二进制字符串的前 k 位中 1 的个数不超过 0 的个数。

习题 6.11　将一个有序森林的括号表示法与相应二叉树的正负号表示法进行比较，并解释比较的结果。

平面细分表示法

我们接下来讨论另一种经典的对应关系，它在组合学中非常著名，即 "N 边形三角剖分" 表示法，如图 6.7 所示，该图表示的是图 6.1 左侧的二叉树。给定一个凸 N 边形，用连接顶点的非相交 "对角线" 将其分成三角形，共有多少种方法？答案是一个 Catalan 数，因为它和二叉树直接对应。这个应用是 Catalan 数于 1753 年首次出现在 Euler 和 Segner 的研究中，这大约比 Catalan 的研究早一个世纪。由图 6.7 可知这种对应关系很简单：给定一个 N 边形三角剖分，在每条对角线上放一个内部节点，在一条外部边上放一个节点（根节点），在其余的每条外部边上放一个外部节点。然后把根节点与其所在三角形的另外两个节点连接起来，并继续以这种方式向下连接，直至该树的底层。

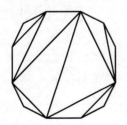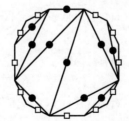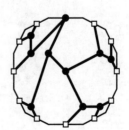

图 6.7　对应 N 边形三角剖分的二叉树

这种特殊的对应关系在组合学中很经典，而其他的平面细分方法近来已经出现，并且在一些几何算法的设计和分析中具有重要意义。例如，Bentley 的二维树（2D-tree）数据结构[4]基于下述操作实现：先用水平线划分平面上的一个矩形区域，然后用垂直线进一步划分所得子区域，继续划分直至达到理想程度，其中交替使用水平线和垂直线进行划分。这一递归划分对应着一种树表示法。许多此类的平面细分已经被用于点定位的多维空间细分以及其他应用。

图 6.8 以 5 节点树为例，总结了本节讨论的一些著名的树表示法。这些表示法强调组合学中无处不在的树——因为树表面上作为数据结构，并隐含地作为递归计算模型——以及算法分析。熟悉各种表示法是有用的，因为有时用一种等效表示法可能比另一种表示法更容易观察特定算法的特性。

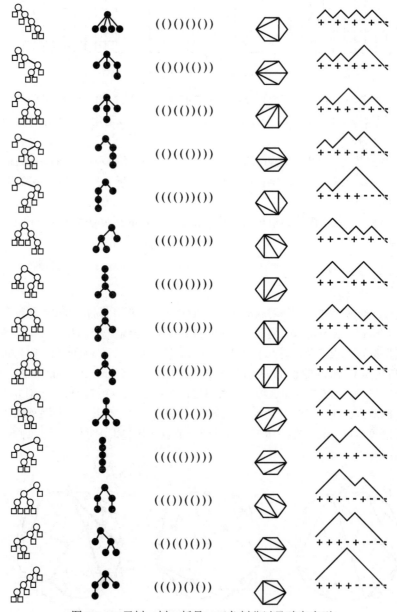

图 6.8　二叉树、树、括号、三角剖分以及破产序列

习题 6.12　当任一矩形的高宽比在 α 和 $1/\alpha$（$\alpha > 1$，且 α 为常数）之间时，给出用细分的矩形表示一棵树的方法。求出使 α 尽可能小的解。

习题 **6.13** 三角剖分的左右对称反映在树的左右对称中，其间存在一种明显的对应关系。那么旋转呢？对应于非对称三角剖分 N 次旋转的 N 棵树之间是否存在某种关系？

习题 **6.14** 考虑具有下面两个性质的 N 整数串：第一，如果该串存在 $k > 1$，那么也存在 $k - 1$；第二，在任一整数的任意两次出现位置之间必然存在一个更大的整数。证明长度为 N 的这种串的个数可由 Catalan 数描述，并找出与树或二叉树的直接对应关系。

6.4 树的性质

树应用于计算机的各种应用中。树的大小（size）是一个基本概念，对于一般树而言，通常指节点数，但对于二叉树而言，则指内部节点数或外部节点数，这要视具体情况而定。在算法分析中，我们主要关注给定大小的树的两个基本性质：路径长度（path length）和高度（height）。

为了定义这些性质，我们引入一个概念，即树中节点的层（level）：根节点位于 0 层，根节点的孩子节点位于第一层，而且一般情况下，第 k 层节点的孩子节点在第 $k+1$ 层。从另一个角度来看，层也可以作为从根节点到当前节点所必须经过的距离（链的数量）。我们特别关注从每个节点到根节点的距离之和。

定义 给定一棵树或一个森林 t，t 中每个节点的层之和是路径长度（path length），所有节点中层的最大值是高度（height）。

这里用符号 $|t|$ 表示树 t 的节点个数，用符号 pl(t) 表示路径长度，并用符号 h(t) 表示高度。这些定义对于森林同样成立。此外，森林的路径长度是组成该森林的树的路径长度之和，而森林的高度是组成该森林的树的高度的最大值。

定义 给定一棵二叉树 t，其内部路径长度（internal path length）是树 t 中每个内部节点的层之和，外部路径长度（external path length）是树 t 中每个外部节点的层之和，其高度为树 t 的所有外部节点中层的最大值。

这里用符号 ipl(t) 表示二叉树的内部路径长度，用符号 xpl(t) 表示外部路径长度，并用符号 h(t) 表示二叉树的高度。除非特别声明用外部节点或所有节点进行计数更适合，我们一般都用 $|t|$ 表示二叉树的内部节点数。

定义 在一般树中，叶子节点（leaf）定义为没有孩子节点的节点。在二叉树中，叶子节点被定义为其两个孩子节点都是外部节点的（内部）节点。

为了巩固这些定义，图 6.9 给出了两个例子。左边的森林高度为 2，路径长度为 8，有 7 个叶子节点；右边的二叉树高度为 5，内部路径长度为 25，而外部路径长度为 47，有 4 个叶子节点。

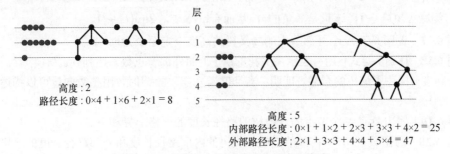

图 6.9 森林和二叉树的路径长度和高度

每棵树的左边是一个全貌（profile）——每层的节点数（二叉树的内部节点），这有助于计算路径长度。

递归定义和基本边界

对于树的参数，使用递归定义通常很方便。在二叉树 t 中，如果 t 的根节点是外部节点，则已经定义的参数均为 0；否则，如果 t 的根节点是内部节点，且左子树和右子树分别用 t_l 和 t_r 表示，则有下列递归公式：

$$|t| = |t_l| + |t_r| + 1$$
$$\text{ipl}(t) = \text{ipl}(t_l) + \text{ipl}(t_r) + |t| - 1$$
$$\text{xpl}(t) = \text{xpl}(t_l) + \text{xpl}(t_r) + |t| + 1$$
$$h(t) = 1 + \max(h(t_l), h(t_r))$$

这些公式与上面给出的定义是等价的。首先，二叉树的内部节点数是其子树的节点数之和加 1（根节点）。其次，内部路径长度是其子树的内部路径长度之和加 $|t|-1$，因为在这些子树的 $|t|-1$ 个节点中，当子树连接到原树上时，每个节点都恰好下移一层。同样的结论对于外部路径长度也是成立的，但需要注意的是，具有 $|t|$ 个内部节点的二叉树的两棵子树有 $|t|+1$ 个外部节点。高度可由下面的事实得出：子树上所有节点的层都恰好增加 1。

习题 6.15 写出描述一般树的路径长度和高度的递归公式。

习题 6.16 写出描述二叉树和一般树中叶子节点数量的递归公式。

下面在分析参数时，这些定义将作为根据相关母函数推导出函数方程的基础。此外，这些定义还可用于对参数之间关系的归纳证明。

引理 任意二叉树 t 的路径长度满足 $\text{xpl}(t) = \text{ipl}(t) + 2|t|$。

证明： 从 $\text{ipl}(t)$ 的递归方程中减去 $\text{xpl}(t)$ 的递归方程，得到

$$\text{ipl}(t) - \text{xpl}(t) = \text{ipl}(t_l) - \text{xpl}(t_l) + \text{ipl}(t_r) - \text{xpl}(t_r) + 2$$

则该引理可以直接由归纳法证明。

路径的长度和高度不是相互独立的参数：正如下面的界限所示，如果高度值很大，那么路径的长度值也必然很大。这个公式虽然相对粗糙，但很实用。

引理 任意非空二叉树 t 的高度和内部路径长度满足不等式

$$\text{ipl}(t) \leqslant |t| h(t) \text{且} h(t) \leqslant \sqrt{2 \text{ipl}(t)} + 1$$

证明： 若 $h(t) = 0$，则 $\text{ipl}(t) = 0$ 且上述不等式成立。否则，必然有 $\text{ipl}(t) < |t| h(t)$，因为每个内部节点的层一定严格小于该树的高度。此外，每个小于该高度的层上至少存在一个内部节点，于是必然有 $0 + 1 + 2 + \ldots + h(t) - 1 \leqslant \text{ipl}(t)$。因此，$2\text{ipl}(t) \geqslant h(t)^2 - h(t) \geqslant (h(t) - 1)^2$（从不等式右侧减去 $h(t) - 1$，该量是非负的），从而有 $h(t) \leqslant \sqrt{2\text{ipl}(t)} + 1$。

习题 6.17 证明具有 N 个外部节点的二叉树的高度一定至少为 $\lg N$。

习题 6.18 [Kraft 等式] 用 k_j 表示二叉树的层 j 上的外部节点数。序列 $\{k_0, k_1, \ldots, k_h\}$（其中 h 是树的高度）描述了该树的全貌。证明：当且仅当 $\sum_j 2^{-k_j} = 1$ 时，用整数向量可以描述二叉树的全貌。

习题 6.19 写出具有 N 个节点的一般树的路径长度的严格上界和下界。

习题 6.20 写出具有 N 个内部节点的二叉树的内部路径长度和外部路径长度的严格上界和下界。

习题 6.21 写出具有 N 个节点的二叉树的叶子节点数的严格上界和下界。

在各种"随机"树的算法分析中，我们对这些参数的平均（average）值特别感兴趣。本章讨

论的主要问题之一是，这些量如何与基本算法建立联系，以及如何确定这些量的期望值。图 6.10 说明了不同类型树的不同之处。图的上半部分是一个随机森林，具有相同节点数的森林等可能地出现。图的下半部分是一棵随机二叉树，具有相同节点数的二叉树会等可能地出现。该图还为每棵树标出了全貌（各层的节点数），使高度（层数）和路径长度（i 乘以第 i 层的节点数并对 i 求和）更容易计算。与随机森林相比，随机二叉树具有更大的高度值和路径长度值。本章的主要目的之一是精确地对这些参数和类似的观察量进行计数。

随机森林(237个节点)

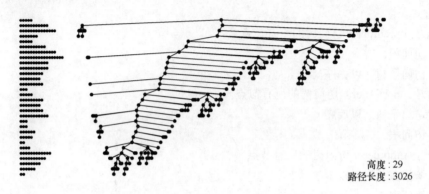

高度：29
路径长度：3026

随机二叉树(237个内部节点)

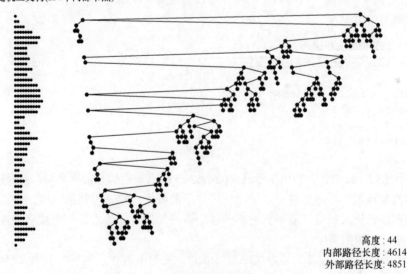

高度：44
内部路径长度：4614
外部路径长度：4851

图 6.10 随机森林和随机二叉树

6.5 树算法的例子

树与算法分析的研究有关，这不仅是因为树隐含着递归程序的性质，还因为树直接而广泛地应用于许多基本算法。本节将简要介绍一些最基本的算法。当然，这种简略的介绍不能妥善处理算法设计中树结构的一般实用课题，不过这为研究路径的长度和高度等树参数提供了大量分析重要算法所需要的基本信息。

遍历

在计算机表示中，对树进行的基本操作之一就是**遍历**（traversal）：系统地处理树的每一个节点。这种操作还具有组合学意义，因为它代表了一种方法，该方法能够建立（二维）树结构和各种（一维）线性表示之间的对应关系。

由树的递归特性可得到一个简单的递归过程，即"访问"树的根节点，并递归地"访问"其子树。根据是否在之前、之后或（对于二叉树）在两棵子树之间访问根节点，有如下三种不同的遍历方式。

以**先序**（preorder）访问树的所有节点。

- 访问根。
- 访问子树（以先序）。

以**后序**（postorder）访问树的所有节点。

- 访问子树（以后序）。
- 访问根。

以**中序**（inorder）访问树的所有节点。

- 访问左子树（以中序）。
- 访问根。
- 访问右子树（以中序）。

在这些方法中，"访问"根节点意味着任意过程需要系统地应用于树中的节点。程序 6.1 是二叉树先序遍历的实现。

程序 6.1　二叉树的先序遍历

```
private void preorder(Node x)
{
    if (x == null) return;
    process(x.key);
    preorder(x.left);
    preorder(x.right);
}
```

若要调用递归，系统就会利用下堆栈（pushdown stack）存储当前"环境"，以便从递归过程返回时能够恢复环境。当遍历树时，下堆栈所使用的最大内存量与树的高度成正比。在这种情况下，虽然程序设计人员可能看不到内存的使用情况，但是它确实是一个重要的性能参数，因此我们有兴趣分析树的高度。

另一种遍历树的方法被称为**层序**（level order）：先列出第 0 层的所有节点（根节点）；然后从左向右列出第 1 层的所有节点；接着从左向右列出第 2 层的所有节点，以此类推。这种方法不适合用递归实现，但容易用某些非递归方式实现，就像前面使用的是队列（先进先出的数据结构）而不是栈。

树的遍历算法是基本而广泛适用的算法。关于这些算法的更多细节以及递归实现和非递归实现之间的关系，请见参考资料[24]或[32]。

表达式求值

考虑由+、-、*、/等运算符（operator）以及用数字或字母表示的操作数（operand）组成的算术表达式。这样的表达式一般用括号指出运算之间的优先级。表达式可以表示为二叉树，即分析树（parse tree）。例如，考虑表达式中只用二目运算符的情况。这样的表达式与二叉树相对应，运算符对应内部节点，操作数对应外部节点，如图 6.11 所示。对应于每个运算符的操作数是与运算符相对应的内部节点的左子树和右子树所表示的表达式。

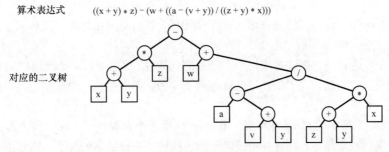

图 6.11　算术表达式对应的二叉树

给定一棵分析树，我们可以用一个简单的递归程序计算与之对应的表达式的值：递归地计算两棵子树的值，然后用运算符计算上一步得到的值。由外部节点的求值即可得出相关变量的当前值。该程序等价于程序 6.1 那样的树遍历（只不过是后序遍历）。与树的遍历一样，该程序的空间开销与树的高度成正比。在计算机应用系统中，这种方法常常用于计算算术表达式。

人们发明计算机的主要目的之一就是将算术表达式转换成能够有效完成工作的机器代码，进而得出计算结果。为此，编程语言编译器通常使用的一种方法是，先建立一个与部分程序相关联的表达式树，然后将表达式树转换成一系列指令，以便在程序执行时算出表达式的值，如下所示：

$$
\begin{aligned}
r1 &\leftarrow x+y \\
r2 &\leftarrow r1*z \\
r3 &\leftarrow v+y \\
r4 &\leftarrow a-r3 \\
r5 &\leftarrow z+y \\
r6 &\leftarrow r5*x \\
r7 &\leftarrow r4/r6 \\
r8 &\leftarrow w+r7 \\
r9 &\leftarrow r2-r8
\end{aligned}
$$

这些指令与机器指令很接近，例如，二进制算术运算用到机器寄存器（由临时变量 r1 到 r9 表示），这是一种保存算术运算结果的（有限的）机器资源。通常来讲，一个合理的目标是，尽可能少地使用寄存器。例如，可以用指令

$$
\begin{aligned}
r7 &\leftarrow w+r7 \\
r7 &\leftarrow r2-r7
\end{aligned}
$$

代替最后两条指令，从而少用两个寄存器。表达式的其他部分也可以用类似的方式节省资源。计算表达式所需寄存器的最少个数是具有直接实际意义的树参数。这个量的上界由树的高度限定，但它又不同于树的高度。例如，退化二叉树除一个节点外的所有节点都恰好只有一个空链，其高度为 N，但仅用一个寄存器就能计算对应表达式的值。确定所需寄存器的最少个数（以及怎样使用这些寄存器）被称为寄存器分配（register allocation）问题。表达式求值的本身就相当重要，这也说明了在将计算机程序从高级语言转换为机器语言的过程中树非常重要。编译器一般先把程序表示成"分析"树的形式，然后对树的表示形式进行处理。

习题 6.22 计算图 6.11 中所示表达式的值所需寄存器的最少个数。

习题 6.23 写出与表达式 $(a+b)*d$ 和 $((a+b)*(d-e)*(f+g))-h*i$ 相对应的二叉树，并写出对这两棵树的先序、中序和后序遍历。

习题 6.24 存在一个表达式，其运算符对应的操作数的个数是变化的。该表达式可以表示成树的形式，其中操作数在叶子节点上，而运算符在非叶子节点上。写出与表达式 $((a^2+b+c)*(d^4-e^2)*(f+g+h))-i*j$ 相对应的树的先序遍历和后序遍历，然后写出该树的二叉树表示形式，并写出所得二叉树的先序、中序和后序遍历。

树的遍历和表达式操作在许多应用中十分具有代表性，这些应用对研究路径的长度和高度等参数具有重要意义。当然，为了研究这些参数的平均值，需要指定一个模型，该模型定义了"随机"树的含义。

首先，我们研究所谓的 Catalan 模型，其中在 T_N 棵大小为 N 的二叉树或大小为 $N+1$ 的一般树中，每棵树出现的概率相等。但这并不是唯一的可能性——在许多情况下，树是由外部数据决定的，此时也可以用其他的随机模型。对于这种情形，接下来我们将考虑一个特别重要的例子。

6.6 二叉搜索树

二叉树最重要的应用之一就是二叉树搜索（binary tree search，BTS）算法，该方法基于显式构造二叉树，这为许多应用中产生的基本问题提供了有效的求解方案。二叉树搜索的分析阐述了两种模型之间的区别，即所有的树都等可能出现的模型和基本分布由其他因素决定的模型之间的区别。模型的并置是本章的一个重要概念。

字典（dictionary）、符号表（symbol table）或简单的搜索（search）问题是计算机科学的基本问题：将一组不同的关键字组织起来，以便客户端查询给定的关键字是否在集合中。概括地说，通过使用不同的关键字，我们可以利用二叉搜索树实现关联数组（associative array）。关联数组中的每个关键字都与信息相关联，而且可以利用关键字来存储或恢复这些信息。2.6 节讨论的二分搜索方法是求解这类问题的一种基本方法，但是该方法需要预处理，所以具有局限性。在预处理过程中，要先对所有的关键字进行有序排列，而典型应用程序的预处理操作则混合了关键字的搜索和插入。

二叉树结构可以为字典问题提供更加灵活的求解方法，即给每个节点分配一个关键字，而且要保证每个节点的关键字都大于其左子树上的任何关键字，同时小于其右子树上的任何关键字。

定义 二叉搜索树（binary search tree）是一种二叉树，其包含的关键字与内部节点相关联，且满足约束条件：每个节点上的关键字大于其左子树上的所有关键字，并小于其右子树上的所有关键字。

可以由任意类型的数据构建二叉搜索树，为此定义了一个总体顺序。一般情况下，关键字是按照数字顺序排列的数字，或者是按照字母顺序排列的字符串。许多不同的二叉搜索树可能对应同一组给定的关键字。参考图 6.12，该图描绘了三棵不同的二叉搜索树，它们都包含同一组两字符的关键字，即 AA-AB-AL-CN-EF-JB-MC-MS-PD。

程序 6.2 示范了如何运用二叉搜索树求解字典问题。假设关键字已经存储于二叉搜索树上，并运用"搜索"过程递归实现，且该过程能够确定一个给定的关键字是否在这棵二叉搜索树上。搜索一个带有关键字 v 的节点，如果该树为空，则终止搜索（搜索不成功）；如果根节点上的关键字是 v，那么也终止搜索（搜索成功）。否则，如果 v 小于根节点上的关键字，就搜索左子树；如果 v 大于根节点上的关键字，就搜索右子树。证实这一点很简单，如果从一个有效二叉搜索

树的根节点上开始搜索关键字 key，那么当且仅当该树中存在一个包含 key 的节点时，程序 6.2
返回 true；否则，程序 6.2 返回 false。

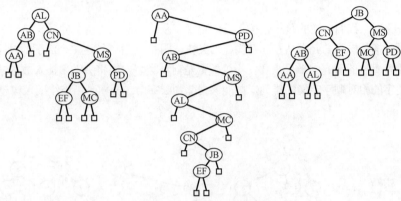

图 6.12 三棵二叉搜索树

程序 6.2 二叉树搜索

```
private boolean search(Node x, Key key)
{
    if (x == null) return false;
    if (key < x.key) return search(x.left, key);
    if (key > x.key) return search(x.right, key);
    return true;
}
```

事实上，给定的任意（any）一组 N 个有序关键字都能与任意二叉树结构 T_N 相关联，从而形
成一棵二叉搜索树，并以先序方式访问该树的节点，在访问每个节点时分配下一个关键字。该
搜索算法适用于任意此类二叉搜索树。

如何构造一棵二叉搜索树，使其包含给定的关键字集呢？这里有一个实用的方法，即运用类
似 search 的递归策略，把关键字逐个添加到初始空树中。假设先进行了一次搜索，以确定该
树不包含新的关键字，并以此保证该树的关键字都各不相同。为了把一个新的关键字插入一棵
空树，创建一个包含该关键字的节点，并使其左、右指针均为 null，然后返回指向该节点的指
针。（用 null 值表示所有外部节点。）如果树是非空的，那么，若关键字小于根节点的关键字，
则把该关键字插入左子树；若关键字大于根节点的关键字，则把该关键字插入右子树，并根据
返回的指针重新设置链接。这相当于先对该关键字进行一次不成功的搜索，然后将一个包含该
关键字的新节点插入搜索终止处的外部节点上。树的形状以及构建树和搜索的开销取决于关键
字的插入顺序。

程序 6.3 实现了上述方法。例如，如果把关键字 DD 插入图 6.12 所示的任意一棵树上，程序
6.3 将创建一个新的节点，其中关键字 DD 作为 EF 的左孩子节点。

程序 6.3 二叉搜索树的插入

```
private Node insert(Key key)
{
    if (x == null)
        { x = new Node(); x.key = key; }
    if (key < x.key)
        x.left = insert(x.left, key);
```

```
    else if (key > x.key)
        x.right = insert(x.right, key);
    return x;
}
```

在当前情况下，我们关注的是上述插入算法定义了从排列到二叉树的映射：给定一个排列，通过在初始空树中插入排列的元素从左向右构建二叉树。图6.13说明了这三个例子的对应关系。这种对应关系在搜索算法的研究中十分重要。不管数据是何种类型，当将关键字插入数据结构时，都可以考虑由关键字的相对顺序定义的排列，并能够据此判断哪个二叉树是由连续插入构建的。

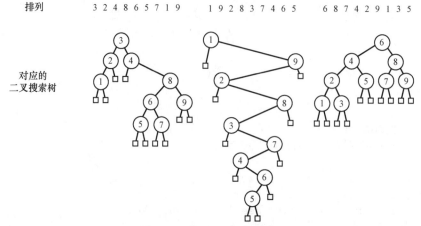

图 6.13 排列和二叉搜索树

一般而言，不同的排列可以映射到同一棵树。图 6.14 描绘了 4 个元素的排列与 4 个节点的树之间的映射。假设按照随机顺序将关键字插入初始空树，那么"每棵树等可能出现"的说法是不成立的。实际上，幸运的是，与搜索和构建开销很高的树结构相比，开销很低且较为"平衡"的树结构更容易出现。在分析中，我们将对其进行量化。

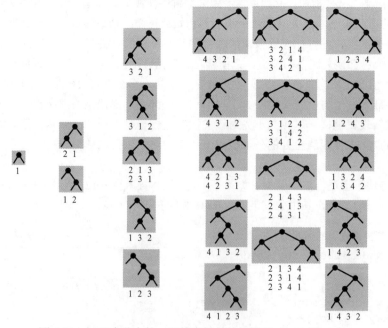

图 6.14 与 N 个节点的二叉搜索树相关的排列（$1 \le N \le 4$）

某些树构建起来要比其他的树开销大。在最坏的情况下，"退化树"的每个节点都至少有一个外部的孩子节点，对于 1 到 N 之间的每一个 i，在插入第 i 个节点时需要分析 $i-1$ 个内部节点，因此构建该树总共需要分析 $N(N-1)/2$ 个节点。在最好的情况下，每棵子树的中间节点都在根节点处，于是每棵子树大约有 $N/2$ 个节点，因此标准的分治递归 $T_N = 2T_{N/2} + N$ 成立。这意味着，构建该树共需要大约 $N \lg N$ 个步骤（见 2.6 节）。

构建一棵特定的树的开销直接与其内部路径长度成正比，因为节点一旦被插入就不再移动，而节点的层恰好等于插入该节点所需的比较次数。因此，对于每个能推导出其结构的插入序列，构建树的开销都是相同的。

对于所有 $N!$ 个排列，通过计算这些树的内部路径长度之和（累加开销），然后除以 $N!$，即可得到构建的平均开销。或者根据所有树的内部路径长度的乘积之和以及能推导出树结构的排列数量，也可以计算出累加开销。该计算结果即为对一棵初始空二叉搜索树经过 N 次随机插入之后的平均内部路径长度，但是不同于在所有树都等可能出现的模型之下的随机二叉树的平均内部路径长度。相反，假设所有排列（permutation）都是等可能出现的。

如图 6.14 所示，即使对于 3 节点树和 4 节点树，模型之间的差异也很明显。图 6.14 中存在 5 棵不同的 3 节点树，其中有 4 棵树的内部路径长度为 3，有 1 棵树的内部路径长度为 2。该图中大小为 3 的排列有 6 种，其中有 4 种排列对应于具有较大路径长度的树，有 2 种排列对应于平衡树。因此，如果 Q_N 是二叉树的平均内部路径长度，且 C_N 是由随机排列构建的二叉搜索树的平均内部路径长度，那么

$$Q_3 = (3+3+2+3+3)/5 = 2.8, \quad C_3 = (3+3+2\times2+3+3)/6 \doteq 2.667$$

对于 4 节点树，随机 4 节点二叉树对应的计算是

$$Q_4 = (6+6+5+6+6+4+4+4+4+6+6+5+6+6)/14 \doteq 5.286$$

由大小为 4 的随机排列构建的二叉搜索树对应的计算是

$$C_4 = (6+6+5\times2+6+6+4\times3+4\times3+4\times3+4\times3+6+6+5\times2+6+6)/24 \doteq 4.833$$

在这两种情况下，二叉搜索树的平均路径长度值要小一些，因为有更多的排列映射到平衡树。我们将在下一节针对"随机树"案例进行完整的分析，并在 6.8 节针对"由随机排列构建的二叉搜索树"案例进行完整的分析。

习题 6.25 计算 Q_5 和 C_5。

习题 6.26 证明：由两种不同的关键字排列方式不能得出相同的退化树结构。如果所有 $N!$ 个排列都是等可能出现的，那么产生退化树结构的概率是多少？

习题 6.27 对于 $N = 2^n - 1$，如果所有 $N!$ 个关键字的插入序列都是等可能出现的，那么建立完美平衡树结构（所有 2^n 个外部节点均在第 n 层上）的概率是多少？

习题 6.28 证明：以先序遍历一棵二叉搜索树，并将关键字插入初始空树中则得到原树。对于后序与/或层序遍历，上述结论是否成立？证明你的答案。

6.7 随机 Catalan 树

为了研究树参数，要考虑每种树均等发生的模型。为了避免和其他模型混淆，在前述假设下，我们添加 Catalan（卡塔兰）修正数来指代随机树，Catalan 修正数指的是某一特定树发生的概率，用 Catalan 数的倒数来表示。对于很多应用来说这种模型都是较为合理的开始点，第 3 章和第 5 章介绍的组合工具可以直接应用在本章的分析中。

二叉 Catalan 树

如果每一棵 N 节点树被认为是等概率的，那么有 N 个内部节点的二叉树的平均（内部）路径长度是多少呢？相较于第 3 章和第 5 章讨论过的对于组合结构的宽泛的参数分析，对这一重要问题的分析更具有典型性。

- 定义一个双变量母函数（BGF），其中一个变量表明树的大小，另一个变量表明内部路径长度。
- 推导出双变量母函数或者与它相应的累积母函数（CGF）满足的函数方程。
- 提取系数以求出结果。

我们以基于递归的论述作为第二步的出发点，因为相关细节非常有趣，而且是我们所熟悉的问题。由第 5 章可知，对于该类问题，可以直接使用基于母函数的论述。我们将在下一节讨论这两种推导方法。

我们从具有 N 个节点的随机二叉 Catalan 树开始，它的左子树具有 k 个节点（右子树有 $N-k-1$ 个节点）的概率为 $T_k T_{N-k-1}/T_N$（其中 $T_N = \binom{2N}{N} / (N+1)$ 是第 N 个 Catalan 数）。分母是可能有 N 个节点的树的数目。分子是使用 k 节点的任意左子树和 $N-k-1$ 节点的任意右子树来生成可能的 N 节点树的方法的总数目。我们将这种可能性的分布称为 Catalon（卡塔兰）分布。

图 6.15 显示了 N 层的 Catalan 分布。令人惊奇的是，该分布在 N 增加时，一棵子树的概率从 0 趋向于一个常数：该常数在 $2T_{N-1}/T_N$ 和 $1/2$ 之间。

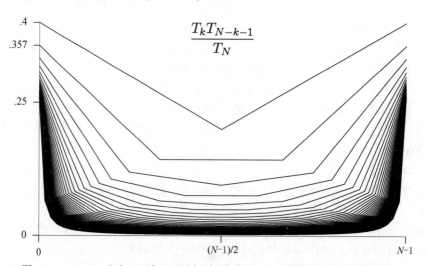

图 6.15　Catalan 分布（随机二叉树子树的大小）（k 轴按照 N 的比例标度）

分析随机二叉树的路径长度的一个思路是，使用 Catalan 分布来写一个类似我们此前研究的快速排序的递归式：随机二叉 Catalan 树的平均内部路径长度由下面的递归式表示

$$Q_N = N - 1 + \sum_{1 \le k \le N} \frac{T_{k-1} T_{N-k}}{T_N}(Q_{k-1} + Q_{N-k}) \quad （N > 0）$$

其中 $Q_0 = 0$。以下对该递归的讨论是普适的，而且通过将 Catalan 分布替换为其他分布，同样可以用于对基于其他随机模型的随机二叉树结构进行分析。例如，随后要讨论的对二叉搜索树的分析使用的就是均匀分布（每棵子树的发生概率均为 $1/N$），其对应的递归式类似第 1 章介绍的快速排序递归。

定理 6.3（二叉树的路径长度） 具有 N 节点的随机二叉树的平均内部路径长度为

$$\frac{(N+1)4^N}{\binom{2N}{N}} - 3N - 1 = N\sqrt{\pi N} - 3N + O(\sqrt{N})$$

证明：我们给出一个类似 3.10 节给出的 BGF。首先，概率母函数为 $Q_N(u) = \sum_{k \geq 0} q_{Nk} u^k$，其中 q_{Nk} 中的 k 为满足下列递归关系式的总的内部路径长度的概率

$$Q_N(u) = u^{N-1} \sum_{1 \leq k \leq N} \frac{T_{k-1}T_{N-k}}{T_N} Q_{k-1}(u) Q_{N-k}(u) \quad （N > 0）$$

其中 $Q_0(u) = 1$。为简化这一递归，我们使用枚举方法，使用 $p_{Nk} = T_N q_{Nk}$（大小为 N，内部路径长度为 k 的树的数目）来代替概率。于是由上面的递归式可知，它们满足

$$\sum_{k \geq 0} p_{Nk} u^k = u^{N-1} \sum_{1 \leq k \leq N} \sum_{r \geq 0} p_{(k-1)r} u^r \sum_{s \geq 0} p_{(N-k)s} u^s \quad （N > 0）$$

用双变量母函数的形式来表达，为

$$P(z, u) = \sum_{N \geq 0} \sum_{k \geq 0} p_{Nk} z^N u^k$$

将上式乘以 z^N，再加上 N，得到

$$\begin{aligned}
P(z, u) &= \sum_{N \geq 1} \sum_{1 \leq k \leq N} \sum_{r \geq 0} p_{(k-1)r} u^r \sum_{s \geq 0} p_{(N-k)s} u^s z^N u^{N-1} + 1 \\
&= z \sum_{k \geq 0} \sum_{r \geq 0} p_{kr} (zu)^k u^r \sum_{N \geq k} \sum_{s \geq 0} p_{(N-k)s} (zu)^{N-k} u^s + 1 \\
&= z \sum_{k \geq 0} \sum_{r \geq 0} p_{kr} (zu)^k u^r \sum_{N \geq 0} \sum_{s \geq 0} p_{Ns} (zu)^N u^s + 1 \\
&= z P(zu, u)^2 + 1
\end{aligned}$$

稍后，我们将给出关于这个等式的一个简单直接的讨论。现在我们可以使用定理 3.8 获得期望的结果：令 $u=1$，给出更熟悉的 Catalan 数母函数的函数化等式，所以 $P(z, 1) = T(z) = (1 - \sqrt{1 - 4z})/(2z)$。偏微分 $P_u(z, 1)$ 是将所有二叉树的内部路径长度相加的累计总数。由定理 3.8 可推导出，所求的平均值为 $[z^N] P_u(z, 1)/[z^N] P(z, 1)$。

对上面的等式两边求关于 u 的微分（利用偏导数的链式法则），得到

$$P_u(z, u) = 2z P(zu, u)(P_u(zu, u) + z P_z(zu, u))$$

在 $u=1$ 处求解，得到 CGF 的函数式等式

$$P_u(z, 1) = 2z T(z)(P_u(z, 1) + z T'(z))$$

从而有解

$$P_u(z, 1) = \frac{2z^2 T(z) T'(z)}{1 - 2z T(z)}$$

现在，$T(z) = (1 - \sqrt{1 - 4z})/(2z)$，所以有 $1 - 2z T(z) = \sqrt{1 - 4z}$ 以及 $z T'(z) = -T(z) + 1/\sqrt{1 - 4z}$。代入上式，得到显式表达式

$$z P_u(z, 1) = \frac{z}{1 - 4z} - \frac{1 - z}{\sqrt{1 - 4z}} + 1,$$

从而给出前述结果。

该结果在图 6.10 中以大型随机二叉树的形式给出，该树大致渐近逼近一个 $\sqrt{N} * \sqrt{N}$ 的正方形。

BGF 的直接组合参数

定理 6.3 的证明包含了一个双变量母函数

$$P(z, u) = \sum_{N \geqslant 0} \sum_{k \geqslant 0} p_{Nk} u^k z^N$$

其中 p_{Nk} 是节点数为 N、内部路径长度为 k 的树的数目。由第 5 章可以得知，上式可以等价地表示为

$$P(z, u) = \sum_{t \in \mathcal{T}} z^{|t|} u^{\mathrm{ipl}(t)}$$

现在由 6.4 节的递归的定义可立即得到

$$P(z, u) = \sum_{t_l \in \mathcal{T}} \sum_{t_r \in \mathcal{T}} z^{|t_l| + |t_r| + 1} u^{\mathrm{ipl}(t_l) + \mathrm{ipl}(t_r) + |t_l| + |t_r|} + 1$$

节点的数目为 1 加上子树的节点数目，内部路径长度为子树的内部路径长度之和并为每个子树的节点加上 1。于是很容易把这样的二重和重写为两个独立的和的形式

$$P(z, u) = z \sum_{t_l \in \mathcal{T}} (zu)^{|t_l|} u^{\mathrm{ipl}(t_l)} \sum_{t_r \in \mathcal{T}} (zu)^{|t_r|} u^{\mathrm{ipl}(t_r)} + 1$$

$$= zP(zu, u)^2 + 1$$

和以前一样，读者也许会感叹于其简单而且微妙，从而希望仔细研究这个例子。也可以采用符号化的方法（见参考资料[15]）直接推导出这种形式的方程。

累积母函数

一种更简单且能得到同样结果的思路是直接对 CGF 推导函数方程。我们定义 CGF 为

$$C_T(z) \equiv P_u(z, 1) = \sum_{t \in \mathcal{T}} \mathrm{ipl}(t) z^{|t|}$$

平均路径长度为 $[z^n] C_T(z) / [z^n] T(z)$。用与前面同样的方式立即就能得出二叉树的递归定义

$$C_T(z) = \sum_{t_l \in \mathcal{T}} \sum_{t_r \in \mathcal{T}} (\mathrm{ipl}(t_l) + \mathrm{ipl}(t_r) + |t_l| + |t_r|) z^{|t_l| + |t_r| + 1}$$

$$= 2z C_T(z) T(z) + 2z^2 T(z) T'(z)$$

这和在定理 6.3 中推导出的函数方程是一致的。

习题 6.29　推导路径长度的递归方程。

上面考虑的三种推导方式均是基于二叉树的同一种组合分解思路，但是 CGF 略过了最多的细节，而这是求取平均值最可取的方法。定理 6.3 的证明中给出的复数循环之间的常数以及这里给出的推导同一结果的两种思路是具有典型性的，在本书对于其他很多问题的分析中，都可以看出 CGF 方法略去的细节是相当可观的。

一般的卡塔兰树

我们可以使用相同的思路经由 BGF 求取一般随机树的期望路径长度。读者对 BGF 的用法可能还不是很熟悉，可以通过在练习中使用 CGF 函数得到递归结果。

定理 6.4（一般树的路径长度）　具有 N 个内部节点的一般随机树的平均内部路径长度为

$$\frac{N}{2} \left(\frac{4^{N-1}}{\binom{2N-2}{N-1}} - 1 \right) = \frac{N}{2} (\sqrt{\pi N} - 1) + O(\sqrt{N})$$

证明：如前述同样处理

$$
\begin{aligned}
Q(z, u) &\equiv \sum_{t \in \mathcal{G}} z^{|t|} u^{\mathrm{ipl}(t)} \\
&= \sum_{k \geq 0} \sum_{t_1 \in \mathcal{G}} \cdots \sum_{t_k \in \mathcal{G}} u^{\mathrm{ipl}(t_1) + \cdots + \mathrm{ipl}(t_k) + |t_1| + \ldots + |t_k|} z^{|t_1| + \ldots + |t_k| + 1} \\
&= z \sum_{k \geq 0} Q(zu, u)^k \\
&= \frac{z}{1 - Q(zu, u)}
\end{aligned}
$$

设 $u = 1$，我们知道 $Q(z, 1) = G(z) = zT(z) = (1 - \sqrt{1 - 4z})/2$ 是 6.2 节给出的可以枚举出一般树的卡塔兰母函数。针对上述得到的 BGF 对 u 求微分，并在 $u = 1$ 处求值，得到

$$
C_G(z) \equiv Q_u(z, 1) = \frac{zC_G(z) + z^2 G'(z)}{(1 - G(z))^2}
$$

由此简化给出：

$$
C_G(z) = \frac{1}{2} \frac{z}{1 - 4z} - \frac{1}{2} \frac{z}{\sqrt{1 - 4z}}
$$

接下来，和以前一样，我们利用定理 3.8 可以立即计算 $[z^N]C_G(z)/[z^N]G(z)$。

习题 6.30 直接证明定理 6.4 的证明中给出的一般树的路径长度的累积母函数方程（和二叉树中一样）。

习题 6.31 利用一般树和二叉树之间的旋转对应，由随机二叉树的平均路径长度推导出随机一般树的结果。

6.8 二叉搜索树中的路径长度

正如我们已经看到的那样，分析二叉搜索树中的路径长度实际上是对排列属性的研究，而不是树，因为我们是从一个随机排列开始的。在第 7 章中，我们将详细讨论排列的组合对象的性质。我们在这里分析 BST 中的路径长度不仅仅是因为它与随机树的分析相比十分有趣，还因为我们已经在第 1 章和第 3 章中完成了所有工作。

图 6.14 指出（分析证明）二叉搜索树的插入算法将更多的排列映射到了更多平衡的具备短内部路径长度的树上，而不是更少平衡的具备长内部路径长度的树上。二叉搜索树被广泛使用是因为它们可以以统一和灵活的方式用于混合搜索、插入和其他操作。从根本上说它们是有用的，因为搜索本身是高效的。在任何搜索算法的成本分析中，都有两个定量的指标：构建成本和搜索成本，后者通常是用于考查搜索是成功还是失败的。在二叉搜索树中，这些成本函数与路径长度密切相关。

构建成本

假设二叉搜索树是通过逐步插入并从关键字来源中随机提取而构建的（例如，在 0 和 1 之间独立且均匀分布的随机数）。这意味着所有的 $N!$ 个关键字序有同样的可能，因此等同于假设关键字是整数 1 到 N 的随机排列。现在观察到树是通过分裂过程形成的：插入的第一个关键字变成了根节点，随后独立产生左子树和右子树。N 个关键字的第 k 个最小值位于根处的概率是 $1/N$（独立于 k），在这种情况下大小为 $k-1$ 和 $N-k$ 的子树分别相应地建立于左侧和右侧。构建子树

的总成本是比根子树成本更高的每个节点的总成本（$k–1+N–k=N–1$ 的总和），所以有如下递归

$$C_N = N - 1 + \frac{1}{N} \sum_{1 \le k \le N} (C_{k-1} + C_{N-k}) \quad (N > 0, \ C_0 = 0)$$

当然，正如在 6.6 节中提到的，这个递归也描述了二叉搜索树的内部路径长度的平均值。这也是第 1 章中关于快速排序的比较次数的递归问题，除了是 $N–1$ 而不是 $N+1$。

因此，在 1.5 节和 3.10 节，我们已经完成了构建一棵二叉搜索树的成本分析。

定理 6.5（二叉搜索树的构建成本）　在构建二叉搜索树的过程中，将 N 个不同的关键字随机插入一棵初始的空树中（随机二叉搜索树的平均内部路径长度），其比较次数的平均数量是

$$2(N+1)(H_{N+1} - 1) - 2N \approx 1.386N\lg N - 2.846N$$

其中渐近方差为 $(7 - 2\pi^2/3)N^2$。

证明：在前面的讨论中，平均数的解是直接从定理 1.2 的证明和讨论中得出的。方差跟定理 3.9 的证明是一样的。定义双变量母函数为：

$$Q(z, u) = \sum_{p \in \mathcal{P}} \frac{z^{|p|}}{|p|!} u^{\mathrm{ipl}(p)}$$

p 表示所有排列的集合，而 ipl(p) 表示当 p 的元素用标准算法插入一棵初始的空树时所构建的二叉搜索树的内部路径长度。实际上和 3.10 节的计算一样，这个双变量母函数必须满足函数方程：

$$\frac{\partial}{\partial z} Q(z, u) = Q^2(zu, u), \ \ Q(0, u) = 1$$

这个方程与快速排序对应的方程不同，因为它缺少一个 u^2 因子（它源于 $N+1$ 和 $N–1$ 递归之间的区别）。要计算方差，我们就要像 3.10 节中的处理一样，得到完全相同的结果（u^2 因子不会对方差造成影响）。

因此，一棵"随机"的二叉搜索树（由随机排列组成的树）比一棵完全平衡的树的成本要高大约 40%。图 6.16 显示了一棵大型的随机二叉搜索树，它与图 6.10 下部的树相比，平衡得相当好，一棵"随机"的二叉树关键在于假设所有树出现的可能性相等。

图 6.16　一棵由 237 个随机排列的关键字组成的二叉搜索树

快速排序递归的关系强调了一个根本原因，为什么树在算法分析中很重要：递归程序涉及隐式树结构。例如，图 6.12 左边的树也可以被看作对程序 1.2 进行排序的过程的精确描述：我们将根关键字看作分区元素；左边的子树是对左子文件排序的描述；右边的子树是对右子文件排序的描述。二叉树也可以用来描述归并排序的操作，其他类型的树在其他递归程序的操作中是隐式的。

习题 6.32　对于图 6.12 所示的每一棵树，给出会使程序 1.2 按照树所描述的那样进行划分的排列。

搜索成本

一次成功的搜索是在搜索中找到一个先前插入的关键字。我们假设树中的每一个关键字都有相同的被查找机会。一次不成功的搜索是搜索一个先前并没有插入的关键字。也就是说，要查

找的关键字不在树中，因此搜索在一个外部节点处终止。我们假设每个外部节点都有相同的被达到的机会。例如，在我们的模型中，每次搜索都是这样的：新的关键字都是从一个随机源中抽取的。

除了它的构造，我们还想要分析在树中搜索的成本。这在应用中很重要，因为我们通常期望树能够参与大量的搜索操作，而且与许多应用的搜索成本相比，构建成本是很小的。为了进行分析，我们采用随机插入构建树的概率模型，在树中搜索是"随机的"，就像前一段中描述的那样。这两种成本都与路径长度直接相关。

定理 6.6（二叉搜索树的搜索成本） 在一棵随机二叉搜索树的 N 个节点中，一次成功搜索的平均成本是 $2H_N - 3 - 2H_N/N$，一次不成功搜索的平均成本是 $2H_{N+1} - 2$。在这两种情况下，方差是 $\sim 2H_N$。

证明：因为关键字永远不会在树中移动，所以在树中找到一个关键字所需的比较的次数刚好比插入它所需的次数多 1。因此，通过将树的构建成本（在定理 6.5 中给出的内部路径长度）除以 N 并加 1，就可以获得成功搜索的结果。

因为外部节点的层恰好是在一次不成功搜索期间达到它的成本，所以一次不成功的搜索的平均成本恰好是用外部路径长度除以 $N+1$，因此所述结果直接根据 6.3 节中第一个引理和定理 6.5 得出。

方差的计算方法不同，我们将在下面进行讨论。

概率母函数分析

定理 6.6 的证明是一个利用之前得到的结果很方便地来给出平均成本的应用；但是，它并没有给出一个计算方法，例如，标准偏差。

因为概率模型不同，这的确如此。对于内部路径长度（构建成本），有 $N!$ 种可以考虑的可能性，而对于成功搜索的成本，有 $N \cdot N!$ 种可能性。内部路径长度的值是介于 $N\lg N$ 和 N^2（大约）之间的数，而成功搜索的成本在 1 到 N 之间。对于特定的树，我们通过将内部路径长度除以 N 来获得平均的成功搜索的成本，但是描述搜索成本的分布是另一回事。例如，成功搜索的成本为 1 的概率是 $1/N$，这与内部路径长度为 N 的概率无关，而 $N>1$ 的概率为 0。

概率母函数（或者，在这种情况下，相当于符号方法）为搜索成本提供了另一种派生形式，同时也允许实时的计算。例如，一个不成功搜索的成本的概率母函数满足

$$p_N(u) = \left(\frac{N-1}{N+1} + \frac{2u}{N+1} \right) p_{N-1}(u)$$

是因为如果搜索有 $2/(N+1)$ 的概率终止于它的两个外部节点之一时，第 N 次插入对一个不成功搜索的成本的贡献为 1，否则贡献为 0。在 1 处进行微分并求值，可以得到一个简单的递归公式，它可以直接推导出定理 6.6 的结果，而方差的推导与此类似。接下来的练习总结了这些计算。

习题 6.33 成功搜索的成本是 2 的概率是多少？

习题 6.34 通过将 1000 个随机关键字插入一棵初始的空树中，构建一棵随机的 1000 节点的二叉搜索树，然后在该树中进行 10,000 次随机搜索，并绘制出搜索成本的直方图，与图 1.4 进行比较。

习题 6.35 为每次实验生成一棵新树，重做习题 6.34。

习题 6.36 [Lynch, cf. Knuth] 通过计算 $p_N''(1) + p_N'(1) - p'(1)^2$，表明不成功搜索成本的方差是 $2H_{N+1} - 4H_{N+1}^{(2)} + 2$。

习题 6.37 [Knott, cf. Knuth] 使用概率母函数的直接参数,找到成功搜索的成本的平均值和方差。

习题 6.38 在不成功搜索的概率母函数中,表示成功搜索的概率母函数。使用同样的方法,依据不成功搜索的平均值和方差表示成功搜索的平均值和方差。

6.9　随机树的附加参数

我们在分析卡塔兰树的路径长度和二叉搜索树时使用的基于 CGF 的方法涵盖了一大类定义在子树上附加的参数。特别的是,将所有代价函数满足以下线性递归结构的参数定义为附加参数

$$c(t) = e(t) + \sum_s c(s)$$

其中求和项是所有以 t 为根的子树之和。函数 e 称为"费用(toll)",它是与根相关的开销的一部分。下面的表格给出了代价函数的例子以及相关的 toll 函数。

toll 函数 $e(t)$	代价函数 $c(t)$
1	大小为 $|t|$
$|t|-1$	内部路径长度
$\delta_{|t|1}$	叶子的数目

通常将空的二叉树的 toll 函数值取为 0。

同时为卡塔兰树模型和 BST 模型的任意附加参数的平均状态分析研究一种通用而全面的处理方式是可行的。实际上,这种分析囊括了我们在这里看到的所有关于树的性质的定理。

定理 6.7(随机树的附加参数)　令 $C_T(z)$、$C_G(z)$、$C_B(z)$ 分别为二叉卡塔兰树、一般卡塔兰树、二叉搜索树模型的附加树参数 $c(t)$ 的累积母函数,令 $E_T(z)$、$E_G(z)$、$E_B(z)$ 分别是相应的 toll 函数 $e(t)$ 的累积母函数。(对于二叉搜索树,使用指数形式的累积母函数。)这些函数可由下列等式表示:

$$C_T(z) = \frac{E_T(z)}{\sqrt{1-4z}} \quad \text{(二叉卡塔兰树)}$$

$$C_G(z) = \frac{1}{2} E_G(z)\left(1 + \frac{1}{\sqrt{1-4z}}\right) \quad \text{(一般卡塔兰树)}$$

$$C_B(z) = \frac{1}{(1-z)^2}\left(E_B(0) + \int_0^z (1-x)^2 E_B'(x)\mathrm{d}x\right) \quad \text{(二叉搜索树)}$$

证明:证明过程和我们为路径长度给出的推证步骤是完全一样的。

首先,令 $\mathcal{T}$ 为所有二叉卡塔兰树的集合。于是,正如 6.6 节中介绍的,我们有

$$\begin{aligned}
C_T(z) &\equiv \sum_{t\in\mathcal{T}} c(t)z^{|t|} \\
&= \sum_{t\in\mathcal{T}} e(t)z^{|t|} + \sum_{t_l\in\mathcal{T}}\sum_{t_r\in\mathcal{T}}(c(t_l)+c(t_r))z^{|t_l|+|t_r|+1} \\
&= E_T(z) + 2zT(z)C_T(z)
\end{aligned}$$

其中 $T(z) = (1-\sqrt{1-4z})/(2z)$ 是卡塔兰数 T_N 的母函数。由此可以直接得到当前结果。

接下来,对于一般卡塔兰树,令 $\mathcal{G}$ 为树集。再一次类似 6.6 节中介绍的,有

$$C_G(z) \equiv \sum_{t \in \mathcal{G}} c(t) z^{|t|}$$

$$= \sum_{t \in \mathcal{G}} e(t) z^{|t|} + \sum_{k \geqslant 0} \sum_{t_1 \in \mathcal{G}} \cdots \sum_{t_k \in \mathcal{G}} (c(t_1) + \cdots + c(t_k)) z^{|t_1| + \ldots + |t_k| + 1}$$

$$= E_G(z) + z \sum_{k \geqslant 0} k C_G(z) G^{k-1}(z)$$

$$= E_G(z) + \frac{z C_G(z)}{(1 - G(z))^2}$$

其中 $G(z) = zT(z) = (1 - \sqrt{1 - 4z})/2$ 是卡塔兰数 T_{N-1} 的母函数，可以枚举出一般树。

对于二叉搜索树，我们令 c_N 和 e_N 分别为大小为 N 的随机二叉搜索树 $c(t)$、$e(t)$ 的期望值。于是，指数形式的累积母函数 $C(z)$ 和 $E(z)$ 和这些序列的母函数是一样的，我们沿用 3.3 节的推导方式得到循环式

$$c_N = e_N + \frac{2}{N} \sum_{1 \leqslant k \leqslant N} c_{k-1} \quad (N \geqslant 1, \ c_0 = e_0)$$

由上式可得微分方程

$$C'_B(z) = E'_B(z) + 2\frac{C_B(z)}{1 - z} \quad (C_B(0) = E_B(0))$$

上式可以像 3.3 节中介绍的那样得到当前解。

推论 附加参数的平均值可由下式给出

$$[z^N] C_T(z)/T_N \quad （二叉卡塔兰树）$$
$$[z^N] C_G(z)/T_{N-1} \quad （一般卡塔兰树）$$
$$[z^N] C_B(z) \quad （二叉搜索树）$$

证明：直接由定义和定理 3.8 给出。

这极大地拓展了我们前面已经进行过的计算和路径长度分析，使我们可以进一步分析很多重要的参数。本章开始推导的定理中计算过程和路径长度的结果都是遵从该定理的一个简单应用。例如，为计算二叉卡塔兰树的平均路径长度，有

$$E_T(z) = 1 + \sum_{t \in \mathcal{T}} (|t| - 1) z^{|t|} = 1 + zT'(z) - T(z)$$

因此有

$$C_T(z) = \frac{zT'(z) - T(z) + 1}{\sqrt{1 - 4z}}$$

上式和定理 6.3 的证明中得到的表达式是相等的。

叶子

作为定理 6.7 应用在一个新问题上的例子，我们将基于三种模型中的每一种模型来分析叶子的平均数目。这代表了与递归结构的内存分配有关的很重要的一类问题。例如，在二叉树里，如果空间非常宝贵，我们会寻找一种避免在叶子中出现空指针的表达方式。这种方式能够节省多少空间？这个问题的答案取决于树的模型结构：决定平均叶子数是定理 6.7 的一个直接应用，利用 $e(t) = \delta_{|t|1}$ 从而有 $E_T(z) = E_G(z) = E_B(z) = z$。

第一，对二叉卡塔兰树，我们有 $C_T(z) = z/\sqrt{1 - 4z}$，这和 3.10 节得到的结果是吻合的。

第二，对于一般卡塔兰树，我们有

$$C_G(z) = \frac{z}{2} + \frac{z}{2\sqrt{1-4z}}$$

上式在 $N>1$ 时可以得到结果——平均值为 $N/2$。

第三，对于二叉搜索树，可得

$$C_B(z) = \frac{1}{3}\frac{1}{(1-z)^2} + \frac{1}{3}(z-1)$$

因此，$N>1$ 时叶子的平均值为 $(N+1)/3$。

推论 对于 $N>1$，叶子的平均数由下式给出

$$\frac{N(N+1)}{2(2N-1)} \sim \frac{N}{4} \qquad N \text{ 个节点的随机二叉卡塔兰树}$$

$$\frac{N}{2} \qquad N \text{ 个节点的随机一般卡塔兰树}$$

$$\frac{N+1}{3} \qquad \text{由 } N \text{ 个随机关键字构建的二叉搜索树}$$

证明：请查阅此前的讨论。

我们这里研究的技术对于包括树及其在其他情况下的应用在内的算法分析都非常有用。例如，在第 7 章中，我们将经由与树的一个对应来分析排列的性质（参阅 7.5 节）。

习题 6.39 找出一棵具有 N 个节点的随机卡塔兰树的根节点的子节点的平均数。（见图 6.4，当 $N=5$ 的时候，答案为 2。）

习题 6.40 在一棵具有 N 个节点的随机卡塔兰树中，求拥有 1 个子节点的节点比例。

习题 6.41 在一棵具有 N 个节点的随机卡塔兰树中，求拥有 k 个子节点的节点比例，$k=2$、3 或者更大。

习题 6.42 二叉树的内部节点会属于三类中的其中一类：它们或者有两个，或者有一个，或者有 0 个外部子节点。在具有 N 个节点的随机二叉卡塔兰树中，每种类型的节点各占多大部分？

习题 6.43 回答习题 6.42 关于随机二叉搜索树的同样问题。

习题 6.44 为叶子数构造双变量母函数，并为三种随机树模型估计变量。

习题 6.45 证明在定理 6.7 中，对于 BGF 有类似的关系。

6.10 高度

一棵树的平均高度是多少？路径长度分析（利用 6.4 节的第 2 个引理）给出了卡塔兰树（二叉树或一般树也是一样的）的上下边界是 $N^{1/2}$ 和 $N^{3/4}$，二叉搜索树的上下边界为 $\log N$ 和 $\sqrt{N\log N}$。要做出对平均高度更精确的估计是非常困难的，即使平均高度的递归定义和平均路径长度的递归定义一样简单。一棵树的高度是 1 加上子树高度的最大值；一棵树的路径长度是子树路径长度与节点数之和加上 1。正如我们前面看到的，后一种分解可以对应于从子树"构造"树，可加性在分析中也可以反映出来（通过对母函数方程的线性化）。这种操作不适合用于求取子树的最大值。

二叉卡塔兰树的母函数

我们以寻找一棵二叉卡塔兰树的高度问题开始。这里采用与求取路径长度类似的方式，我们从双变量母函数开始

$$P(z, u) = \sum_{N \geqslant 0} \sum_{h \geqslant 0} P_{Nh} z^N u^h = \sum_{t \in \mathcal{T}} z^{|t|} u^{h(t)}$$

在此由高度的递归定义可得

$$P(z, u) = \sum_{t_l \in \mathcal{T}} \sum_{t_r \in \mathcal{T}} z^{|t_l| + |t_r| + 1} u^{\max(h(t_l), h(t_r))}$$

如果是路径长度，可以将上式调整为独立的和的形式，但是求取最大值的话将没办法如此操作。

相反，使用在 3.10 节介绍的对二元序列进行"垂直"公式化的方法，可以得出一个简单的函数方程。令 $\mathcal{T}_h$ 为二叉卡塔兰树的高度值不大于 h 的集合，并有

$$T^{[h]}(z) = \sum_{t \in \mathcal{T}_h} z^{|t|}$$

用和前面完全相同的枚举思路，可以给出一个关于 $T^{[h]}(z)$ 的简单函数方程：任何一棵高度不超过 $h+1$ 的树或者是空，或者是根节点，且两棵子树的高度都不超过 h，所以

$$T^{[h+1]}(z) = 1 + \sum_{t_L \in \mathcal{T}_h} \sum_{t_R \in \mathcal{T}_h} z^{|t_L| + |t_R| + 1}$$
$$= 1 + z T^{[h]}(z)^2$$

这一结果也可以通过符号化方法得到：对应于符号化方程

$$\mathcal{T}_{h+1} = \square + \bullet \times \mathcal{T}_h \times \mathcal{T}_h$$

迭代这个递归式，我们有

$$T^{[0]}(z) = 1$$
$$T^{[1]}(z) = 1 + z$$
$$T^{[2]}(z) = 1 + z + 2z^2 + z^3$$
$$T^{[3]}(z) = 1 + z + 2z^2 + 5z^3 + 6z^4 + 6z^5 + 4z^6 + z^7$$
$$\vdots$$
$$T^{[\infty]}(z) = 1 + z + 2z^2 + 5z^3 + 14z^4 + 42z^5 + 132z^6 + \ldots = T(z)$$

对读者来说，将上述结果与图 5.2 给出的较小的树的初始值进行比对是具有指导意义的。接下来，定理 3.8 的推论告诉我们累积代价（具有 N 个节点的所有树的高度和）可以由下式给出

$$[z^N] \sum_{h \geqslant 0} (T(z) - T^{[h]}(z))$$

不过现在我们的分析任务会更艰巨一些。我们并不是只估计由我们定义好的函数方程扩展出的一个方程的系数，而是需要估计由相关函数方程定义的一整个函数扩展序列的系数。对于这个特殊问题来说，这是一个非常具有挑战性的任务。

定理 6.8（二叉树的高度） 具有 N 个节点的一棵随机二叉卡塔兰树，对任意 $\epsilon > 0$，其平均高度为 $2\sqrt{\pi N} + O(N^{1/4 + \epsilon})$。

证明：略。也可以参阅前面的说明。更详细的论证可以参阅 Flajolet 和 Odlyzko 的参考资料[12]。

卡塔兰树的平均高度

对于一般的卡塔兰树，求平均高度的问题相较路径长度分析仍然是相当有难度的，不过我们可以描绘出这个解。（提示：这个"描绘"包括从第 2 章一直到第 5 章的很多先进技术的组合，新手读者应该谨慎对待。）

首先，我们通过构造 $\mathcal{G}_{h+1}$

$$\mathcal{G}_{h+1} = \{\bullet\} \times (\epsilon + \mathcal{G}_h + (\mathcal{G}_h \times \mathcal{G}_h) + (\mathcal{G}_h \times \mathcal{G}_h \times \mathcal{G}_h) + (\mathcal{G}_h \times \mathcal{G}_h \times \mathcal{G}_h \times \mathcal{G}_h) + \ldots)$$

构造高度小于等于 $h+1$ 的树的集合，利用符号化方法可将上式转换为

$$G^{[h+1]}(z) = z(1 + G^{[h]}(z) + G^{[h]}(z)^2 + G^{[h]}(z)^3 + \ldots) = \frac{z}{1 - G^{[h]}(z)}$$

对此递归进行迭代

$$G^{[0]}(z) = z$$

$$G^{[1]}(z) = z\frac{1}{1 - z}$$

$$G^{[2]}(z) = \frac{z}{1 - \dfrac{z}{1 - z}} = z\frac{1 - z}{1 - 2z}$$

$$G^{[3]}(z) = \frac{z}{1 - \dfrac{z}{1 - \dfrac{z}{1 - z}}} = z\frac{1 - 2z}{1 - 3z + z^2}$$

$$\vdots$$

$$G^{[\infty]}(z) = z + z^2 + 2z^3 + 5z^3 + 14z^5 + 42z^6 + 132z^7 + \ldots = zT(z)$$

这些都是具有足够的代数结构的有理函数，因此可以得出对高度的精确枚举，并获得渐近估计。

定理 6.9（卡塔兰树高度的母函数） 具有 $N+1$ 个节点并且高度大于或等于 $h{-}1$ 的卡塔兰树的数目为

$$G_{N+1} - G_{N+1}^{[h-2]} = \sum_{k \geqslant 1}\left(\binom{2N}{N+1-kh} - 2\binom{2N}{N-kh} + \binom{2N}{N-1-kh}\right)$$

证明：由基本的循环式和前面给出的初始值，$G^{[h]}(z)$ 可以表示为 $G^{[h]}(z) = zF_{h+1}(z)\ /F_{h+2}(z)$ 的形式，其中 $F_h(z)$ 是多项式的一组表达式。

$$F_0(z) = 0$$
$$F_1(z) = 1$$
$$F_2(z) = 1$$
$$F_3(z) = 1 - z$$
$$F_4(z) = 1 - 2z$$
$$F_5(z) = 1 - 3z + z^2$$
$$F_6(z) = 1 - 4z + 3z^2$$
$$F_7(z) = 1 - 5z + 6z^2 - z^3$$
$$\vdots$$

其满足循环式

$$F_{h+2}(z) = F_{h+1}(z) - zF_h(z) \qquad (h \geqslant 0,\ F_0(z) = 0,\ F_1(z) = 1)$$

这些方程有时被称为斐波那契多项式，因为它们会生成斐波那契数，当 $z{=}{-}1$ 的时候，它们会递减。

当 z 保持不变时，斐波那契多项式循环是一个系数为常数的简单的线性循环（见 2.4 节）。于是它的解可以写成特征方程 $y^2 - y + z = 0$ 显性解的形式

$$\beta = \frac{1 + \sqrt{1 - 4z}}{2} \qquad \widehat{\beta} = \frac{1 - \sqrt{1 - 4z}}{2}$$

类似我们在 2.4 节中求解斐波那契数的过程，可以求得

$$F_h(z) = \frac{\beta^h - \widehat{\beta}^h}{\beta - \widehat{\beta}}, \quad \text{于是有 } G^{[h]}(z) = z\frac{\beta^{h+1} - \widehat{\beta}^{h+1}}{\beta^{h+2} - \widehat{\beta}^{h+2}}$$

注意根是与卡塔兰母函数紧密相关的

$$\widehat{\beta} = G(z) = zT(z) \quad \beta = z/\widehat{\beta} = z/G(z) = 1/T(z)$$

于是得到恒等式 $z = \beta(1-\beta) = \widehat{\beta}(1-\widehat{\beta})$。

总的来说，具有有限高度的树的母函数满足以下公式

$$G^{[h]}(z) = 2z\frac{(1+\sqrt{1-4z})^{h+1} - (1-\sqrt{1-4z})^{h+1}}{(1+\sqrt{1-4z})^{h+2} - (1-\sqrt{1-4z})^{h+2}}$$

和一个小的代数式

$$G(z) - G^{[h]}(z) = \sqrt{1-4z}\,\frac{u^{h+2}}{1-u^{h+2}}$$

其中 $u \equiv \widehat{\beta}/\beta = G^2(z)/z$。这是关于 $G(z)$ 的方程，由 $z = G(z)(1-G(z))$ 隐式地进行定义，所以应用拉格朗日反演定理（见 6.12 节）（经过一些计算）可得所述结果 $[z^{N+1}](G(z) - G^{[h-2]}(z))$。

推论　一棵具有 N 个节点的随机卡塔兰树的平均高度为 $\sqrt{\pi N} + O(1)$。

简略证明：由定理 3.8 的推论可知，平均高度可以写成

$$\sum_{h\geqslant 1}\frac{[z^N](G(z) - G^{[h-1]}(z))}{G_N}$$

对于定理 6.9，上式可简化为三项之和，非常类似卡塔兰之和，并且可以用与定理 4.9 的证明相似的思路去分析。从二项式系数的渐近结果中得到（见定理 4.6 的推论），对大的 h，其项呈指数级。有

$$[z^N](G(z) - G^{[h-1]}(z)) = O(N4^N\mathrm{e}^{-(\log^2 N)})$$

$h > \sqrt{N}\log N$ 在定理 6.9 中对二项式和中的每一项都应用了尾限。这可以显示期望的高度就是它本身 $O(N^{1/2}\log N)$。

对于较小的 h 值，使用定理 4.6 的正态近似会比较好。像我们在定理 4.9 的证明中一样，逐项使用近似，可以证明

$$\frac{[z^N](G(z) - G^{[h-1]}(z))}{G_N} \sim H(h/\sqrt{N})$$

其中

$$H(x) \equiv \sum_{k\geqslant 1}(4k^2x^2 - 2)\mathrm{e}^{-k^2x^2}$$

像图 4.7 显示的字典树的和，当 h 很小的时候，函数 $H(h/\sqrt{N})$ 接近 1，如果 h 比较大，函数接近 0，当 h 接近 $\sqrt{N}$ 时，函数从 1 过渡到 0。于是由欧拉-麦克劳林求和公式以及对积分的显示求值可知，期望的高度接近

$$\sum_{h\geqslant 1}H(h/\sqrt{N}) \sim \sqrt{N}\int_0^\infty H(x)\mathrm{d}x \sim \sqrt{\pi N}$$

在最后几步中，我们忽略误差项，误差项必须保持合适的统一值。像往常一样，这并不困难，因为尾项是指数形式的小项，我们在下面的练习中留给大家做更为详细的讨论。一个相关的但是并不相同的对该结果更为详细的证明由 De Bruijn、Knuth 以及 Rice 的论文给出[8]。

对于二叉树和二叉卡塔兰树的高度的分析是本书中最难的部分。考虑到很多读者在没有非常

细致的学习的情况下，很难理解这一部分极为复杂的推证，同时由于高度的分析对于理解树的特性又是极为重要的，所以我们给出了部分细节的简略推证。不管怎么说，简单的推证过程也可以使我们意识到（i）树高度的分析并不是一项容易的工作；（ii）经由我们从第 2 章到第 5 章介绍的各种基本技术分析这一过程还是可以进行的。

习题 6.46　证明 $F_{h+1}(z) = \sum_j \binom{h-j}{j}(-z)^j$。

习题 6.47　使用拉格朗日反演定理写出扩展项 $G(z) - G^{[h-2]}(z)$ 的细节（参阅 6.12 节）。

习题 6.48　给出推论的详细证明，包括对误差项的恰当关注。

习题 6.49　画出函数 $H(x)$ 的图形。

二叉搜索树的高度

对于由随机枚举构造的二叉搜索树来说，求取平均高度同样困难。因为平均路径长度为 $O(N \log N)$，我们可以认为二叉搜索树的平均高度正比于 $\sim c \log N$，c 为常数，事实上也经常如此。

定理 6.10（二叉搜索树的高度）　由随机关键字构造的二叉搜索树的期望高度正比于 $\sim c \log N$，其中 c 约等于 4.31107...，是当 $c>2$ 时 $c \ln(2e/c)=1$ 的解。

证明：略，请见参考资料[9]或者[27]。

尽管完整的分析与前述介绍的卡塔兰树的高度分析一样令人望而生畏，不过还是可以较为容易地得出两者母函数之间的函数关系。令 $q_N^{[h]}$ 为由 N 个随机关键字构成的二叉搜索树高度不超过 h 的概率值。于是，利用常见的分裂论证，注意，子树的高度不会超过 $h-1$，我们有迭代式

$$q_N^{[h]} = \frac{1}{N} \sum_{1 \leqslant k \leqslant N} q_{k-1}^{[h-1]} q_{N-1-k}^{[h-1]}$$

由上式可以直接得出

$$\frac{\mathrm{d}}{\mathrm{d}z} q^{[h]}(z) = (q^{[h-1]}(z))^2$$

堆栈高度

在算法分析中，经常会遇到求解树的高度的问题。从根本上来说，树的高度不仅测量了遍历整棵树所需要的堆栈的大小，还包括执行一个迭代程序所使用的空间。例如，在此前讨论的表达式求值算法中，树的高度 $\eta(t)$ 给出了以 t 的表达式形式进行求值的递归栈所能达到的最大深度。类似地，二叉搜索树的高度也给出了以递归形式遍历关键字排列所能达到的最大堆栈深度，或者是当使用一个递归快速排序算法时的隐式堆栈深度。

遍历树和其他递归算法也可以不使用递归而是直接保留一个叠加堆栈（后进先出的数据结构）。如果还有不止一棵子树需要访问，只在堆栈上保留一个，当不再有子树需要访问时，我们弹出堆栈去访问树。这样使用的总的堆栈数目将少于应用递归实现的堆栈数目，因为如果只有一棵子树需要访问的话，就不需要使用堆栈。（有时在应用递归实现时会使用一种称为结束递归删除的技术获得等同的效果。）使用此方法遍历一棵树时所需要的最大堆栈数目就是被称为堆栈高度的树的参数，该参数和高度类似。可以由递归公式给出如下定义。

$$s(t) = \begin{cases} 0, & \text{如果 } t \text{ 是一个外部节点} \\ s(t_l), & \text{如果 } t_r \text{ 是一个外部节点} \\ s(t_r), & \text{如果 } t_l \text{ 是一个外部节点} \\ 1 + \max(s(t_l), s(t_r)) & \text{其他} \end{cases}$$

因为旋转一致性，二叉卡塔兰数的堆栈高度和一般卡塔兰树的高度在本质上有着类似的分布。因此，二叉卡塔兰树的平均堆栈高度由 De Bruijn、Knuth 和 Rice 研究得出[8]，正比于$\sim\sqrt{\pi N}$。

习题 6.50　给出二叉树的堆栈高度和相应的森林高度之间的关系。

寄存器分配

当以算术表达式描述树的时候，求取该表达式的寄存器的最大数目可由下述递归公式给出。

$$r(t) = \begin{cases} 0, & \text{如果}t\text{是一个外部节点} \\ r(t_l), & \text{如果}t_r\text{是一个外部节点} \\ r(t_r), & \text{如果}t_l\text{是一个外部节点} \\ 1 + r(t_l), & \text{如果}r(t_l)=r(t_r) \\ \max(r(t_l), r(t_r)) & \text{其他} \end{cases}$$

其量化结果由 Flajolet、Raoult、Vuillemin[14]和 Kemp[23]研究得出。尽管该迭代式看起来非常类似于树的高度和堆栈高度对应的迭代式，但在这种情况下，平均值并不是$O(\sqrt{N})$，而是$\sim (\lg N)/2$。

6.11　树属性在平均情况下的结果总结

我们已经讨论了三种不同的树结构（二叉树、树和二叉搜索树）和两个基本参数（路径长度和高度），给出了在这些树结构中这些参数值的 6 个定理的总体论述。上述每一种结论都是非常基础的，也非常值得将它们联系在一起深入考虑。

正如在 6.9 节中叙述的，对于这些参数的基本研究方法可以扩展到涵盖各种不同的树属性范围，也可以在适当情况下通过研究这些参数和结构之间的关系来解决新问题。同时，在本章的 6.1 节和 6.2 节我们也大致回顾了这些结果的历史。

在本节中，为了简单起见，我们把二叉卡塔兰树简称为"二叉树"，卡塔兰树简称为"树"，二叉搜索树简称为"BST"。我们此前讨论的长期分析的主要目标，应该是正确区分这些术语上的区别和在相关随机模型中的量化差异。

图 6.10 和图 6.16 分别显示了随机森林（随机树的根是可以移动的）、二叉树和二叉搜索树。这些加强了表 6.1 和表 6.2 中给出的分析信息：二叉树和树的高度是相似的（都正比于$\sqrt{N}$），其中树的高度大约是二叉树的一半；而二叉搜索树的路径就非常短了（正比于 $\log N$）。二叉搜索树结构的分布概率偏向于有短路径的树。

表 6.1　树的期望路径长度

	母函数的函数方程	$[Z^N]$的渐近估计
树	$Q(z, u) = \dfrac{z}{1 - Q(zu, u)}$	$\dfrac{N}{2}\sqrt{\pi N} - \dfrac{N}{2} + O(\sqrt{N})$
二叉树	$Q(z, u) = zQ(zu, u)^2 + 1$	$N\sqrt{\pi N} - 3N + O(\sqrt{N})$
BST	$\dfrac{\partial}{\partial z}Q(z, u) = Q(zu, z)^2$	$2N\ln N + (2\gamma - 4)N + O(\log N)$

表 6.2　树的期望高度

	母函数的函数方程	均值的渐近估计
树	$q^{[h+1]}(z) = \dfrac{z}{1 - q^{[h]}(z)}$	$\sqrt{\pi N} + O(1)$

续表

	母函数的函数方程	均值的渐近估计
二叉树	$q^{[h+1]}(z) = z(q^{[h]}(z))^2 + 1$	$2\sqrt{\pi N} + O(N^{1/4+\epsilon})$
BST	$\dfrac{\mathrm{d}}{\mathrm{d}z}q^{[h+1]}(z) = (q^{[h]}(z))^2$	$(4.3110\cdots)\ln N + o(\log N)$

列表中最容易的问题也许就是二叉搜索树的路径长度分析了。对此问题有基础的方法，而且可以至少追溯至 1960 年快速排序的发明[22]。树的构造代价变量（和快速排序的变量相同）最早由 Knuth 发表的资料定义[25]；Knuth 指出，描述有关搜索代价的变量和结果的递归关系式最早在 20 世纪 60 年代就已为人所熟知。与之相比，对于二叉搜索树平均高度的分析则是一项非常具有挑战性的工作，是在列表中最后一个被解决的问题，由 Devroye 在 1986 年发表的文章中给出[9][10]。随机树和随机二叉树的路径长度分析也并不是很困难，虽然最好的解决方法也需要用到基于母函数或是符号化的组合工具。使用这些方法，对这一参数（和其他附加参数）的分析比起直接计算并不算非常困难。

树的高度在计算机程序分析中的核心地位是显而易见的，因为树和递归程序的使用非常广泛，但同样明显的是，对于树的非附加参数（例如高度）进行分析将会带来极大的技术挑战。树的高度（包括二叉树的堆栈高度）的分析在 1972 年由 De Bruijn、Knuth 和 Rice 给出[8]，该资料显示，使用在本章 6.10 节给出的分析技术，以上的技术难题是可以被攻克的。当然，沿着这条思路研究出新的结果即使对专家来说也是一项艰巨的任务。例如，对二叉树高度的分析直到 1982 年才由 Flajolet 和 Odlyzko 完成[12]。

随机树的路径长度和高度值得仔细研究，因为它们展示出了母函数和对比式分析风格在递归结构中分析"附加"参数和"非附加"参数的强大力量。正如我们在 6.3 节看到的，树直接关联概率和组合的经典问题，因此一些我们所考虑的问题和一个世纪或两个世纪前的问题有着明显的继承性。但是我们一直研究路径长度和高度的精确渐近结果的动机当然要归因于树在算法分析中的重要性（可见参考资料[8]、[24]和[25]）。

6.12 拉格朗日反演

接下来，我们转而使用分析组合学来研究其他类型的树。使用符号化方法时需要从由隐式的函数化方程定义的母函数方程中提取系数。以下的变换定理可以用于这一任务，其对于树的枚举方法尤其重要。

定理 6.11（拉格朗日反演定理） 假定一个母函数 $A(z) = \sum_{n\geq 0} a_n z^n$ 满足方程式 $z = f(A(z))$，其中 $f(z)$ 满足 $f(0) = 0$ 和 $f'(0) \neq 0$，于是有

$$a_n \equiv [z^n]A(z) = \frac{1}{n}[u^{n-1}]\Big(\frac{u}{f(u)}\Big)^n$$

另外也有

$$[z^n](A(z))^m = \frac{m}{n}[u^{n-m}]\Big(\frac{u}{f(u)}\Big)^n$$

以及

$$[z^n]g(A(z)) = \frac{1}{n}[u^{n-1}]g'(u)\Big(\frac{u}{f(u)}\Big)^n$$

证明：略，请见参考资料[6]。从18世纪开始就有关于该公式的大量的资料论述。

函数f的反函数f^{-1}满足

$$f^{-1}(f(z)) = f(f^{-1}(z)) = z$$

对等式$z = f(A(z))$两边求反函数f^{-1}，可以得到函数$A(z)$是$f(z)$的反函数。拉格朗日定理是求取反相幂级数的通用工具，令人称奇的是，它可以提供一个函数的反函数的系数和幂级数的关系。在目前的资料中，拉格朗日反演定理是提取隐式母函数系数非常有用的工具。下面我们会演示如何将其应用于 tp 二叉树，并会给出两个例子，着重介绍正式的操作并激发定理的应用效果，这将为我们学习其他类型的树做好准备。

二叉树

令$T^{[2]}(z) = zT(z)$为二叉树的OGF，由外部节点来计数。重写方程$T^{[2]}(z) = z + T^{[2]}(z)^2$为

$$z = T^{[2]}(z) - T^{[2]}(z)^2$$

对上式可以应用函数形式为$f(u) = u - u^2$的拉格朗日反演，得到结果

$$[z^n]T^{[2]}(z) = \frac{1}{n}[u^{n-1}]\left(\frac{u}{u - u^2}\right)^n = \frac{1}{n}[u^{n-1}]\left(\frac{1}{1-u}\right)^n$$

由表3.1，有

$$\frac{u^{n-1}}{(1-u)^n} = \sum_{k \geq n-1} \binom{k}{n-1} u^k$$

因此，考虑$k = 2n - 2$，有

$$[u^{n-1}]\left(\frac{1}{1-u}\right)^n = \binom{2n-2}{n-1}$$

正如所料，它可以计算卡塔兰数。

三元树

生成二叉树的一种方式为考虑使用三元树，三元树的每一个节点或者是外部节点或者有三个子树（左、中、右）。注意，三元树的外部节点的数目是奇数。具有$n(n = 1, 2, 3, 4, 5, 6, 7, \ldots)$个外部节点的三元树的计数序列为$1, 0, 1, 0, 3, 0, 3, \ldots$。使用符号化方法立即可以得到母函数方程

$$z = T^{[3]}(z) - T^{[3]}(z)^3$$

采用类似于3.8节对二叉树的处理方法很难奏效，因为这是一个三次方程，而不是二次方程。不过使用拉格朗日反演公式$f(u) = u - u^3$可以得到下式结果

$$[z^n]T^{[3]}(z) = \frac{1}{n}[u^{n-1}]\left(\frac{1}{1-u^2}\right)^n$$

采用此前类似的处理方式，由表3.1可得

$$\frac{u^{2n-2}}{(1-u^2)^n} = \sum_{k \geq n-1} \binom{k}{n-1} u^{2k}$$

如果有$2k = 3n - 3$（只有当n为奇数的时候存在），则对于n为奇数，有

$$[z^n]T^{[3]}(z) = \frac{1}{n}\binom{(3n-3)/2}{n-1}$$

n为偶数时令其为0，在 OEIS A001764[34]中使用了这种与零交替的计数方法。

二叉树森林

生成二叉树的另一种方法为考虑树的集合，或者称为森林。一棵二叉树的 k-森林就是一个简单的 k-二叉树的有序序列。由定理 5.1 可知，k-森林的 OGF 就是 $(zT(z))^k$，其中 $T(z)$ 是二叉树的 OGF，利用拉格朗日反演公式（定理 6.11 的第二种情况），则有 n 个外部节点的二叉树的 k-森林数目是

$$[z^n]\Big(\frac{1-\sqrt{1-4z}}{2}\Big)^k = \frac{k}{n}\binom{2n-k-1}{n-1}$$

森林数也被称为投票数（见第 8 章）。

习题 6.51　当$A(z)$被定义为$z = A(z)/(1 - A(z))$时，求$[z^n]A(z)$。

习题 6.52　e^z-1 的反函数是什么？应用拉格朗日反演公式可以得到怎样的幂级数形式？

习题 6.53　求 n 节点三元树的 3-森林数目。

习题 6.54　求 4 元树的数目，该 4 元树的每一个节点要么是外部节点要么是 4 个子树序列。

6.13　无序树

此前给出的树和森林的定义中有一个重要的概念是树的序：单棵树出现的顺序是非常重要的。实际上，前面我们所讨论的树也称为有序树。当我们考虑不同的计算机表示方式时，例如，在纸上画出一棵树，这是很自然的。因为我们必须把一棵树以某种方式放在另一棵树的下面。树的排序不同，森林看起来也会不一样，使用计算机程序处理时,也会有明显的不同。但是，在某些应用中，树的顺序其实是无所谓的。下面我们将给出基于基本定义的算法的一些例子，然后也会考虑无序树的计数问题。

定义　无序树是指一个节点（称为根）被添加到一棵无序树的多层集上。（这样的多层集被称为无序森林。）

图 6.17 所显示的小的根无序树是从图 6.4 转换而来的。具体方法是，通过交换任意节点上子树的顺序，删除每棵能够变换为其左侧树的树。

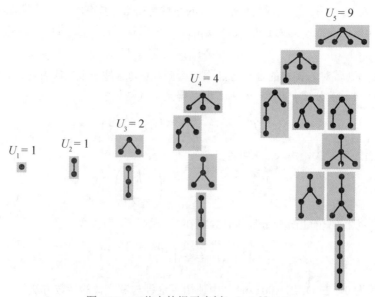

图 6.17　N 节点的根无序树，$1 \leqslant N \leqslant 5$

简单应用

给出以根无序树作为一个适当的底层数据结构的算法实例，考虑合并查找问题：目标是对 N 个不同项实施合并查找的序列操作。每一步操作包括一个"查找"操作：在两项相同时返回 T，不同时返回 F。还包括一个"合并"操作：通过使用等价类的结合使这两项相等。一个大家熟悉的应用是社交网络，两个朋友间的新链接可以使两人的朋友群合并在一起。例如，给出 MS、JL、HT、JG、JB、GC、PL、PD、MC、AB、AA、HF、EF、CN、AL 和 JC 这 16 项，序列操作为

$$MS{\equiv}JL \ \ MS{\equiv}HT \ \ JL{\equiv}HT \ \ AL{\equiv}EF \ \ AB{\equiv}MC \ \ JB{\equiv}JG$$
$$AL{\equiv}CN \ \ PL{\equiv}MS \ \ JB{\equiv}GC \ \ JL{\equiv}JG \ \ AL{\equiv}JC \ \ GC{\equiv}MS$$

返回值序列排列的结果为

$$F \ \ \ F \ \ \ T \ \ \ F \ \ \ F \ \ \ F \ \ \ F \ \ \ F \ \ \ F \ \ \ F \ \ \ F \ \ \ T$$

因为前两条指令使得 MS、JL 和 HT 相等，所以第三条指令求得 JL 和 HT 也已经是相等的了，其余类推。程序 6.4 给出了解决该问题的一种方法。

程序 6.4　合并查找

```
public boolean unionfind(int p, int q)
{
    int i = p; while (id[i] != i) i = id[i];
    int j = q; while (id[j] != j) j = id[j];
    if (i == j) return true;
    id[i] = j; // Union operation
    return false;
}
```

如文中所示，代码是不透明的，但是如果以一种无序森林的显式父链接来表示的话就很容易理解了。森林中的每一棵树均表示一个等价的类。首先，我们使用一个符号表把每一项和 0 到 $N{-}1$ 之间的一个整数联系起来。于是可以用项目索引序列来表示森林：每个节点对应的条目是树里包含它们的父节点的索引，其中根节点有它自己的索引。算法使用根来决定两项是否等价。

给出了对应每项的索引之后，程序 6.4 中的合并查找方法通过跟随父链接直到达到一个根节点来找到其对应的根。由此，合并查找开始寻找给定两项的对应根。如果两项对应同一个根，则它们属于相同的等价类。否则，该关系可以链接尚未连接的组件。图 6.18 显示的森林是在前面的示例中以操作序列的形式构建的。森林的形状依赖于到目前为止的关系以及它们表示的顺序。

算法沿着树向上，并不检查节点上的子树（或者测试节点上有多少子树）。从组合的角度来说，合并查找算法是一种从关系的排列到无序森林的映射。程序 6.4 非常简单，基于这样基本的想法已经有很多的改善建议和分析。需要关注的是，目前研究资料的关键点在于子节点的出现顺序对于算法或者对关联树的内部表示来说并不重要——该算法给出了一个无序树在计算中自然产生的例子。

无根（自由）树

仍然是先给出一般的定义，无根树是一棵没有根节点的树。图 6.19 显示了少于 7 个节点的所有这样的树。为了更恰当地定义"无根、无序树"或者"自由树"或者只是"树"，比较方便

的是从一般的定义过渡到特定的定义，可以从图开始。图是基于节点集和节点之间的连接的所有组合对象的基本结构。

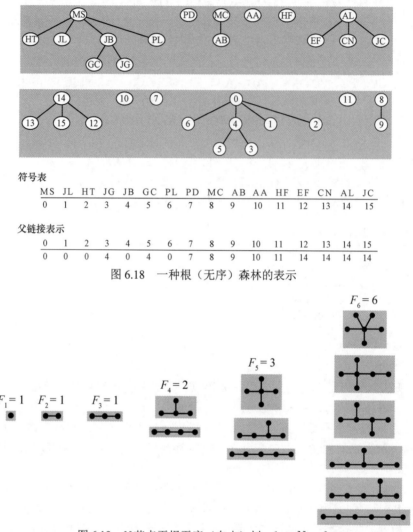

符号表

MS	JL	HT	JG	JB	GC	PL	PD	MC	AB	AA	HF	EF	CN	AL	JC
0	1	2	3	4	5	6	7	8	9	10	11	12	13	14	15

父链接表示

0	1	2	3	4	5	6	7	8	9	10	11	12	13	14	15
0	0	0	4	0	4	0	7	8	9	10	11	14	14	14	14

图 6.18　一种根（无序）森林的表示

图 6.19　N 节点无根无序（自由）树，$1 \leqslant N \leqslant 6$

定义 图是一组节点以及与一组不同节点连接的边（其中最多有一条边连接了所有的节点）。

我们可以设想，从某些节点开始，"沿着"一条边到达边缘的组成节点，然后沿着边到达另一个节点，以此类推。以这种方式从一个节点连接到另一个节点的最短的边序列称为一条简单路径。如果所有节点对都由一条简单路径连接，这样的一幅图我们称为是连通的。从一个节点出发的简单路径如果又回到该点，我们称之为一条回路。

每一棵树都是一幅图，但是哪一种图可以称之为树？很明显，如果一幅图满足如下 4 个充分必要条件，就可以保证该幅具有 N 个节点的图 G 是一棵（无根无序）树。

- 图 G 有 N-1 条边，同时没有回路。
- 图 G 有 N-1 条边，同时是连通的。
- 有确定的一条简单路径连接图 G 的每一对顶点。
- 图 G 是连通的，但如果边被移动了，将不再保持联通。

由此，我们就可以利用上述条件来定义自由树。为了更加具体，我们选择了下述描述性组合。

定义 树是一幅连通的但是非循环的图。

以一棵自由树的自然方式生长的算法为例，举例来说，我们可以问一个关于图的最基础的问题：它是否是连通的？也就是说，是否有一些路径可以连通任意一对顶点？如果是的话，就会有一组最小的边构成这样的路径，称为图的生成树。如果图不是连通的，那就称为一个生成森林，森林中每棵树对应一个连通部分。图 6.20 给出了一幅大图中两个生成树的例子。

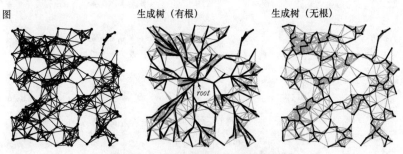

图 6.20 一幅大图和它的两棵生成树

定义 具有 N 个顶点的图的生成树是构成树的图中一组 $N-1$ 条边的集合。

由树的基本属性可知，生成树必须包括所有的节点，并且生成树的存在表明所有的节点对都由一些路径连接。一般来说，生成树是无根无序树。

求生成树一个为人熟知的算法是依次考虑每一条边，检查是否将下一条边添加到该集合中，集合包括构建到目前为止的部分生成树，这将构成一个循环。如果不符合条件，则将其加到生成树中，然后继续考虑下一条边。在集合中有了 $N-1$ 条边之后，集合中的边表示一棵无序无根树。实际上，这就是图的一棵生成树。实现该算法的一种方式是使用此前给出的针对循环测试的合并查找算法。也就是说，我们只需要一直运行合并查找方法直到得到一个单一的组成成分为止。

如果边的长度满足三角形等式，并且我们研究的是边的长度，那么可以得到 Kruskal 算法。该算法用于计算一棵最小生成树（所有其他生成树的边都比它长），如图 6.20 的右图所示。需要注意的关键点是，Kruskal 算法是在计算中自然产生的自由树的例子。研究者们还设计和研究了很多其他求取生成树的算法，例如宽度优先搜索算法，先选择一个根，然后依据顶点与根的距离计算有根生成树，如图 6.20 中间的图形所示。

众多的资料，包括很多教材，都有关于图论的很多资料。计算机科学类的资料则包括了大量的关于图的算法的资料，当然也包括很多教材在内。所有这些资料所覆盖的内容都超出了本书的范围，但是，通过我们的介绍，理解一些简单的结构和算法可以为解决有关随机图的性质和关于图的算法分析等更难的问题做好准备。关于图问题，可见参考资料[15]和[21]。在第 9 章中，我们还会研究一些特殊的图，不过目前还是让我们回到不同类型的树的研究上来。

习题 6.55 在 N 个标注的顶点上有多少 $2^{\binom{N}{2}}$ 图是自由树？

习题 6.56 上述列出的 4 种性质的每一种，给出其隐含的其他 3 种。（这是 12 种不同的练习。）

树层次

此前我们定义的 4 种主要的树的类型构成了一个树的层次，如图 6.21 所示的总结。（i）自由树是最一般、最简单和非循环的连接图。（ii）有根树有明显的根节点。（iii）有序树是一种有根树，其节点上的子树的顺序非常明显。（iv）二叉树是一种有序树，其限制条件为每一个节点为 0 度或

2 度。在我们使用的术语中，命名中的形容词描述了将每一种类型的树与层次结构中位于其上的树结构区分开来的特征。也常使用术语将每一类型与在层次结构中位于其下的类型进行区分。所以，有的时候我们用无根树来指自由树，用有根树指代无序树，有序树指代一般卡塔兰树。

	其他命名	基本性质	确定的树	不同的树
自由树	无根树 树	连接性 非循环		
有根树	平面树 有向树 无序树	特定的 根节点		
有序树	平面树 树 卡塔兰树	显著的 子树顺序		
二叉树	二叉卡 塔兰树	有根的，有序的 2-ary内部节点 0-ary外部节点		

图 6.21　树的命名总结

关于命名法的这几个词是恰当的，因为在资料中也经常出现这几种不同的术语。有序树经常被称为平面树。无序树常被称为非平面树。使用"平面"这个词是因为结构可以通过在平面上进行连续的变形变换为另一种结构。尽管这一术语被广泛使用，我们更倾向于使用"有序"这一说法，因为这种表述更符合计算机的表述方式。图 6.21 中的术语"有向"指出了这样一个事实：因为根是十分显著的结构，所以每一条边相对于根都有一个指向，但是我们更倾向于使用"有根"这个词，当从上下文很明显可以看出有根存在的时候，我们甚至会忽略这个修饰词。

随着定义变得越来越严谨，被认为是不同树的数量会越来越多。因此，对于一个给定的尺寸，有根树的数目就比自由树的数目多，而有序树的数目要比有根树的数目多。可以证明，有根树的数目和自由树的数目之比正比于 N；对应的有序树的数目和有根树的数目的比值为 N 的指数项。类似的情况还有，二叉树的数目与有着相同节点数的有序树的数目之比是一个常数。本节的后半部分将给出上述不同结果的量化分析结果。枚举结果总结如表 6.3 所示。

表 6.3　无标注树的枚举

	2	3	4	5	6	7	8	9	10	N
自由树	1	1	2	3	6	11	23	47	106	$\sim c_1 \alpha^N / N^{5/2}$
有根树	1	2	4	9	20	48	115	286	719	$\sim c_2 \alpha^N / N^{3/2}$
有序树	1	2	5	14	42	132	429	1430	4862	$\sim c_3 4^N / N^{3/2}$
二叉树	2	5	14	42	132	429	1430	4862	16796	$\sim (4c_3) 4^N / N^{3/2}$

$$\alpha \approx 2.9558, c_1 \approx .5350, c_2 \approx .4399, c_3 = 1/4\sqrt{\pi} \approx .1410$$

图 6.22 所示是一个关于 5 节点树层次结构的例子。图中显示了 14 种不同的 5 节点有序树，进而使用元森林形式组成等价类，其中所有与给定树等价的树被认为是给定树的孩子。图中有 3 种不同的 5 节点自由树（所以在森林中有三棵树），9 种不同的 5 节点有根树（在森林中是第 1 层），14 种不同的 5 节点有序树（在森林中是底层）。注意，图 6.22 中给出的这些数据对应表 6.3 中的第 4 列（N=5）。

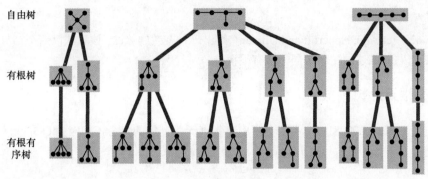

图 6.22　5 节点树

以综合的观点来看，我们也许对自由树更感兴趣，因为它们将结构区分为最基本的层次。从计算机应用的观点来看，我们也许对二叉树和有序树更感兴趣，它们具有标准的计算机描述属性，可以唯一地确定树和有根树，因为树和有根树是典型的递归结构。在本书中，我们会考虑所有这些类型的树，不仅是因为它们在计算机算法中得到了重要的应用，还因为对它们的分析涉及了我们给出的几乎所有的分析方法和技术。不过在这里坚持我们的算法倾向性，使用树来代表有序树，这种提法在大多数计算机应用中算是一种比较自然的方式。综述性的文章更多地使用无修饰词的"树"来描述无序树或自由树。

习题 6.57　哪一种 6 节点自由树结构在所有的 6 节点有序树中是最常见的？（图 6.22 显示，对于 5 节点的该问题的答案是位于中间的树。）

习题 6.58　在节点数为 7、8，或者更多的情况下，尽你所能回答习题 6.57 中的问题。

在二叉树搜索算法或者其他实用二叉树的算法中，我们直接使用一个有序的子树链接对来表示一个子树的有序对。类似地，在一般卡塔兰树中，表示子树的一种典型方式是使用子树的有序链接列表。在树和它们的计算机描述之间有着一对一的对应关系。其实，在 6.3 节，我们考虑使用许多不同的方法来以一种明确的方式表示树和二叉树。当涉及描述有根树和自由树时，情况就不同了，因为我们面临着需要用不同的方式来表示同一种树的情况，这对于算法设计和分析会有很大影响。一个典型的例子是"树同构"问题：给出两种不同的树的描述，判定它们描述的是否是同一棵有根树或者同一棵自由树。这个问题不仅没有有效的算法，而且是少数几个难以分类的问题之一（可见参考资料[16]）。

使用树的分析算法的第一个难题是找到一个概率模型，使其能够实际地逼近现实的情况。这棵树是随机的吗？树分布是由外部随机性引起的吗？树的表达式对算法和分析的影响有多大？这些都会导致一系列的分析问题。例如，此前提及的"组合查找"问题使用了很多不同的模型来进行分析（见参考资料[26]）。我们可以假设等价关系的序列是随机的节点对，或者它们对应于随机森林的随机边，等等。正如我们在二叉搜索树和二叉卡塔兰树中看到的，基本的递归分解给出了分析的相似性，但诱导的分布导致了分析的显著差异。

对于不同的应用，我们可能对测量各种类型的树的基本特征的参数值感兴趣，所以我们需要考虑许多分析问题。枚举结果的分类请见参考资料[21]、[30]和[24]，表 6.3 也做了总结。部分数据结果的推导将在下面的讨论中给出。使用符号化方法可以很容易地得出母函数的函数化方程，但某些情况下系数的渐近估计略超出了本书范围，更多的细节在参考资料[15]中可以找到。

习题 6.59　给出一种有效的算法，该算法以一组表示树的边为输入，并生成树的括号系统表示。

习题 6.60　给出一种有效的算法，该算法将一组表示树的边作为输入，并生成树的二叉树表示。

习题 6.61　给出一种有效的算法，该算法以两棵二叉树作为输入，并确定在作为无序树考虑时，它们是否不同。

习题 6.62 [cf.Aho, Hopcroft and Ullman] 给出一种有效的算法，该算法以两个括号系统作为输入，并确定它们描述的是否是同一棵有根树。

计算有根无序树

该序列是 OEIS A000081[34]。令 $\mathcal{U}$ 为所有有根（无序）树的集合，相应的 OGF 为

$$U(z) = \sum_{u \in \mathcal{U}} z^{|u|} = \sum_{N \geq 0} U_N z^N$$

其中U_N是 N 节点有根树的数目。因为每一棵有根树都包含一个根和一个有根树的多重集，所以我们也可以将母函数表示为一个有限乘积的形式

$$U(z) = z \prod_{u \in \mathcal{U}} (1 - z^{|u|})^{-1} = z \prod_N (1 - z^N)^{-U_N}$$

有两种方式，第一种乘积形式是和符号化方法相关的多重集结构的一种应用（参阅习题 5.6）：对每一个树集合 u，$(1 - z^{|u|})^{-1}$这一项允许 u 在集合中出现任意次；第二种乘积形式是将与 N 节点树相对应的U_N项进行分组。

定理 6.12（有根无序树的枚举） 无序树的枚举 OGF 满足函数化方程

$$U(z) = z \exp\left\{ U(z) + \frac{1}{2} U(z^2) + \frac{1}{3} U(z^3) + \dots \right\}$$

渐近的，

$$U_N \equiv [z^N] U(z) \sim c \alpha^N / N^{3/2}$$

其中$c \approx 0.4399237$、$\alpha \approx 2.9557649$。

证明：延续上述讨论，对上式两边求对数

$$\ln \frac{U(z)}{z} = -\sum_{N \geq 1} U_N \ln(1 - z^N)$$

$$= \sum_{N \geq 1} U_N \left(z^N + \frac{1}{2} z^{2N} + \frac{1}{3} z^{3N} + \frac{1}{4} z^{4N} + \dots \right)$$

$$= U(z) + \frac{1}{2} U(z^2) + \frac{1}{3} U(z^3) + \frac{1}{4} U(z^4) + \dots$$

所述的函数方程两边以指数形式表示。

渐近分析超出了这本书的范围。它依赖于我们在第 4 章介绍的直接母函数的渐近性的复杂分析方法，详细的内容请查阅参考资料[15]、[21]和[30]。

这一结果告诉了我们几个有意思的结论。首先，从分析的基本功能方面看，OGF 并没有明确的形式。但是，它完全由函数方程决定。事实上，同样的推理表明高度≤h 的树的 OGF 满足下式：

$$U^{[0]}(z) = z; \quad U^{[h+1]}(z) = z \exp\left(U^{[h]}(z) + \frac{1}{2} U^{[h]}(z^2) + \frac{1}{3} U^{[h]}(z^3) + \dots \right)$$

而且，当 $h \to \infty$ 时，$U^{[h]}(z) \to U(z)$，两个级数都具有 $h+1$ 项。这样就提供了一种计算任意数量初始值的方法。

$$U(z) = z + z^2 + 2z^3 + 4z^4 + 9z^5 + 20z^6 + 48z^7 + 115z^8 + 286z^9 + \dots$$

值得注意的是，尽管 OGF 并没有闭环的形式，但仍然可以实现精确的渐近分析。实际上，这一分析是所谓的 Darboux-Polya 渐近枚举法的历史来源，我们在 5.5 节简要介绍了这一方法。

Polya 在 1937 年以这种方式实现了多种树类型的渐近分析方法（见参考资料[30]，该资料是对 Polya 的经典论文的翻译），尤其是对碳氢化合物、醇类等化学异构体的模型。

习题 6.63 使用在文本中建议的方法，编写一个程序来计算在你的计算机中小于最大可表示整数的所有 U_N 的值。使用该方法估计大 N 需要进行多少（无限精确的）算术运算。

习题 6.64 [cf. Harary-Palmer] 显示有

$$NU_{N+1} = \sum_{1 \leq k \leq N} \left(kU_k \sum_{k \leq kl \leq N} T_{N+1-kl} \right)$$

推导 U_N 可以由 $O(N^2)$ 次算术运算确定。（提示：对函数方程求微分。）

习题 6.65 给出一个多项式时间的算法，生成一棵随机的大小为 N 的树。

计算自由树

该序列是 OEIS A000055[34]。因为没有固定的根，所以组合参数将会更加复杂，尽管早在 1889 年（见参考资料[21]）就有了这一概念。渐近估计是通过一个母函数参数，对此前得到的有根树使用渐近公式进行估计。具体的细节我们留作练习。

习题 6.66 N 节点有根树的数目下界为 N 节点自由树的数目，上界为 N 个节点的自由树的数目的 N 倍。（因此，这两个量的指数增长顺序是一样的。）

习题 6.67 令 $F(z)$ 为自由树的 OGF，证明其可写为

$$F(z) = U(z) - \frac{1}{2}U(z)^2 + \frac{1}{2}U(z^2)$$

习题 6.68 推导表 6.3 给出的自由树的渐近公式，使用定理 6.12 和此前的练习给出的公式。

6.14 标记树

前面的统计结果认为树中的节点是不可区分的。相反，如果我们假定树的节点是明确可分的，那么就可以有很多方式将它们组成树。例如，如果将不同的节点设为根节点，就可以构造不同的树。如前所述，当我们指定一个根，以及考虑到子树顺序的重要性时，"不同的"树的数目将会增多。就像在第 5 章中介绍的，我们使用"标记"作为区分节点的组合工具。当然，这样做对于二叉搜索树并没有什么意义。因为二叉搜索树是与节点相关的应用数据。

图 6.23 给出了对应于图 6.22 不同类型的标记树。位于底层的树是不同的有根有序标记树；处于中间层的树是不同的无序标记树；位于顶层的是不同的无根无序标记树。与往常一样，我们感兴趣于了解对于我们研究的每一种类型，有多少种标记树。表 6.4 给出了各种标记树计数的小数值和渐近估计。表 6.4 中的第二列（N=3）对应于图 6.23 中的树。

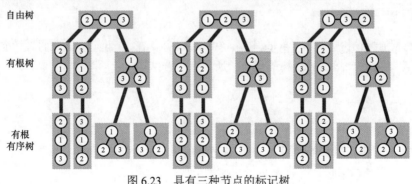

图 6.23 具有三种节点的标记树

表 6.4　标记树的枚举

	2	3	4	5	6	7	N
有序的	2	12	120	1680	46656	665280	$\dfrac{(2N-2)!}{(N-1)!}$
有根的	2	9	64	625	7976	117649	N^{N-1}
自由树	1	3	16	125	1296	16807	N^{N-2}

正如在第 5 章中讨论的, EGF 是接近标记树的枚举的合适工具, 不仅是因为有更多的可能性, 还因为我们在标记结构上使用的基本组合操作是通过 EGF 自然地理解的。

习题 6.69　哪一种 4 节点树具有最不同的标记? 5 节点的呢? 6 节点或者更多节点的情况呢?

对有序标记树计数

一棵未标记的树由前序遍历唯一确定, 并且在 $N!$ 个排列中任意一个都可以与前序遍历一起使用, 以将标记分配给 N 节点有序树, 因此标记树的数量就是 $N!$ 乘以未标记树的数量。这样的参数显然是普遍的。对于有序树, 已标记的和未标记的变量是紧密相关的, 它们的差别只在于 $N!$ 这一因子上。这些简单的组合参数非常具有吸引力和启发性, 但使用符号方法也很有指导意义。

定理 6.13（有序标记树的枚举）　N 节点有序有根标记树的数目是 $(2N-2)!/(N-1)!$。

证明: 一个有序的标记森林要么是空的, 要么是一个有序的标记树序列, 所以我们有组合结构

$$\mathcal{L} = \mathcal{Z} \times SEQ(\mathcal{L})$$

由符号化方法, 有

$$L(z) = \frac{z}{1 - L(z)}$$

这和之前用在有序（无标记）树中的参数几乎完全相同, 不过现在我们使用 EGF（定理 5.2）来做对象标记, 之前对无标记对象, 我们使用的是 OGF（定理 5.1）。于是有 $L(z) = (1 - \sqrt{1-4z})/2$, N 节点有序有根标记树的数目为

$$N![z^N]L(z) = N!\frac{1}{N}\binom{2N-2}{N-1} = \frac{(2N-2)!}{(N-1)!}$$

这一序列为 OEIS A001813 [34]。

对无序标记树计数

无序（有根）标记树也称为 Cayley 树, 是由 A. Cayley 在 19 世纪提出来的。一个 Cayley 森林要么为空, 要么是一个 Cayley 树的集合, 所以有组合结构

$$\mathcal{C} = \mathcal{Z} \times SET(\mathcal{C})$$

使用符号化方法, 有

$$C(z) = ze^{C(z)}$$

定理 6.14（无序标记树的枚举）　无序标记树的枚举 EGF 满足函数方程

$$C(z) = ze^{C(z)}$$

大小为 N 的树的数目为

$$C_N = N![z^N]C(z) = N^{N-1}$$

此类树的无序 k-森林的数目为

$$C_N^{[k]} = N![z^N]\frac{(C(z))^k}{k!} = \binom{N-1}{k-1}N^{N-k}$$

证明：应用符号化方法，由 EGF 的推导过程，利用拉格朗日反演公式（见 6.12 节）立即得到下述结果。该序列为 OEIS A000169[34]。

组合性的证明如图 6.24 所示，Cayley 树的枚举还是很有意思的。添加标记每个无序标记树形状（每个计数都需要单独的参数）的方法，可以得到一个非常简单的表达式。有没有一种简单的组合性证明呢？

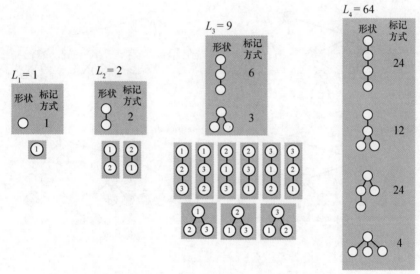

图 6.24　Cayley（标记有根无序）树，$1 \leqslant N \leqslant 4$

这个问题的答案是基本组合里的一个经典练习：设计一个 N 节点 Cayley 树与 $N-1$ 整数序列之间的 $1:1$ 对应关系，它们都在 1 到 N 之间。我们鼓励读者在找到一个组合文本的解决方案之前（可见参考资料[15]或者[24]）思考这个问题。这样的结构是有趣且吸引人的，但它们也许强调了可以解决各种问题的一般方法的重要性，如符号法和拉格朗日反演。

为了进行参考，表 6.5 给出了无标记树和有标记树的枚举母函数。标记树的系数值在表 6.4 中给出。

表 6.5　树的枚举母函数

	无标记的（OGF）	有标记的（EGF）
有序的	$G(z) = \dfrac{z}{1 - G(z)}$	$L(z) = \dfrac{z}{1 - L(z)}$
有根的	$U(z) = z \exp\{\sum_{i \geqslant 1} U(z^i)/i\}$	$C(z) = ze^{C(z)}$
自由的	$U(z) - U(z)^2/2 + U(z^2)/2$	$C(z) - C(z)^2/2$

习题 6.70　具有 N 个节点的标记有根树的数目是多少？

习题 6.71　证明枚举标记自由树的 EGF 等于 $C(z) - C(z)^2/2$。

6.15　其他类型的树

对树设置不同的局部或全局限制条件是很方便的，例如为了适应实际应用的需要，或者为了尽量排除退化的情况。从组合的观点来看，任意一个限制都对应着一种新的树的类型，从而带来一系列求解树的枚举和学习它们的统计特性的新问题。在这一节中，为了方便阅读，我们归纳了很多众所周知和广泛使用的树的类型。图 6.25 给出了示例，相关定义则由其下的讨论给出。（关于术语的说明：在本节中，我们使用 $T(z)$ 来表示不同的卡塔兰 OGF 的一般化，以强调分析中的相似之处，同时避免读者需要过多地了解术语来源资料。）

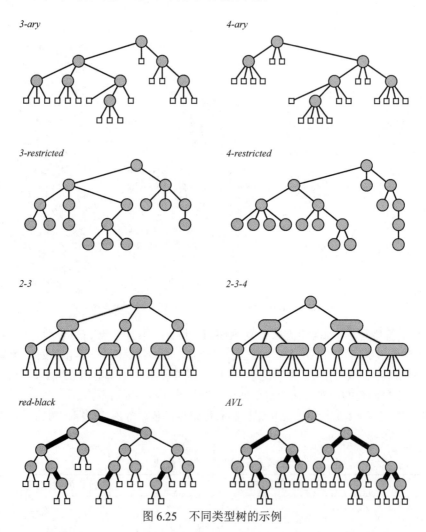

图 6.25　不同类型树的示例

定义　一棵 *t-ary* 树要么有一个外部节点，要么有一个连接到有序的 *t* 棵子树上的内部节点，所有这些都称为 *t-ary* 树。

这是我们在 6.12 节研究拉格朗日反演时考虑的二叉树例子的自然推广。我们认为每个节点都有 *t* 个后代。这些树通常被认为是有序的——这和计算机表示是相匹配的，其中 *t* 链接被预留给每个节点，以指向它的后代。在某些应用中，关键字可能与内部节点相关；在另外一些情况下，内部节点可能与 t–1 个关键字的顺序有关；还有一些情况是数据与外部节点有关。这种类型中的一种重要的树是四元树，四元树关于几何数据的信息是通过将一个区域分解成四个象限来组织的，并且会递归地进行。

定理 6.15（t-ary 树的枚举）　　t-ary 树的枚举 OGF（外部节点）满足函数方程
$$T(z) = z + (T(z))^t$$
有 N 个内部节点和 $(t-1)N + 1$ 个外部节点的 t-ary 树的数目为
$$\frac{1}{(t-1)N+1}\binom{tN}{N} \sim c_t(\alpha_t)^N/N^{3/2}$$
其中 $\alpha_t = t^t/(t-1)^{t-1}$，$c_t = 1/\sqrt{(2\pi)(t-1)^3/t}$。

证明：使用拉格朗日反演，采用 6.12 节给出的 $t = 3$ 时的类似求解思路。使用符号化方法，由外部节点测定的尺寸的 OGF 满足
$$T(z) = z + T(z)^3$$
因为 $z = T(z)(1 - T(z)^2)$，可以应用拉格朗日定理，得到具有 $2N+1$ 个外部节点（N 个内部节点）的树的数目的计算式
$$[z^{2N+1}]T(z) = \frac{1}{2N+1}[u^{2N}]\frac{1}{(1-u^2)^{2N+1}}$$
$$= \frac{1}{2N+1}[u^N]\frac{1}{(1-u)^{2N+1}}$$
$$= \frac{1}{2N+1}\binom{3N}{N}$$

上式和 6.12 节给出的表达式是等价的。可以立即进行归纳，给出所陈述的结果。如果使用求取卡塔兰数相同的方法（见 4.3 节），也可以直接得到渐近估计的值。

习题 6.72　求具有总计 N 个节点的 k-森林的数目。

习题 6.73　对有 N 个内部节点的 t-ary 树的数目，推导定理 6.15 给出的渐近估计。

定义　一棵 t-受限（t-restricted）树是一个节点（称为根），包含指向 t 或更少的 t-受限树的链接。

t-受限树和 t-ary 树的区别是，并不是每一个内部节点都必须有 t 个链接。这对计算机表示有直接的影响：对于 t-ary 树，我们可以为所有内部节点的 t 个链接预留空间，但是，使用标准通信的话，t-受限树可以被更好地表示为二叉树。同样，我们通常认为这些是有序的，尽管我们也可能考虑无序和/或无根的 t-受限树。如图 6.25 所示，在 t-受限树中，每一个节点至少指向 t+1 个其他节点。

t=2 的情况与 *Motzkin* 数相对应，通过求解二次方程，我们可以得到 OGF 的显式表达式
$$M(z) = z(1 + M(z) + M(z)^2)$$
于是有
$$M(z) = \frac{1 - z - \sqrt{1 - 2z - 3z^2}}{2z} = \frac{1 - z - \sqrt{(1+z)(1-3z)}}{2z}$$
现在，第 4 章的定理提供了直接的证据，$[z^N]M(z)$ 的数量级为 $O(3^N)$，从复渐近的方法可以得到更准确的渐近估计 $3^N/\sqrt{3/4\pi N^3}$。实际上，花费一样大小的工作量，也可以推导出更一般的结果。

定理 6.16（t-受限树的枚举）　　令 $\theta(u) = 1+u+u^2+\ldots+u^t$，$t$-受限树枚举的 OGF 满足函数方程

$$T(z) = z\theta(T(z))$$

t-受限树的数目为

$$[z^N]T(z) = \frac{1}{N}[u^{N-1}](\theta(u))^N \sim c_t\alpha_t^N/N^{3/2}$$

其中 τ 为 $\theta(\tau) - \tau\theta'(\tau) = 0$ 的最小正根，常数 α_t 和 c_t 分别由 $\alpha_t = \theta'(\tau)$ 和 $c_t = \sqrt{\theta(\tau)/2\pi\theta''(\tau)}$ 给出。

证明：定理的第一部分可以由符号化方法和拉格朗日反演立即得出，渐近结果需要使用第 4 章的定理的扩展进行奇异性分析（见参考资料[15]）。

这一结果由 1978 年 Meir 和 Moon 证明的定理得出[28]，它实际上适用于形式为 $1+a_1u+a_2u^2+\ldots$ 的一大类多项式 $\theta(u)$。在约束条件下，系数是正的，a_1 至少一个系数是非零的。

下面给出了较小 t 的 t-受限树数目的渐近估计。

$c_t\alpha_t^N/N^{3/2}$	t	c_t	α_t
	2	.4886025119	3.0
	3	.2520904538	3.610718613
	4	.1932828341	3.834437249
	5	.1691882413	3.925387252
	6	.1571440515	3.965092635
	∞	.1410473965	4.0

对于较大的 t，α_t 的值接近 4，可能算是期望值了，因为这时树接近于一般卡塔兰树。

习题 6.74　使用恒等式 $1+u+u^2+\ldots+u^t = (1-u^{t+1})/(1-u)$ 来求 N 节点 t-受限树数目的求和表达式。

习题 6.75　编写程序，给定 t，计算所有 N 值的 t-受限树的数量，其中的数字小于机器中最大可表示的整数。

习题 6.76　求"偶" t-受限树的数目，其中所有的节点均有偶数个小于 t 的子节点。

限高树

还有其他类型的树，包括高度受限的树。这种树很重要，因为它们的搜索时间可以保证在 $O(\log N)$ 内，所以可以用来代替二叉搜索树。它最早由 Adel'son-Vel'skii 和 Landis[1] 在 1960 年提出。此后，这种树得到了广泛的研究（例如，可见参考资料[3]或者[20]）。平衡树因为结合了二叉搜索树的简单性和灵活性，加上可应对恶劣情况的性能所以具有实际的广泛应用。它们常被用于非常大的数据库应用中，因此，对性能的渐近结果具有直接的实际意义。

定义　一棵高度为 0 或者–1 的 AVL 树是一个外部节点，一棵高度 $h>0$ 的 AVL 树是一个指向左侧或右侧子树的内部节点，子树的高度均是 $h-1$ 或者 $h-2$。

定义　高度为 0 的 B-树是一个外部节点；阶次为 M，高度 $h>0$ 的 B-树是一个内部节点，该内部节点与 M 阶高度为 $h-1$ 的 B-树的[$M/2$]和 M 之间的序列相连接。

3 阶或 4 阶的 B-树通常分别被称为 2-3 树和 2-3-4 树。有几种方法被称为平衡树算法，它们是利用这些或类似的结构设计的，其理论基础为将排列映射为树形结构以保证没有长路径。更多的细节，包括不同类型之间的相互联系由 Guibas 和 Sedgewick 给出[20]。上述资料中

还阐明了很多结构（包括 AVL 树和 B-树）可以如图 6.25 所示的那样映射到含有标记边的二叉树上。

习题 6.77 不需要细致地解决枚举问题，尝试将下列的树分类，以增加它们对大 N 的基数的阶次：3-ary、3-受限、2-3 和 AVL。

习题 6.78 创建一个表格，给出 AVL 树和 2-3 树的数量，这些树少于 15 个节点，当将其作为无序树考虑的时候，给出其数量的差异。

平衡树结构显示了在应用中出现的各种树结构。这些结构引发了许多有趣的分析问题，并且它们分布在纯粹的组合结构和纯粹的"算法"结构之间的不同位置上。尽管它们非常重要，但对于诸如路径长度之类的统计数据，在随机插入的情况下，没有对二叉树结构进行精确分析。对其进行枚举也是一件非常困难的事情（例如，可见参考资料[2]或者[13]）。

对这些结构的每一种类型，我们更感兴趣于了解有多少本质上不同的结构，以及各种重要参数的统计。对某些结构，因为它们是递归定义的，推导其枚举函数方程是非常直观的。（某些平衡树结构甚至没办法很容易地进行递归分析和定义，而是需要根据映射排列的算法来定义。）求取树的高度的函数方程只是一个起点，对这些结构进行进一步分析是相当困难的。此前我们讨论的几种不同类型母函数的函数化方程在表 6.6 中给出。

表 6.6 其他类型的树的母函数

树的类型 （大小测量）	应用符号化方法的 母函数函数化方程
3-ary （外部节点）	$T(z) = z + T(z)^3$
3-ary （内部节点）	$T(z) = 1 + zT(z)^3$
3-受限 （节点）	$T(z) = z(1 + T(z) + T(z)^2 + T(z)^3)$
高度为 h 的 AVL （内部节点）	$A_h(z) = \begin{cases} 1 & h < 0 \\ 1 & h = 0 \\ zA_{h-1}(z)^2 + 2zA_{h-1}(z)A_{h-2}(z) & h > 0 \end{cases}$
高度为 h 的 2-3 树 （外部节点）	$B_h(z) = \begin{cases} z & h = 0 \\ B_{h-1}(z^2 + z^3) & h > 0 \end{cases}$

习题 6.79 证明表 6.6 中给出的 AVL 树和 2-3 树的母函数的函数化方程。

更重要的是，正如对于二叉树（均匀分布）和二叉搜索树（由算法随机排列的二叉树分布结构），我们经常需要根据一种算法的分布来了解不同种类的树的统计信息，该算法将一些其他的组合对象转换成树结构，从而给出更多的分析问题。也就是说，我们定义的一些基本的树结构为许多算法提供了服务。我们使用术语"二叉搜索树"对组合结构（二叉树）与映射到其的排列算法加以区分。平衡树和其他所需要区分的算法可以采用类似的思路。

实际上，AVL 树、B-树和其他类型的搜索树对于随机排列算法构造的分布结构来说是主要的研究关注点。"每棵树都有等同的可能"的组合对象都被研究过，不仅是因为相关的问题更适合组合分析，而且因为它们的特性可能会在作为数据结构分析它们时，对解决问题有更深入的了解。即使如此，仅仅枚举平衡树结构的基本问题仍是非常困难的（例如参考资料[29]）。相应的算法并没有在随机排列模型下进行分析，平衡树算法的平均情况分析是算法分析中突出的问题之一。

图 6.26 给出了这种复杂状态的一些显示。图中显示了随机 AVL 树（所有树具有等同可能）的子树尺寸分布，并可以和图 6.10 所示的相应的卡塔兰树的图形进行比较。BST 的对应图形是一系列高度为 1/N 的直线。

在任何树的大小为 N 的子树中，有固定数目节点的卡塔兰树具有一个渐近恒定的概率，AVL 树的平衡条件意味着小的子树不能发生在大 N 上。实际上，我们也许期望树的"平衡"，因为子树的大小可能会聚集在大 N 的中间。对于某些 N 来说，有时确实是这样的，但对于其他一些 N 来说，会出现分布中有两个峰的情况，这意味着很大一部分的树在一边或另一边有明显少于一半的节点。事实上，分布呈现出振荡的行为，大致在这两个极端之间。描述这一点的解析表达式必须考虑到这种振荡，因此可能不像我们想象的那样简单。据推测，在搜索应用中使用排列组合构建平衡树时，可能会产生类似的影响，但目前还没有显示出来。

树在我们所考虑的算法中无处不在，无论是作为显式结构，还是作为递归计算的模型。我们对最重要算法特性的很多知识的理解都可以追溯到树的特性。

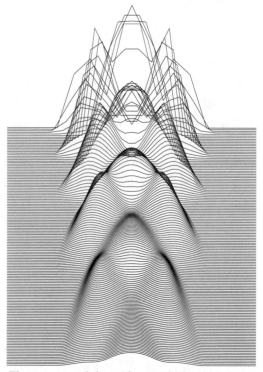

图 6.26　AVL 分布（随机 AVL 树中子树的大小）（伸缩并平移成分离的曲线）

我们将在后面的章节中遇到其他类型的树，但是它们都有一个内在的递归特性，这使得对它们的分析自然地要使用母函数，正如前面描述的那样：递归结构直接导致生成一个闭合形式的表达式或母函数的递归公式的等式。分析的第二部分是提取所需的系数，需要更多类型的树的高级技术。

比较分析树的路径长度与树的高度的区别是很重要的。一般来说，我们可以递归地描述组合参数，但是"加性"参数，比如路径长度比"非加性"参数（如高度）要简单得多，因为与组合结构相对应的母函数结构可以直接在前一种情况下得到利用。

本章的第一个主题是介绍作为组合对象的树的分析历史。近年来，已经有通用的技术来帮助统一一些经典的理论，并使其能够学习更复杂的新的树结构的特征。我们详细讨论了这个主题，在参考资料[15]中有很多例子，而 Drmota 的书[11]介绍了一种全面的处理方法，阐述了自我们在这里描述的早期突破以来，所开发的关于随机树的大量知识。

除了经典的组合学和算法分析中的特定应用，我们还努力证明算法应用程序是如何给出一系列新的数学问题的，它们本身就有一个有趣而复杂的结构。二叉搜索树算法是解决许多问题的原型：一个算法将一些输入组合对象（排列，在二叉搜索树的情况下）转换成某种形式的树。接下来，我们对树的组合性质进行分析更感兴趣了，不是在统一模型下，而是在由变换引起的分布情况下。了解组合结构的详细性质，并研究这种转换的影响，是我们进行算法分析的基础。表 6.7 列出了本章中介绍的分析组合实例。

表 6.7　本章中的分析组合实例

结构		母函数方程	近似渐近
未标注类			
二叉树	$\mathcal{T} = \mathcal{Z} + \mathcal{T}^2$	$T(z) = z + T^2(z)$	$.56\dfrac{4^N}{N^{3/2}}$
3-ary树	$\mathcal{T} = \mathcal{Z} + \mathcal{T}^3$	$T(z) = z + T^3(z)$	$.24\dfrac{6.75^N}{N^{3/2}}$
树	$\mathcal{G} = \mathcal{Z} \times SEQ(\mathcal{G})$	$G(z) = \dfrac{z}{1 - G(z)}$	$.14\dfrac{4^N}{N^{3/2}}$
无序树	$\mathcal{U} = \mathcal{Z} \times MSET(\mathcal{U})$	$U(z) = ze^{U(z)+U(z)^2/2+\cdots}$	$.54\dfrac{2.96^N}{N^{3/2}}$
Motzkin树	$\mathcal{T} = \mathcal{Z} \times (\mathcal{E} + \mathcal{T} + \mathcal{T}^2)$	$T(z) = z(1 + T(z) + T(z)^2)$	$.49\dfrac{3^N}{N^{3/2}}$
标注类			
树	$\mathcal{L} = \mathcal{Z} \times SEQ(\mathcal{L})$	$L(z) = \dfrac{z}{1 - L(z)}$	$\dfrac{(2N - 2)!}{(N - 1)!}$
Cayley树	$\mathcal{C} = \mathcal{Z} \times SET(\mathcal{C})$	$C(z) = ze^{C(z)}$	N^{N-1}

参考资料

[1] G. Adel'son-Vel'skii E. Landis. *Doklady Akademii Nauk SSR* 146, 1962, 263–266. English translation in *Soviet Math* 3.

[2] A. V. Aho and N J. A. Sloane. "Some doubly exponential sequences," *Fibonacci Quarterly* 11, 1973, 429-437.

[3] R. Bayer and E. McCreight . "Organization and maintenance of large ordered indexes," *Acta Informatica* 3, 1972, 173-189.

[4] J. Bentley. "Multidimensional binary search trees used for associative searching," *Communications of the ACM* 18, 1975, 509-517.

[5] B. Bollobás. *Random Graphs*, Academic Press, London, 1985.

[6] L. Comtet. *Advanced Combinatorics*, Reidel, Dordrecht, 1974.

[7] T. H. Cormen, C. E. Leiserson, R. L. Rivest, and C. Stein. *Introduction to Algorithms*, 3rd edition, MIT Press, New York, 2009.

[8] N. G. De Bruijn , D. E. Knuth, and S. O. Rice . " The average height of planted plane trees," in *Graph Theory and Computing*, R. C. Read, ed., Academic Press, New York, 1971.

[9] L. Devroye . "A note on the expected height of binary search trees," *Journal of the ACM* 33, 1986, 489-498.

[10] L. Devroye. "Branching processes in the analysis of heights of trees," *Acta Informatica* 24, 1987, 279-298.

[11] M. Drmota. *Random Trees: An Interplay Between Combinatorics and Probability*, Springer Wein, New York, 2009.

[12] P. Flajolet and A. Odlyzko. " The average height of binary trees and other simple trees," *Journal of Computer and System Sciences* 25, 1982, 171-213.

[13] P. Flajolet and A. Odlyzko. "Limit distributions for coefficients of iterates of polynomials with applications to

combinatorial enumerations," *Mathematical Proceedings of the Cambridge Philosophical Society* 96, 1984, 237-253.

[14] P. Flajolet, J.-C. Raoult, and J. Vuillemin. " The number of registers required to evaluate arithmetic expressions," *Theoretical Computer Science* 9, 1979, 99-125.

[15] P. Flajolet and R. Sedgewick. *Analytic Combinatorics*, Cambridge University Press, 2009.

[16] M. R. Garey and D. S. Johnson. *Computers and Intractability: A Guide to the Theory of NP-Completeness*, W. H. Freeman, New York, 1979.

[17] G. H. Gonnet and R. Baeza-Yates. *Handbook of Algorithms and Data Structures in Pascal and C*, 2nd edition, Addison-Wesley, Reading, MA, 1991.

[18] I. Goulden and D. Jackson. *Combinatorial Enumeration*, John Wiley & Sons, New York, 1983.

[19] R. L. Graham, D. E. Knuth, and O. Patashnik. *Concrete Mathematics*, 1st edition, Addison-Wesley, Reading, MA, 1989. 2nd edition, 1994.

[20] L. Guibas and R. Sedgewick. "A dichromatic framework for balanced trees," in *Proceedings 19th Annual IEEE Symposium on Foundations of Computer Science*, 1978, 8-21.

[21] F. Harary and E. M. Palmer . *Graphical Enumeration*, Academic Press, New York, 1973.

[22] C. A. R. Hoare. "Quicksort," *Computer Journal* 5, 1962, 10-15.

[23] R. Kemp. "The average number of registers needed to evaluate a binary tree optimally," *Acta Informatica* 11, 1979, 363-372.

[24] D. E. Knuth. *The Art of Computer Programming. Volume 1: Fundamental Algorithms*, 1st edition, Addison-Wesley, Reading, MA, 1968. 3rd edition, 1997.

[25] D. E. Knuth. *The Art of Computer Programming. Volume 3: Sorting and Searching*, 1st edition, Addison-Wesley, Reading, MA, 1973. 2nd edition, 1998.

[26] D. E. Knuth and A. Schönhage. "The expected linearity of a simple equivalence algorithm," *Theoretical Computer Science* 6, 1978, 281-315.

[27] H. Mahmoud. *Evolution of Random Search Trees*, John Wiley & Sons, New York, 1992.

[28] A. Meir and J. W. Moon. "On the altitude of nodes in random trees," *Canadian Journal of Mathematics* 30, 1978, 997-1015.

[29] A. M. Odlyzko. "Periodic oscillations of coefficients of power series that satisfy functional equations," *Advances in Mathematics* 44, 1982, 180-205.

[30] G. Pólya and R. C. Read. *Combinatorial Enumeration of Groups,Graphs, and Chemical Compounds*, Springer-Verlag, New York, 1987. (English translation of original paper in *Acta Mathematica* 68, 1937, 145-254.)

[31] R. C. Read. "The coding of various kinds of unlabelled trees," in *Graph Theory and Computing*, R. C. Read, ed., Academic Press, New York, 1971.

[32] R. Sedgewick. *Algorithms*, 2nd edition, Addison-Wesley, Reading, MA, 1988.

[33] R. Sedgewick and K. Wayne. *Algorithms*, 4th edition, Addison-Wesley, Boston, 2011.

[34] N. Sloane and S. Plouffe. *The Encyclopedia of Integer Sequences*, Academic Press, San Diego, 1995.Also accessible as *On-Line Encyclopedia of Integer Sequences*, http://oeis.org.

[35] J. S. Vitter and P. Flajolet, "Analysis of algorithms and data structures," in *Handbook of Theoretical Computer Science A:Algorithms and Complexity*, J. van Leeuwen, ed., Elsevier, Amsterdam, 1990, 431-524.

第 7 章　排列

组合算法通常仅被用来处理含有 N 个元素的序列的相对顺序，因此我们可以将这些组合算法视为按照某些顺序对数字 1 到 N 进行的操作。这样的排序被称为排列，是一个具有丰富有趣属性的组合对象。我们之前讨论过排列：在第 1 章中，我们讨论了使用随机排列作为输入模型的两种基于比较的排序算法的分析算法；在第 5 章中，当我们引入标记对象的符号方法时，也是以排列为基础的。在本章中，我们将会研究排列的组合属性，并使用概率函数、累积函数及双变量母函数（和符号方法）来分析随机排列的属性。

排列从算法分析的角度来说十分有意义，因为它们经常被当作研究方法的一部分用于研究排序算法。在本章中，我们将会介绍并分析插入排序、选择排序和冒泡排序等基本的排序方法，并讨论其他几种在实践中十分重要的算法，包括希尔排序、优先队列算法和重排算法等。这些方法和排列的基本属性之间存在对应关系也许是意料之中的事，但在这里我们想要强调的是基本组合机制在算法分析中的重要性。

在本章的开始，我们会先介绍排列的几个重要属性，举出一些相关例子并分析它们之间的关系。首先，我们会研究在分析基本排序算法时出现的属性和具有独立组合意义的属性。

接下来，我们会试着理解实现排列的不同方法，在这一部分我们会特别提到应用于逆序和环的表示方法以及揭示排列与其逆序之间深层联系的二维表示方法。这些表示方法有助于明确排列、二叉搜索树和堆序树（heap-ordered trees）之间的关系，并在一定程度上将对排列性质的分析转化为对树的性质的研究。

之后，我们考虑排列的枚举问题。举例来说，我们想对具有某些属性的排列进行计数，这相当于计算随机排列具有特定属性的概率。我们使用母函数（包括标记对象上的符号方法）来直接解决这些问题。更具体地说，我们将会考虑与排列的"环结构"有关的属性，更加详细地阐释基于第 5 章介绍的符号化方法的分析方式。

和第 6 章介绍树时的行文结构一样，接下来要对具体参数进行分析。对于树，我们研究了路径长度、高度、节点数目等属性。对于排列，我们则考虑诸如游程数和逆序数等属性，其中许多属性很容易分析。像往常一样，我们假设所有的排列都是等可能的，此外，我们也会关注与其性质相关的各种措施的预期"成本"。对于这种分析，我们更强调基于母函数（如 CGF）的更加快捷的方式。

我们将对两种基本的排序方法（插入排序和选择排序）的参数，以及它们与排列的两个基本性质（逆序数和从左到右最小值）的关系进行分析。我们将会展示 CGF 如何使我们对这些算法的分析变得相对简单且直接。我们还会考虑如何将一个数组就地排列的问题及其与排列的环结构的关系。其中的某些关系能够导出我们在第 3 章中遇到的特殊数的常见母函数，例如 Stirling 与调和数的母函数。

在本章中我们还会分析类似于树高的问题，包括求在随机排列中最短和最长环的平均长度。与树高一样，我们可以在索引的"垂直"母函数上建立函数方程，但事实上，使用更先进的工具可以最优地开发渐近估计。

基于排列属性的研究表明，在算法分析中，简单和困难的问题之间确实存在着一个令人满意的分界线。我们考虑的一些问题可以用基本论证轻松解决；而其他问题不属于基本论证能够解决的范畴，此时可以用母函数及我们一直在学习的渐近方法进行研究。除此之外，其他类似的问题需要使用先进的复杂分析或概率方法。

7.1 排列的基本性质

排列可以以多种方法表示。最简单的方法就像在第 5 章中介绍的，仅仅是简单地排列整数 1 到 N。

序号	1	2	3	4	5	6	7	8	9	10	11	12	13	14	15
排列	9	14	4	1	12	2	10	13	5	6	11	3	8	15	7

在 5.3 节中我们看到一种思考排列的方式，即把排列看成数字的重新排列，例如 "1 到 9，2 到 14，3 到 4" 等。在本节中，我们会介绍一些排列的基本特征，这些特征不仅从组合学的角度来说很有意义，在研究一些重要的算法时也是很重要的。我们在后面还会给出一些分析结果，并讨论如何导出结果并将其与算法分析相关联。

我们将研究排列中的逆序、从左到右最小值和最大值、环、上升、游程、下降、峰值、谷值和增加的子序列，排列的逆序，以及被称为对合和错位的特殊类型的排列。所有这些都按照排列 $p_1 p_2 p_3 \cdots p_N$（1 到 N 均为整数）进行解释，在本书后面的内容里，也会参考这些样本来讲解排列。

定义 逆序是假设 $i < j$，有 $p_i > p_j$。如果 q_j 是在 $p_i > p_j$ 的情况下 $i < j$ 的数目，则 $q_1 q_2 \cdots q_N$ 称为 $p_1 p_2 \cdots p_N$ 的逆序表。我们使用符号 $\mathrm{inv}(p)$ 来表示排列 p 中的逆序数，即逆序表中条目的和。

上面给出的排列样本中有 49 个逆序，这可以通过在其逆序表中添加元素来证明。

序号	1	2	3	4	5	6	7	8	9	10	11	12	13	14	15
排列	9	14	4	1	12	2	10	13	5	6	11	3	8	15	7
逆序表	0	0	2	3	1	4	2	1	5	5	3	9	6	0	8

根据定义，逆序表 $q_1 q_2 \cdots q_N$ 中的条目满足：当 j 取 1 到 N 之间的任意整数时，任意排列的 q_N 满足 $0 \leqslant q_j < j$。如我们将在 7.3 节中看到的，可以根据满足这些约束条件的任意数目的序列构造唯一的排列。这就是说，大小为 N 的逆序表和拥有 N 个元素的排列之间有一一对应的关系（每个的数量都是 $N!$）。这个对应关系将会在本章后面分析基本排序方法（如插入排序和冒泡排序）时用到。

定义（从左到右最小值） 从左到右最小值是指：存在一个下标 i，对所有 $j < i$，都有 $p_j > p_i$ 的排列。我们使用符号 $\mathrm{lrm}(p)$ 来指代排列 p 中从左到右最小值的个数。

每个排列中的第一个元素都是从左到右最小值，因此它是最小的元素。如果最小的元素是第一个元素，那么它就是唯一的从左到右最小值；否则，至少有两个从左到右最小值（第一个元素和最小的元素）。一般来说，排列中可以有 N 个从左到右最小值（在排列 $N...2\ 1$ 中）。在我们的样本排列中有 3 个，分别在位置 1、3 和 4 处。注意，每个从左到右最小值对应于逆序表中的条目 $q_k = k - 1$（左侧的所有条目都较小），因此，在排列中计数从左到右最小值与在逆序表中计数这些条目相同。从左到右最大值与从左到右最小值和从右到左最大值的定义同理。在概率论中，从左到右最小值也被称为记录，因为它们表示从左到右移动排列时遇到的新的最小值的 "记录"。

习题 7.1 如何从逆序表中计算从左到右最大值、从右到左最小值和从右到左最大值的数量？

定义 环是指一个下标序列 $i_1 i_2 \ldots i_t$，其中 $p_{i_1} = i_2, p_{i_2} = i_3, \ldots, p_{i_t} = i_1$。在长度为 N 的排列中，任意选出一个元素，则该元素必定属于唯一一个长为从 1 到 N 的环，长度为 N 的排列是由从 1 到 N 的环的集合构成的。错位排列是不存在环长为 1 的排列。

我们使用符号 $(i_1 \ i_2 \ldots i_t)$ 来表示一个环，或者简单地绘制一个环有向图，如 5.3 节和图 7.1 所示。我们的样本排列由 4 个环组成，其中一个环的长度为 1，因此这个排列不是一个错位排列。

序号	1	2	3	4	5	6	7	8	9	10	11	12	13	14	15
排列	9	14	4	1	12	2	10	13	5	6	11	3	8	15	7
环	(1	9	5	12	3	4)	(2	14	15	7	10	6)	(8	13)	(11)

两行表示法	1	2	3	4	5	6	7	8	9	10	11	12	13	14	15
	9	14	4	1	12	2	10	13	5	6	11	3	8	15	7

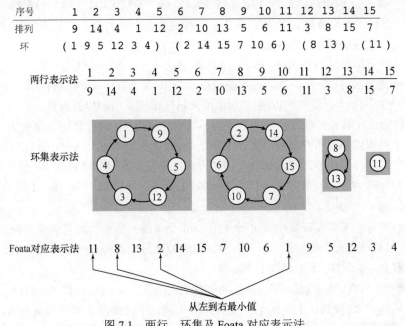

环集表示法

Foata对应表示法   11   8   13   2   14   15   7   10   6   1   9   5   12   3   4

从左到右最小值

图 7.1   两行、环集及 Foata 对应表示法

环表示法可以读成 "1 到 9 到 5 到 12 到 3 到 4 到 1" 等。这个排列中的最长环长度为 6（有两个这样的环）；最短环长度为 1。有 t 种等价的方式可以列出长度为 t 的任何环，并且构成排列的环本身可以以任何顺序列出。在 5.3 节中，我们已经证明了排列与环集合之间是基本的双射。

Foata 对应

如图 7.1 所示，如果我们选择列出每个环中最小的元素（环头），然后以其环头的降序列出所有的环，那么就会得到一个规范的形式，这个规范形式有一个有趣的属性：小括号不是必要的，因为规范形式的每个从左到右最小值都对应一个新的环（在同一个环中，由构造得到的所有元素都较大）。这构成了一个组合证明，即对于随机排列来说，环的数量和从左到右最小值的数量具有相同的分布，我们也将在本章中对这个分析进行验证。在组合学中，这被称为 "Foata 对应" 或 "基本对应"。

习题 7.2   用环的符号表示样本排列时，有多少种不同的表示方法？

习题 7.3   有多少个含有 $2N$ 个元素的排列刚好有两个长度为 N 的环？有多少个刚好有 N 个长度为 2 的环？

习题 7.4   哪些具有 N 个元素的排列在用环表示时具有最多不同的表示方法？

定义   逆排列是指排列 $p_1 \cdots p_N$ 和 $q_1 \cdots q_N$ 之间存在 $q_{p_i} = p_{q_i} = i$。对合是指一个排列的逆排列是它本身：$p_{p_i} = i$。

以下面的例子来说，1 在第 4 位，2 在第 6 位，3 在第 12 位，4 在第 3 位，等等。

序号	1	2	3	4	5	6	7	8	9	10	11	12	13	14	15
排列	9	14	4	1	12	2	10	13	5	6	11	3	8	15	7
逆排列	4	6	12	3	9	10	15	13	1	7	11	5	8	2	14

通过这个定义可知，每个排列都有一个唯一的逆排列，逆排列的逆排列是原始排列。下面的例子以环形式揭示了对合的重要性质。

序号	1	2	3	4	5	6	7	8	9	10	11	12	13	14	15
对合	9	2	12	4	7	10	5	13	1	6	11	3	8	15	14
环	(1 9)	(2)	(3 12)	(4)	(5 7)	(6 10)	(8 13)	(11)	(14 15)						

显然，当且仅当所有环的长度为 1 或 2 时，排列才是一个对合。对长度为 N 的对合数进行精确估计是一个有趣的问题，它论证了很多我们在本书中用到的工具。

　　定义　上升是指在排列中 $p_i < p_{i+1}$，下降是指 $p_{i-1} > p_i$。游程是指排列中最大的连续递增子序列。峰是指 $p_{i-1} < p_i > p_{i+1}$，谷是指 $p_{i-1} > p_i < p_{i+1}$，双升是指 $p_{i-1} < p_i < p_{i+1}$，双落是指 $p_{i-1} > p_i > p_{i+1}$。我们可以通过 $\mathrm{runs}(p)$ 来指代排列 p 中游程的数目。

　　任何排列的长度都等于排列的上升个数加下降个数减去 1。游程数比下降数大 1，因为排列中除最后一个游程以外的所有游程必须以下降结束。如果我们将 $N-1$ 中正号和负号对应于排列中连续元素之间差异的符号，则事情就会清楚许多：我们会发现下降对应于+而上升对应于-。

排列	9	14	4	1	12	2	10	13	5	6	11	3	8	15	7
升/降		−	+	+	−	+	−	−	+	−	−	+	−	−	+

　　统计+和-符号，不难发现其中有 8 个上升和 6 个下降。另外，加号表示游程结束（除了最后一个），所以该排列有 7 个游程。双升、谷、峰和双落分别对应于--、+-、-+和++。这个排列中有 3 个双升、4 个谷、5 个峰和 1 个双落。

　　图 7.2 是一个直观的图形表示法，也说明了我们上面所分析的这些数值。当 $1 \leqslant i < N$ 时，我们画一条线从 (i, p_i) 连接到 $(i+1, p_{i+1})$，上升指向上面，下降指向下面，峰是凸的，谷是凹的，以此类推。该图还展示了一个"递增子序列"的示例——用虚线连接曲线上的点，我们会发现图像随着从左向右移动而升高。

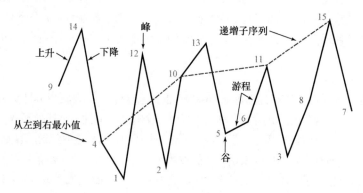

| 9 | 14 | 4 | 1 | 12 | 2 | 10 | 13 | 5 | 6 | 11 | 3 | 8 | 15 | 7 |

图 7.2　排列的解析

　　定义　递增子序列是指在排列中存在递增序列 $i_1, i_2, \ldots, i_k$，使得 $p_{i_1} < p_{i_2} < \ldots < p_{i_k}$。

　　按照惯例，空的子序列被认为是"增加的"。例如，增加的排列 1 2 3…N 具有 2^N 个增加的子序列，其中每一个都对应于下标的某个集合，并且递减排列 N $N-1$ $N-2$…1 只有 $N+1$ 个递减子序列。我们可以用与统计逆序一样的方法统计一个排列中的递增子序列：做一个有关 $s_1 s_2 \ldots s_N$ 的表，其中 s_i 是从位置 i 开始的递增子序列的数量。我们的样本排列从位置 1 开始有 9 个递增子序列，从位置 2 开始有 2 个递增子序列，以此类推。

序号	1	2	3	4	5	6	7	8	9	10	11	12	13	14	15
排列	9	14	4	1	12	2	10	13	5	6	11	3	8	15	7
子序列表	9	2	33	72	4	34	5	2	8	7	2	5	2	1	1

　　例如，该表中的第 5 个条目对应于 4 个增加的子序列：12，12 13，12 15 和 12 13 15。累加

该表中的条目（加上一个空子序列）可知，在我们的样本排列中递增子序列的数量是 188。

习题 7.5 编写一个在多项式时间内计算给定排列中递增子序列数的程序。

表 7.1 给出了含有 9 个元素的随机排列的所有属性值，表 7.2 给出了含有 4 个元素的所有排列的属性值。仔细研究表 7.1 和表 7.2 将得到这些不同属性的特征，以及本章将要证明的它们之间的排列和关系。例如，我们已经提到的从左到右最大值的分布与环数的分布相同。

表 7.1　含有 9 个元素的随机排列的所有属性值

排列	逆	从左到右 最小值	环	游程	最长环	逆排列	逆序表
961534872	21	3	2	6	7	012233127	395642871
412356798	4	2	5	3	4	011100001	234156798
732586941	19	4	4	6	3	012102058	932846157
236794815	15	2	2	3	7	000003174	812693475
162783954	13	1	4	5	4	001003045	136982457
259148736	16	2	2	4	4	000321253	418529763

表 7.2　含有 4 个元素的所有排列的属性值

排列	子序列	逆序列	从左到右 最小值	环	最长环	游程	逆序表	逆排列
1234	16	0	1	4	1	1	0000	1234
1243	14	1	1	3	2	2	0001	1243
1324	13	1	1	3	2	2	0010	1324
1342	10	2	1	2	3	2	0002	1423
1423	10	2	1	2	3	2	0011	1342
1432	8	3	1	3	3	3	0012	1432
2134	12	1	2	3	2	2	0100	2134
2143	10	2	2	2	2	2	0101	2143
2314	10	2	2	2	3	2	0020	3124
2341	9	3	2	1	4	2	0003	4123
2413	8	4	2	1	4	2	0013	3142
2431	7	4	2	2	3	3	0013	4132
3124	9	1	2	2	3	2	0010	2314
3142	8	2	2	2	3	2	0002	2413
3214	8	3	3	3	2	2	0120	3214
3241	7	4	3	2	3	2	0003	4213
3412	7	4	2	2	2	2	0022	3412
3421	6	5	3	1	4	3	0023	4312
4123	9	3	2	1	4	2	0111	2341
4132	8	4	2	2	3	3	0112	2431
4213	7	4	3	2	3	3	0122	3142
4231	6	5	3	3	2	3	0113	4231
4312	6	5	3	1	4	3	0122	3421
4321	5	6	4	2	2	4	0123	4321

从直觉上来说，我们认为上升和下降的概率是一样的，因此在一个长度为 N 的随机排列中，上升和下降每种大约有 $N/2$ 个。类似的，我们预期每个元素左边的元素中大约有一半比该元素大，所以逆序数约为 $\sum_{1\leqslant i\leqslant N} i/2$，大小约为 $N^2/4$。我们将会在后面讨论如何精确量化这些元素、如何计算这些数量的其他矩，以及如何使用类似的技术研究从左到右最小值和环。

当然，如果我们继续深究，那么就会遇到更加困难的关于分析的问题。例如，对合在排列中占多大比例？错位呢？3 个元素以上的排列中有多少个不含环？少于 3 个元素的排列中有多少个不含环？逆序表中最大元素的平均值是多少？在排列中增加子序列的预期数量是多少？排列中最长环的平均长度是多少？最长的游程呢？这些问题出现在特定算法的研究中，同时我们把它们列在了组合学资料中。

在本章中，我们将会回答这些问题中的大部分。我们将一些常见实例的结果总结在表 7.3 中。其中一些分析非常简单，但有些分析需要使用更先进的工具，正如我们将要看到的，当使用母函数推导贯穿本章内容的这些结果和其他结果时，就需要用到这些高级工具。我们还将相当详细地考查它们与排序算法之间的关系。

表 7.3 排列性质的累积计数和平均值

	2	3	4	5	6	7	准确平均值	渐近估计
排列	2	6	24	120	720	5040	1	1
逆序数	1	9	72	600	5400	52,920	$\dfrac{N(N-1)}{4}$	$\sim \dfrac{N^2}{4}$
从左到右最小值	3	11	50	274	1764	13,068	H_N	$\sim \ln N$
环数	3	11	50	274	1764	13,068	H_N	$\sim \ln N$
上升数	6	36	48	300	2160	17,640	$\dfrac{N-1}{2}$	$\sim \dfrac{N}{2}$
递增子序列数	5	27	169	1217	7939	72,871	$\sum_{k\geqslant 0}\dfrac{1}{k!}\binom{N}{k}$	$\sim \dfrac{1}{2\sqrt{\pi e}}\dfrac{e^{2\sqrt{N}}}{N^{1/4}}$

7.2 排列算法

根据我们之前分析的排列的本质可知，排列会直接或间接地出现在各种算法的分析中。排列规定了数据对象的排序方式，许多算法需要按照特定的顺序处理数据。通常，复杂算法都会在某个阶段调用排序过程，并且复杂算法的实现是与排序算法直接相关的，这些都是我们研究排列属性的动力。下面是一些与之相关的例子。

排序

正如在第 1 章中所看到的，我们经常假设以某种排序方法进行的输入是具有不同关键字的随机排序记录的列表。特别是，以随机顺序排列的关键字是由下面这个过程产生的，即从连续的分布中独立抽取产生的。使用这种自然模型，分类方法的分析基本上等同于排列属性的分析。从 Knuth 的综合报道[10]开始，研究者们创作了有关这个课题的大量资料，并开发出各种各样的排序算法，以用于不同的情况，并且算法分析对我们理解相对性能起着至关重要的作用。更多的信息请见参考资料[10]、[5]以及[15]。在本章中，我们将研究一些基本的排列属性与基本的排序方法之间的直接联系。

习题 7.6 设 a_1、a_2 和 a_3 是独立生成的 0 到 1 之间的随机数,把它们看作满足 $F(x) = \Pr\{X \leqslant x\}$ 的连续分布的随机变量 X 的值。求证事件 $a_1 < a_2 < a_3$ 的概率为 1/3!。请把此结论推广到任意顺序的模式和有任意多个关键字的情况。

重排

思考排列的一种方法是把排列作为一种实施重新排列的规定,这个观点导致了排列与排序行为之间的直接联系。排序算法通常通过间接引用被排序的数组而不是来回移动元素以使它们按顺序来排列,因此我们要计算出一个能够把元素有序摆放的排列。几乎所有排序算法都可以这样实现。对于我们已经见过的算法而言,它们都是在维护一个存放排列的"索引"的数组 p[]。

为了简化本讨论,我们使用含有从 1 到 N 的 N 个元素的数组来进行操作以保持与之前例子的兼容性,尽管现代编程语言是用从 0 到 N–1 的索引数组来进行索引的。

首先,我们令 p[i]=i;然后修改排序代码,对任何一个比较运算,我们引用 a[p[i]] 代替 a[i],而在做任何数据移动时,我们引用 p 而不是 a,这些改变确保了在执行算法的任何时刻,a[p[1]],a[p[2]],…,a[p[N]] 与原始算法中的 a[1],a[2],…,a[N] 是相同的。

例如,如果使用下面这种排序方法来放置样本输入文件:

序号	1	2	3	4	5	6	7	8	9	10	11	12	13	14	15
关键字	29	41	77	26	58	59	97	82	12	44	63	31	53	23	93

逐渐增加样本元素,它将产生如下排列:

序号	1	2	3	4	5	6	7	8	9	10	11	12	13	14	15
排列	9	14	4	1	12	2	10	13	5	6	11	3	8	15	7

一种解释是,这些指令可以将原始输入按排列顺序打印出来(或访问),首先打印第 9 个元素(12),再打印第 14 个(23),接着是第 4 个(26),然后是第一个(29),以此类推,按照排序顺序输出(或访问)原始输入的指令。在本文中,我们注意到,计算出的排列是表示键的初始排序的排列的倒数。对于我们的示例,有以下排列结果:

序号	1	2	3	4	5	6	7	8	9	10	11	12	13	14	15
逆	4	6	12	3	9	10	15	13	1	7	11	5	8	2	14

使用这种方法,排序等于计算一个排列的逆排列。如果输出数组 b[1]…b[N] 可用,则实际完成排序的程序是很简单的:

```
for (int i = 1; i <= N; i++) b[i] = a[p[i]]
```

对数据移动开销过大的应用进行排序时(例如,当记录比键大得多时),这种改变可能非常重要。如果输出数组没有可用空间,那么重新排列使之"在适当的地方"仍然是可行的——我们将在本章后面检验一个这样的算法。

有趣的是,排序的结果可以是一个对合。例如,考虑输入文件

```
58 23 77 29 44 59 31 82 12 41 63 26 53 97 93
```

对于该文件,相同的排列不仅表示输入文件的初始序列,而且指定了如何重新排列文件使其成为有序的排列:

```
9 2 12 4 7 10 5 13 1 6 11 3 8 15 11
```

也就是说,排列可以用两种方式来解释:不仅可以说 58 是第 9 小的元素,23 是第 2 小的,77 是第 12 小的,等等,也可以说文件中的第 9 个元素(12)是最小的,第 2 个元素(23)是第 2 小的,第 12 个元素(26)是第 3 小的,以此类推。

随机排列

许多重要的应用涉及随机化。例如，如果不能证明假设"排序算法的输入不是随机排序"是合理的，我们可以使用程序 7.1 中所示的方法来创建随机排序，然后对数组进行排序。这种随机化技术可以在给定的范围内产生"随机"整数（这样的程序已经被研究得很透彻了，见参考资料[9]）。$N!$ 种输入顺序每种都等可能出现：第 i 次循环时，i 种不同的重排中的任何一种都可能发生，其总数为 $2 \cdot 3 \cdot 4 \cdots \cdot N = N!$。

程序 7.1   随机排列一个数组

```
public void exch(Item[] a, int i, int j)
{ Item t = a[i]; a[i] = a[j]; a[j] = t; }

for ( int i = 1; i < N; i++)
   exch(a, i, StdRandom.uniform(0, i));
```

如第 1 章所述，从算法分析的观点来看，采用这种随机化输入顺序的方式可以将任何排序算法转化为"概率算法"，其性能特征可以由我们研究的平均情况的结果精确描述。事实上，这是最早的随机算法之一，它是在 1960 年由 Hoare 为快速排序算法提出来的（见第 1 章）。

优先队列

在检查任何一个输入之前，算法并不总是需要将输入的内容重新排列为有序的结构。另一个广泛使用的方法是开发一个数据结构，该数据结构由具有关键字的记录组成，它支持两种操作：将新项插入数据结构中和删除最小项。上述操作就是从数据结构中提取最小关键字的记录。这样的数据结构被称为优先队列。

优先队列算法与排序算法密切相关，例如，我们可以使用任何优先队列算法，通过插入所有记录，然后将其全部删除来实现排序算法（它们将以递增的顺序输出）。但是优先队列算法更具有普遍性，它之所以被广泛使用，不仅因为插入和删除操作可以混合进行，还因为它可以支持其他几种操作。复杂优先队列算法的性质研究是算法分析中最重要和最具挑战性的研究领域之一。在本章中，我们将研究重要的优先队列结构（堆序树）和二叉搜索树之间的关系。把它们与排列相联系，探讨起来将会很简单。

7.3   排列的表示法

虽然最简单而且我们一直都在使用的排列表示法是把排列看作数字从 1 到 N 的重排，但事实上很多其他表示排列的方式更加合理。接下来我们会看到排列的各种表示方法不仅可以更加具体地表现出其基本性质之间的关系，还可以从本质上展示出某些算法的性质。N 个元素可以有 $N!$ 种不同的排列，所以具有 $N!$ 种不同组合对象的任何集合都可以用来表示排列。在本节中，我们将会具体分析几种比较实用的表示方法。

环结构

就像图 7.2 展示的那样，我们已经考虑过将环集合的有向图用作排列的表示法。这种表示方式很有趣，因为它使得环结构更加直观。另外，把这种结构扩展到一般的函数上也会展示出很多有趣的性质，我们将在第 9 章详细进行研究。

Foata 表示法

如图 7.2 所示，实际上我们已经思考过使用 Foata 表示法了。在这个表示法中，我们从环中最小的元素开始画环，然后把这个环结构中的元素按照递减顺序排列。这种表示方式强调了排列中两个重要属性（环数和从左到右最小值）的关系，而这种关系在其他表示方式中看起来没有如此直观。

习题 7.7 其实我们也可以先写出环中的最小元素，再按这些最小元素递减的顺序放置所有的环。可用这种表示法对我们的样本进行排列。

习题 7.8 写出一个程序，可以对给定的排列实现 Foata 表示法，并且可以通过给定的 Foata 表示法得出排列。

逆序表

排列与一个含有 N 个元素的列表 $q_1q_2\cdots q_N$ 很容易建立一一对应的关系，其中 $0 \leqslant q_i < i$。给定一个排列，它的逆序表即这样一个列表，给定这样一个列表，它对应的排列就可以从右到左按照下述方法构建出来：存在整数 i，取值从 N 到 1 递减，设 p_i 为目前未被使用的第 q_i 大的整数。参考如下例子。

序号	1	2	3	4	5	6	7	8	9	10	11	12	13	14	15
逆序表	0	0	2	3	1	4	2	1	5	5	3	9	6	0	8
排列	9	14	4	1	12	2	10	13	5	6	11	3	8	15	7

排列可以通过在逆序表里从右向左移动来构建，7 在 1 到 15 中是第 8 大的整数，15 是剩余没有被使用过的整数里最大的，8 是剩余整数中第 6 大的，以此类推。因此，第 i 项输入有 i 种可能，存在 $N!$ 个逆序表（和排列）。

这种对应关系在我们对算法的分析中是很重要的。因为一个随机排列实际上等同于一个随机的逆序表，这个逆序表是通过赋予它的第 j 个输入项 0 到 $j-1$ 中任意一个随机整数而生成的。这个事实可以用于建立逆序以及一种高效的用乘积形式分解从左到右最大值的 GF 中。

习题 7.9 写出一个高效的算法，求出任意给定排列的逆序表。写出一个算法，求任意给定逆序表的排列。

习题 7.10 另外一种定义逆序表的方法是让 q_i 等于排列中 i 的左边大于 i 的元素的个数。证明这种逆序表中一一对应的关系。

格表示法

图 7.3 展示的是一种二维表示方法，在研究排列的性质时，这种表示方法是很实用的。对任意一个 i，排列 $p_1p_2\cdots p_N$ 通过用数字 p_i 标记 p_i 行 i 列所代表的单元格来表示。从右向左读这些数就会还原这个排列。因为每行、每列上都有标号，所以每一个单元格都有唯一对应的一组标号，其中一个位于它所处的行，一个位于它所处的列。如果其中一个在单元格下方，一个在单元格右方，则这对标号就是该排列的一个逆序，对应的这些单元格都在图 7.3 中被标识了出来。需要特别注意的是，排列和它的逆排列是彼此的简单转置，这是对下述结论的一个简单证明：每个排列都和它的逆排列有相同数量的逆序数。

习题 7.11 证明：在 $N×N$ 格的棋盘中可放入互相不能攻击到对方的“车”的方式数 k 为 $\binom{N}{k}^2 k!$。

习题 7.12 在格表示法中，假设我们对单元格上方的单元格和左侧的单元格进行标记，那么总共有几个单元格会被标记？上方和右侧呢？下方和左侧呢？

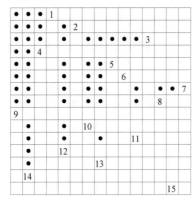 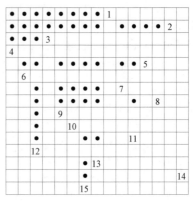

图 7.3   排列及其逆排列的格表示法

习题 7.13 证明对合的格表示法是关于主对角线对称的。

二叉搜索树

在第 6 章中，通过使用程序 6.3 向空二叉树中插入来自随机连续排列中的键值，我们分析了二叉树的性质，这意味着排列和二叉搜索树之间存在对应联系（见图 6.14）。

图 7.4 展示了排列的格表示法和二叉搜索树之间的直接对应关系：每一个标号对应一个节点，标号的行号对应关键字的值，该标号上方和下方的部分标号分别是生成节点的左右子树。需要特别指出的是，二叉搜索树对应行 $l, l+1, \ldots, r$，且 k 行最左边（最小列号）对应的标号是由关键字 k 递归定义的，左子树对应行 $l, l+1, \ldots, k-1$，右子树对应行 $k+1, k+2, \ldots, r$。注意，可能有许多排列对应的二叉搜索树是相同的。如果把最上方节点的列号和最下方节点的列号互换，将会改变一个排列，但是不会改变树。事实上我们知道，不同的二叉树结构的个数是由 Catalan 数决定的，且可以认为该数比 $N!$ 小很多（大约是 $4^N/N\sqrt{\pi N}$），所以每一棵树必然有大量的排列与之对应。之前章节关于二叉搜索树的分析结果可以认为就是在研究这种关系的本质。

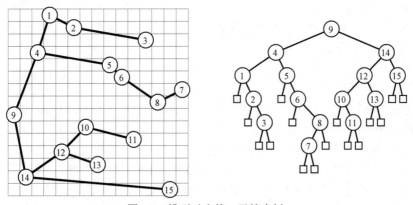

图 7.4   排列对应的二叉搜索树

习题 7.14 列出 5 个对应于图 7.4 所示的二叉搜索树的排列。

堆序树

事实上树也可以通过格表示法用类似涉及列的方式来建立。图 7.5 就是一个例子。这些树中根节点的关键字的值小于子树中关键字的值，这样的树叫作堆序树。在本书中，堆序树十分重要，因为我们想要研究的排列的性质可以简单看作树的性质。举例来说，有两个非空子树的节点相当于排列中的谷，叶节点相当于峰。

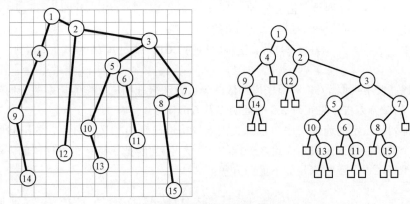

图 7.5 排列对应的堆序树

显而易见，这样的树同样能够作为实现优先队列的数据结构。最小的关键字位于根部，所以"移除最小值"操作可以通过（递归地）用子树中根节点上较小的关键字替换根节点上的关键字来实现；"插入"操作可以通过（递归地）在右子树的根上插入新节点来实现，除非它的关键字的值小于根节点。如果发生了这种情况，那么这个节点则作为新的根，原来的根作为这个节点生成的新树的左子树，右子树为空。

从组合学的角度来说，认识到每一棵堆序树都是唯一一个对应排列的完全编码是很重要的（和二叉搜索树相反）。关于堆序树的详细信息及其他应用，请见参考资料[20]。

堆序树的直接计数

想要完成环结构，可从研究堆序树的直接计数中得到启发（我们已知它们一共有 $N!$ 个）。设 $\mathcal{H}$ 为堆序树的集合，并考虑 EGF

$$H(z) = \sum_{t \in \mathcal{H}} \frac{z^{|t|}}{|t|!}$$

现在，每一棵拥有 $|t_L| + |t_R| + 1$ 个节点的堆序树都可以通过下述唯一的方法构建出来：将任意一棵位于左边、大小为 $|t_L|$ 的堆序树与位于右边的任意一棵大小为 $|t_R|$ 的堆序树联结，为根赋予标记 1，通过将 $|t_L| + |t_R|$ 个标记分成大小分别为 $|t_L|$ 和 $|t_R|$ 的两个集合来对子树进行标号，即对每个集合进行排序，按照集合元素下标的顺序对两棵子树进行标号。该方法本质上是对第 3 章所描述的标号乘积结构的重述。根据 EGF，可推导出方程

$$H(z) = \sum_{t_L \in \mathcal{H}} \sum_{t_R \in \mathcal{H}} \binom{|t_L| + |t_R|}{|t_L|} \frac{z^{|t_L| + |t_R| + 1}}{(|t_L| + |t_R| + 1)!}$$

对两边求导，即可得到

$$H'(z) = H^2(z) \text{ 或者 } H(z) = 1 + \int_0^z H^2(t) \mathrm{d}t$$

这个公式也可以直接由基于标号对象的符号法得出（见第 3 章和参考资料[4]）。两个基本的操作对这个公式是这样解释的：为根赋予标号 1 对应于积分，结合两棵子树对应于乘积。现在微分方程的解是 $H(z) = 1/(1-z)$，这验证了 N 个节点有 $N!$ 种堆序树的知识点。

类似的计算中经常会出现具有堆序树表示法特征的排列的参数的统计量（例如峰、谷、上升、下降），就像接下来在习题中会介绍的以及在 7.5 节中深入讨论的一样。

习题 7.15 具体描述堆序树中对应排列里上升、双升、下降、双落的特征。

习题 7.16 有多少排列是严格交替的，对于 $1 < i < N$，p_{i-1} 和 p_{i+1} 同时小于或大于 p_i？

习题 7.17 列出对应于图 7.5 所示堆序树的 5 个排列。

习题 7.18 令 $K(z) = z/(1 - z)$ 为非空堆序树的 EGF，请对 $K'(z) = 1 + 2K(z) + K^2(z)$ 给出直接证明。

习题 7.19 使用类似 EGF 对堆序树计数的论证方法来证明二叉搜索树中关于内部路径长度的指数 CGF 的微分方程（见定理 5.5 的证明以及 6.6 节）。

有多少排列和给定的通过堆序树或二叉搜索树构造出来的二叉树对应？这一问题最终被证明可以用一个简单的公式来表示。给定一棵树 t，设 $f(t)$ 为能把 t 标记为堆序树的方法数。根据我们刚刚的推导，这个函数满足如下递归方程：

$$f(t) = \binom{|t_L| + |t_R|}{|t_L|} f(t_L) f(t_R)$$

公式在 f 对应一棵二叉搜索树的排列的个数时同样成立，因为对于根（$|t_L| + 1$）存在一个唯一的编号，而对于子树的其他标号则有不受限制的划分。应注意，t 中节点的数量为 $|t_L| + |t_R| + 1$，在方程两边同时除以这个数，得到

$$\frac{f(|t_L| + |t_R| + 1)}{(|t_L| + |t_R| + 1)!} = \frac{1}{|t_L| + |t_R| + 1} \frac{f(t_L)}{t_L!} \frac{f(t_R)}{t_R!}$$

通过该公式可以直接导出下面的定理。

定理 7.1（堆序树和二叉搜索树的频数） 对应于一棵树 t 的排列频数，无论是堆序树还是二叉搜索树，均可通过如下公式求得

$$f(t) = \frac{|t|!}{|u_1||u_2| \cdots |u_{|t|}|}$$

其中 $u_1, \ldots, u_{|t|}$ 是以 $|t|$ 中每一个节点为根的子树。换言之，$f(t)$ 是指可以用 $1 \ldots |t|$ 中的符号将 t 标记为单棵堆序树的方法的个数，也是指使用标准算法建立一棵 t 形二叉搜索树时，包含元素 $1 \ldots |t|$ 的排列的个数。

证明：对前面的递归公式进行迭代，使用初始条件 $|t| = 1$ 时 $f(t) = 1$。

举例来说，图 7.5 中标记堆序树的方法数是 15!／（15×3×2×11×9×5×2×2×3）=1223040。

应注意的是，在组合学中我们期望的事情是堆序树和二叉搜索树的频率相同。图 7.4 和图 7.5 所示的两个对应关系在结构上是相同的，仅仅是轴被互相替换了。换言之，一个更加有说服力的性质同样成立：对应于一个排列的二叉搜索树和对应于该排列的逆排列的堆序树的形状相同（但是标号不同）。

习题 7.20 有多少排列对应图 7.4 所示的二叉搜索树？

习题 7.21 给出对应图 6.1 中每一棵二叉搜索树排列的数目。

习题 7.22 描述大小为 N，对应最小数量和最大数量的排列的二叉树特征。

7.4 计数问题

许多在本章引言部分列出来的问题其实是计数问题。比如，我们想知道满足我们感兴趣的某些特定性质的排列有多少。同理，将这个数量除以 N! 就可以得到满足某个特定性质的排列数的

概率。我们将使用能够对排列进行计数的 EGF 进行讨论，这相当于 OGF 之于概率的作用。

排列的许多有趣性质可以用对环长的简单约束来表示，所以这里从具体考查这类问题入手。我们想知道，对于一个给定的参数 k，拥有以下性质的排列的准确个数是多少：(i) 只有长度为 k 的环，(ii) 没有长度大于 k 的环，(iii) 没有长度小于 k 的环。在这一节中，我们会给出这些计数问题的分析结果。我们已经在 5.3 节思考过问题(ii)，这里再简单回顾一下当时的分析。表 7.4 给出了 $N \leqslant 10$ 和 $k \leqslant 4$ 的计数。$N \leqslant 4$ 的情况已经在图 5.8 中给出。

表 7.4 环长受限的排列的计数

环长	1	2	3	4	5	6	7	8	9
all $= 1$	1	1	1	1	1	1	1	1	1
$= 2$	0	1	0	3	0	15	0	105	0
$= 3$	0	0	2	0	0	40	0	0	2240
$= 4$	0	0	0	6	0	0	0	1260	0
< 3（对合数）	1	2	4	10	26	76	232	764	2620
< 4	1	2	6	18	66	276	1212	5916	31,068
< 5	1	2	6	24	96	456	2472	14,736	92,304
> 1（错位排列数）	0	1	2	9	44	265	1854	14,833	133,496
> 2	0	0	2	6	24	160	1140	8988	80,864
> 3	0	0	0	6	24	120	720	6300	58,464
无限制数	1	2	6	24	120	720	5040	40,320	362,880

长度相等的环

有多少大小为 N 的排列仅由长度为 k 的环构成？我们从 $k=2$ 时的简单论证开始：如果 N 为奇数，则没有排列仅由双环构成，所以我们考虑 N 为偶数时的情况。我们选择一半的元素作为每个环中的第一个元素，之后指定每个环中的第二个元素，有 $(N/2)!$ 种指定方式。因为元素的顺序是不需要考虑的，所以每个排列被统计了 $2^{N/2}$ 次。综上可以得出，由长度为 2 的环构成的排列总数为

$$\binom{N}{N/2}(N/2)!/2^{N/2} = \frac{N!}{(N/2)!2^{N/2}}$$

将上述公式乘 z^N 后除以 $N!$ 可以得出 EGF

$$\sum_{N \text{ even}} \frac{z^N}{(N/2)!2^{N/2}} = e^{z^2/2}$$

就像我们在第 5 章中看到的那样，符号化方法也可以直接得出这个 EGF：组合构造法 $SET(CYC_2(\mathcal{Z}))$ 可以通过定理 5.2（及其证明）直接转化为 $e^{z^2/2}$。通过前述论证可以推导出长度为 k 的环构成的排列的 EGF 是 $e^{z^k/k}$。

重排及环长的下界

也许就排列来说，最重要的计数问题就是重排问题。假设有 N 名学生向空中扔出他们的帽子，之后他们每个人随机接住一顶帽子，那么没有一顶帽子回到它的主人手里的概率是多少？这个问题等价于计算重排问题——没有单环的排列，并且可以推广到计算没有长度小于 M 的环的排列问题。就像我们在 5.3 节和 5.5 节中看到的一样，使用分析组合学解决这种问题十分简单且直接。为了使读者获得完整的阅读体验，我们在这里重申一下结果。

定理 7.2（最小环长） 一个长度为 N 的随机排列没有长度小于等于 M 的环的概率为 $\sim e^{-H_M}$。

证明：（快速回忆在 5.3 节中讨论过的证明过程）。设 $\mathcal{P}_{>M}$ 为一类没有环长小于等于 M 的排列。排列的符号化公式是

$$\mathcal{P} = SET(CYC_1(\mathcal{Z})) \times SET(CYC_2(\mathcal{Z})) \times \ldots \times SET(CYC_M(\mathcal{Z})) \times \mathcal{P}_{>M}$$

转化为母函数方程

$$\frac{1}{1-z} = e^z e^{z^2/2} \cdots e^{z^M/M} P_{>M}(z)$$

得出下述 EGF

$$P_{>M}(z) = \frac{1}{1-z} e^{-z-z^2/2-z^3/3-\ldots-z^M/M}$$

该渐近结果是定理 5.5 的一个直接推论。

特别要指出，这个定理回答了我们一开始的问题：一个长度为 N 的随机排列是重排的概率为

$$[z^N] P_{>0}(z) = \sum_{0 \leqslant k \leqslant N} \frac{(-1)^k}{k!} \sim 1/e \approx .36787944$$

环长的上界和对合

继续之前的方法，在推导排列数量的 EGF 时很容易发现，在排列的环长上有一个特殊的上界。

定理 7.3（最大环长） 计算没有环长大于 M 的排列数量的 EGF 公式如下。

$$\exp(z + z^2/2 + z^3/3 + \ldots + z^M/M)$$

证明：通过符号化方法，设 $\mathcal{P}_{\leqslant M}$ 是一类没有环长大于 M 的排列，排列的符号化方程如下。

$$\mathcal{P}_{\leqslant M} = SET(CYC_1(\mathcal{Z})) \times SET(CYC_2(\mathcal{Z})) \times \ldots \times SET(CYC_M(\mathcal{Z}))$$

符号化方程随即转化为前面介绍的 EGF。

就像在前文简单提到的，对合可以看成一种环长受到约束的排列，因此我们刚刚给出的证明也可以用来进行枚举。如果在一个排列中 $p_i = j$，那 $p_j = i$ 则一定在该排列的逆排列中。对任意的 $i \neq j$，这两个排列必定在同一个对合里，或者说环 (i,j) 必定存在。通过上述观察就可以推断出，对合是由长度为 2（$p_{p_i} = i$）或 1（$p_i = i$）的环组成的。因此，对合就是特指那些仅由单环和双环组成的排列，所以关于对合的 EGF 是 $e^{z+z^2/2}$。

定理 7.4（对合） 长度为 N 的对合的数量为

$$\sum_{0 \leqslant k \leqslant N/2} \frac{N!}{(N-2k)! 2^k k!} \sim \frac{1}{\sqrt{2\sqrt{e}}} \left(\frac{N}{e}\right)^{N/2} e^{\sqrt{N}}$$

证明：从前面的证明中我们已经知道了对合的 EGF 是 $e^{z+z^2/2}$。对这个方程来说，从分析组合到精确系数的通用分析转换定理是复杂分析中的鞍点法，就像在参考资料[4]中描述的一样。下面分析框架使用了实分析方法，来自 Knuth 的相关著作[10]。首先，卷积和累积 $[z^N]$ 的和为

$$e^{z+z^2/2} = \sum_{j \geqslant 0} \frac{1}{j!} \left(z + \frac{z^2}{2}\right)^j = \sum_{j,k \geqslant 0} \frac{1}{j!} \binom{j}{k} z^{j-k} \left(\frac{z^2}{2}\right)^k$$

之后，使用第 4 章用到的拉普拉斯方法，取和式中相邻两项的比值，我们可以得到

$$\frac{N!}{(N-2k)! 2^k k!} \bigg/ \frac{N!}{(N-2k-2)! 2^{k+1}(k+1)!} = \frac{2(k+1)}{(N-2k)(N-2k-1)}$$

上式表明，和式中的 k 取值接近 $(N - \sqrt{N})/2$ 时，和式中的项是递增的，之后则是递减的。利用 Stirling 逼近来估计峰值附近的主要贡献，并利用一个正态逼近来限定两个尾部。其结果与

第 4 章中的若干例子相同。具体的推导见参考资料[10]。

对合 EGF 的直接推导

直接推导对合的 EGF 也是具有启发性的一件事。每一个长度为$|p|$的对合都对应于：(i)一个长度为$|p|+1$的对合，该对合由在原对合中加入由$|p|+1$所构成的单环构成。(ii) $|p|+1$个长度为$|p|+2$的对合，这些对合的形成方式为，对于每个 1 到$|p|+1$之间的数字 k，为大于 k 的排列元素加 1，然后添加一个由 k 和$|p|+2$所构成的双环。通过上述条件我们可以推断出 EGF 一定要满足

$$B(z) \equiv \sum_{\substack{p \in \mathcal{P} \\ p \text{ involution}}} \frac{z^{|p|}}{|p|!} = \sum_{\substack{p \in \mathcal{P} \\ p \text{ involution}}} \frac{z^{|p|+1}}{(|p|+1)!} + \sum_{\substack{p \in \mathcal{P} \\ p \text{ involution}}} (|p|+1)\frac{z^{|p|+2}}{(|p|+2)!}$$

两端求导化简后，得

$$B'(z) = (1+z)B(z)$$

方程的解为

$$B(z) = e^{z+z^2/2}$$

和我们预料的一样，微分等式也是可以通过符号化方法求得的（见参考资料[4]）。

作为参考，表 7.5 列出了我们讨论过的约束环长排列的计数问题的解。所有的 EGF 都可以很容易地通过符号化方法得出，而渐近估计则需要基于一系列的技术实现。接下来，我们会研究排列的属性，届时将用到双变量母函数和累积母函数。

表 7.5　环长受限排列的 EGF

	EGF	$N![z^N]$的渐近估计
孤立的环	e^z	1
长度为M的环	$e^{z^M/M}$	—
所有排列	$\dfrac{1}{1-z}$	$N! \sim \sqrt{2\pi N}\left(\dfrac{N}{e}\right)^N$
错位排列	$\dfrac{e^{-z}}{1-z}$	$\sim \dfrac{N!}{e}$
环数 $> M$	$\dfrac{e^{-z-z^2/2\ldots-z^M/M}}{1-z}$	$\sim \dfrac{N!}{e^{H_M}}$
对合数	$e^{z+z^2/2}$	$\sim \dfrac{1}{\sqrt{2\sqrt{e}}}e^{\sqrt{N}}\left(\dfrac{N}{e}\right)^{N/2}$
环数 $\leqslant M$	$e^{z+z^2/2+\ldots+z^M/M}$	—

习题 7.23　证明长度为 N 的对合满足下面的递归关系

$$b_{N+1} = b_N + Nb_{N-1} \qquad (N > 0,\ b_0 = b_1 = 1)$$

（举例来说，这种递归关系可以用来计算表 7.4 中对应于对合那一行的数据。）

习题 7.24　请推导出一个可以用来计算没有环长大于 3 的排列数量的递归关系式。

习题 7.25　使用 5.5 节中的方法，对不存在环长大于 k 的排列数导出一个关于 $N^{N(1-1/k)}$的界。

习题 7.26　求出仅由偶数长度的环组成的排列的个数的 EGF，并将答案推广到仅由能被 t 整除的环组成的排列的个数的 EGF。

习题 7.27　通过对等式$(1-z)D(z) = e^z$两边求导并使两边系数相等，求出 N 个元素的错

位排列所满足的一个递归关系。

习题 7.28　写一个程序，打印一个不含环长小于 k 的 N（$N<20$）元素排列个数的表。

习题 7.29　一个 N 元素的排列是由这 N 个元素的一个子集所形成的序列。证明排列的 EGF 是 $e^z/(1-z)$。将系数表示成一个简单的和式，并基于组合学解释这个和式。

7.5　通过 CGF 分析排列的性质

在本节中，我们会利用累积母函数（CGF）来概述对本章中许多排列问题的分析。这种方法在第 3 章中已经介绍过，总结如下。

- 定义一个形如 $B(z) = \sum_{p\in\mathcal{P}} \mathrm{cost}(p)z^{|p|}/|p|!$ 的指数 CGF。
- 确定一个组合构造，并用它导出一个 $B(z)$ 的函数等式。
- 求解等式，或利用分析方法求出 $[z^N]B(z)$。

第二步实际上是通过找出排列中的一个对应关系来实现的，最常见的一种方法是用长度为 $|p|$ 的 $|p|!$ 个排列关联大小为 $|p|+1$ 的 $|p|+1$ 个集合。需要特别指出的是，如果 $\mathcal{P}_q$ 是一个集合（其中元素是长度为 $|q|+1$ 的排列），这个集合与给定的排列 q 相对应，那么第二步对应于把 CGF 重写为如下形式。

$$B(z) = \sum_{q\in\mathcal{P}} \sum_{p\in\mathcal{P}_q} \mathrm{cost}(p) \frac{z^{|q|+1}}{(|q|+1)!}$$

在 $\mathcal{P}_q$ 中的排列一般来说关联都很紧密，因此内部的和式很容易计算，这样就导出了 $B(z)$ 的另外一个表达式。对该等式求导后，就可以对右边的 $z^{|q|}/|q|!$ 进行进一步处理了。通常来说这是一个能够使计算更方便的方法。

对于排列来说，这个分析也在某种程度上被我们简化了。因为在指数 CGF 的阶乘也要计入排列总数的情况下，指数 CGF 也是所求平均值的一个常规 GF。也就是说，如果

$$B(z) = \sum_{p\in\mathcal{P}} \mathrm{cost}(p) z^{|p|}/|p|!$$

则

$$[z^N]B(z) = \sum_{k} k\{\text{长度为 } N\text{，开销为 } k \text{ 的排列个数}\}/N!$$

这恰恰就是平均开销。对于其他组合结构来说，我们必须通过由 CGF 得到的累加数除以总数才能得到平均值，尽管也有其他情况：累加数的形式非常简单，除法可以并入母函数内。我们在第 8 章可以看到另外一个例子。

组合结构

我们考虑几个排列的组合结构。一般来说，我们使用这些组合结构来推导递归关系，CGF 甚至完整的 BGF。通过 BGF 得出的结果更加具有说服力，因为对 BGF 任何一个参数的了解都意味着对排列值分布的了解。CGF 则会使计算更加简单，因为 CGF 本质上是平均值，而平均值并不需要完全掌握分布就可以处理。

"第一" 或 "最后" 结构

在 $N!$ 个长度为 N 的排列中选取其中任意一个，对于 1 到 N 之间的每个数字 k，把 k 前置，

然后对于所有大于或等于 k 的数字，把它们增大，由此我们可以确定 $N+1$ 个不同的排列（排列的长度为 $N+1$）。这就是"第一"结构的定义。它相当于我们在 5.3 节中用到的 $\mathcal{P} = \mathcal{Z} \star \mathcal{P}$ 这个等式（见图 5.7）。另外，我们也可以定义一个"最后"结构，把每个新元素都添加到最后，这就相当于 $\mathcal{P} = \mathcal{P} \star \mathcal{Z}$（见图 7.6）。

"最后"结构:

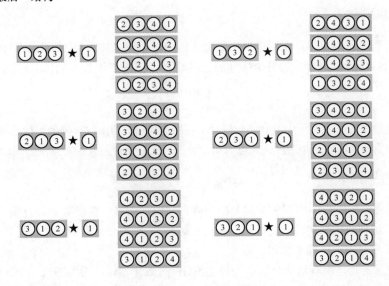

"最大"结构:

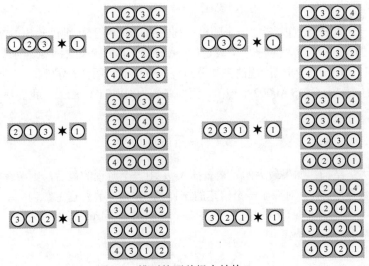

图 7.6 排列的两种组合结构

"最大"或"最小"结构

给定长度为 N 的排列 p，通过将排列中最大的元素放到排列 p 的首尾或 p 中任意相邻两个元素之间的位置（满足条件的位置一共有 $N+1$ 个），我们可以确定 $N+1$ 个不同的新排列，这就是"最大"结构，在图 7.6 中对此给出了分析。在图 7.6 中使用了一种特殊的星号来代表结构，和我们在分析组合中使用的★以示区别。这种结构总是让人想要在符号化方法中使用，但是为了避免混淆，我们尽量不这样做。我们也要避免将特殊符号和考虑的所有结构联系在一起，因为这样做存在的可能性太多了。举例来说，通过对其他元素妥善地重新编号，我们可以把类似的结构建立在任何其他元素上而不仅仅是最大元素上。使用最小元素时，应给其他每个元素加 1，然后在每个可能的位置放上 1，这就是我们所说的"最小"结构。

二叉搜索树结构

给定两个排列 p_l 和 p_r，我们可以通过(i)将 p_r 中每个元素加 $|p_l| + 1$；(ii)将 p_l 和 p_r 用所有可能的方式混合；(iii) 对混合后的每个排列加上前缀 $|p_l| + 1$ 来产生长度为 $|p_l| + |p_r| + 1$，总数为

$$\binom{|p_l| + |p_r|}{|p_l|}$$

的排列。就像我们在 6.3 节中看到的一样，所有用这种方式得出的排列使用标准算法都能构造出相同的二叉搜索树。因此这个对应关系可以用作分析二叉搜索树及其相关算法的基础（见习题 6.19）。

堆序树结构

使用了递归的组合结构 $\mathcal{P} \star \mathcal{P}$ 对分析含有自然表示的堆序树参数十分有用，我们接下来将会详细介绍。这种结构确定了"左排列"和"右排列"。对每个元素加 1 之后再在左排列和右排列之间放置 1 就对应于一棵堆序树。

需要注意的是，所有这些分解都会导出 CGF 的微分方程，因为加入一个元素对应于改变计数序列，而这可以理解为对母函数求导（见表 3.4）。接下来我们来分析几个例子。

游程和上升

作为第一个例子，我们来考虑一个随机排列中的平均游程数。前面给出的初等证明已经显示，在长度为 N 的排列中，游程的平均个数是 $(N + 1)/2$，但是就像欧拉发现的那样（更多详情见参考资料[1]、[7]和[10]），研究游程的完整分布更具有价值。图 7.7 分析了 N 和 k 取值较小时的分布。$k=2$ 时的序列为 OEIS A000295[18]；完整的序列为 OEIS A008292。我们从（指数的）CGF 开始推导，即

$$A(z) = \sum_{p \in \mathcal{P}} \mathrm{runs}(p) \frac{z^{|p|}}{|p|!}$$

并使用"最大"结构：如果最大的元素被插入 p 中一个游程的最后，则游程的数量没有变化；否则游程的数量增加 1。对应于一个给定的排列 p，排列中的游程总数为

$$(|p| + 1)\mathrm{runs}(p) + |p| + 1 - \mathrm{runs}(p) = |p|\mathrm{runs}(p) + |p| + 1$$

这就导出了另外一个表达式

$$A(z) = \sum_{p \in \mathcal{P}}(|p|\mathrm{runs}(p) + |p| + 1)\frac{z^{|p|+1}}{(|p| + 1)!}$$

如果对其求导，则可以将其简化为

$$A'(z) = \sum_{p \in \mathcal{P}}(|p|\mathrm{runs}(p) + |p| + 1)\frac{z^{|p|}}{|p|!}$$

$$= zA'(z) + \frac{z}{(1-z)^2} + \frac{1}{1 - z}$$

因此，$A'(z) = 1/(1-z)^3$，所以，根据给定的初始条件，可以得出

$$A(z) = \frac{1}{2(1-z)^2} - \frac{1}{2}$$

这样我们就可以得到预期的结果$[z^N]A(z) = (N+1)/2$。

我们将在本章中对这个公式进行一些推导，因为 CGF 通常无须太多计算即可得出预期的结果。然而，值得注意的是，同样的构造通常通过符号方法直接得出 BGF 的显式方程，或者通过递归间接得出该方程。做这些事情是值得的，因为 BGF 中含有关于分布的完整信息：在这个例子中，它受限于分析组合中的"扰动"方法，最终可以证明它是正常渐近的，就像图 7.7 中展示的那样。

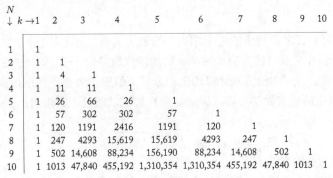

N ↓ k →	1	2	3	4	5	6	7	8	9	10
1	1									
2	1	1								
3	1	4	1							
4	1	11	11	1						
5	1	26	66	26	1					
6	1	57	302	302	57	1				
7	1	120	1191	2416	1191	120	1			
8	1	247	4293	15,619	15,619	4293	247	1		
9	1	502	14,608	88,234	156,190	88,234	14,608	502	1	
10	1	1013	47,840	455,192	1,310,354	1,310,354	455,192	47,840	1013	1

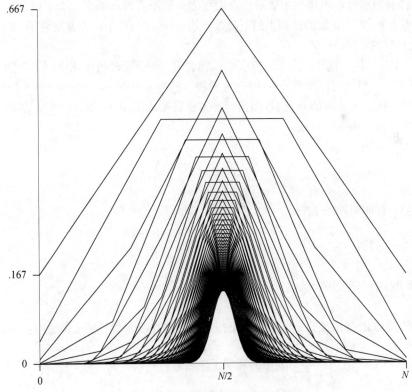

图 7.7 排列中的游程分布（欧拉数）

定理 7.5（欧拉数）　含有 N 个元素、k 个游程的排列通过欧拉数 A_{Nk} 来计数，其指数 BGF 为

$$A(z, u) \equiv \sum_{N \geq 0} \sum_{k \geq 0} A_{Nk} \frac{z^N}{N!} u^k = \frac{1-u}{1 - u e^{z(1-u)}}$$

　　证明：将给出的对 CGF 的论证进行推广，利用"最大"结构得出一个关于 BGF 的微分方程。我们把上述推导留作一个习题，并思考派生于同一结构的基于递归的推导方法。要得到一个拥有 k 个游程的排列，则存在 k 种在排列中把最大元素插到 k 个游程之一的尾端的可能性，以及 $N - k + 1$ 种使最大元素"破坏"具有 $k - 1$ 个游程的排列中的现有游程，从而使游程数增加到 k 的可能性。通过上述推导可以得出

$$A_{Nk} = (N - k + 1)A_{(N-1)(k-1)} + kA_{(N-1)k}$$

此式可以和初始条件 $A_{00} = 1$、$A_{N0} = 0$（$N \geqslant 0$ 及 $k > N$）一起完全确定 A_{Nk}。

　　上式乘以 $z^N u^k$ 并且对 N 和 k 求和就可以直接导出下面的偏微分方程。

$$A_z(z, u) = \frac{1}{1 - uz}\left(uA(z, u) + u(1 - u)A_u(z, u)\right)$$

　　接下来就很容易验证之前提出的关于 $A(z, u)$ 的表达式满足这个等式。

　　推论　对于大小为 $N > 1$ 的排列来说，平均的游程数是 $(N + 1)/2$，方差是 $(N + 1)/12$。

　　证明：我们按照表 3.6 中的方法计算均值和方差，但应该考虑到使用指数 BGF 会自动包括除以 $N!$，就像排列中的通常做法一样。因此，平均值可以通过下式求出：

$$[z^N]\frac{\partial A(z, u)}{\partial u}\bigg|_{u=1} = [z^N]\frac{1}{2(1 - z)^2} = \frac{N + 1}{2}$$

同时方差也可以用相似的方法求出。

　　像前面提到的那样，除排列中最后一个游程之外的所有游程都由一个下降结束，所以定理 7.5 也意味着含有 N 个元素的排列中的下降数平均有 $(N - 1)/2$ 个，方差则为 $(N + 1)/12$。同样的结论对上升数也适用。

　　习题 7.30　给出一个简单的非计算证明：在含有 N 个元素的排列中，上升的平均个数为 $(N-1)/2$。（提示，对所有排列 $p_1 p_2 \cdots p_N$，考虑加入形如 $q_i = N + 1 - p_i$ 的"补充" $q_1 q_2 \cdots q_N$。）

　　习题 7.31　推广上面的 CGF 变量，用另一种方法直接证明 BGF $A(z, u) = \sum_{p \in \mathcal{P}} u^{\text{runs}(p)} z^{|p|}$ 满足定理 7.5 中给出的偏微分方程。

　　习题 7.32　证明

$$A_{Nk} = \sum_{0 \leqslant j \leqslant k} (-1)^j \binom{N + 1}{j}(k - j)^N$$

　　习题 7.33　证明对 $N \geqslant 1$ 有

$$x^N = \sum_{1 \leqslant k \leqslant N} A_{Nk}\binom{x + k - 1}{N}$$

递增子序列

　　另外一种为 CGF 导出显式公式的方法是找到一个建立在累积开销上的递归关系。例如，令

$$S(z) = \sum_{p \in \mathcal{P}} \{p \text{ 中的递增子序列数}\}\frac{z^{|p|}}{|p|!} = \sum_{N \geqslant 0} S_N \frac{z^N}{N!}$$

那么 S_N 代表了所有长度为 N 的递增子序列的数量。之后，从"最大"结构的对应关系中，我们发现

$$S_N = NS_{N-1} + \sum_{0 \leqslant k < N}\binom{N - 1}{k}(N - 1 - k)!S_k \qquad (\text{当 } N > 0 \text{ 时，} S_0 = 1)$$

这是因为长度为 $N-1$ 的排列有 N 个副本（所有排列中的递增子序列都出现了 N 次），并且在分开计数时，所有的递增子序列都以最大元素结束。如果最大元素在 $k+1$ 位置，那么为前 k 个位置选择元素，每种选择结果所形成的排列都会出现 $(N-1-k)!$ 次（较大元素的每种排列方式都对应了一次出现），每个最大元素都为总数贡献了 S_k。这个论证假设空子序列被记录为"递增"，就像在定义中提到的那样。除以 $N!$ 并且与 N 求和，我们可以得到函数方程

$$(1-z)S'(z) = (2-z)S(z)$$

求解得

$$S(z) = \frac{1}{1-z}\exp\Big(\frac{z}{1-z}\Big)$$

从这类 GF 中提取系数的恰当转换理论包含了复杂的分析方法（见参考资料[4]），但是就像对合一样，这是一个我们使用实分析即可处理的单卷积。

定理 7.6（递增子序列） 在一个由 N 个元素组成的随机排列中，递增子序列的平均个数是

$$\sum_{0\leqslant k\leqslant N}\binom{N}{k}\frac{1}{k!} \sim \frac{1}{2\sqrt{\pi e}}\frac{e^{2\sqrt{N}}}{N^{1/4}}$$

证明：这个公式直接来自我们之前的讨论，通过卷积在之前的母函数中给出的显式公式中的两个元素即可得到 $[z^N]S(z)$。

拉普拉斯方法对求和的渐近估计是很有效的。取相邻两项的比值，我们得到

$$\binom{N}{k}\frac{1}{k!} \Big/ \binom{N}{k+1}\frac{1}{(k+1)!} = \frac{(k+1)^2}{N-k}$$

从上述公式可以看出，当 k 接近 $\sqrt{N}$ 的时候会出现一个峰。就像第 4 章里多个例子中提到的，Stirling 公式提供了局部逼近，而两个尾部可以通过一个正态逼近来限定。更多的细节读者可以通过 Lifschitz 和 Pittel 的参考资料[13]进行了解。

习题 7.34 给出一个对 S_N 准确公式的直接组合推导。（提示：考虑所有递增子序列可能出现的地方。）

习题 7.35 在一个长度为 N 的随机排列中，找出长度为 k 的递增子序列的 EGF 和一个渐近估计（其中 k 相对于 N 是固定的）。

习题 7.36 在一个长度为 N 的随机序列中，找出长度至少为 3 的递增子序列的 EGF 和一个渐近估计。

峰和谷

就像在使用堆序树来分解排列时用到的例子一样，我们现在要得出一些可以完善上升和游程统计的结果。堆序树中的节点有 3 种类型：叶节点（两个子节点都是外部子节点）、单叉节点（一个子节点是内部子节点，另一个为外部子节点）和二叉节点（两个子节点都是内部子节点）。对不同类型节点的研究直接关系到排列中对峰和谷的研究（见习题 6.18）。此外，这些统计量还具有独立的意义，因为它们可以用于分析堆序树和二叉搜索树的存储需求。

给出一棵堆序树，它对应的排列可以通过简单的、按照中缀（从左到右）顺序列出所有的节点来得到。在这个对应关系中，堆序树中的一个节点对应排列中的一个峰是很明显的，在从左到右扫描之后，一个二叉节点前接其左子树上一个较小的元素，后接其右子树上另一个比较小的元素。这样分析随机排列中的峰的问题就被简化为分析随机堆序树中二叉节点的数目的问题了。

堆序树中的二叉节点

使用符号化方法来分析堆序树需要额外用到一个我们之前没有用到的结构（见参考资料[4]，其中堆序树也被叫作递增二叉树），但是也可以使用我们所熟悉的树递归来进行处理。一棵大小为 N 的随机堆序树由一棵大小为 k 的左子树和一棵大小为 $N-k-1$ 的右子树组成，其中所有的 k 值都等概率地分布在 0 到 $N-1$ 之间，因此概率为 $1/N$。上述论证可以直接通过观察得出（一个排列的最小值假定了每个位置的概率都是相同的），也可以通过堆序树-二叉搜索树的等价关系看出。因此，均值也是通过与第 6 章为二叉搜索树使用的相同方法求出来的。

举例来说，一棵随机堆序树中的平均二叉节点数满足下述递归关系

$$V_N = \frac{1}{N} \sum_{0 \leqslant k \leqslant N-1} (V_k + V_{N-k-1}) + \frac{N-2}{N} \qquad (N \geqslant 3)$$

除非最小元素是排列的第一个或最后一个元素（概率为 $2/N$），否则二叉节点的数量是左右子树中二叉节点数量之和加 1。我们从 3.3 节开始已经在很多场景中见到过这样的递归关系。上式乘以 z^{N-1} 并求和可以导出下述微分方程

$$V'(z) = 2\frac{V(z)}{1-z} + \frac{z^2}{(1-z)^2}$$

它的解是

$$V(z) = \frac{1}{3} \frac{z^3}{(1-z)^2}, \text{ 所以 } V_N = \frac{N-2}{3}$$

因此，在一个随机排列中谷数的平均值为 $(N-2)/3$，也可以推导出相关量的结果。

定理 7.7（排列和堆序树/二叉搜索树中节点的局部性质）　在一个含有 N 个元素的随机排列中，谷、峰、双升和双落的平均数量分别是：

$$\frac{N-2}{3}, \qquad \frac{N-2}{3}, \qquad \frac{N+1}{6}, \qquad \frac{N+1}{6}$$

在一棵随机的、大小为 N 的堆序树或二叉搜索树中，二叉节点、叶节点、左分支节点和右分支节点的平均数量分别是：

$$\frac{N-2}{3}, \qquad \frac{N+1}{3}, \qquad \frac{N+1}{6}, \qquad \frac{N+1}{6}$$

证明：这些结果可以通过上面给出的论证方法（或仅仅应用定理 5.7）以及简单分析各个量之间的关系求出，可见习题 6.15。

举例来说，在排列中，落要么是谷，要么是双落，因此双落的平均数量为

$$\frac{N-1}{2} - \frac{N-2}{3} = \frac{N+1}{6}$$

再例如，我们知道在随机二叉搜索树中，叶节点的平均个数为 $(N+1)/3$（或直接用前面对堆序树的证明方法来证明），并且由上面的论证可得，二叉节点的平均个数为 $(N-2)/3$。因此在左右分支节点概率相同的情况下，单叉节点数的平均值为

$$N - \frac{N-2}{3} - \frac{N+1}{3} = \frac{N+1}{3}$$

表 7.6 总结了上面导出的所有结果，以及我们在接下来的 3 节中将要推导的与随机排列中多个元素平均值有关的一些结果。排列是非常简单的组合对象，因此可以通过多种方式得出其中的一些结果。但前面的例子已经表明，使用 BGF 和 CGF 的组合证明极其简单直接。

表 7.6 排列性质的分析结果（平均情形）

	指数CGF	平均值（$[z^N]$）
从左到右最小值	$\dfrac{1}{1-z}\ln\dfrac{1}{1-z}$	H_N
环	$\dfrac{1}{1-z}\ln\dfrac{1}{1-z}$	H_N
单环	$\dfrac{z}{1-z}$	1
环 $= k$	$\dfrac{z^k}{k}\dfrac{1}{1-z}$	$\dfrac{1}{k}\quad(N\geqslant k)$
环 $\leqslant k$	$\dfrac{1}{1-z}\left(z+\dfrac{z^2}{2}+\ldots+\dfrac{z^k}{k}\right)$	$H_k\quad(N\geqslant k)$
游程	$\dfrac{1}{2(1-z)^2}-\dfrac{1}{2}$	$\dfrac{N+1}{2}$
逆序	$\dfrac{z^2}{2(1-z)^3}$	$\dfrac{N(N-1)}{4}$
递增子序列	$\dfrac{1}{1-z}\exp\left(\dfrac{z}{1-z}\right)$	$\sim\dfrac{1}{2\sqrt{\pi e}}\dfrac{e^{2\sqrt{N}}}{N^{1/4}}$
峰、谷	$\dfrac{z^3}{3(1-z)^2}$	$\dfrac{N-2}{3}$

习题 7.37 假设叶节点、单叉节点和二叉节点所需的空间分别与 c_0、c_1 和 c_2 成正比。证明随机堆序树和随机二叉搜索树所需的存储空间为 $\sim (c_0+c_1+c_2)N/3$。

习题 7.38 证明随机排列的峰和谷具有相同的分布。

习题 7.39 在习题 7.38 的假设前提下，证明随机二叉 Catalan 树所需的存储空间是 $\sim (c_0+2c_1+c_2)N/4$。

习题 7.40 证明 N 个 0 到 1 之间的随机实数（均匀且独立生成）的序列平均有 $\sim N/6$ 个双升和 $\sim N/6$ 个双落。推导出一个直接的连续模型来证明这个渐近结果。

习题 7.41 对习题 6.18 的结论进行推广，证明在堆序树中，右分支节点和二叉节点的 BGF 满足

$$K_z(z,u)=1+(1+u)K(z,u)+K^2(z,u)$$

因此

$$K(z,u)=\frac{1-e^{(u-1)z}}{u-e^{(u-1)z}}$$

（注意，这个结果提供了关于欧拉数的 BGF 的另一种推导，因为 $A(z,u)=1+uK(z,u)$。）

7.6 逆序和插入排序

程序 7.2 是插入排序的一个实现，插入排序是一个易于分析的简单排序方法。在这个方法中，我们把每个元素插入之前已经排列好的元素中的恰当位置，通过移动较大的元素来获取这个恰当的位置。图 7.8 的左侧部分展示了程序 7.2 在一个示例数组上进行的操作（数组中的元素各不相同），这种操作可以映射到一个排列。图中第 i 行中高亮显示的元素就是在第 i 次插入时被移动的元素。

程序 7.2 插入排序

```
for (int i = 1; i < N; i++)
   for (int j = i; j >= 1 && a[j-1] > a[j]; j--)
     exch(a, j, j-1);
```

图 7.8

JC	PD	CN	AA	MC	AB	JG	MS	EF	HF	JL	AL	JB	PL	HT															
9	14	4	1	12	2	10	13	5	6	11	3	8	15	7	0	0	2	3	1	4	2	1	5	5	3	9	6	0	8
9	**14**	4	1	12	2	10	13	5	6	11	3	8	15	7	0	0	2	3	1	4	2	1	5	5	3	9	6	0	8
4	9	14	1	12	2	10	13	5	6	11	3	8	15	7	0	0	0	3	1	4	2	1	5	5	3	9	6	0	8
1	4	9	14	12	2	10	13	5	6	11	3	8	15	7	0	0	0	0	1	4	2	1	5	5	3	9	6	0	8
1	4	9	**12**	**14**	2	10	13	5	6	11	3	8	15	7	0	0	0	0	0	4	2	1	5	5	3	9	6	0	8
1	**2**	4	9	12	14	10	13	5	6	11	3	8	15	7	0	0	0	0	0	0	2	1	5	5	3	9	6	0	8
1	2	4	9	**10**	12	14	13	5	6	11	3	8	15	7	0	0	0	0	0	0	0	1	5	5	3	9	6	0	8
1	2	4	9	10	12	**13**	14	5	6	11	3	8	15	7	0	0	0	0	0	0	0	0	5	5	3	9	6	0	8
1	2	4	**5**	9	10	12	13	14	6	11	3	8	15	7	0	0	0	0	0	0	0	0	0	5	3	9	6	0	8
1	2	4	5	**6**	9	10	12	13	14	11	3	8	15	7	0	0	0	0	0	0	0	0	0	0	3	9	6	0	8
1	2	4	5	6	9	10	**11**	12	13	14	3	8	15	7	0	0	0	0	0	0	0	0	0	0	0	9	6	0	8
1	2	**3**	4	5	6	9	10	11	12	13	14	8	15	7	0	0	0	0	0	0	0	0	0	0	0	0	6	0	8
1	2	3	4	5	6	**8**	9	10	11	12	13	14	15	7	0	0	0	0	0	0	0	0	0	0	0	0	0	0	8
1	2	3	4	5	6	8	9	10	11	12	13	14	**15**	7	0	0	0	0	0	0	0	0	0	0	0	0	0	0	8
1	2	3	4	5	6	**7**	8	9	10	11	12	13	14	15	0	0	0	0	0	0	0	0	0	0	0	0	0	0	0
AA	AB	AL	CN	EF	HF	HT	JB	JC	JG	JL	MC	MS	PD	PL															

图 7.8 插入排序和逆序

插入排序的运行时间和 $c_1 N + c_2 B + c_3$ 成正比，其中 $c1$、$c2$ 和 $c3$ 都是符合实际实现要求并与 B 有关的恰当常量；输入排列中的函数 B 则是交换的次数。插入每个元素时交换的次数是指被插入元素左边大于该元素的元素个数，因此按照这个思路，我们可以直接考虑逆序表。图 7.8 右边的部分是在排序时排列的逆序表。在第 i 次插入之后（见第 i 行），逆序表中前 i 个元素为 0（因为排列中前 i 个元素已经排列完毕），且从逆序表中的下一个元素可以看出在下一次插入时有多少元素会被移动，因为它指出了第 $(i+1)$ 个元素左边大于该元素的元素个数。第 i 次插入对逆序表唯一的影响是它的第 i 项将会被置零。这意味着函数 B 的值在插入排序运行时等于逆序表中各个值的和——排列中逆序的总数。

习题 7.42 有多少含有 N 个元素的排列恰好有一个逆序？两个逆序呢？三个逆序呢？

习题 7.43 请说明如何修改插入排序，可以用它来计算与元素的原始顺序相对应的排列的逆序表。

正如前面所提到的，排列和逆序表之间存在着一一对应的关系。在任何逆序表 $q_1 q_2 \cdots q_N$ 中，每一个 q_i 必须在 0 到 $i-1$ 之间（特别的是，q_1 总是 0）。对每一个 q_1，有 i 个可能的取值，所以有 $N!$ 个不同的逆序表。逆序表在用于分析时更加简单，因为逆序表中的数据是独立的；每一个 q_i 都在其 i 个不同值中取值，（取值过程）与其他项的值无关。

定理 7.8（逆序分布） 大小为 N，具有 k 个逆序的排列的数量是

$$[u^k] \prod_{1 \leqslant k \leqslant N} \frac{1-u^k}{1-u} = [u^k](1+u)(1+u+u^2)\cdots(1+u+\ldots+u^{N-1})$$

一个随机的具有 N 个元素的排列平均具有 $N(N-1)/4$ 个逆序，其标准差为 $N(N-1)(2N+5)/72$。

证明：我们给出了使用 PGF 的推导方法；一个组合推导通常会遵循（几乎）相同的方式。

在一个随机排列的逆序表中，第 i 项数据取 0 到 $i-1$ 之间任意值的概率为 $1/i$，且不依赖其他数据项。因此，涉及第 N 个元素的逆序个数的概率母函数是 $(1+u+u^2+\ldots+u^{N-1})/N$，其不依赖第 N 个元素前面元素的排列（arrangement）方式。就像我们在第 3 章中讨论的那样，独立随机变量的和的 PGF 是各个随机变量的 PGF 的乘积，所以在一个有 N 元素的随机排列中，逆序总数的母函数满足

$$b_N(u) = \frac{1+u+u^2+\ldots+u^{N-1}}{N} b_{N-1}(u)$$

也就是说，逆序数是 j 从 1 到 N、独立均匀分布且具有 $\text{OGF}(1+u+u^2+\ldots+u^{j-1})/j$ 的随机变量值的和。定理中阐述的计数 GF 等于 $N!$ 乘以 $b_N(u)$。平均值是独立平均值 $(j-1)/2$ 的和，方差是独立方差 $(j^2-1)/12$ 的和。

图 7.9 给出了 $[u^k]b_N(u)$ 的完整分布。曲线关于 $N(N-1)/4$ 对称，并且它们随着 N 的增长趋向于中心（不过很缓慢）。这个曲线可以用于描绘独立随机变量之和的分布。尽管它们并不是相同的分布，但是根据概率论中古典的中心极限定理，它们依旧可以被证明为拥有正态的极限分布（见参考资料[2]）。这个结果在算法分析中绝非个例（比如图 7.7）；没错，这样的结果在基于 BGF 的分析组合学限制规则里很常见（见参考资料[4]）。

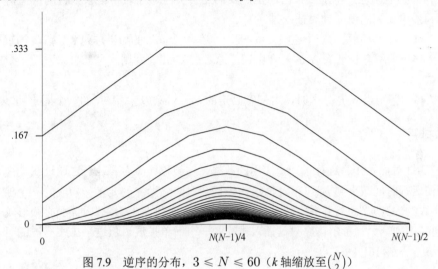

图 7.9 逆序的分布，$3 \leqslant N \leqslant 60$（$k$ 轴缩放至 $\binom{N}{2}$）

推论 插入排序平均需要进行 $\sim N^2/4$ 次比较和 $\sim N^2/4$ 次移动来对一个拥有 N 个随机排列并且关键字不同的记录文件进行排序。

用 CGF 求解

定理 7.8 的证明基于逆序的"水平"母函数计算了累积开销，我们现在考虑另外一种直接使用 CGF 的推导。思考 CGF：

$$B(z) = \sum_{p \in \mathcal{P}} \text{inv}(p) \frac{z^{|p|}}{|p|!}$$

就像我们在前面提到的一样，$z^N/N!$ 在 $B(z)$ 中的系数是所有长度为 N 的排列中的逆序总数。所以 $B(z)$ 是排列中平均逆序数的 OGF。

利用"最大"结构，每一个长度为 $|p|$ 的排列都对应于 $|p|+1$ 个长度为 $|p|+1$ 的排列，这些排列通过把元素 $|p|+1$ 放入第 k 个和第 $(k+1)$ 个元素之间得到，其中 k 的取值介于 0 和 $|p|$ 之间。这样排列的逆序数比 p 多 $|p|-k$ 个，因此可以得出如下表达式

$$B(z) = \sum_{p \in \mathcal{P}} \sum_{0 \leqslant k \leqslant |p|} (\text{inv}(p) + |p| - k) \frac{z^{|p|+1}}{(|p|+1)!}$$

对 k 进行简单求和，得到

$$B(z) = \sum_{p \in \mathcal{P}} \text{inv}(p) \frac{z^{|p|+1}}{|p|!} + \sum_{p \in \mathcal{P}} \binom{|p|+1}{2} \frac{z^{|p|+1}}{(|p|+1)!}$$

第一个和是 $zB(z)$，第二个和也很容易计算，因为它仅仅取决于排列的长度，所以长度为 k 的 $k!$ 个排列可以关于每个 k 累加起来，得到

$$B(z) = zB(z) + \frac{z}{2}\sum_{k\geq 0} kz^k = zB(z) + \frac{1}{2}\frac{z^2}{(1-z)^2}$$

所以 $N(N-1)/4$ 的 GF 为 $B(z) = z^2/(2(1-z)^3)$。

结果正如我们所期望的。

在本章后面的部分，我们还会学习逆序表的其他性质，因为它们可以用来描述在算法分析中涉及的排列的其他属性。特别要指出的是，我们还会关注逆序表中记录数目的最大值（针对选择排序）和最大元素的值（针对插入排序）。

习题 7.44 求 p_{Nk} 满足的一个递归关系，是一个有 N 个元素的随机排列恰好有 k 个逆序的概率。

习题 7.45 求所有长度为 N 的对合中逆序总数的 CGF，并用这个结果来发现一个对合中逆序的平均数。

习题 7.46 证明当 N 充分大时，对任意固定的 k，$N!p_{Nk}$ 是关于 N 的一个固定的多项式。

希尔排序

程序 7.3 针对插入排序进行了一个实用的改进，这被称作希尔排序。它通过在文件中进行多趟扫描来使运行时间减少到 N^2 以下，每趟扫描都会对间隔为 h 的元素所构成的 h 个独立子文件（每个大小大约为 N/h）进行排序。控制排序的"增量"序列 $h[t], h[t-1], \ldots, h[1]$ 必须形成一个结束于 1 的递减序列。尽管希尔排序只是插入排序的一个简单扩展，但这个排序已被证明是极难分析的（见参考资料[16]）。

程序 7.3　希尔排序

```
for (int k = 0; k < incs.length; k++)
{
   int h = incs[k];
   for (int i = h; i < N; i++)
      for (int j = i; j >= h && a[j-h] > a[j]; j--)
         exch(a, j, j-h);
}
```

原则上，数学分析将会带领我们选择一个增序，但是希尔排序的平均情形分析还是一个没有解决的问题，即使是对于..., 364, 121, 40, 13, 4, 1 这样广泛使用的简单增序。在参考资料[22]中，曾利用类似前面的技巧做过一个 $(h, k, 1)$ 希尔排序的分析，但结果和方法都变得很复杂。对一般的希尔排序，即使是函数形式也明显依赖于运行时间这个众所周知的实际增量排序。

2-有序排列

在对 h 只取值 2 和 1 的情况下对希尔排序进行分析是很有趣的，因为这种分析与第 6 章中对树的路径长度的分析有着密切的联系。它与归并算法是等价的：对具有奇数编号和偶数编号位置的文件独立排序（利用插入排序），然后用插入排序对所得的排序进行排序。这种由两个相互间隔的已排序排列组成的排列叫作 2-有序排列。2-有序排列的性质在其他归并算法的研究中很重要，因为希尔排序的最后一趟（$h=1$ 时）就是插入排序，其平均运行时间取决于 2-有序排列中的平均逆序数。表 7.7 中给出了 3 个 2-有序排列的实例以及它们的逆序表。

表 7.7 3 个 2-有序排列及其逆序表

4	1	5	2	6	3	9	7	10	8	13	11	15	12	16	14	19	17	20	18
0	1	0	2	0	3	0	1	0	2	0	1	0	2	0	2	0	1	0	2

1	4	2	5	3	6	8	7	9	12	10	13	11	14	17	15	18	16	19	20
0	0	1	0	2	0	0	1	0	0	1	0	2	0	0	1	0	2	0	0

4	1	5	2	6	3	7	8	12	9	13	10	14	11	15	17	16	18	20	19
0	1	0	2	0	3	0	0	0	1	0	2	0	3	0	0	1	0	0	1

设 $S(z)$ 是对 2-有序排列计数的 OGF，则很明显

$$S(z) = \sum_{N \geq 0} \binom{2N}{N} z^N = \frac{1}{\sqrt{1-4z}}$$

但是我们还是会考虑另外一种可以解释结构的计数方法。图 7.10 指出了如下事实：2-有序排列对应于一个 $N{\times}N$ 表格中的路径，就像在第 5 章中描述 "赌徒破产" 时所用的树表示法一样。从左上角开始，如果 i 在一个奇数编号的位置就向右移动，如果 i 在一个偶数编号的位置就向下移动。由于有 N 次向右移动，N 次向下移动，所以最终会结束在右下角。

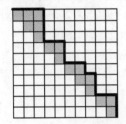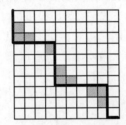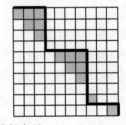

图 7.10 表 7.7 中 2-有序排列的表格路径表示

现在，没有碰到对角线的表格路径对应于树，并且由母函数来计数，就像我们在第 5 章里讨论的那样：

$$zT(z) = G(z) = (1 - \sqrt{1-4z})/2$$

对于 2-有序排列，触碰对角线的限制已经被去除。然而，任何穿越表格的路径必须在一开始就触碰到对角线，这就使得对 2-有序排列计数的 OGF 的符号方程为：

$$S(z) = 2G(z)S(z) + 1$$

也就是说，表格中的任意路径都可以从一个最初部分唯一地构建出来，该最初部分除了在端点处与对角线接触，不会碰到对角线，其后接一条一般的路径。因子 2 说明其实有些部分事实上既可以高于也可以低于对角线。将其简化后，结果正如我们所料：

$$S(z) = \frac{1}{1 - 2G(z)} = \frac{1}{1 - (1 - \sqrt{1-4z})} = \frac{1}{\sqrt{1-4z}}$$

参考资料[10]（另可参看参考资料[19]）证明了可用相同的结构书写关于逆序的 BGF 的显式表达式，其最终结果为：累积开销（长度为 $2N$ 的所有 2-有序排列中的逆序总数）可以简化为 $N4^{N-1}$。该论点基于如下观察结果：2-有序排列中的逆序数等于相应表格路径与 "下-右-下-右……" 对角线之间的方格数。

定理 7.9（2-有序排列中的逆序数） 长度为 $2N$ 的随机 2-有序排列中的平均逆序数为

$$N4^{N-1} \Big/ \binom{2N}{N} \sim \sqrt{\pi/128}\,(2N)^{3/2}$$

证明：得出这个简单结论的计算很直接，但是比较复杂，因此留作习题。我们在 8.5 节中将会在更加通用的场合下再次提及这个问题。

推论 对一个有 N 个元素的文件进行 $(2,1)$ 希尔排序所需要进行的比较的平均次数是 $N^2/8 + \sqrt{\pi/128}\, N^{3/2} + O(N)$。

证明：假设 N 是偶数。第一趟由两个含有 $N/2$ 个元素的独立排列所构成，因而涉及 $2((N/2)(N/2-1)/4) = N^2/8 + O(N)$ 次比较，并且会留下一个随机的 2-有序文件，于是在第二趟希尔排序中又用到了 $\sqrt{\pi/128}\, N^{3/2}$ 次比较。

同样的渐近结果在 N 为奇数时一样成立。因此，即使它要求进行两趟排序，$(2,1)$ 希尔排序的比较次数依旧是插入排序的一半。

习题 7.47 证明 2-有序排列中的逆序数等于相应的表格路径与"下-右-下-右……"对角线之间的方格数。

习题 7.48 设 $\mathcal{T}$ 为所有 2-有序排列的集合，定义 BGF 为

$$P(z,u) = \sum_{p \in \mathcal{T}} u^{\{p\ \text{中的逆序数}\}} \frac{z^{|p|}}{|p|!}$$

用同样的方法定义 $Q(z,u)$，但限制集合是由以下 2-有序排列所构成的：其对应的表格路径除端点外不触及对角线。此外，采用类似的方式定义 $S(z,u)$ 和 $T(z,u)$，但限制 2-有序排列对应的表格路径除端点外整个位于对角线的上方。证明 $P(z,u) = 1/(1-Q(z,u))$ 及 $S(z,u) = 1/(1-T(z,u))$。

习题 7.49 证明 $T(z,u) = uzS(uz,u)$ 和 $Q(uz,u) = T(uz,u) + T(z,u)$。

习题 7.50 利用前两个习题的结果证明

$$S(z,u) = uzS(z,u)S(uz,u) + 1$$

和

$$P(z,u) = (uzS(uz,u) + zS(z,u))P(z,u) + 1$$

习题 7.51 利用前面习题的结果证明

$$P_u(1,z) = \frac{z}{(1-4z)^2}$$

习题 7.52 给出一个 3-有序排列中平均逆序数的渐近公式，并分析当增量为 3 和 1 时的希尔排序的情况。推广这一结果以估计 $(h,1)$ 希尔排序开销的主项以及使用 h 的最佳值时的渐近开销（作为 N 的一个函数）。

习题 7.53 分析如下排序算法：给定一个要排序的数组，对奇数位置和偶数位置上的元素进行归并排序，然后用插入排序对所得的 2-有序排列进行排序。当 N 为何值时，该算法比第 1 章中的纯递归快速排序所用的平均比较次数少？

7.7 从左到右最小值和选择排序

找出数组中最小值的一种比较平庸的算法是从左到右扫描整个数组，锁定扫描过的元素中的最小值。通过连续求出最小值，我们可以导出另外一个简单的排序方法，叫作选择排序，代码如程序 7.4 所示。图 7.11 展示了选择排序的具体操作。如前，左边的图展示了排列，右边的图展示了对应的逆序表。

程序 7.4 选择排序

```
for (int i = 0; i < N-1; i++)
{
```

```
    int min = i;
    for (int j = i+1; j < N; j++)
        if (a[j] < a[min]) min = j
            exch(a, i, min);
}
```

左侧排列表（选择排序过程）：

JC	PD	CN	AA	MC	AB	JG	MS	EF	HF	JL	AL	JB	PL	HT
9	14	4	1	12	2	10	13	5	6	11	3	8	15	7
1	14	4	9	12	2	10	13	5	6	11	3	8	15	7
1	2	4	9	12	14	10	13	5	6	11	3	8	15	7
1	2	3	9	12	14	10	13	5	6	11	4	8	15	7
1	2	3	4	12	14	10	13	5	6	11	9	8	15	7
1	2	3	4	5	14	10	13	12	6	11	9	8	15	7
1	2	3	4	5	6	10	13	12	14	11	9	8	15	7
1	2	3	4	5	6	7	13	12	14	11	9	8	15	10
1	2	3	4	5	6	7	8	12	14	11	9	13	15	10
1	2	3	4	5	6	7	8	9	14	11	12	13	15	10
1	2	3	4	5	6	7	8	9	10	11	12	13	15	14
1	2	3	4	5	6	7	8	9	10	11	12	13	15	14
1	2	3	4	5	6	7	8	9	10	11	12	13	15	14
1	2	3	4	5	6	7	8	9	10	11	12	13	14	15

右侧从左到右最小值（逆序）表：

1	2	3	4	5	6	7	8	9	10	11	12	13	14	15
0	0	2	3	1	4	2	1	5	5	3	9	6	0	8
0	0	1	1	1	4	2	1	5	5	3	9	6	0	8
0	0	0	0	0	0	2	1	5	5	3	9	6	0	8
0	0	0	0	0	0	2	1	5	5	3	8	6	0	8
0	0	0	0	0	0	2	1	4	4	3	5	6	0	8
0	0	0	0	0	0	1	1	2	4	3	5	6	0	8
0	0	0	0	0	0	0	0	1	0	3	5	6	0	8
0	0	0	0	0	0	0	0	1	0	3	4	5	0	5
0	0	0	0	0	0	0	0	0	0	2	3	1	0	5
0	0	0	0	0	0	0	0	0	0	1	1	1	0	5
0	0	0	0	0	0	0	0	0	0	0	0	0	0	1
0	0	0	0	0	0	0	0	0	0	0	0	0	0	1
0	0	0	0	0	0	0	0	0	0	0	0	0	0	1
0	0	0	0	0	0	0	0	0	0	0	0	0	0	0

AA AB AL CN EF HF HT JB JC JG JL MC MS PD PL

图 7.11 选择排序和从左到右最小值

找到最小值

为了分析选择排序，我们首先需要在随机排列中分析"求最小值"的方法：以程序 7.4 中外层循环的第一个迭代（i=0）为例。作为插入排序，这个算法的运行时间可以用 N 和一个取值由特定排列决定的量来表示：在这个例子中，这个值为"当前最小值"的更新次数（即程序 7.4 中当 i=0 时的交换次数）。这恰恰是排列中从左到右最小值的数量。

Foata 对应给出了从左到右最小值和环的一一对应关系，所以我们基于 5.4 节对环的分析可以推导出，在有 N 个元素的随机排列里，从左到右最小值的平均数是 H_N。接下来的直接推导很令人感兴趣。

从左到右最小值如果借助逆序表来分析并不麻烦：在逆序表 $q_1 q_2 \cdots q_N$ 中，每一个 $q_i = i - 1$ 都对应一个从左到右最小值，因为它左边的所有元素都比它大（举例来说，这个条件适用于图 7.11 中第一行右边部分的 q_1、q_3 和 q_4）。因此，逆序表中的每一项是一个从左到右最小值的概率为 $1/i$，取值独立于其他项，所以平均值为 $\sum_{1 \leq i \leq N} 1/i = H_N$。对此论证稍加推广，即可得到 PGF。

定理 7.10（从左到右最小值的分布） 有 N 个元素且有 k 个从左到右最小值的排列是用第一类 Stirling 数来计数的：

$$\left[\begin{matrix} N \\ k \end{matrix} \right] = [u^k] u(u+1) \ldots (u+N-1)$$

一个含有 N 个元素的随机排列平均有 H_N 个从左到右最小值，其方差为 $H_N - H_N^{(2)}$。

证明：考虑在一个有 N 个元素的随机排列中，关于从左到右最小值数目的概率母函数为 $P_N(u)$。就像前文提到的那样，我们可以将其分解为两个独立的随机变量，其中一个作为含有 $N-1$ 个元素的随机排列（其 PGF 为 $P_{N-1}(u)$），另一个作为最后一个元素的贡献（其 PGF 为 $(N-1+u)/N$，因为最后那个元素有 $1/N$ 的概率使得从左到右最小值的数量加 1，否则加 0）。因此我们可以得到

$$P_N(u) = \frac{N-1+u}{N}P_{N-1}(u)$$

并且就像我们之前提到的，可以通过累加简单概率母函数$(z+k-1)/k$中的均值和方差来求得从左到右最小值的均值和方差。计数 GF 等于$N!p_N(u)$。

利用 CGF 求解

像之前一样，我们引入指数 CGF：

$$B(z) = \sum_{p\in\mathcal{P}} \text{lrm}(p)\frac{z^{|p|}}{|p|!}$$

因此$[z^N]B(z)$是在一个含有 N 个元素的随机排列中从左到右最小值的平均值。就像之前提到的那样，我们可以直接导出一个函数方程，在这个例子中，我们使用"最后"结构。在大小为$|p|+1$、根据排列 p 构造出来的$|p|+1$个排列里，其中一个以 1 结束（因此从左到右最小值数比p多 1 个），而其他$|p|$个不以 1 结束（因此从左到右最小值数与 p 相同）。通过上述分析可以导出公式

$$\begin{aligned}B(z) &= \sum_{p\in\mathcal{P}}(\text{lrm}(p)+1)\frac{z^{|p|+1}}{(|p|+1)!} + \sum_{p\in\mathcal{P}}|p|\text{lrm}(p)\frac{z^{|p|+1}}{(|p|+1)!}\\ &= \sum_{p\in\mathcal{P}}\text{lrm}(p)\frac{z^{|p|+1}}{|p|!} + \sum_{p\in\mathcal{P}}\frac{z^{|p|+1}}{(|p|+1)!}\\ &= zB(z) + \sum_{k\geq0}\frac{z^{k+1}}{(k+1)} = zB(z) + \ln\frac{1}{1-z}\end{aligned}$$

求解，得

$$B(z) = \frac{1}{1-z}\ln\frac{1}{1-z}$$

这正是我们所期望的关于调和数的母函数。这个推导可以扩展，只需稍微再做一点工作，就可以给出一个描述整个分布的指数 BGF 的显式表达式。

第一类 Stirling 数

继续之前的讨论，我们从下式开始：

$$B(z,u) = \sum_{p\in\mathcal{P}}\frac{z^{|p|}}{|p|!}u^{\text{lrm}(p)} = \sum_{N\geq0}\sum_{k\geq0}p_{Nk}z^N u^k$$

p_{Nk}是一个具有 k 个从左到右最小值的含有 N 个元素的随机排列的概率。用与上面相同的组合结构可以得出如下公式：

$$B(z,u) = \sum_{p\in\mathcal{P}}\frac{z^{|p|+1}}{(|p|+1)!}u^{\text{lrm}(p)+1} + \sum_{p\in\mathcal{P}}\frac{z^{|p|+1}}{(|p|+1)!}|p|u^{\text{lrm}(p)}$$

对z求导，得到

$$\begin{aligned}B_z(z,u) &= \sum_{p\in\mathcal{P}}\frac{z^{|p|}}{|p|!}u^{\text{lrm}(p)+1} + \sum_{p\in\mathcal{P}}\frac{z^{|p|}}{(|p|-1)!}u^{\text{lrm}(p)}\\ &= uB(z,u) + zB_z(z,u)\end{aligned}$$

解出$B_z(z,u)$，可以得出一个简单的一阶微分方程

$$B_z(z, u) = \frac{u}{1-z} B(z, u)$$

求解得

$$B(z, u) = \frac{1}{(1-z)^u}$$

（因为 $B(0, 0) = 1$）。对 u 求导，然后在 $u = 1$ 处求解，即得到我们所期望的关于调和数的 OGF。
展开得

$$B(z, u) = 1 + \frac{u}{1!}z + \frac{u(u+1)}{2!}z^2 + \frac{u(u+1)(u+2)}{3!}z^3 + \cdots$$

再次得到定理 7.10 中所述的第一类 Stirling 数的表达式。

BGF $B(z, u) = (1-z)^{-u}$ 是我们在 5.4 节中就已经见过的经典形式，就像我们知道的 Foata 对应一样，是恰好有 k 个从左到右最小值的含有 N 个元素的排列数。这两者都通过第一类 Stirling 数来计数，因此有时它们也叫作 Stirling "环" 数。这个分布是 OEIS A130534 [18]，如图 7.12 所示。

N / $\downarrow k \rightarrow$	1	2	3	4	5	6	7	8	9	10
1	1									
2	1	1								
3	2	3								
4	6	11	6	1						
5	24	50	35	10	1					
6	120	274	225	85	15	1				
7	720	1764	1624	735	175	21	1			
8	5040	13,068	13,132	6769	1960	322	28	1		
9	40,320	109,584	118,124	67,284	22,449	4536	546	36	1	
10	362,880	1,026,576	1,172,700	723,680	269,325	63,273	9450	870	45	1

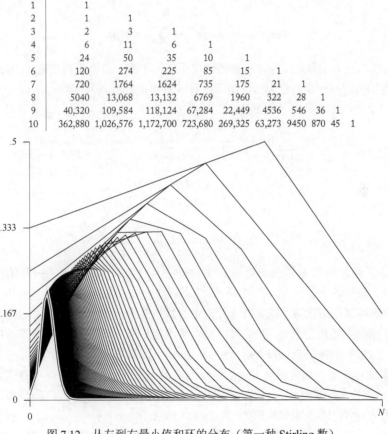

图 7.12 从左到右最小值和环的分布（第一种 Stirling 数）

选择排序

影响选择排序运行时间的主要因素是比较的次数。对每个输入排列来说，比较的次数为 $(N+1)N/2$，每个排列的交换次数是 $N-1$。在程序 7.4 的运行时间中唯一一个取值取决于输入的量是排序期间从左到右遇到的最小值的总数：if 语句成功的次数。

定理 7.11（选择排序）　　对于一个含有 N 个记录的文件，其关键字各不相同且顺序随机，选择排序平均需要进行 $\sim N^2/2$ 次比较、$\sim N\ln N$ 次最小值更新、$\sim N$ 次移动来对其进行排序。

证明：参见之前对于比较和交换的讨论。我们仍旧要分析 B_N，即在含有 N 个元素的随机排列中遇到的从左到右最小值的总数的期望值。在图 7.12 中，我们可以很明显地看出在逆序表中左边 i 个元素在第 i 步之后的值为零，但是逆序表剩下部分所受到的影响则很难分析。这是因为在选择排序中每个趟次是不独立的：每当完成一个趟次，在排列中下一趟将要处理的部分会变得很相似（显然不随机），仅仅在一个位置上不同，即交换了最小值的位置。

可以利用下面的公式来得出 B_N：给出一个含有 N 个元素的排列 p，递增排列中的每个元素，并在该排列的头部插入 1 来构建一个含有 $N+1$ 个元素的排列，接下来通过交换 1 和每个元素的位置构造出 N 个新排列。现在，如果这 $N+1$ 个排列中的任意一个是选择排序算法的初始输入，那么在迭代之后结果都会等于 p。这个对应关系可以揭示出

$$B_N = B_{N-1} + H_N = (N+1)H_N - N$$

更具体地来说，设 $\mathrm{cost}(p)$ 表示对给定排列 p 进行选择排序时遇到的从左到右最小值的总数，考虑 CGF：

$$B(z) = \sum_{N \geqslant 0} B_N z^N = \sum_{p \in \mathcal{P}} \mathrm{cost}(p) \frac{z^{|p|}}{|p|!}$$

上面定义的公式表明算法在下文所述的意义中行为不变：每个排列的第一趟开销为 $\mathrm{lrm}(p)$；之后，如果我们考虑第一趟的结果（适用于所有 $|p|$ 种可能的输入），每种大小为 $|p| - 1$ 的排列都会出现相同的次数，这就导出了如下解：

$$B(z) = \sum_{p \in \mathcal{P}} \mathrm{lrm}(p) \frac{z^{|p|}}{|p|!} + \sum_{p \in \mathcal{P}} (|p| + 1)\mathrm{cost}(p) \frac{z^{|p|+1}}{(|p| + 1)!}$$

$$= \frac{1}{1-z} \ln \frac{1}{1-z} + zB(z)$$

因此，

$$B(z) = \frac{1}{(1-z)^2} \ln \frac{1}{1-z}$$

这就是关于调和数部分和的母函数。由定理 3.4 可知，$B_N = (N+1)(H_{N+1}-1)$，所以 $B_N \sim N\ln N$，证毕。

这个证明不可以用来获得方差或者这种分布的其他性质。这是不起眼但很重要的一点。对于从左到右最小值和其他问题来说，我们可以很容易地把 CGF 推导转化为对 BGF 的推导（可得到方差），但是上述论证并没有这样扩展，因为算法在一个趟次上的行为会给下一个趟次提供些许信息（举例来说，在第一趟中出现大量的从左到右最小值意味着在第二趟中存在大量的从左到右最小值）。缺乏独立性使得这个问题几乎无解。这个问题直到 1988 年，Yao 通过一个精巧的分析证明了方差为 $O(N^{3/2})$ 后才被解决[21]。

习题 7.54　　设 P_{Nk} 为含有 N 个元素、k 个从左到右最小值的随机排列，给出 P_{Nk} 所满足的递归关系。

习题 7.55　　直接证明 $\sum_k k \begin{bmatrix} N \\ k \end{bmatrix} = N!H_N$。

习题 7.56　　指定并分析一种在从左到右扫描中可以确定数组中两个最小元素的算法。

习题 7.57　　考虑如下情形：存取记录的开销是存取关键字开销的 100 倍，二者相对于其他开

销而言都很大。当 N 取何值时选择排序比插入排序要好？

习题 7.58 假定"交换"开销是"存取记录"开销的两倍，基于快速排序和选择排序回答习题 7.57 中的问题。

习题 7.59 考虑选择排序对链表的一种实现，每次迭代时，最小元素都是通过扫描"输入"表找到的，然后将该元素从表中移除并添加到一个输出表中。分析上述算法。

习题 7.60 假设要排序的 N 个项实际上由有 N 个字的一些数组组成，其中每个数组的第一个字是排序的关键字。在我们目前所见到的 4 种基于比较的方法（快速排序、归并排序、插入排序和选择排序）中，哪一种最适合这种情况？就输入数据的量而言，该问题的复杂性是多少？

7.8 环与原地排列

在某些情况中，数组也许需要被"就地（in place）"排列（在计算机科学中，"就地"或"原地"意味着算法在实现上基本不需要用到额外的辅助数据结构）。就像 7.2 节里描述的那样，一个排序算法可以通过间接地引用记录，求出一个能够定义如何进行排序的排列，而不是真正地去对这些记录进行重新排序。在这里，我们从另一个角度来考虑重排是如何基于元素实现就地排列的。请看下面的例子：

序号	1	2	3	4	5	6	7	8	9	10	11	12	13	14	15
键入关键字	CN	HF	MC	AL	JC	JG	PL	MS	AA	HT	JL	EF	JB	AB	PD
排列	9	14	4	1	12	2	10	13	6	5	11	3	8	15	7

也就是说，为了把数组原地排列，a[9] 一定要被移动到位置 1，a[14] 一定要被移动到位置 2，a[4] 一定要被移动到位置 3，以此类推。实现上述操作的一个方法是在一开始把 a[1] 存在寄存器中，用 a[p[1]] 替换 a[1]，令 p[1] 等于 j，以此类推，直到 p[j] 变为 1。此时，将 a[j] 设为保存的值。之后，对每个还没有移动过的元素重复进行以上操作，但如果我们用同样的方法排列数组 p，则能很容易地识别出需要被移动的元素，就像程序 7.5 里展示的那样。

程序 7.5 原地排列

```
for (int i = 1; i <= N; i++)
  if (p[i] != i)
  {
    int j, t = a[i], k = i;
    do
    {
      j = k; a[j] = a[p[j]];
      k = p[j]; p[j] = j;
    } while (k != i);
    a[j] = t;
  }
```

在上面的例子里，移动顺序为：a[9]=AA 被移动到位置 1，a[5]=JC 被移动到位置 9，a[12]=EF 被移动到位置 5，a[3]=MC 被移动到位置 12，a[4]=AL 被移动到位置 3，原来在位置 1 的 CN 被放到位置 4。同时，为了反映在哪些位置上的元素已经被移动到位，p[1] 被设为 1，p[9] 被设为 9，以此类推。为了找到下一个要移动的元素，该程序令 i 会自加，忽略那些已经就地排列的元素，即 p[i]=i 的元素。这个程序对每个元素最多移动一次。

显然，程序 7.5 的运行时间取决于排列的环结构——该程序本身就是对环结构的一个简单的示范。还要注意的是，位于环长大于 1 的环中的每一个元素都刚好移动了 1 次，所以数据移动的次数

就是 N 减去单环的数量。我们也需要知道环的数量，因为内部循环的开销会在每个环上都发生一次。现在，我们从 5.4 节中知道了环数的平均值为 H_N，基于 Foata 对应（见 7.1 节），我们之前对从左到右最小值进行了分析，并了解了它的全分布，但是一个直接推导依旧是有益的。

定理 7.12（环分布） 在一个随机排列中，环数的分布与从左到右最小值数的分布是相同的，并且可由第一类 Stirling 数给出。一个随机排列中的平均环数是 H_N，其标准差为 $H_N - H_N^{(2)}$。

证明：像之前的证明一样，对于双变量母函数，我们可以直接推导出一个函数关系式：

$$B(z, u) = \sum_{p \in \mathcal{P}} z^{|p|} u^{\text{cyc}(p)}$$

其中 $\text{cyc}(p)$ 是 p 中的环数，来自一个组合构造。给定一个排列 p，我们可以通过在每个环（包括"空"环）中的每个位置加入元素 $|p| + 1$ 来建立 $|p| + 1$ 个大小为 $|p| + 1$ 的排列。在这些排列中，有一个排列比 p 多一个环，有 $|p|$ 个排列与 p 有相同个数的环。这个对应关系从结构上来讲与我们为从左到右最小值建立的对应关系是一样的。使用和前面所给的完全一样的论证方法，我们得到的母函数当然是和从左到右最小值个数完全一样的母函数：

$$B(z, u) = \frac{1}{(1 - z)^u}$$

因此，它们的分布是相同的：平均值如前所述；恰好有 k 个环且有 N 个元素的排列数由第一类 Stirling 数给出，等等。

环长

为了详细分析程序 7.5，我们需要知道单环的数量。从 7.4 节中限制环长的排列的枚举结果来看，随机排列中至少有一个单环的概率是 $1 - 1/\mathrm{e}$，但是我们究竟应该期望它发生多少次？最终证明，平均来说，一个随机排列中单环的个数是 1，并且我们可以分析有关环长分布的其他事实。

单环

为了和其他推导比较，我们利用前面提到的组合构造和 CGF 来确定单环的平均数量：

$$B(z) = \sum_{p \in \mathcal{P}} \text{cyc}_1(p) \frac{z^{|p|}}{|p|!}$$

其中 $\text{cyc}_1(p)$ 是排列 p 中单环的数量，所以我们期望的答案是 $[z^N]B(z)$。根据前面的构造可知，长度为 $|p|$ 的排列可以被分成若干个大小为 $|p|$ 的组，组中每一个排列对应一个长度为 $|p| - 1$ 的排列 q。在对应于 q 的组中，其中一个有 $\text{cyc}_1(q) + 1$ 个单环，而这其中的 $\text{cyc}_1(q)$ 有 $\text{cyc}_1(q) - 1$ 个单环，其余的有 $\text{cyc}_1(q)$ 个单环，因而对应于 q 的所有排列的单环总数为：

$$\text{cyc}_1(q) + 1 + \text{cyc}_1(q)(\text{cyc}_1(q) - 1) + (|p| - 1 - \text{cyc}_1(q))\text{cyc}_1(q) = 1 + |q|\text{cyc}_1(q)$$

所以

$$B(z) = \sum_{q \in \mathcal{P}} (1 + |q|\text{cyc}_1(q)) \frac{z^{|q|+1}}{(|q| + 1)!}$$

对此式求导，将得到下面的简单形式

$$\begin{aligned} B'(z) &= \sum_{q \in \mathcal{P}} \frac{z^{|q|}}{|q|!} + \sum_{q \in \mathcal{P}} |q|\text{cyc}_1(q) \frac{z^{|q|}}{|q|!} \\ &= \frac{1}{1 - z} + zB'(z) \end{aligned}$$

所以正如我们所预料的，$B'(z) = 1/(1-z)^2$和$B(z) = 1/(1-z)$。

长度为 k 的环

在一个长度为 k 的随机排列中，通过参数的符号方法可以得出环数的平均值。将 7.4 节的论证稍加改动，我们可以写出关于环长为 k 的环数的（指数）BGF：

$$\exp\left(z + \frac{z^2}{2} + \frac{z^3}{3} + \ldots + \frac{z^{k-1}}{k-1} + \frac{z^k}{k}u + \frac{z^{k+1}}{k+1} + \ldots\right)$$

如果将其展开，每一项代表一个排列，其中 u 的指数记录了项 z^k/k 被使用的次数，或对应的排列中长度为 k 的环的个数。现在，BGF 可以改写为如下形式：

$$\exp\left(z + \frac{z^2}{2} + \ldots + \frac{z^k}{k} + \ldots\right)\exp\left((u-1)\frac{z^k}{k}\right)$$
$$= \frac{1}{1-z}\exp((u-1)z^k/k)$$

这种形式可以计算我们感兴趣的量。

定理 7.13（单环的分布） 一个有 N 个元素的排列具有 j 个单环的概率渐近于$e^{-1}/j!$。一个大小为$N \geq k$的随机排列中长度为 k 的环的平均个数是$1/k$，方差是 $1/k$。

证明：根据定理 7.3，所求概率由上述讨论得出的 BGF 系数给出

$$[u^j z^N]\frac{e^{(u-1)z}}{1-z} = \frac{1}{j!}[z^{N-j}]\frac{e^{-z}}{1-z}$$
$$\sim \frac{e^{-1}}{j!}$$

平均值的计算实际上是对定理 3.6 的一个简单应用：对 u 求导并在 1 处求解可以得到

$$[z^N]\frac{z^k}{k}\frac{1}{1-z} = \frac{1}{k} \quad (N \geq k)$$

而方差可以用类似的计算得到。

我们还可以通过对 j 求和来推广定理 7.13，并且可以得出如下结果：在一个有 N 个元素的随机排列中，长度小于等于 k 的环的平均个数是 H_k。当然，此结论只在 k 不大于 N 时成立。

习题 7.61 利用母函数的渐近性（见 5.5 节）或者通过直接论证证明：一个随机排列中具有 j 个长度为 k 的环的概率渐近于泊松分布$e^{-\lambda}\lambda^j/j!$，其中$\lambda = 1/k$。

习题 7.62 对于一个长度为 100 的排列，在程序 7.5 的循环中，迭代次数不超过 50 的概率是多少？

习题 7.63 [Knuth] 考虑一种排列数组不能被修改且没有额外内存可用的情形。一个要进行原地排列的算法可以按如下方法来设计：当遇到环中最小的下标时，每个环中的元素都要被排列。对从 1 到 N 的 j，通过从 k=j 开始，且当 k>j 时令 k=p[k] 的方法来检查每个下标，看它是不是环中的最小下标。如果是，则像程序 7.5 那样对这个环进行排列。证明指令 k=p[k] 执行次数的 BGF 满足函数方程

$$B_u(z, u) = B(z, u)B(z, zu)$$

根据这个方程求随机排列的这个参数的均值和方差（见参考资料[12]）。

7.9 极值参数

在第 5 章中，我们发现树的高度要比其路径的长度难分析得多，这是因为计算树高需要取最

大子树的值，而路径长度只涉及枚举和加法，且后者的操作更加自然地对应于母函数的操作。本节，我们将考虑排列中类似的参数。一个排列中最长或最短的环的平均长度是多少？最长游程的平均长度是多少？最长递增子序列又是怎样的？一个随机排列的逆序表中最大元素的平均值是多少？最后这个问题还引出了对另外一个基本排序算法的分析，我们现在就开始讨论这些内容。

冒泡排序

这个方法很容易解释：要对一个数组进行排序，可重复扫描这个数组，如有必要，可把一个元素与其下一个元素进行交换以使它们有序。如果完成数组的某趟扫描时没有进行过任何交换（每个元素都不比它后面的元素大），排序操作就完成了。程序 7.6 给出了该算法的实现。为了分析这个算法，我们需要记录交换的次数和扫描的趟数。

程序 7.6 冒泡排序

```
for (int i = N-1; i > 1; i--)
   for (int j = 1; j <= i; j++)
      if (a[j-1] > a[j]) exch(a, j-1, j);
```

交换是很简单直接的：每次交换都是在两个相邻元素之间进行的（和插入排序一样），所以总的交换次数恰好是一个排列中逆序出现的次数。所用的趟数也和逆序表有直接的联系，如图 7.13 所示。完成每一趟扫描后逆序表中每个非零项的值实际上都会减 1，当表中没有非零项时，则程序结束。这暗示我们：对一个排列做冒泡排序所需要的扫描趟数恰好等于逆序表中的最大元素。这个量的分布由图 7.14 给出。序列为 OEIS A056151，可见参考资料[18]。

```
JC PD CN AA MC AB JG MS EF HF JL AL JB PL HT
 9 14  4  1 12  2 10 13  5  6 11  3  8 15  7
 9  4  1 12  2 10 13  5  6 11  3  8 14  7 15
 4  1  2 10 12  5  6 11  3  8 13  7 14 15
 1  4  2  9 10  5  3  8 12  7 14 15
 1  2  4  5  6 10  3  8  7 11 12 13 14 15
 1  2  4  3  5  6  3  8 10  7 11 12 13 14 15
 1  2  4  3  5  6  3  9  7 10 11 12 13 14 15
 1  2  4  3  5  6  7  8  9 10 11 12 13 14 15
 1  2  3  4  5  6  7  8  9 10 11 12 13 14 15
AA AB AL CN EF HF HT JB JC JG JL MC MS PD PL
```

图 7.13 冒泡排序（排列及其相关的逆序表）

定理 7.14（逆序表中的最大值） 在一个随机排列的逆序表中，最大元素的均值为 $\sim N - \sqrt{\pi N/2}$。

证明：所有项目都小于 k 且长度为 N 的逆序表的数量恰好是 $k!k^{N-k}$，这是因为当 $i \leqslant k$ 时，第 i 项可以是 0 到 $i-1$ 之间的任何值；当 $i > k$ 时，第 i 项可以是 0 到 $k-1$ 之间的任何值。因此，最大项小于 k 的概率就是 $k!k^{N-k}/N!$，因而我们所求的均值即为

$$\sum_{0 \leqslant k \leqslant N} \left(1 - \frac{k!k^{N-k}}{N!}\right)$$

求和式中的第二项是 Ramanujan P-函数，其渐近值已由表 4.11 给出。

推论 对一个文件中随机排列的 N 条记录（它们的键值都是互异的）进行排序，冒泡排序平均要做 $\sim N^2/2$ 次比较，以及 $\sim N^2/2$ 次移动（在 $\sim N - \sqrt{\pi N/2}$ 趟扫描中）。

证明：参见上面的讨论。

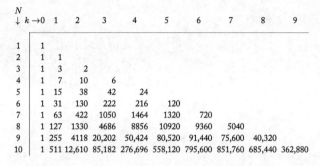

N ↓ $k \to$	0	1	2	3	4	5	6	7	8	9
1	1									
2	1	1								
3	1	3	2							
4	1	7	10	6						
5	1	15	38	42	24					
6	1	31	130	222	216	120				
7	1	63	422	1050	1464	1320	720			
8	1	127	1330	4686	8856	10920	9360	5040		
9	1	255	4118	20,202	50,424	80,520	91,440	75,600	40,320	
10	1	511	12,610	85,182	276,696	558,120	795,600	851,760	685,440	362,880

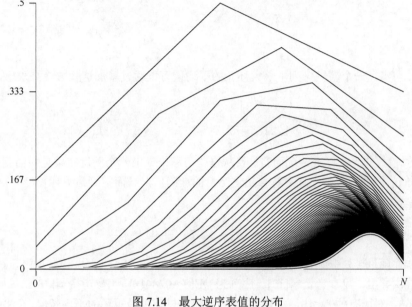

图 7.14 最大逆序表值的分布

习题 7.64 考虑对冒泡排序做一个修改：扫描数组时的方向轮换（先由右向左，然后由左向右）。进行两趟这样的扫描对逆序表有什么影响？

最长和最短的环

一个排列中最长环的平均长度是多少？我们可以立即写出一个表达式。前文中，我们曾导出过一个指数的母函数，它枚举长度大于 k 且不成环的排列的数量（见定理 7.2）。

$$e^z = 1 + z + \frac{z^2}{2!} + \frac{z^3}{3!} + \frac{z^4}{4!} + \frac{z^5}{5!} + \frac{z^6}{6!} + \cdots$$

$$e^{z+z^2/2} = 1 + z + 2\frac{z^2}{2!} + 4\frac{z^3}{3!} + 10\frac{z^4}{4!} + 26\frac{z^5}{5!} + 76\frac{z^6}{6!} + \cdots$$

$$e^{z+z^2/2+z^3/3} = 1 + z + 2\frac{z^2}{2!} + 6\frac{z^3}{3!} + 18\frac{z^4}{4!} + 66\frac{z^5}{5!} + 276\frac{z^6}{6!} + \cdots$$

$$e^{z+z^2/2+z^3/3+z^4/4} = 1 + z + 2\frac{z^2}{2!} + 6\frac{z^3}{3!} + 24\frac{z^4}{4!} + 96\frac{z^5}{5!} + 456\frac{z^6}{6!} + \cdots$$

$$\vdots$$

$$e^{-\ln(1-z)} = \frac{1}{1-z} = 1 + z + 2\frac{z^2}{2!} + 6\frac{z^3}{3!} + 24\frac{z^4}{4!} + 120\frac{z^5}{5!} + 720\frac{z^6}{6!} + \cdots$$

根据这些方程，我们可以为至少存在一个环并且长度大于 k 的排列写出其母函数，或等价的

最大环长大于 k 的排列的母函数：

$$\frac{1}{1-z} - e^0 = z + 2\frac{z^2}{2!} + 6\frac{z^3}{3!} + 24\frac{z^4}{4!} + 120\frac{z^5}{5!} + 720\frac{z^6}{6!} + \dots$$

$$\frac{1}{1-z} - e^z = \frac{z^2}{2!} + 5\frac{z^3}{3!} + 23\frac{z^4}{4!} + 119\frac{z^5}{5!} + 719\frac{z^6}{6!} + \dots$$

$$\frac{1}{1-z} - e^{z+z^2/2} = 2\frac{z^3}{3!} + 14\frac{z^4}{4!} + 94\frac{z^5}{5!} + 644\frac{z^6}{6!} + \dots$$

$$\frac{1}{1-z} - e^{z+z^2/2+z^3/3} = 6\frac{z^4}{4!} + 54\frac{z^5}{5!} + 444\frac{z^6}{6!} + \dots$$

$$\frac{1}{1-z} - e^{z+z^2/2+z^3/3+z^4/4} = 24\frac{z^5}{5!} + 264\frac{z^6}{6!} + \dots$$

$$\vdots$$

由表 3.6 可得，一个随机排列中最大环长的平均值可以通过累加这些方程来求出，并可表示为如下形式

$$[z^N] \sum_{k \geq 0} \left(\frac{1}{1-z} - e^{z+z^2/2+z^3/3+\dots+z^k/k} \right)$$

对于极值参数的一个标准情况而言，要从这些信息中导出一个渐近结果是相当复杂的。当 N 不大时，我们能够通过累加上述方程算出这个量的准确值，从而得到最大环长度的指数 CGF 表达式的初始若干项

$$1\frac{z^1}{1!} + 3\frac{z^2}{2!} + 13\frac{z^3}{3!} + 67\frac{z^4}{4!} + 411\frac{z^5}{5!} + \dots$$

这表明一个随机排列中最大环的长度为 $\sim \lambda N$，其中 $\lambda \approx 0.62433\cdots$。该结果由 Shepp 和 Lloyd 于 1966 年首次导出，见参考资料[17]。序列为 OEIS A028418，见参考资料[18]。

习题 7.65　对所有的 $N<10$，求长度为 N 的随机排列中最短环的平均长度。（注：Shepp 和 Lloyd 指出了这个量为 $\sim e^{-\gamma} \ln N$，其中 γ 是欧拉常数。）

排列作为基本的组合对象已得到了深入的研究，我们期望通过了解它们的性质来理解排序算法的性能特征。像环和逆序等这样的基本性质与插入排序、选择排序和冒泡排序等基本算法之间的直接对应关系就证实了这个预期。

目前关于新排序算法的研究以及对它们性能的分析是相当活跃的。排序算法的变形，如优先队列、归并算法以及排序"网络"等，一直存在着实际的意义。新型计算机及新的应用需要用到新的方法，且要对老方法有更好的理解，本章所介绍的分析类型在设计和使用此类算法的过程中具有重要作用。

正如本章自始至终所表明的那样，本章提出的更为复杂的问题多数已被一些通用的工具解答[4]。我们已经强调了累积母函数在分析排列性质方面的运用，因为它们为我们感兴趣的量值提供了一个简单直接的"系统化"途径。对排列性质进行分析时，累积方法常常能够以比可用的递归法或 BGF 法更简单、更直接的方式给出结果。一如往常，虽然"垂直"GF 可用来计算较小的值并以此为始展开分析，但极值参数（那些与可加性规则相对立的、由一个"最大"或"最小"规则所定义的参数）还是更难分析。

尽管排列作为一个组合对象是比较简单的，但对缺少经验的人来说，尚待处理的分析问题的数量之多常常让人惊讶。我们能够利用一套标准方法来回答有关排列性质的基本问题，这是令人欢欣鼓舞的，这不仅仅是因为这些问题中的多数来自重要的应用，还因为我们希望能够继续

研究更加复杂的组合结构。

参考资料

[1]   L. Comtet. *Advanced Combinatorics*, Reidel, Dordrecht, 1974.

[2]   F. N. David and D. E. Barton. *Combinatorial Chance*, Charles Griffin, London, 1962.

[3]   W. Feller. *An Introduction to Probability Theory and Its Applications*, John Wiley & Sons, New York, 1957.

[4]   P. Flajolet and R. Sedgewick. *Analytic Combinatorics*, Cambridge University Press, Cambridge, 2009.

[5]   G. H. Gonnet and R. Baeza-Yates. *Handbook of Algorithms and Data Structures in Pascal and C*, 2nd edition, Addison-Wesley, Reading, MA, 1991.

[6]   I. Goulden and D. Jackson. *Combinatorial Enumeration*, John Wiley & Sons, New York, 1983.

[7]   R. L. Graham, D. E. Knuth, and O. Patashnik. *Concrete Mathematics*, 1st edition, Addison-Wesley, Reading, MA, 1989. 2nd edition, 1994.

[8]   D. E. Knuth. *The Art of Computer Programming. Volume 1: Fundamental Algorithms*, 1st edition, Addison-Wesley, Reading, MA, 1968. 3rd edition, 1997.

[9]   D. E. Knuth. *The Art of Computer Programming. Volume 2: Seminumerical Algorithms*, 1st edition, Addison-Wesley, Reading, MA, 1969. 3rd edition, 1997.

[10] D. E. Knuth. *The Art of Computer Programming. Volume 3: Sorting and Searching*, 1st edition, Addison-Wesley, Reading, MA, 1973. 2nd edition, 1998.

[11] D. E. Knuth. *The Art of Computer Programming. Volume 4A: Combinatorial Algorithms, Part 1*, Addison-Wesley, Boston, MA, 2011.

[12] D. E. Knuth. "Mathematical Analysis of Algorithms," *Information Processing 71*, Proceedings of the IFIP Congress, Ljubljana, 1971, 19-27.

[13] V. Lifschitz and B. Pittel. "The number of increasing subsequences of the random permutation,"*Journal of Combinatorial Theory (Series A)* 31, 1981, 1-20.

[14] B. F. Logan and L. A. Shepp. "A variational problem from random Young tableaux," *Advances in Mathematics* 26, 1977, 206-222.

[15] R. Sedgewick. "Analysis of shellsort and related algorithms," *European Symposium on Algorithms*, 1986.

[16] R. Sedgewick and K. Wayne. *Algorithms*, 4th edition, Addison-Wesley, Boston, 2011.

[17] L. Shepp and S. P. Lloyd. "Ordered cycle lengths in a random permutation," *Transactions of the American Mathematical Society* 121, 1966, 340-357.

[18] N. Sloane and S. Plouffe. *The Encyclopedia of Integer Sequences*, Academic Press, San Diego,1995. Also accessible as *On-Line Encyclopedia of Integer Sequences*, http://oeis.org.

[19] J. S. Vitter and P. Flajolet. "Analysis of algorithms and data structures," in *Handbook of Theoretical Computer Science A: Algorithms and Complexity*, J. van Leeuwen, ed., Elsevier, Amsterdam, 1990, 431-524.

[20] J. Vuillemin. "A unifying look at data structures," *Communications of the ACM* 23, 1980, 229-239.

[21] A. Yao. "An analysis of (h, k, 1) shellsort," *Journal of Algorithms* 1, 1980, 14-50.

[22] A. Yao. "On straight selection sort," *Technical report* CS TR-185-88, Princeton University, 1988.

第8章 字符串与字典树

给定一个字母（或字符）序列，从中摘选一些字母（或字符）组成序列，该序列称为**字符串**。字符串处理算法所涉范围甚广，从位于计算理论核心的一些基本方法到许多具有实际重要应用的文本处理方法都囊括在内。在本章中，我们将考查基本的字符串组合的性质，以及一些在字符串中进行模式搜索的算法，当然还包括相关的数据结构。

我们用**位串**（bitstring）这个术语来表示那些只包含两种字符的字符串；如果一个字符表中字符的种类 $M>2$，那么就称由此产生的（字符）串为**字节串**（bytestring），亦称**单词**或 M **元字符串**。在本章中，我们假设 M 是一个较小的特定常数，这在文本处理和位处理中是一个合理的假设。如果 M 可以变得很大（例如，M 的大小会随着字符串长度的增加而增大），那么我们将得到一些不同的组合对象，这个重要的差异将是下一章的主题之一。在本章中，我们的主要兴趣在于研究一些潜在的长字符串，以及它们的序列性质，而这些长字符串都是由固定大小的字符表所产生的。

从算法的角度来说，专注于位串而非字节串并不会使得一般性有所丧失，因为从较大的字符表中得到的一个字符串，经过一定的二进制编码后，都可以转化成一个位串。相反，从某个更大的字符表中得到一个字符串，若由此建立起来的算法、数据结构或字符串分析都以某种形式依赖于字符表的大小，那么在以块为单位来看待位串中的二进制位时，同样的依赖关系也将在位串中得以反映。这种介于 M 元字符串和位串之间的特殊对应关系（在当 M 是 2 的指数幂时）将是非常精准的。将一个针对 M 元字符串的算法或分析推广到位串（本质上，将 2 在通篇范围内改为 M）是很容易的，所以在恰当的时候我们也会这么做。

产生一个随机的位串等同于进行一系列独立的伯努利实验，伯努利实验已经在经典概率论中被充分地研究过了；在算法分析中，这类结果是非常有意思的，因为许多算法很自然也很显式地依赖于二进制字符串的一些性质。在本章和下一章中，我们将讨论一些相关的经典成果。由于树和排列已经于前两章进行了讨论，本章我们将从组合的角度考虑问题并利用母函数这个工具进行组合分析。通过这个方法可以得到一些经典问题的简单结论并给出一个非常普遍的框架，在该框架下可以考虑的问题数量惊人，其所涉范围甚广。

我们考虑一个基本的算法，该算法在一个给定的字符串中搜索某个特定模式串出现的频率，指定模式的有限状态自动机制（FSA）是描述这个算法的最佳选择。FSA 不仅带来了统一、紧凑且有效的实现，而且可以精确地对应到与模式相关联的母函数上。在本章，我们将仔细研究一些例子。

特定的计算任务要求我们操作字符串集合。字符串集合（通常是无限集合）被称为**语言**，它也是计算机科学中一个相当广泛的理论话题，且这个理论在计算科学中处于基础地位，十分重要。语言由字符串构成，而描述这些字符串的难度有高有低，可据此为语言分类。本章我们将最关心正则语言和上下文无关的语言，它们描述了很多有趣的组合结构。我们将回顾符号方法，它们可以刻画母函数的功用，而这些母函数是用以分析语言性质的。令人惊叹的是，正则语言和上下文无关语言的母函数可以被完全特征化，并展现出本质上的不同。

被称作字典树的数据结构是很多处理字符串和字符串集合的有效算法的基础。字典树是具有树形结构的对象，而这个结构是由字符串集合中的具体值所决定的。字典树是一个组合对象，它拥有诸多颇富趣味的性质。字典树并没有出现在经典的组合学里，但它却是一个新组合对象的典型例子，该组合对象是被算法分析引入经典组合学领域中的。在本章我们将考查基本的字典树算法、字典树性质和与之有关的母函数。字典树在相当广泛的应用中都颇具价值，不仅如此，基于字典树的分析也促进了算法分析中很多重要工具的发展，在后续分析中将展示这些重要的工具。

8.1 字符串搜索

我们从一个基本的"字符串搜索"算法开始考虑：给定一个长度为 P 的模式串和一段长度为 N 的文本，设法在文本中找到模式串出现的位置。程序 8.1 给出了一个解决该问题的直接方法。从文本的首个字符开始，对于文本中的每个位置，程序逐字符地检查模式串与文本是否匹配。程序设定了两个不同的哨兵字符，一个在模式串的末端，即第 $(P+1)$ 个模式串字符，另一个在文本的末端，即第 $(N+1)$ 个文本字符。因此，所有的字符串比较都终结于一个字符比较不匹配的位置，而且我们可以通过简单地检查哨兵是否为适配处的字符，得出某个模式串是否会出现在文本中。

程序 8.1　字符串搜索的基本方法

```
public static int search(char[] pattern, char[] text)
{
   int P = pattern.length;
   int N = text.length;
   for (int i = 0; i <= N - P; i++)
   {
      int j;
      for (j = 0; j < P; j++)
         if (text[i+j] != pattern[j]) break;
      if (j == P) return i;   // Found at offset i.
   }
   return N;                  // Not found.
}
```

根据应用程序的不同，可能会对大量不同类型的基本算法中的一种感兴趣。

● 当第一个匹配找到时停止。

● 打印出所有匹配的位置。

● 清点匹配的数量。

● 找到最大匹配。

程序 8.1 给出的基本实现很容易应用到上述这些变种的问题中，在许多文章里这是合理、通用的方法。

算法的改进仍然值得考虑。例如，当搜索的目标是一个有 P 个连续 0（也称为游程）的字符串时，我们可以这样做：维护一个计数器并扫描整个文本，当出现一个 1 时重置计数器，当出现 0 时累加计数器，当计数器达到 P 时停止。

相比之下，考虑程序 8.1 的行为，当找一个连续有 P 个 0 的字符串时，它会遇到一个小的游程，例如 5 个 0 后面跟着一个 1。它先检查 5 个 0，一旦遇到 1 就判为不匹配，只将文本指针加 1[①]，这导致接下来会查到 4 个 0 和一个 1，然后查到 3 个 0 和一个 1，等等。这个程序最终会产

---

① 相当于每次发生失配时，模式串只向后移动 1 位。——译者注

生 $k(k+1)/2$ 个多余的检查操作，其中 k 表示 0 游程的长度。在本章的后面，我们将会考查如何改进算法才能避免重复的检查操作。现在，我们的兴趣在于考查如何分析这个基本的方法。

"全匹配"变种的分析

在随机文本中搜索特定的模式串时，我们的兴趣在于找到程序 8.1 的平均运行时间。显然，运行时间与搜索中检查的字符数成正比。因为每个字符串比较都结束于一次失配，而每次失配所导致的开销为 1 加上模式串与文本中已经完成匹配的字符的数量。表 8.1 展示了在样本文本字符串中搜索一个长度为 4 的模式串的开销。

表 8.1　利用基本方法搜索长度为 4 的模式串的开销

	0 1 1 1 0 1 0 0 0 1 0 0 0 0 0 1 0 0 1 0 0 0 0 0 1 1	总计
0000	1 0 0 0 1 0 3 2 1 0 4 4 3 2 1 0 2 1 0 4 4 3 2 1 0 0	39
0001	1 0 0 0 1 0 4 2 1 0 3 3 4 2 1 0 2 1 0 3 3 4 2 1 0 0	39
0010	1 0 0 0 1 0 2 4 1 0 2 2 2 4 1 0 4 1 0 2 2 2 3 1 0 0	35
0011	1 0 0 0 1 0 2 3 1 0 2 2 2 3 1 0 3 1 0 2 2 2 4 1 0 0	33
0100	2 0 0 0 4 0 1 1 4 0 1 1 1 1 4 0 1 4 0 1 1 1 1 2 0 0	31
0101	2 0 0 0 3 0 1 1 3 0 1 1 1 1 3 0 1 3 0 1 1 1 1 2 0 0	27
0110	3 0 0 0 2 0 1 1 2 0 1 1 1 1 2 0 1 2 0 1 1 1 1 3 0 0	22
0111	4 0 0 0 2 0 1 1 2 0 1 1 1 1 2 0 1 2 0 1 1 1 1 3 0 0	25
1000	0 1 1 2 0 4 0 0 0 4 0 0 0 0 0 3 0 4 0 0 0 0 0 0 1 1	21
1001	0 1 1 2 0 3 0 0 0 3 0 0 0 0 0 0 0 4 0 3 0 0 0 0 1 1	19
1010	0 1 1 2 0 2 0 0 0 2 0 0 0 0 0 2 0 0 0 0 0 0 0 0 1 1	14
1011	0 1 1 2 0 2 0 0 0 2 0 0 0 0 0 0 0 2 0 0 0 0 0 0 1 1	14
1100	0 2 3 1 0 1 0 1 0 0 1 0 0 0 0 0 0 0 1 0 1 0 0 0 2 1	13
1101	0 2 4 1 0 1 0 1 0 0 1 0 0 0 0 1 0 0 1 0 0 0 0 0 2 1	14
1110	0 4 2 1 0 1 0 1 0 0 1 0 0 0 0 0 0 1 0 1 0 0 0 0 2 1	14
1111	0 3 2 1 0 1 0 0 0 1 0 0 0 0 0 1 0 0 1 0 0 0 0 0 2 1	13

对于文本字符串中的每一个位置（并以此位置为开始），我们关联一个整数，该整数表示模式串中匹配成功的字符数量。这些数字之和再加 N（对应于失配的情况）就是程序 8.1 的内层循环中迭代的次数，显然这是对程序运行时间起决定性作用的项。运用累加的方法，并结合一个简单的起计数作用的参数，我们便可以计算该项目。

定理 8.1（模式出现次数计数）　在一个长度为 N 的随机位串里，长度为 P 的任意固定模式串的期望出现次数是 $(N-P+1)/2^P$。

证明：长度为 N 的随机位串一共有 2^N 种可能，运用累积计数法，我们需要把所有可能的位串中模式串出现的总数累加起来。这 P 个位可以从 $N-P+1$ 个位置中的任意一个开始，而对于每个位置，有 2^{N-P} 个位与该位置上的模式相匹配。收集所有项得到总数 $(N-P+1)2^{N-P}$，除以 2^N 即得到上述结果。

推论　在一个长度为 N 的文本串中搜索所有任意长度为 P 的固定模式串出现的次数时，通过基本字符串搜索算法所做的位比较的期望次数是 $N(2-2^{-P})+O(1)$。

证明：为了找出搜索算法执行中所检查的位数，我们可将表 8.1 中的数据用另一种方式来解释，它们记录了在文本中起始于相应位置的模式串的前缀数。现在我们也可以用上述公式来计算前缀数。由此可知在所有的 2^N 个位串中（每个位串的长度为 N），模式串的前缀出现的总次数的表达式为

$$\sum_{1\leqslant k\leqslant P}(N-k+1)2^{N-k}$$

计算这个加和,并将其除以 2^N,再加上 N(失配的次数),便可得到所述的结果。

推论 欲在一个随机的位串中找到一个任意的无限长模式串的最长匹配,基本的字符串搜索算法要进行检查的平均位数是~$2N$。

这些结果都独立于模式串本身,这似乎有悖于刚刚获得的直觉,这里我们知道,要在一个由很多的 0 构成的长串中执行搜索,被检查的位数与文本中 0 游程的长度成二次方的关系,然而搜索 1 后面跟了一长串的 0 时并没有那么明显的二次方关系。这个差异或许可以如此解释:后一种模式串的前缀是在文本中的某处,但该前缀并没有像由 0 构成的串那样被捆绑在一起。因为我们使用的是累积总数,所以不必担心前缀不同的实例之间的独立性问题;我们把它们都算在内。相反,找到第一个匹配所需要的时间与模式无关,即使对于随机文本而言亦是如此。这直接关系到另一个有趣的量,即模式串不出现在文本中的概率。下一节,我们将看到这些分析结果的细节。

本章后面将会讨论基本的字符串搜索算法的优化问题。首先,我们会考查 Knuth-Morris-Pratt 算法,该算法通过执行一定的预处理操作(预处理所消耗的时间与模式串的长度成正比)来获得一个"最优"的搜索时间,以使文本中的每个字符最多被检查一次。在本章的最后,我们还将看到利用更多的预处理投入,文本可被构建成一个数据结构,该结构与一种更加泛化的被称为字典树的结构有关,字典树使模式串的搜索完成时间与模式串的长度成正比。字典树也为针对位串的大量其他算法提供了高效的支持,但是我们要在介绍完基本的分析成果之后再考虑那些内容。

8.2 位串的组合性质

长度为 N 的位串一共有 2^N 个,当我们认为这 2^N 个位串具有等可能性时,我们对研究由 0 和 1 组成的随机字符串(位串)的性质很感兴趣。正如我们在 5.2 节中看到的,位串可以由 OGF 来计数:

$$B(z) = \sum_{b \in \mathcal{B}} z^{|b|} = \sum_{N \geq 0} \left\{ \text{长度为}N\text{的位串的数量} \right\} z^N$$

其中 $\mathcal{B}$ 是所有位串的集合。位串要么是空的,要么由 0 或 1 开始,所以它们由如下组合结构生成

$$\mathcal{B} = \epsilon + (\mathcal{Z}_0 + \mathcal{Z}_1) \times \mathcal{B}$$

上式可以立即被转化为

$$B(z) = 1 + 2zB(z)$$

因此 $B(z) = (1 - 2z)^{-1}$,且如预期的那样,长度为 N 的位串的数量是 2^N。通过前两章介绍的排列和树,我们可以修正这个基本参数,以便研究更加有趣的位串的性质。

例如,在 3.9 节和 5.4 节中,我们已经遇到过在一个随机位串中对 1 进行计数的问题;相关的双变量母函数涉及二项分布

$$B(z, u) = \frac{1}{1 - z(1 + u)} = \sum_N \sum_k \binom{N}{k} u^k z^N$$

我们曾运用定理 3.8 计算过一个 N 位随机串中二进制位为 1 的位数的平均值,其为

$$[z^N] B_u(z, 1) / 2^N = N/2$$

我们将在第 9 章中像刚才那样更加详细地考查"全局"性质;在本章中,我们将把主要精力集中在涉及那些字符串中相邻的二进制位的"局部"性质上。

　　研究随机位串的性质等同于研究独立的伯努利实验（或抛硬币）的性质，所以我们会用到概率论中的一些经典成果。本章中，我们不仅要把注意力集中在实验上，还要集中在事件的序列上，有一些经典的结果与此相关。在概率论中，我们要考查随机实验的一个序列的性质并研究"等待时间"（比如，见参考资料[9]）；在算法研究中，通过取序列中的二进制位，我们将考查在字符串中查找模式串的等效问题，这是考虑相同问题的自然方法。正如我们将要看到的，这种考查的结果表明：将形式语言理论和母函数相结合，可为研究与伯努利实验序列相联系的解析现象提供一个清晰的解释。

对模式串出现的次数进行计数

　　随便一个包含任意固定模式串（模式串的长度为 P）的位串，其构成都是将一个任意位串、模式串和另一个任意位串连接起来。因此，根据符号方法，对这种出现次数进行计数的母函数是

$$\frac{1}{1-2z}z^P\frac{1}{1-2z}$$

　　一个特定的位串在这样的计数过程中可能会被计算多次（模式串的每次出现都会被计 1 次），这正是我们所要精准追寻的。因此，在所有长度为 N 的位串中，长度为 P 的固定模式串出现的次数是

$$[z^N]\frac{1}{1-2z}z^P\frac{1}{1-2z} = [z^{N-P}]\frac{1}{(1-2z)^2} = (N-P+1)2^{N-P}$$

如定理 8.1 所述。再一次强调，这与长度为 N 的位串包含一个任意固定模式串的位串数不相等。

0 的游程

　　我们以考查下面这个基本问题来作为开始：在一个随机位串中，我们期望在什么地方找到第一个有连续 k 个 0 的位串呢？表 8.2 给出了 10 个长随机位串，以及第一次出现 1 个、2 个、3 个和 4 个 0 的位置。结果表明：对于这个问题，母函数可以导出一个简单的解，并且这个解可以作为许多类似问题的代表。

表 8.2　样本位串中首个 0 游程的位置

	1	2	3	4
0101001110101000011001110001011101100011011111010	0	4	13	13
0111010101000101001001100100000100101101100100101	0	10	10	28
0101110101101111001000111000000101011001001111110000	0	16	19	25
1010100100011101010101010000111110000011001001	1	5	5	5
1111111100100000100100110010011000000010000011000	8	8	11	11
0010001000101110011100011001100001011001111	0	0	3	24
0101101111011000101100001001001010000101001111110	0	13	19	19
1001101001001001001100010110000011100100011010	1	1	7	7
0110001001100110110001011111000100100011001111010	0	3	3	—
0101100100011000000100011001010101100111100100110	0	5	8	13
平均		1.0	6.5	9.8	—

定理 8.2（0 的游程） 如果位串中不存在 P 个连续 0 这样的游程，那么用于对该位串进行计数的母函数就是

$$B_P(z) = \frac{1 - z^P}{1 - 2z + z^{P+1}}$$

证明：设 $\mathcal{B}_P$ 是不存在 P 个连续 0 这样的游程的位串数量，则考虑 OGF

$$B_P(z) = \sum_{b \in \mathcal{B}_P} z^{|b|} = \sum_{N \geq 0} \left\{ \text{长度为}N\text{的不存在连续}P\text{个}0\text{的游程的位串数量} \right\} z^N$$

现在，不含 P 个连续 0 的任意位串要么为空或包含 0 到 P-1 个 0；要么 1 前面有 0 到 P-1 个 0，其后有不含 P 个连续 0 的位串。符号方法立即给出了下面这个函数方程式：

$$S_P(z) = (1 + z + \ldots + z^{P-1})(1 + zS_P(z))$$

注意，$1 + z + \ldots + z^{P-1} = (1 + z^P)/(1 - z)$，为了得到 OGF，我们可以计算下面这个显式的表达式：

$$B_P(z) = \frac{\dfrac{1 - z^P}{1 - z}}{1 - z\dfrac{1 - z^P}{1 - z}} = \frac{1 - z^P}{1 - 2z + z^{P+1}}$$

每一个 $B_P(z)$ 都是有理函数，因此很容易展开。验证小数值，对于 $P = 1$、2、3，有下面的展开式：

$$\frac{1 - z}{1 - 2z + z^2} = 1 + z + z^2 + z^3 + z^4 + z^5 + z^6 + z^7 + \ldots$$

$$\frac{1 - z^2}{1 - 2z + z^3} = 1 + 2z + 3z^2 + 5z^3 + 8z^4 + 13z^5 + 21z^6 + 34z^7 + \ldots$$

$$\frac{1 - z^3}{1 - 2z + z^4} = 1 + 2z + 4z^2 + 7z^3 + 13z^4 + 24z^5 + 44z^6 + 81z^7 + \ldots$$

对于 $P=1$，上式证实了长度为 N 的不含 0 的游程的字符串（即全为 1 的字符串）有一个。对于 $P=2$，则有

$$B_2(z) = \frac{1 + z}{1 - z - z^2}, \quad \text{所以} [z^N]B_2(z) = F_{N+1} + F_N = F_{N+2}$$

这是斐波那契数（见 2.4 节）。事实上，表达式

$$B_P(z) = \frac{1 + z + z^2 + \ldots + z^{P-1}}{1 - z - z^2 - \ldots - z^P}$$

显示出 $[z^N]B_P(z)$ 与习题 4.18 中推广的斐波那契数满足相同的递归关系，但有着不同的初始值。因此，定理 4.1 可以用来找到 $[z^N]B_P(z)$ 的渐近估计。

推论 长度为 N 的位串（且该位串中不存在 P 个连续 0 所构成的游程）数渐近于 $c\beta^N$，其中 β 是多项式 $z^P - z^{P-1} - \ldots - z - 1 = 0$ 的最大模数的根，而 $c = (\beta^P + \beta^{P-1} + \ldots + \beta)/(\beta^{P-1} + 2\beta^{P-2} + 3\beta^{P-3} + \ldots + (P-1)\beta + P)$。

证明：由习题 4.18 和定理 4.1 可以立即证得。对于较小的 P 值，表 8.3 给出了 c 和 β 的近似值。

习题 8.1 给出 $[z^N]B_P(z)$ 所满足的两个递归关系。

习题 8.2 一个随机位串取多长时，才能有 99% 的把握保证至少有 3 个连续的 0？

习题 8.3 一个随机位串取多长时，才能有 50% 的把握保证至少有 32 个连续的 0？

表 8.3 对不含 P 个 0 的游程的位串进行计数

P	$B_P(z)$	$[z^N]B_P(z) \sim c_P \beta_P^N$	
		c_P	β_P
2	$\dfrac{1 - z^2}{1 - 2z + z^3}$	$1.17082\cdots$	$1.61803\cdots$
3	$\dfrac{1 - z^3}{1 - 2z + z^4}$	$1.13745\cdots$	$1.83929\cdots$
4	$\dfrac{1 - z^4}{1 - 2z + z^5}$	$1.09166\cdots$	$1.92756\cdots$
5	$\dfrac{1 - z^5}{1 - 2z + z^6}$	$1.05753\cdots$	$1.96595\cdots$
6	$\dfrac{1 - z^6}{1 - 2z + z^7}$	$1.03498\cdots$	$1.98358\cdots$

习题 8.4 证明

$$[z^N]B_P(z) = \sum_i (-1)^i 2^{N-(P+1)i}\left(\binom{N-Pi}{i} - 2^{-P}\binom{N-P(i+1)}{i}\right)$$

首个 0 游程

计算首个具有 P 个 0 的游程的平均位置的捷径是现成的。因为计算不含 P 个连续 0 的位串数的 OGF 与随机串中首个具有 P 个连续 0 的游程最后一个（结束）位置的 PGF 有着紧密的联系，如下式所示。

$$
\begin{aligned}
B_P(z) &= \sum_{b \in \mathcal{B}_P} z^{|b|} \\
&= \sum_{N \geqslant 0} \left\{ \text{长度为}N\text{且不存在连续}P\text{个}0\text{的游程的位串数量} \right\} z^N \\
B_P(1/2) &= \sum_{N \geqslant 0} \left\{ \text{长度为}N\text{且不存在连续}P\text{个}0\text{的游程的位串数量} \right\} / 2^N \\
&= \sum_{N \geqslant 0} \Pr\left\{ \text{不含}P\text{个}0\text{的游程的随机位串中第一个}N\text{比特位} \right\} \\
&= \sum_{N \geqslant 0} \Pr\left\{ \text{首个由}M\text{个}0\text{组成的游程，其结束位置}>N \right\}
\end{aligned}
$$

这个累积概率之和与我们的期望是一致的。

推论 在一个随机位串中，首个含有 P 个 0 的游程的平均结束位置是 $B_P(1/2) = 2^{P+1} - 2$。

母函数可以大大简化期望的计算。欢迎任何怀疑这一事实的读者（例如，以概率计算为基础，采用一个直接的推导）来验证该推论的结果。对于排列，我们发现 N 个元素排列数的计数 $N!$ 使我们得到了 EGF；对于位串，N 个元素的位串个数的计数 2^N 将使得我们导出的函数方程包含 $z/2$，就像上面那样。

存在性

定理 8.2 的第二个推论的证明同样表示找到模式串第一次出现的位置大约同计算不含有这个模式串的字符串数等价，并告诉我们一个随机位串不包含 P 个 0 的游程的概率是 $[z^N]B_P(z/2)$。例如，对于 $P=1$，这个值是 $1/2^N$，因为只有全是 1 的位串才不含有 P 个 0 的游程。对于 $P=2$，概率是 $O((\phi/2)^N)$，其中 $\phi = (1+\sqrt{5})/2 = 1.61803\cdots$，且此概率以 N 的指数形式递减。对于固定的 P，这个按指数递减的结论总是成立的。因为表 8.3 中的 β_P 保持严格小于 2。一个稍微细致的分析揭示了一旦 N 增长到大于 2^P，某个 P 位的模式串不出现的可能性就会变得越来越低。

例如，根据表 8.3 进行的一个快速计算表示：一个 10 位的字符串中不含有 6 个 0 的游程的可能性为 95%，一个 100 位的字符串中不含有 6 个 0 的游程的可能性有 45%，一个 1000 位的字符串中不含有 6 个 0 的游程的可能性为 0.02%。

最长游程

在一个随机位串中，最长的 0 游程的平均长度是多少？这个量的分布如图 8.1 所示。像我们在第 6 章中对树的高度和第 7 章中对排列的环长所做过的事情一样，可以将之前给出的"垂直" GF 加和，从而得到在一个随机 N 位字符串中最长 0 游程的平均长度的表达式，即

$$\frac{1}{2^N}[z^N]\sum_{k\geq 0}\Big(\frac{1}{1-2z}-\frac{1-z^k}{1-2z+z^{k+1}}\Big)$$

在参考资料[24]中 Knuth 曾研究过一个非常类似的量，是在异步加法器中确定传送时间的应用中用到的一个量，这个量为$\lg N+O(1)$。该量的常数项有震荡行为；仔细观察图 8.1，我们会对出现这种情况的原因有所领悟。实际上，描述震荡的函数与我们将要在本章结尾处详细研究的用来分析字典树的函数一致。

图 8.1 一个随机位串中最长 0 游程的分布（水平轴解释为分离的曲线）

习题 8.5 对于一个随机位串，求出其中前面的位全为 1 的串的个数的双变量母函数，并由此来计算该量的平均值和标准差。

习题 8.6 考虑不含有两个连续的 0 游程的位串，计算关于斐波那契数的加和 $\sum_{j\geq 0} F_j/2^j$。

习题 8.7 找出位串中最长的 0 游程的长度的 BGF。

习题 8.8 在一个随机位串中，标识 P 个 0 的游程首次出现位置的随机变量的标准差是多少？

习题 8.9 对于 $2 < N < 100$，用一个计算机代数系统画出 N 位的随机位串中最长 0 游程的平均长度的曲线图。

习题 8.10 基于前面给出的基本算法，寻找随机位串中首个由 P 个 0 构成的游程时，需要检查多少个位？

任意模式

起初，有人或许会怀疑这些结论对任意固定的 P 位模式串是否都成立，但这恰恰是不成立的：随机位串中一个固定位模式串第一次出现的平均位置通常很大程度上取决于这个模式串本身。例如，通过观察，很容易看出像 0001 这个模式串通常在 0000 前出现：一旦 000 被匹配，下一个字符为 0 或为 1 的概率各占 1/2，所以最终两种模式串（0001 和 0000）匹配成功的概率各为 1/2，但是 0000 的不匹配则意味着文本中有 0001，并且再往后考虑 4 个字符也不可能存在任何的匹配。反之，0001 的不匹配则意味着文本中有 0000，并且在文本中下一位上就可能存在一个匹配。这种模式的依赖性可以很容易地表示出来，只要用一个函数来匹配该模式串即可。

定义 一个位串 $b_0 b_1 \ldots b_{P-1}$ 的自相关是位串 $c_0 c_1 \ldots c_{P-1}$，其中 c_i 的定义是

$$c_i = \begin{cases} 1, & 若 b_j = b_{i+j} \quad 其中 0 \leqslant j \leqslant P-1-i \\ 0, & 其他 \end{cases}$$

其相应的自相关多项式可以通过取位作为系数而得到：

$$c(z) = c_0 + c_1 z + \ldots + c_{P-2} z^{P-2} + c_{P-1} z^{P-1}$$

自相关很容易计算得到，第 i 位可以这样来确定：向左移 i 个位置，如果剩余位和原始模式串相匹配，则 i 位置为 1，否则置为 0。例如，表 8.4 显示了 101001010 的自相关是 100001010，且对应的自相关多项式是 $1 + z^5 + z^7$，注意，c_0 总是 1。

表 8.4 101001010 的自相关

			1	0	1	0	0	1	0	1	0	
			1	0	1	0	0	1	0	1	0	1
		1	0	1	0	0	1	0	1	0		0
	1	0	1	0	0	1	0	1	0			0
1	0	1	0	0	1	0	1	0				0
1	0	1	0	0	1	0	1	0				0
1	0	1	0	0	1	0	1	0				1
1	0	1	0	0	1	0	1	0				0
1	0	1	0	0	1	0	1	0				1
1	0	1	0	0	1	0	1	0				0

定理 8.3（模式自相关） 不含有模式 $p_0 p_1 \cdots p_{P-1}$ 的位串，其个数的母函数是

$$B_p(z) = \frac{c(z)}{z^P + (1-2z)c(z)}$$

其中 $c(z)$ 是模式的自相关多项式。

证明：我们用符号方法将前面 P 个连续 0 所构成的模式串的例子进行推广。从 $\mathcal{S}_p$ 的 OGF 开始，p 没有出现的位串集合是

$$S_p(z) = \sum_{s \in \mathcal{S}_p} z^{|s|}$$

$$= \sum_{N \geq 0} \{\text{长度为}N\text{的（不含}P\text{的）位串的数量}\} z^N$$

类似的，我们定义 $\mathcal{T}_p$ 为以 p 结束但其他位置不含 p 的位串族，并命名它相应的母函数为 $T_p(z)$。

现在，我们考虑 $\mathcal{S}_p$ 和 $\mathcal{T}_p$ 两个符号的关系，将它们转化为关于 $S_p(z)$ 和 $T_p(z)$ 的联立方程。首先，$\mathcal{S}_p$ 与 $\mathcal{T}_p$ 不相交，如果去除其中一个位串的最后一位，我们将从 $\mathcal{S}_p$ 中得到一个位串（或空位串）。用符号形式表达就是

$$\mathcal{S}_p + \mathcal{T}_p = \epsilon + \mathcal{S}_p \times (\mathcal{Z}_0 + \mathcal{Z}_1)$$

因为 $(\mathcal{Z}_0 + \mathcal{Z}_1)$ 的 OGF 是 $2z$，所以上式可以转化为

$$S_p(z) + T_p(z) = 1 + 2z S_p(z)$$

其次，考虑由 $\mathcal{S}_p$ 中的一个字符串后接上一个模式串所构成的字符串集合，对于该模式串自相关中的每一个位置 i，它都给出了 $\mathcal{T}_p$ 中的字符串后接一个 i 位的"尾巴"。用符号形式表示出来就是

$$\mathcal{S}_p \times \text{<模式>} = \mathcal{T}_p \times \sum_{c_i = 1} \text{<尾巴>}_i$$

因为对于 <模式> 而言，OGF 是 z^P；对于 <尾巴>$_i$ 而言，OGF 是 z^i，所以上式可以转换成

$$S_p(z) z^P = T_p(z) \sum_{c_i = 1} z^i = T_p(z) c(z)$$

将 OGF 的 $S(z)$ 和 $T(z)$ 相对应的两个方程联立求解，将立即得出定理所述的结果。

对于由 P 个 0（或 P 个 1）构成的模式串而言，其自相关多项式是 $1 + z + z^2 + \ldots + z^{P-1} = (1 - z^P)/(1 - z)$，所以定理 8.3 和前面的定理 8.2 所给出的结果是一致的。

推论 在一个带有自相关多项式 $c(z)$ 的随机位串中，首个含有 P 个 0 的游程的期望结束位置是 $2^P c(1/2)$。

长度为 4 的模式串一共有 16 个，给定其中的某一个，相应地就可知道不含该模式串的位串的个数是多少，而与这个"个数"相对应的母函数则如表 8.5 所示。我们把这些模式串划入具有相同自相关的 4 个不同模式组别中。对于每一组，该表还给出了 OGF 的分母中多项式的主根以及期望的"等待时间"（模式串第一次出现的位置），这个期望的"等待时间"是由自相关多项式计算出来的。我们可以利用定理 4.1 来导出这些近似结果，并且可以应用它们来近似等待时间，就像我们在表 8.3 中使用定理 8.2 的推论一样。换句话说，一个 N 位的字符串，其不含模式串 1000 的概率大约是 $(1.83929/2)^N$。这里，我们忽略了表 8.3 中像 1 这样的常值，它们非常接近 1，但并不一定非常精确地等于 1。因此，例如，一个 10 位的字符串中不含 1000 的可能性大约是 43%，与此相对应，一个 10 位的字符串中不含 1111 的可能性大约是 69%。

表 8.5 4 位模式串的等待时间和母函数

模式串	自相关	OGF	主根	等待
0000 1111	1111	$\dfrac{1 - z^4}{1 - 2z + z^5}$	$1.92756\cdots$	30
0001 0011 0111 1000 1100 1110	1000	$\dfrac{1}{1 - 2z + z^4}$	$1.83929\cdots$	16
0010 0100 0110 1001 1011 1101	1001	$\dfrac{1 + z^3}{1 - 2z + z^3 - z^4}$	$1.86676\cdots$	18
0101 1010	1010	$\dfrac{1 + z^2}{1 - 2z + z^2 - 2z^3 + z^4}$	$1.88320\cdots$	20

相当引人注意的是，这样的结果通过母函数竟然能够如此轻易地得到。尽管母函数有如此重要的性质和广泛的用途，但直到试着对字符串查找算法进行系统性的分析之后，审视该类问题的如此简明的方法才浮出水面。在参考资料[17]和[18]中，这些结果以及更多的相关结论都已被详细地阐释。

习题 8.11　计算下列模式串中每个模式在一个随机位串中首次出现的期望位置：(i)$P{-}1$ 个 0 后面跟一个 1；(ii)一个 1 后面跟 $P{-}1$ 个 0；(iii)长度为偶数的 0 与 1 相互交替的字符串；(iv) 长度为奇数的 0 与 1 相互交替的字符串。

习题 8.12　在一个随机位串中，长度为 P 的哪些模式位串可能最早出现？哪些模式串可能最晚出现？

习题 8.13　在一个随机位串中标记一个长度为 P 的模式位串，其首次出现位置的随机变量的标准差依赖于该模式串本身吗？

较大的字母表

上述方法可以直接应用到较大的字母表中。例如，一个本质上和定理 8.3 相同的证明将指出：如果一个有 M 个字符的字母表中不存在某个特定字符连续出现 P 次的游程，那么关于字符串的母函数是

$$\frac{1 - z^P}{1 - Mz + (M-1)z^{P+1}}$$

类似的，如同定理 8.3 中的第二个推论，在有 M 个字符的字母表的一个随机串中，某个特定字符连续出现 P 次的游程首次出现的平均结束位置就是 $M(M^P - 1)/(M - 1)$。

习题 8.14　假设有一只猴子在一个 32 键的键盘上随机敲击。在它碰巧打出短句"THE QUICK BROWN FOX JUMPED OVER THE LAZY DOG"之前，它已经打出的字符串期望值是多少？

习题 8.15　假设有一只猴子在一个 32 键的键盘上随机敲击。在它碰巧打出短句"TO BE OR NOT TO BE"之前，它已经打出的字符串期望值是多少？

8.3　正则表达式

使用上述母函数的基本方法具有相当大的通用性。为了确定随机字符串的性质，我们最终导出这样一些母函数：它们可以对那些（有着明确定义属性的）字符串集合的势进行计数。但是研究字符串集合的具体描述方法已经被归入形式语言（formal language）的范畴，有关这一话题的资料极其丰富。与任何一本标准教程所介绍的一样，如参考资料[8]，我们仅使用一些基本的原理。形式语言理论中最简单的概念就是正则表达式（regular expression，RE），这是一种基于并、连接和*操作的串集合描述方法，我们将在本节接下来的篇幅里描述这种方法。如果能用正则表达式来描述，则称这样的一个字符串集合（也就是一个语言）是规则的。例如，描述不含 4 个连续 0 的游程的所有位串，其正则表达式为

$$\mathcal{S}_4 = (1 + 01 + 001 + 0001)^* (\epsilon + 0 + 00 + 000)$$

在这个表达式里，+表示语言的并；两个语言的乘积将被解释为通过连接第一个语言中的一个串与第二个语言中的一个串所形成的串的语言；*是连接一个语言自身任意多次（包含 0 次）的简写。同之前一样，ϵ 表示空字符。我们在前面导出过相对应的 OGF：

$$S_4(z) = \sum_{s \in \mathcal{S}_4} z^{|s|} = \frac{1 - z^4}{1 - 2z + z^5}$$

并通过对 OGF 的操作推导过该语言的基本性质。我们考虑过的其他问题同样对应于可以用 RE

定义的语言，因此这些语言也可以通过 OGF 进行分析，正如我们即将看到的。

存在一个相对简单的机制，可以将一组字符串集合的形式描述（正则表达式）转换为用于对它们进行计数的正式分析工具（OGF）。这要归功于 Chomsky 和 Schützenberger[3]。唯一的要求是正则表达式是明确的（无二义性）：必须只有一种方式来导出该语言中的任意字符串。这并非一个基本的限制，因为从形式语言理论中可知，任何正规的语言都可以用一个明确的正则表达式来给出。然而，实际上，它通常是一个限制，因为从理论上被保证的明确的 RE 可能是很复杂的，而且检查模糊性或者找到一个可用的明确的 RE 都可能是相当具有挑战性的。

定理 8.4（正则表达式的 OGF）   令 $\mathcal{A}$ 和 $\mathcal{B}$ 是明确的正则表达式，假设 $\mathcal{A} + \mathcal{B}$、$\mathcal{A} \times \mathcal{B}$ 和 $\mathcal{A}^*$ 同样都是明确的。如果 $A(z)$ 是枚举 $\mathcal{A}$ 和 $B(z)$ 的 OGF，那么

$$A(z) + B(z) \text{ 是枚举 } \mathcal{A} + \mathcal{B} \text{ 的 OGF，}$$

$$A(z)B(z) \text{ 是枚举 } \mathcal{A}\mathcal{B} \text{ 的 OGF，}$$

$$\frac{1}{1 - A(z)} \text{ 是枚举 } \mathcal{A}^* \text{ 的 OGF。}$$

不仅如此，枚举正则表达式的 OGF 都是有理函数。

证明：第一部分本质上与 OGF 的符号化方法的基本定理（定理 5.1）相同，但是鉴于这个应用的重要性质，我们在这里重新证明一次也是很有价值的。如果 a_N 是 $\mathcal{A}$ 中长度为 N 的字符串数目，b_N 是 $\mathcal{B}$ 中长度为 N 的字符串数目，那么 $a_N + b_N$ 是 $\mathcal{A} + \mathcal{B}$ 中长度为 N 的字符串数目，这是因为语言无二义性的要求暗示了 $\mathcal{A} \cap \mathcal{B}$ 为空。类似的，我们可以使用一个简单的卷积来证明关于 $\mathcal{A}\mathcal{B}$ 的转换，并证明符号化的表达式

$$\mathcal{A}^* = \epsilon + \mathcal{A} + \mathcal{A}^2 + \mathcal{A}^3 + \mathcal{A}^4 + \dots$$

隐含了关于 $\mathcal{A}^*$ 的规则，这和定理 5.1 完全一样。

定理的第二部分是由"每个正则语言都可以通过无二义性的正则表达式来给出"这句话导出的。对于具备形式语言知识的读者来说，如果一种语言是规则的，那么它可以被一个确定性的 FSA 所识别，Kleene 定理的经典证明也把一个无二义性的正则表达式与一个确定性的自动机联系到了一起。我们在本章的后面会探索一些与 FSA 相关联的算法的含义。

因此，我们便有了一个简单而直接的办法：把一个正则表达式转换成一个对字符串进行计数的 OGF，只要该正则表达式是明确的。注意，此处的字符串是由该正则表达式所描述的。不仅如此，应用定理 8.4 时所得的母函数总是有理函数这一事实的一个重要意义在于：运用诸如定理 4.1 那样的工具，对系数进行渐近估计是可行的。最后我们来看几个例子并以此作为该节的总结。

不含 k 个 0 的游程的字符串

早先，我们给出了一个关于 $\mathcal{S}_k$ 的正则表达式，其中 $\mathcal{S}_k$ 是不含 k 个连续 0 的位串的集合。例如，考虑 $\mathcal{S}_4$。由定理 8.4，我们立刻找到了

$$1 + 01 + 001 + 0001 \text{ 的 OGF 是 } z + z^2 + z^3 + z^4$$

以及

$$\epsilon + 0 + 00 + 000 \text{ 的 OGF 是 } 1 + z + z^2 + z^3$$

所以，之前给出的关于 $\mathcal{S}_4$ 的构建立刻就可以翻译成 OGF 方程

$$S_4(z) = \frac{1 + z + z^2 + z^3}{1 - (z + z^2 + z^3 + z^4)} = \frac{\dfrac{1 - z^4}{1 - z}}{1 - z\dfrac{1 - z^4}{1 - z}} = \frac{1 - z^4}{1 - 2z + z^5}$$

这与我们在 8.2 节中所推出的结果一致。

3 的倍数

正则表达式（1（01*0）*10*）*会生成字符串集合 11，110，1001，1100，1111，…
它们都是二进制表示的 3 的倍数。应用定理 8.4，我们发现长度为 N 的此类字符串的个数可由如
下母函数给出：

$$\cfrac{1}{1-\cfrac{z^2}{1-\cfrac{z^2}{1-z}}\left(\cfrac{1}{1-z}\right)} = \cfrac{1}{1-\cfrac{z^2}{1-z-z^2}} = \frac{1-z-z^2}{1-z-2z^2}$$

$$= 1 + \frac{z^2}{(1-2z)(1+z)}$$

这个 GF 与 3.3 节遇到的第一批 GF 非常类似：对这个式子进行部分分式展开，就可以得出结果
$(2^{N-1} + (-1)^N)/3$。正如我们所期望的，在所有以 1 开始的位串中，大约有 1/3 代表了能被 3
整除的数字。

赌徒破产序列的高度

把 1 当作"上"，把 0 当作"下"，我们可以导出位串与随机游走（random walks）之间的一
个对应关系。如果限定当游走到达初始层级（即永远不会低于它）时，游走就结束，那么所得
的游走与 6.3 节中介绍的赌徒破产序列等同。

我们可以使用嵌套的 RE 来根据高度对这些游走进行分类：为了构建一个高度限定为 $h+1$ 的序
列，连接任意个高的上界为 h 的序列，每个序列的左边用 1、右边用 0 括起来。表 8.6 给出了结果
的 RE 以及对应的 OGF（其中 h=1，2，3，4）。图 8.2 给出的例子说明了这种构造。OGF 翻译可
以由定理 8.4 立即得到，除此之外，因为 0 和 1 是成对的，我们仅仅将它们中的一个翻译成 z。这
些 GF 与 6.10 节中导出的 GF 相匹配（彼时还牵涉了与 Catalan 树的高相关的斐波那契多项式），
因此，由定理 6.9 的推论，我们也可以知道一个赌徒破产序列的平均高度是～$\sqrt{\pi N}$。

表 8.6　赌徒破产序列的 RE 和 OGF

	正则表达式	母函数
高≤1	(10)*	$\dfrac{1}{1-z}$
高≤2	(1(10)*0)*	$\cfrac{1}{1-\cfrac{z}{1-z}} = \dfrac{1-z}{1-2z}$
高≤3	(1(1(10)*0)*0)*	$\cfrac{1}{1-\cfrac{z}{1-\cfrac{z}{1-z}}} = \dfrac{1-2z}{1-3z+z^2}$
高≤4	(1(1(1(10)*0)*0)*0)*	$\cfrac{1}{1-\cfrac{z}{1-\cfrac{z}{1-\cfrac{z}{1-z}}}} = \dfrac{1-3z+z^2}{1-4z+3z^2}$

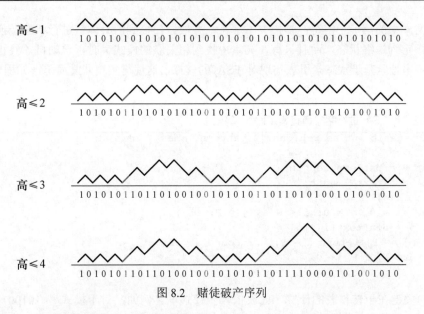

图 8.2　赌徒破产序列

习题 8.16　给出赌徒破产序列高度不超过 4、5 和 6 时的 OGF 和 RE。

习题 8.17　有一个字符串集合，其中所有的字符串都不含有模式串 101101，基于该字符串集合给出一个正则表达式。相应的母函数是什么？

习题 8.18　在一个随机位串中，第二次出现 P 个 0 的字符串（且与前一次 P 个 0 的字符串不相交）的平均位置是多少？

习题 8.19　要推导出具有正则表达式 0*00，并由 N 个 0 组成的每个字符串，求不同推导方法的个数。请对正则表达式 0*00*回答同样的问题。

习题 8.20　一种将 RE 进行一般化的方法是在星号操作符中指定要复制的次数。在这种记号方法中，图 8.2 中的第一个序列就可以写成$(10)^{22}$，第二个序列则是$(10)^31(10)^50(10)^31(10)^70(10)^2$，这种方法更好地展现了它们的结构。对于图 8.2 中的另外两个序列，给出一般化的 RE。

习题 8.21　在一个随机位串中，在每个长度为 4 的位模式串第一次出现之前，0 出现的平均数量是多少？

习题 8.22　假设有一只猴子随机地敲击一个只有 2 个按键的键盘。在它刚好打出一串 $2k$ 个 0、1 交替的字符序列前，它已敲击键盘的期望次数是多少？

8.4　有穷状态自动机和 KMP 算法

用于字符串匹配的暴力搜索（brute-force）算法对于很多应用而言是可以接受的，但是，正如我们早先看到的，对于高度自重复的模式串而言，暴力搜索的执行速度是非常慢的。为了消除这个问题，致使一种颇具实际价值的算法诞生，不仅如此，该算法还将字符串匹配同理论计算机科学连接了起来，从而产生了更加广泛的算法。

例如，当搜索一个由 P 个 0 组成的字符串时，要克服程序 8.1 中显而易见的低效性是非常容易的：当一个 1 在文本中的位置 i 处被发现时，将模式串指针 j 重置到起始处，并在位置 $i+1$ 处开始探查。这利用了全 0 模式串的特殊性质，但基于这个思想却可以推广出一个对于所有模式串都适用的最优算法，该算法由 Knuth、Morris 和 Pratt 在 1977 年发明[25]。

具体想法是建立一个具有特定模式的有限状态自动机，这个有限状态自动机从初始状态开始，检查文本中的第一个字符；扫描文本字符，并根据扫描到的具体值进行状态转换。其中一些状态被指定为最终状态，而且只有在文本中找到相关联的模式串时，自动机才终止于最终状态。该字符串搜索基于状态索引表实现对 FSA 的模拟，这使得实现非常简单，如程序清单 8.2 所示。

程序 8.2　用 FSA 进行字符串搜索（KMP 算法）

```
public static int search(char[] pattern, char[] text)
{
    int P = pattern.length;
    int N = text.length;
    int i, j;
    for (i = 0, j = 0; i < N && j < P; i++)
        j = dfa[text[i]][j]
    if (j == P) return i - P;  // Found at offset i-P.
    return N;                  // Not found.
}
```

算法的关键在于转移表的计算，此表依赖于模式串。例如，对于模式串 10100110 合适的表如图 8.3 所示，其中附带给出了一个 FSA 的图形化表示。当这个自动机在下面给出的样本文段上运行时，它按提示获取状态转换——以下的每个字符都给出了当其被检查时 FSA 所处的状态。

01110101110001110010000011010011000001010111010001
00111234311200111201200001112345678

习题 8.23　为图 8.3 中的 FSA 给出状态转移表，以便搜索文本 010101010101010101010。

习题 8.24　为图 8.3 中的 FSA 给出状态转移表，以便搜索文本 11100101110101101000101001 01010011110100110。

习题 8.25　给出一个长度为 25 的文本串，它能够使图 8.3 中的 KMP 自动机到达第 2 步的次数最大化。

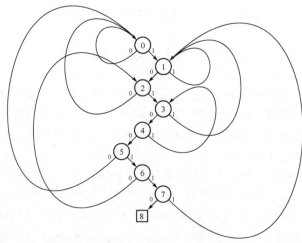

状态	0	1	2	3	4	5	6	7
0-转移	0	2	0	4	5	0	2	8
1-转移	1	1	3	1	3	6	7	1

图 8.3　关于 10100110 的 Knuth-Morris-Pratt FSA

一旦状态表已经被构建（如下所示），要展示一个足够复杂但又易于分析的算法，KMP 就是一个绝佳例子，因为它只检查文本中的每个字符一次。值得注意的是，该算法还可以通过仅检查模式中的每个字符一次来构建转换表。

定理 8.5（KMP 字符串匹配）　在一个长度为 N 的二进制文本串中查找一个长度为 k 的模式串时，Knuth-Morris-Pratt 算法要做 N 次位比较。

证明：见上面的讨论。

状态转移表的构建依赖于模式串中前缀的相关性，如表 8.7 所示。我们定义状态 i 来对应于这样一种情形：其中模式串里的前 i–1 个字符在文本中都已匹配，但第 i 个字符不匹配。也就是说，状态 i 对应于一个特定的 i 位模式串。例如，对于表 8.7 中的模式串，当且仅当文本中的前 4 位是 1010 时，FSA 才位于状态 4。如果下一位是 0，我们将进入状态 5；如果下一位是 1，我们知道这不是一个能够成功匹配的前缀，且文本中的前 5 位是 10101。此时我们要做的就是进入与第一点相对应的状态，在这一点处当模式串右移时会同其自身相匹配，在本例中，这一点是状态 3。一般来说，这一点恰好就是该位串的相关位串中第二个 1（或是第二个 0，如果首个 1 是唯一的 1 时）所在的位置（从右起按位计数）。

表 8.7　KMP 状态转移表的例子

10100110			0	1
0	1	0	0	1
11	11	1	2	1
100	100	0	0	3
1011	1001	1	4	1
10101	10101	3	5	3
101000	100000	0	0	6
1010010	1000010	2	2	7
10100111	10000001	1	8	1
不匹配	自相关	首次匹配	表	

习题 8.26　给出关于模式串 110111011101 的 KMP 状态转换表。

习题 8.27　当使用 KMP 方法确定文本 0110111000111011011110110011011101 中是否包含习题 8.26 中的模式串时，给出所做的状态转移。

习题 8.28　给出具有 $2k$ 个相互交替的 0 和 1 的字符串的状态转移表。

我们一直在考虑的"串-搜索"问题等价于确定文本串中是否存在由（语义模糊的）正则表达式

$$（0+1）*<模式串>（0+1）*$$

所描述的语言。这是关于正则表达式的识别问题：给定一个正则表达式和一个文本字符串，确定该字符串是否包含在由该正则表达式所描述的语言中。一般来说，正则表达式的识别可以通过建立一个 FSA 来进行，并且这种自动机的性质可以用我们一直在使用的代数技术来分析。尽管一般情况下确实如此，但更专门的问题可以用更专门的技术来有效地解决。KMP 有限状态自动机就是运用这种技术的一个最佳例子。

对更大的符号表进行一般化推广牵涉一个转移表，尽管在此基础上已进行了各种各样的改进研究，但是这个表的大小仍然与模式串的大小和符号表的大小的乘积成正比。有关此类话题的细节以及文本搜索的应用可以在参考资料[15]中，以及参考资料[20]中找到。

习题 8.29　对 M=4，给出关于模式串 313131 的 KMP 状态转移表。当利用 KMP 方法确定文本 12320323132303 13131 中是否包含该模式时，给出所做的状态转移。

习题 8.30　直接证明：由一个确定性 FSA 所识别的语言有一个有理的 OGF。

习题 8.31　编写一个计算机代数程序，计算 OGF 的标准有理形式，其中 OGF 用来枚举一个语言，而该语言由一个给定的确定性 FSA 所识别。

8.5　上下文无关的语法

正则表达式允许我们用一种形式化的方法来定义语言，实际上这是经得起分析检验的。在语言层次结构中，下一个层次就是上下文无关的语言。例如，我们可能希望知道：

- 有多少个长度为 $2N$ 的位串具有 N 个 0 和 N 个 1？
- 给定一个长度为 N 的随机位串，它的前缀中有些可能具有相同数量的 0 和 1，那么平均而言，满足这样条件的前缀一共有多少？
- 平均而言，在哪一点上，一个随机位串中 0 的个数首次超过 1 的个数？

所有这些问题都能用上下文无关的语法来解决，它比正则表达式更富表达性。尽管上述第一个问题从组合学上来说是一个平常的问题，但从语言理论中我们知道这样的集合是不能用正则表达式来描述的，必须使用上下文无关的语言。同 RE 一样，我们也可以建立一些包含母函数的自动机制，其中母函数都与符号化的方法相对应，而用这些机制来对无二义性的上下文无关语言进行计数是非常有效的，可打开研究大量有趣问题的大门。

首先，我们简要概括一下形式语言理论中的一些基本定义。上下文无关的语法就是通过用并和连接乘积把非终止符号和字母（也叫终止符号）联系起来的一系列产生式。其基本操作与正则表达式的操作类似（不需要"星号"操作），然而由于存在非线性递归的可能性，引入非终止符号会创造一个更强大的描述机制。如果一种语言可以用上下文无关的语法来描述，那么该语言就是上下文无关的。事实上，我们一直都在使用与上下文无关语法等价的机制来定义某些我们一直在分析着的组合结构。

例如，在第 6 章中我们给出的关于二叉树的定义，这个定义可以形式化地改写成下面这个简单的无二义性文法：

```
<bin tree>:= <ext node> | <int node><bin tree><bin tree>
<int node>:= 0
<ext node>:= 1
```

非终止符号是用尖括号括起来的。我们可以把每个非终止符号都看成是对一个上下文无关语言的描述，这种描述是通过直接为非终止符号赋值一个字母表中的字符，或者是通过并或连接乘积运算而定义的。或者，我们也可以把每个非终止符号都看成一个重写规则，该规则指明了该非终止符号是如何用表示交替重写的竖杠和表示连接的并置来进行重写的。按照第 6 章介绍的一对一的对应关系，这个语法将产生与二叉树相对应的位串：以先序访问树中的节点，对内部节点写 0，并对外部节点写 1。

现在，就像符号化方法一样，我们把每个非终止符号看成是代表某个字符串的集合，而这些字符串可以用文法中的重写规则导出。然后，我们便有了通过一般化的方法把无二义性的上下文无关语法翻译成母函数的函数方程。

- 定义一个与每个非终止符号相对应的 OGF。
- 把终止符号的出现翻译成变量。
- 把语法中的连接翻译成 OGF 的乘法。
- 把语法中的并翻译成 OGF 的加法。

当执行这个过程时，将产生一个关于 OGF 的多项式方程系统。下面这个 CGF 和 OGF 之间的重要关系最先是由 Chomsky 和 Schützenberger[3]发现的。

定理 8.6（关于上下文无关语法的 OGF）　设\<A\>和\<B\>是无二义性上下文无关语法中的非终止符号，并假定\<A\>|\<B\>和\<A\>\<B\>也是无二义性的。如果 $A(z)$是对由\<A\>导出的字符串进行枚举的 OGF，$B(z)$是对\<B\>进行枚举的 OGF，那么

$$A(z)+B(z)\text{是对<A>|<B>进行枚举的 OGF}$$
$$A(z)B(z)\text{是对<A><B>进行枚举的 OGF}$$

此外，对无二义性的上下文无关语言进行枚举的 OGF 都满足一个多项式方程，其中的项是带有有理数系数的多项式。（这样的函数被称为代数函数。）

证明：这个定理的第一部分利用与符号方法中类似的做法随即便可导出。每一个 CGF 中的乘积都对应一个 OGF 中的方程，因此，结果就是一个关于 OGF 的多项式方程系统。要求解枚举某种语言的 OGF，可以通过一个消元过程来实现，该过程可以把一个多项式系统归约为一个关于“变量 z以及所考虑的 OGF”的单一方程。例如，在某些计算机代数系统中实现的 Gröbner 基算法对于达成该目标是有效的（可见参考资料[14]）。如果 $L(z)$是一个无二义性的上下文无关语言的 OGF，则对于某个具有双变量的多项式 $P(z,y)$，有 $P(z,L(z))=0$，这便证明了 $L(z)$是代数函数。

这个定理把关于语言的基本操作同使用符号方法的 OGF 联系到了一起，其所用到的方法同定理 8.4 中的方法，但是与正则表达式相比，上下文无关语法的表达能力在两个重要的方面引起了结果间的差异。第一，它允许一个更一般的递归定义类型（递归可以是非线性的），因此它所产生的 OGF 具有一个更加一般的形式——方程组一般是非线性的。第二，二义性扮演了一个更为重要的角色。不是所有的上下文无关语言都有一个无二义性的语法（甚至连二义性问题本身也是不可确定的），因此我们只能声称，对于具有无二义性语法的语言来说，OGF 是代数的。相反，我们知道对于所有规则语言而言都存在一个无二义性的正则表达式，因此可以断定所有正则语言都是有理的。

定理 8.6 给出了一种解决“上下文无关”计数问题的方法，该方法通过下面这最后两步来完成。

- 求解以得到关于 OGF 的代数方程。
- 求解、展开，以及/或者为系数建立渐近估计。

在一些情况下，上面那个方程的解可以服从一个能够被展开的显式形式，正如我们会在稍后的例子中所看到的。在另一些情况下，这个解会成为一个很大的挑战，即使对于计算机代数系统来说亦是如此。但分析组合学（见参考资料[12]）的一个标志就是其具有高度概括性的普遍转移定理，它告诉我们系数的增长率具有 $\beta^n/\sqrt{n^3}$这样的形式。因为在没有诉诸复渐近分析的情况下，我们不能对这个定理做评判，所以在本书中，我们将把自己限定在那些可以很容易地被导出的显式形式中。

2-有序排列

7.6 节中关于 2-有序排列枚举的讨论与建立字符串（串中具有相同数量的 0 和 1）的下列无二义性的上下文无关语法相对应：

$$
\begin{aligned}
\text{<S>} &:= \text{<U>1<S>} \mid \text{<D>0<S>} \mid \epsilon \\
\text{<U>} &:= \text{<U><U>1} \mid 0 \\
\text{<D>} &:= \text{<D><D>0} \mid 1
\end{aligned}
$$

可以对该文法中的非终止符做如下解释: <S>对应于所有具有相同个数的 0 和 1 的位串; <U>对应于 0 比 1 恰好多一个的所有位串, 并且在这些位串中不存在具有相同个数的 0 和 1 的前缀; <D>对应于 1 比 0 恰好多一个的所有位串, 并且这些位串中不存在具有相同个数的 0 和 1 的前缀。

现在, 根据定理 8.6, 把语法中的每个构造翻译成母函数的一个方程:

$$S(z) = zU(z)S(z) + zD(z)S(z) + 1$$
$$U(z) = z + zU^2(z)$$
$$D(z) = z + zD^2(z)$$

当然, 在这种情况下, $U(z)$ 和 $D(z)$ 都是常见的来自枚举树的母函数, 所以我们可以显式地求解, 从而得到

$$U(z) = D(z) = \frac{1}{2z}(1 - \sqrt{1 - 4z^2})$$

将其代入第一个方程得

$$S(z) = \frac{1}{\sqrt{1 - 4z^2}}$$

于是

$$[z^{2N}]S(z) = \binom{2N}{N}$$

这和我们所期望的结果一致。

Gröbner 基消元法

一般来说, 显式解释不太可能获得, 所以我们在此扼要地叙述一下 Gröbner 基消元法是如何系统地求解这个方程组的。首先, 我们要注意 $U(z) = D(z)$, 因此二者均满足相同的 (不可归约的) 方程。所以, 我们需要做的事情就是从方程组中消去 U

$$P_1 \equiv S - 2zUS - 1 = 0$$
$$P_2 \equiv U - zU^2 - z = 0$$

通常的策略是利用形如 $AP-BQ$ 的重复组合, 从系统中消去高次单项式, 其中 A 和 B 是单项式, P 和 Q 是待消元的多项式。在该例子中, 通过构造 $UP_1 - 2SP_2$ 交错地消去 U^2, 从而给出

$$P_3 \equiv -US - U + 2zS = 0$$

接下来, 通过构造 $2zP_3 - P_1$, 消去 US 项, 因此得到

$$P_4 \equiv -2Uz + 4Sz^2 - S + 1 = 0$$

最后, 将上式与 $P_1 - SP_4$ 合并, 完全消去 U, 得到

$$P_5 \equiv S^2 - 1 - 4S^2z^2 = 0$$

因此, 和前面的结果一样, 得到 $S(z) = 1/\sqrt{1 - 4z^2}$。我们在该例子中加入了一些细节以阐明一个基本观点: 定理 8.6 给出了一个对无二义性的上下文无关语言进行枚举的 "自动" 方法。随着能够执行常规计算的计算机代数系统的出现, 这一点具有特别的重要性。

选票问题

上述的最终结果是非常初步的, 但上下文无关的语言是具有普适的, 因此可以使用相同的技术来解决一大类问题。例如, 考虑经典的选票问题: 假设在一次选举中, 候选人 0 得到了 $N+k$ 票, 候选人 1 得到了 N 票。那么在整个计票过程中, 候选人 0 总是领先的概率是多少? 在目前

的情况下，该问题可以通过枚举 $N+k$ 个 0 和 N 个 1 的位串来解决。这些位串应该具有如下性质：不存在"具有相同个数的 0 和 1"的前缀。这个数目也是穿过一个 $(N+k) \times N$ 的格子而不触碰到对角线的路径数量。对于 $k=0$，答案是零，因为如果两个候选人都有 N 票，那么在计票过程中，必有一个时刻他们打成平局，哪怕只是在结尾处。对于 $k=1$ 来说，由前面对 2-有序排列的讨论可知，此数字精确地等于 $[z^{2N+1}]U(z)$。对 $k=3$，我们有语法

<B> := <U><U><U>
<U> := <U><U>1 | 0

所以答案是 $[z^{2N+3}](U(z))^3$。对上述结果进行推广，将立即得出关于所有 k 的结果。

定理 8.7（选票问题）　一个随机位串中 0 比 1 多 k 个，且不存在相同个数的 0 和 1 的前缀，出现这种情况的概率是 $k/(2N+k)$。

证明：根据上面的讨论，其结果可由下式给出

$$\frac{[z^{2N+k}]U(z)^k}{\dbinom{2N+k}{N}} = \frac{k}{2N+k}$$

这里，系数是通过对拉格朗日反演的直接应用而得到的（见 6.12 节）。

选票问题有着丰富的历史，这要追溯到 1887 年。更详细的讨论以及大量的相关问题，可见参考资料[9]和[7]。

这种类型的结果除了与树有直接的关系，还经常会出现在算法分析与"动态算法分析和数据结构"的联系中，这里的"动态算法和数据结构"通常会涉及所谓的历史或操作序列的分析。例如，赌徒破产问题等价于确定如下事件的概率：即在一个初始为空的下堆栈中（即向下 push 表示入栈）进行的一系列随机的"push"和"pop"操作是"合法的"的概率。这里所谓的"合法的"操作，是指不允许对空栈实行 pop 操作、也不允许留下一个空栈。选票问题把这个情况进行了推广，即要求栈中至少留下 k 项，这样才算是合法的。其他应用可能要涉及更多的操作以及对合法序列的不同定义——下面的习题中给出了一些这样的例子。这种问题通常都能用上下文无关的语法来解决。此种类型的许多应用在 Pratt 早期的文章中曾讨论过[29]，也可见参考资料[23]。

习题 8.32　给定一个长度为 N 的随机位串，平均而言，它有多少个具有相同个数的 0 和 1 的前缀？

习题 8.33　在一个随机位串中，0 的个数从不超过 1 的个数，这种情况发生的概率是多少？

习题 8.34　给定一个长度为 N 的随机位串，平均而言，它有多少 0 比 1 多 k 个的前缀？在一个随机位串中，0 的个数多于 1 的个数，但多出来的个数不大于 k，这种情况发生的概率是多少？

习题 8.35　假定一个栈的固定容量为 M。有一个对一个初始为空的栈（向下 push 表示入栈）进行 N 个"push"和"pop"操作的随机序列，当栈空时从不进行 pop 操作，或当栈满时从不进行 push 操作，这种情况发生的概率是多少？

习题 8.36　[Pratt]考虑一个数据结构，它有一个"插入"操作和两个不同类型的"删除"操作。在下列意义下：数据结构在随机操作序列之前和之后是空的，且删除操作总是对非空数据结构进行的，一个长度为 N 的随机操作序列是"合法的"的概率是多少？

习题 8.37　回答和上题相同的问题，但是把其中的"删除"操作改成"检查"操作，检查操作要对非空的数据结构进行，但它不删除任何项。

习题 8.38　假定一只猴子随机地键入括号，其敲击左括号和右括号的概率相等。在这只猴子

敲出一个合法的平衡序列之前，它键入的字符的期望数量应该是多少？例如((()))和()()()是合法的，而((()())()是非法的。

习题 8.39 假定一只猴子在一个 26 键的键盘上随机击键，键盘上有 26 个字母（A 到 Z）。在猴子打出长度至少为 10 的一段回文[1]之前，它键入的字符的期望数量应该是多少？对于某些 $k \geqslant 10$，在最后 k 个正反顺序读起来都一样的字符被打印出来之前，猴子键入的字符的期望数量应该是多少？例如：KJASDLKUYMBUWKASDMBVJDMADAMIMADAM。

习题 8.40 假设一只猴子在一个 32 键的键盘上随机击键，键盘上有 26 个字母（A 到 Z）；符号包括+、*、左括号和右括号，还包括一个空格键和一个句号。在这只猴子敲出一个合法的正则表达式之前，它键入的字符的期望数量应该是多少？假设空格可以出现在一个正则表达式中的任何位置，且一个合法的正则表达式必须用圆括号括起来，表达式的末端恰好有一个句号。

8.6 字典树

任意 N 个不同的位串（长度也可以不同）所组成的集合对应一棵字典树，字典树是一个二叉树结构，在该结构中我们将链接与位相关联。字典树可以用来表示位串的集合，它们是传统的为应用符号表而设计的二叉树的替代方案。在这一节中，我们将重点关注位串集合与（字典树所嵌入的）二叉树结构之间的基础性关系。在下一节中，我们会描述计算机科学中许多字典树的应用。然后会审视字典树的性质分析问题，这也是算法分析领域的经典问题之一。最后简要地讨论算法上的机遇与分析上的挑战，我们通过把问题扩展到 M 路字典树和字节串集合（其中的字符串是由有 M 个字符的字符表生成的）来呈现这些内容。

首先，我们通过一些例子来演示如何把字符串集合同二叉树联系到一起。给定一棵二叉树，设想将其左链标为 0，右链标为 1，用从根到每个外部节点的路径上的链的标签来标识每个外部节点。这就给出了从二叉树到位串集合的映射。例如，图 8.4 中左边那棵树可以映射为如下位串集合

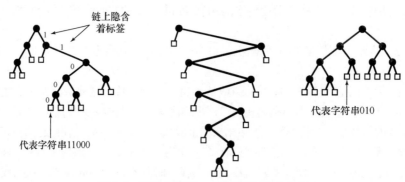

图 8.4 三棵字典树，每棵表示 10 个位串

```
000  001  01  10  11000  11001  11010  11011  1110  1111
```
右边那棵树映射为
```
0000  0001  0010  0011  010  011  100  101  110  111
```
（中间那棵字典树表示了怎样的一个位串集合呢？）以这种方式给定任意一棵字典树，那么与之相关联的位串集合有且仅有一个。用这种方法得到的位串集合在结构上具有前缀无关性：任何

一个字符串都不是另外一个字符串的前缀。

反之（而且更为普遍地讲），给定一个满足前缀树性质的位串集合，如果我们可以让位串与外部节点相关联，那么就可以唯一地构建一棵与该串集合相关联的二叉树结构。位串与外部节点相关联的方法就是根据串的前导位递归地把该集合进行划分，正如下面的正式定义一样。这是若干种可能将字典树关联到位串集合的方法之一。我们马上还会考虑另外一种备选方案。

定义 给定一个前缀无关的位串集合 $\mathcal{B}$，其相关的字典树是按如下方法递归定义的一棵二叉树：如果 $\mathcal{B}$ 是空集，则其字典树为空且由一个空外部节点来表示。如果 $|\mathcal{B}| = 1$，则字典树包含对应于位串的一个外部节点。否则，分别定义 $\mathcal{B}_0$ 和 $\mathcal{B}_1$，其中 $\mathcal{B}_0$ 是通过提取 $\mathcal{B}$ 中所有以 0 开头的成员，$\mathcal{B}_1$ 是通过提取 $\mathcal{B}$ 中所有以 1 开头的成员，并移除每个成员中的初始位而得到的位串的集合。那么，$\mathcal{B}$ 的字典树是一个内部节点，其左侧连接着 $\mathcal{B}_0$ 的字典树，其右侧连接着 $\mathcal{B}_1$ 的字典树。

一棵与 N 个位串相对应的字典树有 N 个非空外部节点，每个非空外部节点对应于一个位串，并且可以具有任何数量的空外部节点。和前面一样，把 0 看成是"向左"，把 1 看成是"向右"。我们可以从根部开始向下处理字典树，从左往右读取字符串中的位，并根据读到的内容来选择向左移动还是向右移动，由此便可到达与任何位串相关联的外部节点。只要那个与指定位串相对应的外部节点被从字典树里的所有其他外部节点中辨识出来，那么这个过程就终结。我们的定义对研究字典树的性质来说很方便也很合理，但是那些自然而然出现的实际问题是值得我们考虑的。

- 怎么处理前缀无关的字符串集合？
- 空节点的作用是什么？它们是必要的吗？
- 给位串增加更多的位并不会改变其结构。我们怎样处理剩下的位？

所有这些无论是对应用还是对分析而言都有很重要的意义，我们将依次考虑它们。

第一，前缀无关的假设是正当的，例如，如果字符串无限长，这也是一个分析字典树属性时比较方便的假设。的确，一些应用涉及的隐式位串有可能是无限长的。通过把内部节点与额外的信息相关联来处理前缀字符串是有可能的。我们将这个变种留作习题。

第二，一些位串具有共同的位，而且在面对集合中的其他成员时，我们还没有把这些位串辨识出来，空的外部节点就对应于这种情况下的位串。例如，如果所有的位串都以 0 位开始，那么相关联的字典树的根的右子树将是一个不与集合中的任何位串相对应的节点。这样的节点可能会出现在整个字典树中并需要被标记，以便从表示位串的外部节点中将它们辨识出来。例如，图 8.5 给出了带有 10 个外部节点的三棵字典树，其中 3、8 和 0 分别是空的。在图中，空节点用黑色小方块来表示，非空节点（每个都对应一个字符串）用大一些的空心方块来表示。左边的那棵字典树所代表的位串集合是

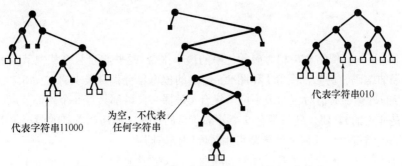

图 8.5 三棵字典树，分别代表 7、2 和 10 个位串

$$000 \quad 001 \quad 11000 \quad 11001 \quad 11100 \quad 11101 \quad 1111$$

右边那棵字典树所代表的位串集合是

$$0000 \quad 0001 \quad 0010 \quad 0011 \quad 010 \quad 011 \quad 100 \quad 101 \quad 110 \quad 111$$

（中间那棵字典树所代表的位串集合是什么样子的呢？）对随机位串所需的空外部节点的个数做出更加精确的分析是可能的。另做调整使得"不需要的位不直接与字典树结构中不需要的节点相对应，而是用另外一种方式来表示"也是可能的。下面我们就来详细地讨论这些事情。

第三，向位串中添加更多的位并不会改变结构这一事实是由定义中的语句"如果$|\mathcal{B}| = 1$"所带来的，因为在许多应用中，一旦位串被区别开，就让字典树停止继续分支是非常方便的。对于有限的字符串而言，可以删除此条件，且分支可以继续进行，直到达到每个位串的结尾。我们把这样一个字典树称为关于位串集合的满字典树。

枚举

我们给出的递归定义产生了具有额外属性的二叉树结构：（i）外部节点可能是空节点，（ii）叶子节点的子节点必须是非空的。也就是说，有两个空节点是兄弟节点，或者有一个空节点和一个非空节点是兄弟节点，这两种情况都不会发生。为了枚举所有不同的字典树，我们需要考虑所有可能的字典树结构，以及所有将外部节点标记为空或非空的不同方法，这与规则是一致的。图 8.6 显示了带有 4 个或更少外部节点的所有不同的字典树。

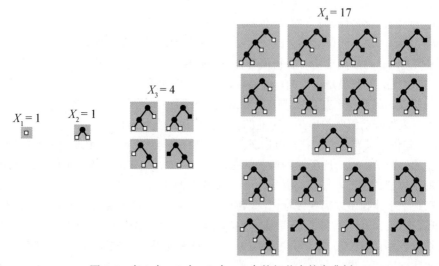

图 8.6 有 1 个、2 个、3 个、4 个外部节点的字典树

最小集

我们还需谈谈与一棵字典树相对应的位串的最小集合。这些集合只是从根节点到每个非空外部节点的路径的编码。例如，图 8.4 和图 8.5 给出的位串集合都是最小的。图 8.7 给出了与带有 5 个外部节点的每棵字典树对应的最小位串集合（每棵字典树都具有 5 个外部节点，且所有这些外部节点都是非空的）。要找到与带有 5 个外部节点的任意字典树相关联的最小位串集合，只需删除图中相关树结构里与任何空外部节点相对应的位串即可。

可以使用符号方法来分析字典树结构的属性，比如用类似第 5 章中 Catalan 树的方法。我们把这个问题留作习题。不过，在算法分析中，我们关注的是位串集合与位串算法——最常应用字典树的地方——并专注于将字典树作为有效区分一组字符串的机制和有效表示字符串集合的一种结构。此外，当字符串完全随机时，我们将同由此归纳出来的概率分布打交道，在许多情况下这是一个适当的模型。在这样做之前，我们考虑一下字典树的算法应用。

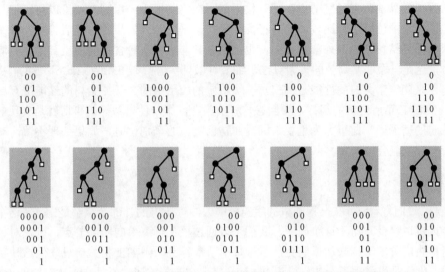

图 8.7 带有 5 个（非空）外部节点的字典树对应的位串集合

习题 8.41 给出 3 棵字典树，使它们对应于图 8.5 中所给出的字符串集合，但每个串要按从右向左的顺序遍历。

习题 8.42 5 个 3-位位串的不同集合共有 $\binom{8}{5} = 56$ 个，哪棵字典树与这些集合中的大多数集合相对应？哪棵字典树与这些集合中的极少数集合相对应？

习题 8.43 对于图 8.4 和图 8.5 中的每一棵字典树，给出具有相同结构的不同字典树的数量。

习题 8.44 具有 N 个外部节点的不同的字典树有多少棵？

习题 8.45 在一棵"随机"字典树中，外部节点是空节点的比例是多少（假定每棵不同的字典树结构都会等可能地出现）？

习题 8.46 给定一个有限的字符串集合，设计一个简单的测试程序，确定在对应的字典树中是否存在任何空外部节点。

8.7 字典树算法

在数字计算中，二进制串几乎无处不在，而字典树结构又与二进制串的集合之间有着自然的联系，因此，有许多重要算法会用到字典树也就毫不奇怪了。本节，我们将调研几个这样的算法，以激发我们在下一节中对字典树的性质进行详细研究的兴趣。

字典树与数字搜索

字典树可作为在一堆二进制数据中用类似二叉搜索树的方式进行搜索的算法基础，只不过这里用位比较代替了键值的比较。

搜索字典树

把位串当作键值时，我们可以把字典树当作像程序 6.2 那样的传统的符号表实现的基础。非空的外部节点持有指向键值的引用，而这些键值就位于符号表中。要进行搜索操作，则令 x 为根，b 为 0，然后沿着字典树向下查找，直到遇到一个外部节点时为止。令 b 增加 1，若键值的第 b 位是 0，则将 x 置为 x.left，或者，如果键值的第 b 位是 1，则将 x 置为 x.right。如果使搜索终止的外部节点是空节点，那么位串就不在字典树中；否则，就可以将键值与由非空外部节点所指定的位串进行比较。要进行插入操作，采用相同的步骤，然后将指向一个键值的引用存入能够终结搜索的空外部节点中，也就是令其非空。在包含键值的集合中，当满足适当的条件时，这是一个非常高效的搜索算法，细节可以见参考资料[23]或[32]。下面我们将要考虑的分析可用来确定字典树的性能是如何与一个给定的应用中的二叉搜索树的性能进行比较的。正如我们在第 1 章所讨论的那样，要回答这样的问题，第一件要考虑的事情就是实现的属性。在这个特定的情形下，此事尤为重要，因为在访问键值的个别位时，如果处理不慎，对某些计算机而言开销可能会相当大。

Patricia 字典树

接下来，我们将看到，在一棵随机的字典树中大约有 44% 的外部节点都是空的。这个比例之大可能令人难以接受。对于这个问题，我们可以通过"瓦解"单向内部节点，以及对每个节点都保留待检查的位的下标来加以避免。尽管每个节点都必须附加上相关信息，但这种字典树的外部路径长度还是稍微短了一些。辨识 Patricia 字典树的关键属性就是它不含有空的外部节点，或等价地说，它有 $N-1$ 个内部节点。利用 Patricia 字典树来实现搜索和插入有许多可用的技术。细节可以在参考资料[23]或[32]中找到。

基数交换排序

正如在第 1 章所提到的，等长的一组位串可以通过下面的方式进行排序：对它们进行分组，把那些所有以 0 开头的位串放在那些所有以 1 开头的位串前面（该过程类似于快速排序的分组过程），然后递归地对这两部分进行排序。这种方法称为基数排序，它与字典树之间的关系和快速排序与二叉搜索树之间的关系是一样的。该排序所需的时间基本上与所要检查的位数成正比。对于由随机的位组成的键值，结果表明所要检查的位数和一棵随机字典树中的"非空外部路径长"，即从根节点到每个非空外部节点的距离之和是一样的。

字典树编码

任何一棵外部节点带有标签的字典树都对节点的标签定义了一个前缀码。例如，在图 8.4 中，如果对其中左边那棵字典树的外部节点从左到右用字母

（空格）D O E F C R I P X

来进行标记，那么位串

1110110101011000110111111000110010100110

就是对词组

PREFIX CODE

的编码。

解码很简单：从字典树的根部及位串的起始位置开始，按照位串所指示的方向（遇到 0 向左，遇到 1 向右）遍历字典树，每当遇到一个外部节点时，输出标签并从根部位置重新开始。如果用频繁使用的字母对路径较短的节点进行标记，那么，在这样的编码中所用的位数将大大少于

标准编码中所用的位数。著名的哈夫曼编码法为给定的字符频率找到了一个最佳的字典树结构（见参考资料[33]以获取更多细节）。

字典树与模式匹配

字典树也可以用作在文本文件中查找多个模式串的基本数据结构。例如，字典树在自然语言大型词典的计算机化和其他类似的应用中已得到了成功应用。正如下面将要描述的，根据不同的应用，字典树可以包含模式串或者文本。

用后缀字典树进行串搜索

有这样一个应用，其中文本串固定（如一个词典），且有许多模式串搜索需要处理，搜索时间可以通过对文本的预处理大大减少，方法如下：把文本串考虑成 N 个字符串的集合，其每个字符串都可以将文本串中的任意位置作为起始位置，向文本串的末端迈进（在距末端 k 个字符处停止，其中 k 是要查找的最短模式串的长度）。从这组字符串中建立一棵字典树（这样的字典树叫作关于文本串的后缀字典树）。为了确定一个模式串是否会在文本中出现，从根部开始沿着字典树向下搜索，跟通常的做法一样，根据模式的位，碰到 0 时向左分支，碰到 1 时向右分支。如果到达了一个空的外部节点，则模式串不存在于文本中；如果模式串的位在一个内部节点处已耗尽，那么模式串就存在于文本中；如果到达了一个外部节点，那么把模式中剩余的位与外部节点中所表示的文本位进行比较，以确定是否存在一个匹配。这个算法在实践中被有效地运用了很多年，直到最终被 Jacquet 和 Szpankowski 指出，对于一个随机位串而言，其后缀字典树大致等同于从一组随机位串的集合中构建一棵搜索字典树（见参考资料[21]和[22]）。最终的结果是一次字符串搜索平均需要一个小常数次 $\lg N$ 位检查，这对基本算法的代价来说是一个实质性的进步，只要构建字典树时的初始代价是合理的（例如，在相同的文本中需要搜索较大数量的模式时）。

查找多个模式

字典树也可用来在文本串的一趟扫描中查找多个模式串，步骤如下：首先，根据模式串建立一棵满字典树。然后，对文本串中的每一个位置 i，从字典树的顶部开始，沿着字典树向下查找，遇到文本中的 0 时向左分支，遇到文本中的 1 时向右分支，并在这个过程中进行字符匹配。这样的搜索必然会在一个外部节点处终止。如果该外部节点是非空的，那么查找成功：字典树所表示的字符串之一就被找到了，它起始于文本中第 i 个位置。如果外部节点是空的，那么由字典树所表示的串都不会从 i 开始，因此令文本指针增加到 $i+1$，并从字典树的顶部重新开始上述过程。下面的分析表明这个过程需要 $O(N\lg M)$ 次位检查，相对而言，若对基本算法应用 M 次时，其开销为 $O(NM)$。

基于字典树的有限状态自动机

当刚才所描述的搜索过程在一个空外部节点上结束时，我们可以用和 Knuth-Morris-Pratt 算法完全一样的行为把事情做得更好，而不是回到字典树的顶部并备份文本指针。一个在空节点上的终止不仅告知我们所要搜索的字符串不在数据库中，也告知我们在此不匹配之前的文本中的字符是哪些。这些字符恰好表明了下一次搜索时我们所要检查的文本字符的位置，就像 KMP 算法中所做的一样，我们完全可以避免由于备份所引起的比较操作上的浪费。的确，程序 8.2 可以在无须任何修改的情况下，运用到这个应用上；我们只需建立一个与一个字符串集合相对应的 FSA，而不是与一个串相对应的 FSA。例如，图 8.8 所描绘的 FSA 就与字符串集合 000 011 1010 相对应。当该自动机在下面给出的样本文本上运行时，它按指示进行状态转移。

1111001001001011101000001101001100001010111010001

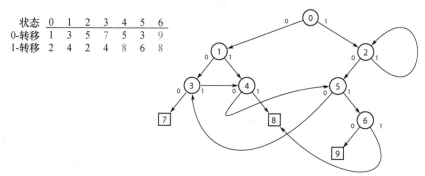

状态	0	1	2	3	4	5	6
0-转移	1	3	5	7	5	3	9
1-转移	2	4	2	4	8	6	8

图 8.8　与字符串集合 000 011 1010 相对应的 FSA

下面给出了每个字符在被检查时 FSA 所处的状态：

02222534534534568

在该例中，FSA 终止于状态 8 处，并找到了一个模式串 011。在参考资料[1]中 Aho 和 Corasick 描述了对一组给定的模式串建立一个自动机的过程。

分布式领导人选举

随机字典树模型是非常普适的。它对应一个一般的概率过程，其中"个体"（键值，在字典树搜索的例子中）是通过投掷硬币的方式递归分离的。这个过程可作为各种资源分配策略的基础，尤其是在分布式场合下更是如此。作为一个例子，我们将考虑一个关于在分享一个分布式访问频道的 N 个个体中选出一个领导人的分布式算法。此方法是按轮次来进行的；个体是按投掷硬币的方式被选上或被淘汰的。给定一个个体集合：

- 如果集合是空的，则报告失败；
- 如果集合中只含有一个个体，则宣布该个体为领导人；
- 如果集合中的个体不止一个，则对集合中的所有成员独立地投掷 0-1 硬币，并对集合中得到 1 的个体所构成的子集递归地调用此过程。

图 8.9 给出了一个例子。这里展示了满字典树，我们可以想象一群失败者需要从他们的群组中选出一个赢家，诸如此类，扩展该方法以得到关于个体的完整排名。在第一阶段，AB、AL、CN、MC 和 PD 都因掷到硬币头朝上而存活了下来。在第二阶段，他们所有人掷的硬币再次都是头朝上，因此没有人被淘汰。这会导致字典树上有空的节点。最终，AB 被宣布为获胜者，他是唯一一个每次掷硬币都是头朝上的人。如果我们从 N 个个体开始，那么在算法的执行过程中，我们期望 N 粗略地减少到 $N/2$、$N/4$...。因此，我们期望这个过程大约在 $\lg N$ 步以后结束，也许我们还需要更为准确的分析。此外，该算法也可能失败（如果每个人都投出 0，那么所有人都将被淘汰，从而选不出领导人），因而我们也有兴趣了解算法成功的概率。

以上列出的算法和应用都非常具有代表性，它们展示了字典树数据结构在计算机应用中的重要价值。字典树的重要性不只是它们可以作为明确的数据结构，它们也能隐含地出现在基于位的算法中，或出现在真正需要进行"二元"决策的算法中。因此，描述随机字典树性质的解析结果具有非常广泛的应用。

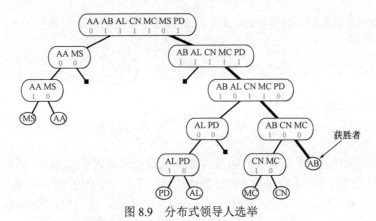

图 8.9 分布式领导人选举

习题 8.47 当使用图 8.5 中的中间那个字典树在文本串

$$1001010011111001010100010101010100010010$$

中搜索模式串 1010101010 和 1010101011 中的一个时，所要检查的位是多少位？

习题 8.48 给定一组模式串，描述一个方法来统计其中的一个模式在一个文本串中出现的次数。

习题 8.49 从文本串 1001010011111001010100010101010100010010 中建立一棵关于 8 位或更长的模式串的后缀字典树。

习题 8.50 给出所有与 4 位串相对应的后缀字典树。

习题 8.51 给出关于字符串集合 01 100 1011 010 的 Aho-Corasick FSA。

8.8　字典树的组合性质

作为组合对象，字典树在近期才得到了研究，尤其是与排列和树这样的经典组合对象相比更是如此。正如我们将要看到的，即使要完全理解字典树最基本的性质，也需要利用我们在本书中所考虑的整套分析工具。

字典树的某些性质自然而然地呈现了它们有待于分析的特性。字典树中空节点的个数是多少？平均外部路径的长度是多少？或者说平均高度是多少？和二叉搜索树一样，对这些基本性质的了解将会为我们分析串搜索以及应用树的其他算法提供所需的必要信息。

一个需要考虑的、更加基本的相关问题是，我们需要对用于分析的计算模型做出根本的改变：对二叉搜索树而言，值得关注的只是键值的相关顺序；而对于字典树而言，作为位串，键值的二进制表示就必须发挥作用了。什么样的字典树才是真正随机的？尽管有几个可行的模型，但很自然的想法是，我们可以把一棵随机的字典树看成是由 N 个随机的有限位串所构成的。这样的模型对于许多重要的字典树算法来说是合适的，如数字查找算法等。这种模型不同于由一个随机位串建立起来的后缀字典树，尽管它确实也足以用来近似后缀字典树。

因此，我们将假定每个位串中的位以 1/2 的概率独立地取 0 或 1，并在此假设下分析字典树的性质。

定理 8.8（字典树的路径长和大小）　与 N 个随机位串相对应的字典树的平均外部路径长为 $\sim N\lg N$。内部节点的平均个数渐近于 $(1/\ln 2 \pm 10^{-5})N$。

证明：我们从一个递归关系来开始证明。对 $N>0$，N 个位串中恰好有 k 个以 0 开头的概率是伯努利概率 $\binom{N}{k}/2^N$。所以，如果定义 C_N 是与 N 个随机位串相对应的字典树的平均外部路径长，则必有

$$C_N = N + \frac{1}{2^N} \sum_k \binom{N}{k}(C_k + C_{N-k}) \quad (N > 1, \ C_0 = C_1 = 0)$$

这刚好是 4.9 节中考查基数交换排序时，我们用于描述所检查的位数的递归关系。彼时，我们曾证明

$$C_N = N![z^N]C(z) = N\sum_{j\geq 0}\left(1 - \left(1 - \frac{1}{2^j}\right)^{N-1}\right)$$

然后利用指数逼近导出

$$C_N \sim N\sum_{j\geq 0}(1 - \mathrm{e}^{-N/2^j}) \sim N\lg N$$

一个更准确的估计展示了该量的值随着 N 的增大会出现周期性的波动。正如我们在第 4 章中所见到的，和式中的项对于较小的 k 以指数速度趋近于 1，对于较大的 k，则以指数速度趋近于 0，当 k 接近于 $\lg N$ 时，有一个过渡过程（见图 4.5）。因此，我们把和式分成两个部分：

$$C_N/N \sim \sum_{0\leq j<\lfloor\lg N\rfloor}(1 - \mathrm{e}^{-N/2^j}) + \sum_{j\geq\lfloor\lg N\rfloor}(1 - \mathrm{e}^{-N/2^j})$$

$$= \lfloor\lg N\rfloor - \sum_{0\leq j<\lfloor\lg N\rfloor}\mathrm{e}^{-N/2^j} + \sum_{j\geq\lfloor\lg N\rfloor}(1 - \mathrm{e}^{-N/2^j})$$

$$= \lfloor\lg N\rfloor - \sum_{j<\lfloor\lg N\rfloor}\mathrm{e}^{-N/2^j} + \sum_{j\geq\lfloor\lg N\rfloor}(1 - \mathrm{e}^{-N/2^j}) + O(\mathrm{e}^{-N})$$

$$= \lfloor\lg N\rfloor - \sum_{j<0}\mathrm{e}^{-N/2^{j+\lfloor\lg N\rfloor}} + \sum_{j\geq 0}(1 - \mathrm{e}^{-N/2^{j+\lfloor\lg N\rfloor}}) + O(\mathrm{e}^{-N})$$

现在，就像我们之前在第 2 章中所做过的那样（见图 2.3 和图 2.4），将 $\lg N$ 的小数部分分离出来，可得

$$\lfloor\lg N\rfloor = \lg N - \{\lg N\}\text{以及}N/2^{\lfloor\lg N\rfloor} = 2^{\lg N - \lfloor\lg N\rfloor} = 2^{\{\lg N\}}$$

这便导出了表达式

$$C_N/N \sim \lg N - \epsilon(N)$$

其中

$$\epsilon(N) \equiv \{\lg N\} + \sum_{j<0}\mathrm{e}^{-2^{\{\lg N\}-j}} - \sum_{j\geq 0}(1 - \mathrm{e}^{-2^{\{\lg N\}-j}})$$

这个函数显然是一个满足 $\epsilon(2N) = \epsilon(N)$ 的周期函数，因为它仅在 $\{\lg N\}$ 上对 N 有依赖。但这并不能立即排除 $\epsilon(N)$ 或许是常数的可能性。不过我们可以很容易检查 $\epsilon(N)$ 不是常数：$(C_N - N\lg N)/N$ 并不趋向于一个极限，而是随着 N 的增大而波动。图 8.10 给出了当 $N<256$ 时此函数减去其平均值以后的图形，表 8.8 给出了当 $4 \leq N \leq 16$（以及 2 的任意次幂乘以这些值）时，$\epsilon(N)$ 的准确值。函数 $\epsilon(N)$ 在数值上非常接近于 1.332746，且其波动部分的幅度小于 10^{-5}。

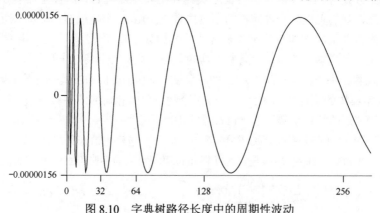

图 8.10　字典树路径长度中的周期性波动

表 8.8 字典树路径长度中的周期项

N	$\{\lg N\}$	$\sum_{j<0} e^{-2^{\{\lg N\}-j}}$	$\sum_{j\geq 0}(1-e^{-2^{\{\lg N\}-j}})$	$-\epsilon(N)$
4	0.000000000	0.153986497	1.486733879	1.332747382
5	0.321928095	0.088868348	1.743543002	1.332746559
6	0.584962501	0.052271965	1.969979089	1.332744624
7	0.807354922	0.031110097	2.171210673	1.332745654
8	0.000000000	0.153986497	1.486733879	1.332747382
9	0.169925001	0.116631646	1.619304291	1.332747643
10	0.321928095	0.088868348	1.743543002	1.332746559
11	0.459431619	0.068031335	1.860208218	1.332745265
12	0.584962501	0.052271965	1.969979089	1.332744624
13	0.700439718	0.040279907	2.073464469	1.332744844
14	0.807354922	0.031110097	2.171210673	1.332745654
15	0.906890596	0.024071136	2.263708354	1.332746622
16	0.000000000	0.153986497	1.486733879	1.332747382

$$\gamma/\ln 2 + 1/2 \approx 1.332746177$$

我们可以用类似的方法来分析 N 个位串的字典树中内部节点的个数问题，该数值可用下面的递归关系来描述：

$$A_N = 1 + \frac{1}{2^N}\sum_k \binom{N}{k}(A_k + A_{N-k}), \qquad (N>1,\ A_0 = A_1 = 0)$$

在这种情况下，周期性波动出现在主项中：

$$A_N \sim \frac{N}{\ln 2}(1+\hat{\epsilon}(N))$$

其中$\hat{\epsilon}(N)$的绝对值小于10^{-5}。这个分析的细节与前面的分析类似，我们将其留作一道习题。

这个结果归功于 Knuth[23]，他为$\epsilon(N)$及其均值导出了显式的表达式。Guibas、Ramshaw 和 Sedgewick[19]及 Flajolet、Gourdon 和 Dumas[10]对该问题及其相关问题也都做过详细的研究（也可见参考资料[12]和[37]）。Knuth 的分析运用了复渐近性并向算法，分析中引入了一种被他称为"伽马函数法"的技术。它是梅林变换的一种特殊情况，这已经成为分析组合学和算法分析中最重要的工具之一。例如，在分析归并排序时，该方法对于解释周期项是非常有效的（见 2.6 节），而且类似的项目也出现在了许多其他算法里。下面用一些有关算法的讨论来总结这一节，这些算法都是我们已经研究过的。

字典树搜索

定理 8.8 直接表明，搜索一棵由随机位串构建起来的字典树时，被检查的位的平均数是~$\lg N$，而且它是最优的。Knuth 还证明此结论对于 Patricia 和数字树（是字典树的一个变种，其中键值也被存储在内部节点中）查找也成立。对于被引入的常量和震荡项，得到精确的渐近和显式的表达式都是可能的；请参考上面提到的资料以了解更多细节。

基数交换排序

如同证明中所注明的那样，定理 8.8 也直接地表明对由 N 个随机位串组成的数组进行排序，基数交换排序要进行~$N\lg N$ 次位比较，因为在排序中被检查的位的平均数与字典树的平均路径长度相同。再者，我们的假设是位串足够长（也就是说，要远远长于 $\lg N$ 位），以至于我们可以认为它们是"无限长的"。作为与图 1.3 的对比，图 8.11 给出了相关开销的分布。

习题 8.52 证明A_N/N等于$1/\ln 2$加上一个波动项。

习题 8.53 编写一个计算A_N的程序，精确到10^{-9}，其中$N < 10^6$，并探索A_N/N的震荡特性。

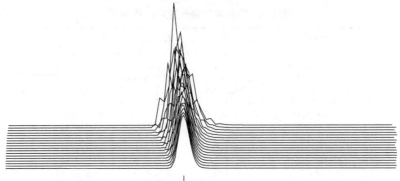

$$N\lg N - 1.333N$$

图 8.11   字典树中路径长度的分布，$10 \leqslant N \leqslant 50$（按比例绘制后平移到中心并分离曲线）

习题 8.54   在关于 $C(z)$ 的函数方程两端同时乘以 e^{-z}，将其转换成关于 $\hat{C}(z) \equiv e^{-z}C(z)$ 的一个更加简单的方程。用这个方程求出 $\hat{C}_N = [z^N]\hat{C}(z)$，然后应用由 $C(z) = e^z\hat{C}(z)$ 所隐含的卷积来证明

$$C_N = \sum_{2 \leqslant k \leqslant N} \binom{N}{k} \frac{k(-1)^k}{1 - 1/2^{k-1}}$$

习题 8.55   直接证明习题 8.54 中所给出的和式与定理 8.8 的证明中所给出的关于 C_N 的表达式等价。

分布式领导人选举

作为一个算法分析例子，我们转向分布式领导人选举问题。这个问题我们是在上一节的末尾处引入的，其中不构建显式的字典树，无限随机字符串的模型当然是有效的，但是其中字典树的属性分析仍然是具有实际价值的。

定理 8.9（领导人选举）   从 N 个竞争者中选出一个领导人，这个随机算法所执行的平均轮数是 $\lg N + O(1)$，其成功的概率渐近于 $1/(2\ln 2) \pm 10^{-5} \approx 0.72135$。

证明：把算法的一次执行表示成一棵字典树，显然执行轮数的平均值是由 N 个随机位串所构造的字典树中右向分支的期望长度，因此它满足如下递归关系

$$R_N = 1 + \frac{1}{2^N} \sum_k \binom{N}{k} R_k \quad (N > 1, \ R_0 = R_1 = 0)$$

类似地，成功的概率满足下面这个递归关系

$$p_N = \frac{1}{2^N} \sum_k \binom{N}{k} p_k \quad (N > 1, \ p_0 = 0, \ p_1 = 1)$$

这些递归与我们前面仔细考虑过的路径长度的递归相当类似。此处把对它们的求解留作习题。与往常一样，所述 P_N 的结果准确到一个均值为 0、振幅小于 10^{-5} 的波动项以内。

如果这个方法失败，它可以被重复执行以得到一个成功概率为 1 的算法。平均来说，这个算法将需要大约 $2\ln 2 \approx 1.3863$ 次迭代，最多执行 $\sim 2\ln N$ 轮。该算法是 Prodinger 算法的一个简化版本，Prodinger 算法平均在执行 $N + O(1)$ 轮后成功[30]。

习题 8.56   求解定理 8.9 的证明中给出的关于 R_N 的递归式，准确到波动项。

习题 8.57   求解定理 8.9 的证明中给出的关于 p_N 的递归式，准确到波动项。

习题 8.58   分析重复多轮直到成功的领导人选举算法的版本。

8.9　更大的字符表

本章是要在一个更加泛化的情况下来研究字符串，此时构成字符串的字符均是从大小为 M （$M > 2$）的字符表中摘选的。在我们用过的组合技术中，没有哪项技术必须要依赖于二进制的字符串。在实践中，假定字符表的大小 M 是一个不大的常数是合理的：像 26、2^8，甚至 2^{16} 这样的值都可能是实践中所期望的。我们不会对由更大的字符表所带来的结果进行详细考查，但我们会总结出几个一般性的评述。

在 8.2 节中，我们注意到，在一个随机的 M-字节串中，P 个 0 这样的游程第一次在位置 $M(M^P - 1)/(M - 1)$ 处结束。这似乎使得字符表的大小变成了一个至关重要的因素：例如，我们期望在一个随机位串的前几千个位内就能找到一个具有 10 个 0 的串，然而，在一个由字节（长度为 8 位）组成的随机串中查找具有 10 个相同字符的串时，想要在前几千个字节内就找到将是极不可能的事情，因为第一个这样的串的期望位置大约位于 2^{80} 字节处。但这只是运用两种方法来看待分析结果而已，因为我们可以将一个位串用明显的方法转换成一个字节串（每次考虑 8 个位）。换句话说，字符表的大小并不像看起来那么重要，因为它只通过它的对数来发挥影响力。

从实践和理论的观点来看，通常无须考虑字节串，而只要考虑位串即可。因为通过简单直白的编码方法便可把任何一个关于字节串的有效算法转换成一个关于位串的有效算法，反之亦然。

把位作为组来考虑的一个主要优点是，我们可以把它们以下标的形式运用在表格中，或把它们当成整数来处理，这实质上是要利用计算机寻址或算术硬件来并行地对数量巨大的位进行匹配。它可以对某些应用起到巨大的提速效果。

多路字典树

如果 M 不是很大（键值是十进制数），多路字典树就是符号表应用的可选方法。一个 M 元字典树是由一组（包含 M 个）字节串构成的，平均而言，它有 M 个节点，其外部路径长度渐近于 $N\lg_M N$。也就是说，用一个大小为 M 的字符表可以节省 $\lg N/\lg M$ 倍的搜索时间，但要多付出 M 倍的存储空间。为了解决空间的过度消耗问题，对基本算法的各种改进已被提出，Knuth 的分析扩展了原有成果，这为评估这个体制提供了帮助（见参考资料[23]）。

三元树

Bentley 和 Sedgewick 的资料[2] 发明了一种用三元树来表示字典树的方法，其基本思路是把每个字典树节点替换成一个 BST 符号表，其中关键字是字符，链接是值。这个方法能够控制（搜索未命中时）被检查的字符的数量，而且还能保证较低的空间开销（$3N$ 个链接）。参考资料[4] 和[5]中证明在一棵三元树的搜索中有 $\sim\ln N$ 个字符被检查，而在一棵二叉搜索树中，对于一次未命中的搜索，则需进行 $\sim 2\ln N$ 次字符串比较。这个分析使用了一个“动态系统”模型，它给出了带字符串关键字的搜索和排序的真实比较[6]。TST 是字符串关键字的可选方法，因为其实现简单、紧凑、容易理解，而且高效（见参考资料[33]以了解更多细节）。

右-左字符串搜索

考虑在一个（相对长的）文本中搜索一个（相对短的）模式串且二者均为字节串时的问题。对之前的例子进行扩展，我们检查文本中第 M 个字符与模式串中最后一个字符。如果匹配，我们再检查第 $(M-1)$ 个文本字符与模式串中倒数第二个字符，以此类推，直到发生一次不匹配或者证实已经全部匹配完成为止。实现该过程的一种方法是基于不匹配的发生开发一个"最优移动"，这与 KMP 算法几乎如出一辙。但在这个例子中，一个更加简单的方法可能更加奏效。如果一个文本字符没有出现在模式串中，那么这个字符就是我们可以多跳过 M 个字符的依据，因为在那样的字符处，位于模式串右端任何位置都有必要去匹配"当前"字符，而这个字符却并没有出现在模式串中。对许多相关参数的合理取值而言，这种情况是有可能发生的，所以这就让我们接近了这样一个目标，即在一个长度为 N 的文本串中查找一个长度为 M 的模式串时，只检查 N/M 个文本字符。纵然当前文本字符确实出现在了模式串中，对于字母表中的每一个字符，我们也可以预先计算出它的恰当移动，以便将模式串与文本中"下一个可能的"匹配对齐。在上述描述中，为每个字符预先计算的恰当移动就是指从模式串右端到该字符的距离。Gonnet 和 Baeza-Yates 在参考资料[15]中讨论了这种方法的细节，其思想来源于 Boyer 和 Moore。

LZW 数据压缩

多路字典树或三元树是实现 Lempel-Ziv-Welch（LZW）算法[39][38]的一种可选方法，而 LZW 是当前被广泛使用的数据压缩算法之一。该算法需要一种能够支持"最长前缀匹配"和"插入一个新键值（这个新键是通过向一个字符后面追加一个已经存在的键值来构成的）"这两种操作的数据结构，这非常适合用字典树来实现。阅读参考资料[33]可了解更多细节。这是算法家族中的一员，它可以追溯到 Ziv 和 Lempel 在 1978 年发表的一篇重要论文。尽管这些算法非常重要，但对它们的有效性分析却在此后的近 20 年时间里一直没有被完成，直到 20 世纪 90 年代，Jacquet、Szpankowski 和 Louchard 才解决了这个问题。这项工作以关于字典树性质的基础研究为根基，而字典树可以应用到很多其他问题中。从参考资料[35]中可以找到更多细节。

习题 8.59 一个算法要在一个文本串中查找 M 个 0 的游程（M 不算太小），对于 $k=1,2,3$ 及更大的值，检查在 kM 处结束的 t 位，如果该 t 位全为 0，则检查该 t 位的两边，以确定该游程的长度，平均而言，这个算法要检查多少位？除了该文本串中某个地方藏有 M 个 0 的游程，假定该文本串是随机的。

习题 8.60 改写习题 8.59 所给出的算法，在一个随机位串中查找最长的 0 串。

位串可以说是计算机科学中的基本组合对象，我们在考虑字符串和字典树的组合方面无疑已经涉及了大量的基本范例。我们已经研究过的一些结果与概率理论中的经典结果有关，但是许多其他结果与计算机科学的基本概念和重要的实际问题有关。

在本章中，我们讨论了一些基本的字符串处理算法。这些算法从算法设计和分析的角度来看是非常有趣的。此外，鉴于从处理基因序列数据到开发互联网搜索引擎这些现代应用的重要性，字符串处理算法成为非常广泛的研究领域里的重点。实际上，因为这样的应用如此重要（而且这个话题也很有意思），所以致使字符串的研究本身也成为一个重要的研究领域，有几本专门讨论这个主题的图书可供参阅，请见参考资料[20]、[27]、[28]和[35]。

对字符串集合的考查导致产生了对形式语言的研究，并得到了以下有用的结果：形式语言系统的基本属性与母函数的分析属性之间存在一种特定的明确关系。我们有可能以"自动"的方式（特别是借助于现代计算机代数系统）来分析一大类问题。

字典树是一种组合结构也是一种数据结构，它在所有这些内容中都有着举足轻重的作用。对于经典搜索问题而言，它是一种具有实用性的数据结构，它模拟了基本的排序过程；这是固定字符串集合的自然表达，并可在字符串搜索问题中发挥作用；作为一种类型的树，它与基本的分治范型直接相关；它与位的联系也将它与低阶表达和概率过程直接关联。

最后，对字典树基本性质所进行的分析显示出了一个很大的挑战，它不可能与基础方法完全吻合。更详细的分析需要描述振荡函数。正如我们所见到的，这类函数在多种算法里都有涉及，因为许多算法在显式地（就如同本章这样）或隐式地（例如那些基于分治递归的算法）处理着二进制字符串。运用高等数学技巧来处理此类函数的解决方案在研究这类这些问题中兴起，这是当代分析组合学研究的核心（可见参考资料[10]、[12]、[35]）。

参考资料

[1] A. V. Aho and M. J. Corasick. "Efficient string matching: An aid to bibliographic search," *Communications of the ACM* 18, 1975, 333-340.

[2] J. Bentley and R. Sedgewick. "Fast algorithms for sorting and searching strings," *8th Symposium on Discrete Algorithms*, 1997, 360-369.

[3] N. Chomsky and M. P. Schützenberger. "The algebraic theory of context-free languages," in *Computer Programming and Formal Languages*, P. Braffort and D. Hirschberg, eds., North Holland, 1963, 118-161.

[4] J. Clément, J. A. Fill, P. Flajolet and B. Vallée. "The number of symbol comparisons in quicksort and quickselect," *36th International Colloquium on Automata, Languages, and Programming*, 2009, 750-763.

[5] J. Clément, P. Flajolet and B. Vallée. "Analysis of hybrid tree structures," *9th Symposium on Discrete Algorithms*, 1998, 531-539.

[6] J. Clément, P. Flajolet and B. Vallée. "Dynamical sources in information theory: A general analysis of trie structures," *Algorithmica* 29, 2001, 307-369.

[7] L. Comtet. *Advanced Combinatorics*, Reidel, Dordrecht, 1974.

[8] S. Eilenberg. *Automata, Languages, and Machines*, Volume A, Academic Press, New York, 1974.

[9] W. Feller. *An Introduction to Probability Theory and Its Applications*, John Wiley & Sons, New York, 1957.

[10] P. Flajolet, X. Gourdon, and P. Dumas. "Mellin transforms and asymptotics: Harmonic sums," *Theoretical Computer Science* 144, 1995, 3-58.

[11] P. Flajolet, M. Regnier, and D. Sotteau. "Algebraic methods for trie statistics," *Annals of Discrete Math.* 25, 1985, 145-188.

[12] P. Flajolet and R. Sedgewick. *Analytic Combinatorics*, Cambridge University Press, 2009.

[13] P. Flajolet and R. Sedgewick. "Digital search trees revisited," *SIAM Journal on Computing* 15, 1986, 748-767.

[14] K. O. Geddes, S. R. Czapor, and G. Labahn. *Algorithms for Computer Algebra*, Kluwer Academic Publishers, Boston, 1992.

[15] G. H. Gonnet and R. Baeza-Yates. *Handbook of Algorithms and Data Structures in Pascal and C*, 2nd edition, Addison-Wesley, Reading, MA, 1991.

[16] I. Goulden and D. Jackson. *Combinatorial Enumeration*, John Wiley & Sons, New York, 1983.

[17] L. Guibas and A. Odlyzko. "Periods in strings," *Journal of Combinatorial Theory, Series A* 30, 1981.

[18] L. Guibas and A. Odlyzko. "String overlaps, pattern matching, and nontransitive games," *Journal of Combinatorial Theory, Series A* 30, 1981, 19-42.

[19] L. Guibas, L. Ramshaw, and R. Sedgewick. Unpublished work, 1979.

[20] D. Gusfield. *Algorithms on Strings, Trees and Sequences: Computer Science and Computational Biology*, Cambridge University Press, 1997.

[21] P. Jacquet and W. Szpankowski. "Analytic approach to pattern matching," in [28].

[22] P. Jacquet and W. Szpankowski. "Autocorrelation on words and its applications," *Journal of Combinatorial*

Theory, Series A 66, 1994, 237-269.

[23] D. E. Knuth. *The Art of Computer Programming. Volume 3: Sorting and Searching*, 1st edition, Addison-Wesley, Reading, MA, 1973. 2nd edition, 1998.

[24] D. E. Knuth. "The average time for carry propagation," *Indagationes Mathematicae* 40, 1978, 238-242.

[25] D. E. Knuth, J. H. Morris, and V. R. Pratt. "Fast pattern matching in strings," *SIAM Journal on Computing*, 1977, 323-350.

[26] M. Lothaire. *Applied Combinatorics on Words*, Encyclopedia of Mathematics and its Applications 105, Cambridge University Press, 2005.

[27] M. Lothaire. *Combinatorics on Words*, Addison-Wesley, Reading, MA, 1983.

[28] G. Louchard and W. Szpankowski. "On the average redundancy rate of the Lempel-Ziv code," *IEEE Transactions on Information Theory* 43, 1997, 2-8.

[29] V. Pratt. "Counting permutations with double-ended queues, parallel stacks and parallel queues," in *Proceedings 5th Annual ACM Symposium on Theory of Computing*, 1973, 268-277.

[30] H. Prodinger. "How to select a loser," *Discrete Mathematics* 120, 1993, 149-159.

[31] A. Salomaa and M. Soittola. *Automata-Theoretic Aspects of Formal Power Series*, Springer-Verlag, Berlin, 1978.

[32] R. Sedgewick. *Algorithms (3rd edition) in Java: Parts 1-4: Fundamentals, Data Structures, Sorting, and Searching*, Addison-Wesley, Boston, 2003.

[33] R. Sedgewick and K. Wayne. *Algorithms*, 4th edition, Addison-Wesley, Boston, 2011.

[34] N. Sloane and S. Plouffe. *The Encyclopedia of Integer Sequences*, Academic Press, San Diego, 1995. Also accessible as *On-Line Encyclopedia of Integer Sequences*, http://oeis.org.

[35] W. Szpankowski. *Average-Case Analysis of Algorithms on Sequences*, John Wiley & Sons, New York, 2001.

[36] L. Trabb-Pardo. Ph.D. thesis, Stanford University, 1977.

[37] J. S. Vitter and P. Flajolet, "Analysis of algorithms and data structures," in *Handbook of Theoretical Computer Science A: Algorithms and Complexity*, J. van Leeuwen, ed., Elsevier, Amsterdam, 1990, 431-524.

[38] T. A. Welch, "A Technique for high-performance data compression," *IEEE Computer*, June 1984, 8-19.

[39] J. Ziv and A. Lempel, "Compression of individual sequences via variable-rate encoding," *IEEE Transactions on Information Theory*, September 1978.

第 9 章　单词与映射

由固定的字母表中的字符所构成的字符串或者单词[①]，除了在第 8 章考虑过的算法类型，它们在相对广泛的应用中也是非常重要的。本章将考虑与第 8 章研究过的组合对象相同的一组组合对象（彼时我们称它们为"字节串"），但我们将从一种不同的角度去研究它们。

一个单词可以被看作把取自区间 1 到 N 的一个整数 i（字符位置）投射到区间 1 到 M 的另一个整数 j（字符的值，来自一个由 M 种字符构成的字符表）的映射。在第 8 章中，我们主要考虑了"局部"性质，包括与后续的下标相联系的值之间的关系（如相关性等）；在本章中，我们将考虑"全局"性质，包括全局范围内值的出现频率以及更加复杂的结构性质。在第 8 章中，我们一般认为字母表的大小 M 是一个较小的常数，串的大小 N 是较大的数（甚至是无限大的）；在本章中，我们将考虑这些参数相应值的其他各种可能性。

作为基本组合对象，单词经常出现在算法分析中。其中特别值得关注的算法是散列算法，这是一个重要的且被广泛用于信息检索的算法系列。我们将利用第 3 章中的基本母函数的计数技术和第 4 章中有关渐近分析的结果来讨论各种散列的变形。散列算法的使用率相当高，它们也有一段较长的历史。在这段历史中，算法分析扮演了核心角色。反过来，准确预测这类重要算法性能的能力，一直都在推动着算法分析技术的发展。事实上，Knuth 曾说过，散列算法分析对他早期的著作（参考资料[23]、[24]、[25]、[27]）的构架有着极大的影响。

单词的基本组合性质一直都在被频繁地研究着，主要是因为这些性质可以模拟独立的伯努利实验序列。这种分析涉及二项分布的性质，其中许多性质我们在第 3 章和第 4 章中详细地考查过。我们考虑的一些问题称为占据问题（occupancy problems），因为它们能用 N 个球随机地被分配到 M 个瓮中这样的模型来描述，瓮中之球的"占据分布"是我们将要研究的问题。这些经典问题中有许多是基本问题，然而，一如往常，简单算法往往能够导出分析起来相当困难的算法的变形。

如果字母表的大小 M 比较小，那么用正态分布来对二项分布进行近似对占据问题的研究是比较合适的；如果 M 随着 N 增大，那么我们可以使用泊松分布来做近似。在散列算法分析以及算法分析的其他应用中，这两种情况都会出现。

最后，我们引入映射（mapping）的概念：一个函数把一个有限域映射到其自身。这是在算法分析中经常出现的另外一个重要的组合对象。映射与单词之间的关系是这样的：可以把映射看成是一些单词（这些单词由 N 种不同的字符组成），而且这些单词都是由一个字符表（其中字符数为 N）生成的，但结果是映射与树、森林以及排列之间都有联系；对它们性质的分析揭示了一个丰富的组合结构，这个结构是对我们研究过的一些结构的泛化和推广。符号方法在帮助我们研究映射的基本性质方面是非常有效的。最后我们将以对整数进行因子分解的一个算法作为随机映射原理的应用来结束本章内容。

9.1　使用分离链接的散列

程序 9.1 给出了一个关于信息检索的标准算法，该算法通过 N 个键值的一个表把查找时间减

---

① 有时也译为"字"。——译者注

少到原来的 1/M。通过令 M 足够大，该算法通常能够优于我们在 2.6 节、6.6 节和 8.7 节中所考查过的基于数组、树和字典树实现的符号表算法。

程序 9.1 使用分离链接的散列

```
public void insert(int key)
{return st[hash(key)].insert();}
public int search(int key)
{return st[hash(key)].search(key);}
```

利用一个所谓的散列函数，我们可将每个键转换成 1 到 M 之间的一个整数，并假定对任何一个键值而言，每一个整数值都等可能地通过散列函数来产生。当两个键值散列得到相同的数值时（这种情况叫作冲突），我们就把它们存入一个分开的符号表中。为获知一个给定的键值是否在表中，我们用散列函数来识别包含相同的散列值的键值的附表，并在那里进行二次搜索。在支持数据抽象的现代编程语言中，这种安排非常易于实现：我们维护一个符号表的数组 st[]，其中 st[i] 存储了可以散列得到数值 i 的所有键值。对于附表的一个标准选择是（我们通常期望附表的规模不大）使用一个链表，向其中加入一个新元素的操作在常数时间内完成，但在执行一次搜索时，表中的所有元素都需要被检查（见参考资料[33]）。

散列算法的性能取决于散列函数的有效性，散列函数把任意的键值等可能地转换成 1 到 M 之间的值。执行这项任务的一个典型方法是：选用一个质数 M，然后用一种自然的方法将键值转换成大数，再用转换后的数模除 M 并取余数作为散列值。人们还设计出了一些更加复杂的方案。散列算法在各种各样的应用中得到了广泛的使用，经验证明，如果对散列过程稍以注意，则不难保证散列函数将键值转换成看起来是随机的散列值。于是，算法分析对于性能的预测就特别有效，因为一个直截了当的随机性假设总被认为是合理的，且这种假设已经被运用到算法之中了。

散列算法的性能也取决于被用来执行二次搜索时所使用的数据结构。例如，我们可以考虑把附表中的元素按递增顺序存放在一个数组中。或者，考虑使用一棵二叉搜索树来存放具有相同哈希值的键值。算法分析能够帮助我们在这些变化中进行选择，通常选择一个足够大的 M，从而令附表很小，这样一来，进一步的提升都将会是小修小补。

如果 N 相对 M 而言较大，且散列函数产生的值又是随机的，那么我们可以期望每个链表中约有 N/M 个元素，因而搜索时间可以减少到原来的 1/M。尽管我们不能使 M 任意大，因为增大 M 意味着要使用额外的空间来维护附属的数据结构，但我们也许能使 N 保持在 M 的常数倍量级上，在这种情况下的搜索时间是常数。许多散列的变种已经可以在相当广泛的应用中达到这一性能目标。

在散列算法分析中，我们感兴趣的事情不仅仅是对各种散列算法进行比较，还有将散列算法与其他符号表的实现方法进行比较，以及如何最好地设置参数（如散列表的长度）。为了把注意力集中在数学上，我们将采用衡量散列算法性能的常用方式：对成功与不成功的搜索，或与数据结构中的元素进行的键值比较，统计所用的探查次数。和以往一样，更详细的分析包括：计算散列函数的开销、访问和比较键值的开销等，这些分析都需要对算法的相关性能做出决定性的陈述。比如，尽管散列可能只涉及常数次探查，但如果关键字很长，它也可能要比基于（比方说）字典树的搜索慢，因为计算散列函数时涉及检查整个键值，而基于字典树的方法可能在检查相对较少的位后就能区别出键值。

在一个大小为 M 的表中，N 个散列值的序列只不过是由大小为 M 的字符表中的字符所组成的长度为 N 的一个单词。因此，散列分析直接对应于单词的组合性质的分析。接下来，我们将考虑这种类型的分析问题，包括使用分离链接的散列的分析，然后，我们再考查其他几个散列算法。

9.2 球与瓮的模型和单词的性质

为了给本章其余部分做好准备，我们从定义单词开始，考虑围绕在它们周围的基本组合学，并将它们放置于我们学过的其他组合对象和组合学的经典结论的内容中。

定义 一个长度为 N 的 M-单词是一个从整数区间$[1\cdots N]$到整数区间$[1\cdots M]$的映射 f。

如同排列和树一样，界定或描述一个单词的一种方法是将它的函数表写下来。

索引	1	2	3	4	5	6	7	8	9	10	11	12	13	14	15	16	17	18	19	20
单词	3	1	4	1	5	9	2	6	5	3	5	8	9	7	9	3	2	3	8	4

我们删除索引，将函数写为 $f(1)f(2)\cdots f(N)$，它们明确表示长度为 N 的 M-单词与长度为 N（字节长度为 M）的字节串是等价的。当我们研究单词时，通常关注于单词取值的集合的性质。有多少个 1 在里面？有多少可能的值不会出现？哪一个值出现最频繁？这些是我们在本章会阐明的几个问题。

在离散概率里，这些组合对象经常在"球与瓮"模型中被研究。想象 N 个小球被任意分配到 M 个瓮中，我们想获知关于分布的结果。这个直接对应于单词：N 个球对应单词中的 N 个字母，M 个瓮对应字符表中 M 种不同的字符，由我们指明哪个球放入哪个瓮中。也就是说，一个长度为 N 的单词是一个由 M 个装有标号为 1 到 N 个小球的瓮所组成的序列，其中第一个瓮给出的是单词中哪个下标所标识的位置处需要使用字符表中的第一个字符来填充，第二个瓮给出的是单词中哪个下标所标识的位置处需要使用字符表中的第二个字符来填充，以此类推。图 9.1 描述了球与瓮模型的示例。

索引	1	2	3	4	5	6	7	8	9	10	11	12	13	14	15	16	17	18	19	20
单词	3	1	4	1	5	9	2	6	5	3	5	8	9	7	9	3	2	3	8	4

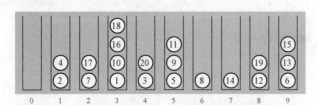

图 9.1 一个长度为 20 的 10-单词（20 个球投入 10 个瓮）

从组合学的角度来讲，"球与瓮"模型等价于将一个 M-单词看成一个被标记的物体所构成的集合的 M-序列。这种看法立即导出组合结构

$$W_M = SEQ_M(SET(\mathcal{Z}))$$

通过定理 5.2 可直接将其转化为 EGF 方程

$$W_M(z) = (e^z)^M$$

因此，正如预期的那样，$W_{MN} = N![z^N]e^{zM} = M^N$。这个结果很简单，但是，通常通过符号方法，我们将对这个构造做微小的调整以得到问题的简单解决方案，否则问题将会难以解决。

表 9.1 中给出了看待相同对象集合的两种方法，这与第 8 章中介绍的视角完全不同。它们是从 M 个未标记的对象中提取的 N-序列吗？或者，它们是由 N 个带标记的对象所填充的 M 个瓮吗？上述问题的答案是，两者都是有效的视角，其中的每一个都会为各种应用带来有用的信息。为了保持一致性，在本书里，当采用第 8 章中详细描述的视角时，我们试着坚持使用术语"字节串"，而当采用刚刚描绘的这种视角时，我们使用术语"单词""球和瓮"，甚至"散列表"。图 9.2 描述了面对一些具有较小数值的 N 时，所有的 2-单词和所有的 3-单词。

表 9.1   看待相同对象集合的两种方法

	构造	符号式转换	母函数	分析式转换	系数渐近
未标记类					
位串	$SEQ(\mathcal{Z}_0 + \ldots + \mathcal{Z}_{M-1})$	5.1	$\dfrac{1}{1-Mz}$	Taylor	M^N
已标记类					
单词	$SEQ_M(SET(\mathcal{Z}))$	5.2	e^{Mz}	Taylor	M^N

1个、2个和3个字符对应的2-单词

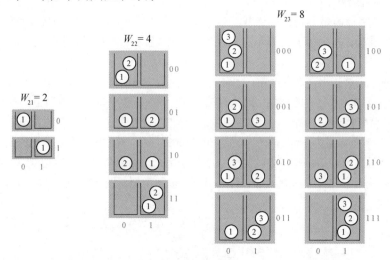

1个、2个字符对应的3-单词

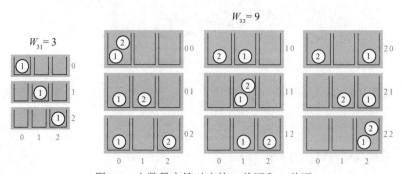

图 9.2   小数量字符对应的 2-单词和 3-单词

出于增加混淆性的目的（或者积极地想，是为了强化概念），在处理球与瓮的问题时，我们通常会舍弃标签，暗含的理解是我们在分析一些算法，而这些算法的作用是以不同的概率，将随机单词映射到不同的未标记的瓮占据分布上。例如，从图 9.2 中你会立即看到当我们向两个瓮中随机丢 3 个球时，会有 4 种可能的情形。

- 3 个球都在左边的瓮中（发生概率为 1/8）。
- 2 个球在左边的瓮中，1 个球在右边的瓮中（发生概率为 3/8）。
- 1 个球在左边的瓮中，2 个球在右边的瓮中（发生概率为 3/8）。
- 3 个球都在右边的瓮中（发生概率为 1/8）。

这种情况在算法分析中常常发生，而且我们已经在前面几种场合中遇到过它了。例如，BST 将排列映射到二叉树，而二叉字典树将位串映射到字典树。在所有的这些例子中，有 3 个有趣的组合问题需要我们考虑，它们是源模型、目标模型和在映射诱导概率下的目标模型。对于排列和树来说，考虑所有这三种情况（随机排列、随机二叉 Catalan 树和由随机排列构建的 BST）。在本章中，第一个是简单直接的，我们重点关注第三个，并将第二个留作习题，就像我们在第 8 章中对字典树所做的一样。

习题 9.1 将 N 个未标记的小球放进一个由 M 个瓮组成的序列中，有多少种不同的占据分布？举一个例子，如果我们将期望的数量设为 C_{MN}，有 $C_{2N} = N + 1$，因为对于每一个 0 到 N 的 k，有一种配置是第一个瓮里有 k 个小球，第二个瓮里有 $N-k$ 个小球。

M 和 N 的相对增长率问题是分析中的关键，实践中还会出现许多不同的情形。对于文本串或其他类型的"单词"来说，通常把 M 看成是固定的，把 N 看成是我们所感兴趣的某种变量。我们用一个固定字符表的字母组成不同长度的单词，或者把不同个数的球扔入固定个数的瓮中。对于其他应用，尤其是散列算法，我们认为 M 是随 N 的增大而增大的，一般来说 $M = \alpha N$，其中 α 在 0 到 1 之间。图 9.3 给出的球与瓮实验示例，描述了这两种不同情况的特征。其中上半部分演示的是将相对数量较大的球投入到相对数量较小的瓮中；在这种情况下，我们感兴趣的是获知那些装有大致相等数量的球的瓮，以及对其差异进行量化。下半部分演示的是在 $\alpha = 1$ 时进行 5 次实验的例子：很多瓮都更趋向于是空的，某些瓮中只有一个球，只有非常少数的几个瓮中装有几个球。

将1024个球随机放入26个瓮中的分布（1次实验）

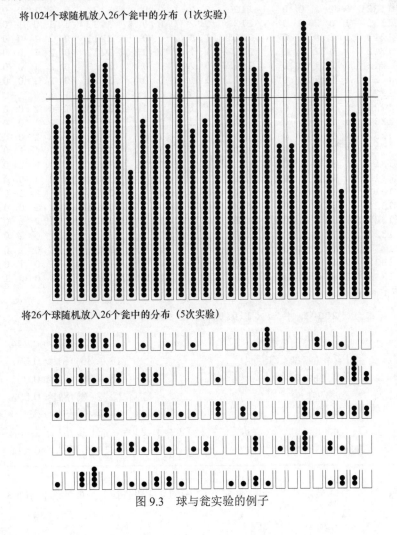

将26个球随机放入26个瓮中的分布（5次实验）

图 9.3 球与瓮实验的例子

正如我们将要看到的，在这两种情况下，我们的分析将导出图 9.3 中所阐明的占据分布的精确特征。正如读者到现在为止可以总结出来的那样，我们目前所讨论的这个问题的分布当然是二项分布，而且我们所考查的结果也是经典的结果；我们已经在第 4 章较为详细地讨论过它们了。

表 9.2 给出了长度为 4 的所有 3-单词（或把 4 个球分配到 3 个瓮中的所有方式），以及表示用过 0、1、2、3 和 4 次的字母数的占据总数（或含有 0、1、2、3 和 4 个球的瓮数）。该表也包含了我们正在考查的另外几个类型的统计量。

表 9.2 占据分布及长度为 4 的 3-单词的性质，或 4 个球在 3 个瓮中的配置，或长度为 4 的散列序列（表长为 3）

单词	0	1	2	3	4	单词	0	1	2	3	4	单词	0	1	2	3	4
1111	2	0	0	0	1	2111	1	1	0	1	0	3111	1	1	0	1	0
1112	1	1	0	1	0	2112	1	0	2	0	0	3112	0	2	1	0	0
1113	1	1	0	1	0	2113	0	2	1	0	0	3113	1	0	2	0	0
1121	1	1	0	1	0	2121	1	0	2	0	0	3121	0	2	1	0	0
1122	1	0	2	0	0	2122	1	1	0	1	0	3122	0	2	1	0	0
1123	0	2	1	0	0	2123	0	2	1	0	0	3123	0	2	1	0	0
1131	1	1	0	1	0	2131	0	2	1	0	0	3131	1	0	2	0	0
1132	0	2	1	0	0	2132	0	2	1	0	0	3132	0	2	1	0	0
1133	1	0	2	0	0	2133	0	2	1	0	0	3133	1	1	0	1	0
1211	1	1	0	1	0	2211	1	0	2	0	0	3211	0	2	1	0	0
1212	1	0	2	0	0	2212	1	1	0	1	0	3212	0	2	1	0	0
1213	0	2	1	0	0	2213	0	2	1	0	0	3213	0	2	1	0	0
1221	1	0	2	0	0	2221	1	1	0	1	0	3221	0	2	1	0	0
1222	1	1	0	1	0	2222	2	0	0	0	1	3222	1	1	0	1	0
1223	0	2	1	0	0	2223	1	1	0	1	0	3223	1	0	2	0	0
1231	0	2	1	0	0	2231	0	2	1	0	0	3231	0	2	1	0	0
1232	0	2	1	0	0	2232	1	1	0	1	0	3232	1	0	2	0	0
1233	0	2	1	0	0	2233	1	0	2	0	0	3233	1	1	0	1	0
1311	1	1	0	1	0	2311	0	2	1	0	0	3311	1	0	2	0	0
1312	0	2	1	0	0	2312	0	2	1	0	0	3312	0	2	1	0	0
1313	1	0	2	0	0	2313	0	2	1	0	0	3313	1	1	0	1	0
1321	0	2	1	0	0	2321	0	2	1	0	0	3321	0	2	1	0	0
1322	0	2	1	0	0	2322	1	1	0	1	0	3322	1	0	2	0	0
1323	0	2	1	0	0	2323	1	0	2	0	0	3323	1	1	0	1	0
1331	1	0	2	0	0	2331	0	2	1	0	0	3331	1	1	0	1	0
1332	0	2	1	0	0	2332	1	0	2	0	0	3332	1	1	0	1	0
1333	1	1	0	1	0	2333	1	1	0	1	0	3333	2	0	0	0	1

占据分布

$$3 \times 20001 + 24 \times 11010 + 18 \times 10200 + 36 \times 02100$$

$\Pr\{\text{没有空瓮}\}$	$36/81 \approx 0.444$
$\Pr\{\text{瓮占据都} < 3\}$	$(18+36)/81 \approx 0.667$
$\Pr\{\text{瓮占据都} < 4\}$	$(24+18+36)/81 \approx 0.963$
空瓮数平均值	$(1 \cdot 42 + 2 \cdot 3)/81 \approx 0.593$
最大占据平均值	$(2 \cdot 54 + 3 \cdot 24 + 4 \cdot 3)/81 \approx 2.370$
平均占据	$(1 \cdot 96 + 2 \cdot 72 + 3 \cdot 24 + 4 \cdot 3)/3 \cdot 81 \approx 1.333$
最小占据平均值	$(1 \cdot 36)/81 \approx 0.444$

一般而言，当 N 个球被随机地分配到 M 个瓮中时，我们将对下列问题非常感兴趣。

- 所有瓮都不为空的概率是多少？
- 瓮中的球数≤1的概率是多少？
- 有多少个空瓮？
- 含有球数最多的瓮中，其球数是多少？
- 含有球数最少的瓮中，其球数是多少？

当这些问题将被关联到散列算法以及其他算法的实际实现上时：我们想知道，当使用带有分离链接的散列时，所期望的链表长度是多少，期望空链表的个数又是多少？等等。其中的一些问题是枚举问题，它们类似第 7 章中带有环长约束的排列枚举问题，其他问题则需要我们更详细地分析单词的性质。这些问题及其相关问题都依赖于球在瓮中的占据分布，这是我们在本章中要详细研究的问题。

表 9.3 对"瓮的数量为 3、球数的变化范围从 1 到 10"这样的情况，给出了上述几个问题中各个量的数值，它们是利用下一节给出的结果计算出来的。其中球的数字 4 这一列与表 9.2 相对应，它阐明了这些值是如何被计算出来的。随着球数的增加，我们将得到一种类似于图 9.3 上半部分所描绘的情形，即球大约均匀地分布在各个瓮中，每个瓮中约有 N/M 个球。表 9.3 也展示了我们在直觉上所期望的其他现象。例如，随着球数的增加，空瓮的数量将越来越少，且不存在空瓮的概率将会越来越大。

表 9.3　3 个瓮中球的占据参数

球 →	1	2	3	4	5	6	7	8	9	10
概率										
瓮占据都 < 2	1	.667	.222	0	0	0	0	0	0	0
瓮占据都 < 3	1	1	.889	.667	.370	.123	0	0	0	0
瓮占据都 < 4	1	1	1	.963	.864	.700	.480	.256	.085	0
瓮占据都 > 0	0	0	.222	.444	.617	.741	.826	.883	.922	.948
瓮占据都 > 1	0	0	0	0	0	.123	.288	.448	.585	.693
瓮占据都 > 2	0	0	0	0	0	0	0	0	.085	.213
平均										
空瓮数	2	1.33	.889	.593	.395	.263	.176	.117	.0780	.0520
最大占据	1	1.33	1.89	2.37	2.78	3.23	3.68	4.08	4.50	4.93
最小占据	0	0	.222	.444	.617	.864	1.11	1.33	1.59	1.85

M 和 N 的相应值对上面提出的各种问题的答案起着多大的决定作用是我们的兴趣所在。如果球数比瓮数多得多（$N \gg M$），那么显然空瓮数将非常少。的确，我们期望每个瓮中有 N/M 个球。这就是图 9.3 所描述的情形。如果球数比瓮数少得多（$N \ll M$），那么大多数瓮都将是空的。一些最有趣也最重要的结果描述了当 M 和 N 彼此相差一个常数因子时的情形。即使当 $M=N$ 时，瓮被占据的比率也相当低，如图 9.3 的下部分所示。

表 9.4 给出了与表 9.3 相对应的值，不过是与较大的值 $M=8$ 相对应时的值，而且与之前的情况一样，N 的变化范围也是从 1 到 10。当球数较少时，我们将得到类似图 9.3 的下部分所描绘的情形，即有许多空瓮，且总体上来说，每个瓮中都没有几个球。此外，根据 9.3 节给出的分析结果，我们也能计算出准确的值。

习题 9.2　给出一个像表 9.2 那样的 3 个球在 4 个瓮中的表。

习题 9.3　给出一个像表 9.2 和表 9.4 那样的 2 个瓮的表。

表 9.4　8 个瓮中球的占据参数

球 →	1	2	3	4	5	6	7	8	9	10
概率										
瓮占据都 < 2	1	.875	.656	.410	.205	.077	.019	.002	0	0
瓮占据都 < 3	1	1	.984	.943	.872	.769	.642	.501	.361	.237
瓮占据都 < 4	1	1	1	.998	.991	.976	.950	.910	.855	.784
瓮占据都 > 0	0	0	0	0	0	0	0	.002	.011	.028
瓮占据都 > 1	0	0	0	0	0	0	0	.000	.000	.000
平均										
空瓮数	7	6.13	5.36	4.69	4.10	3.59	3.14	2.75	2.41	2.10
最大占据	1	1.13	1.36	1.65	1.93	2.18	2.39	2.60	2.81	3.02
最小占据	0	0	0	0	0	0	0	.002	.011	.028

习题 9.4　给出关于 N 和 M 的一个充分必要条件，使空瓮的平均数量等于平均最小的瓮占据率。

与排列一样，为了推导 CGF 之间的函数关系（而这又会产生有价值的分析结果），我们可以在单词之间建立组合构造。为了一个特定的应用，在众多可能的对应关系中进行选择是"分析艺术"中的一部分。我们关于长度为 N 的 M-单词之间的构造是以具有较小 N 和 M 值的单词为基础的。

"第一"或"最终"构造

给定一个长度为 $N{-}1$ 的 M-单词，对于从 1 到 M 之间的每个值 k，我们可以通过在前面加上 k 这样的方法来构造 M 个不同的长度为 N 的 M-单词。这就定义了所谓的"第一"构造。例如，4-单词 3 2 4 就给出了如下的 4-单词：

$$1324 \qquad 2234 \qquad 3234 \qquad 4234$$

显然我们可以对任何其他位置做同样的事情，不仅仅只是第一个位置。这个构造说明长度为 N 的 M-单词，其个数是长度为 $N{-}1$ 的 M-单词的个数的 M 倍，对这个明显的事实重述就是：其数量为 M^N。

"最大"构造

给定一个长度为 N 的 M-单词，考虑通过简单地去掉所有的 M 的出现所形成的 $(M{-}1)$-单词。如果存在 k 个这样的出现（k 的范围可以从 0 到 N），那么这个单词的长度就是 $N{-}k$，它恰好对应于长度为 N 的 $\binom{N}{k}$ 个不同的单词，其中的每一个单词都对应于把 k 个元素加入到这个 $(M{-}1)$-单词中去的所有可能方式中的一种。反之，如果我们可以由 3-单词 2 1 来构建如下这些长度为 4 的 3-单词：

$$3321 \qquad 3231 \qquad 3213 \qquad 2331 \qquad 2313 \qquad 2133$$

这个构造导出了下面的递归关系

$$M^N = \sum_{0 \le k \le N} \binom{N}{k} (M-1)^{N-k}$$

这是二项式定理的重述。

9.3　生日悖论与优惠券收集者问题

我们知道球在瓮中的分布是二项分布，我们将在本章稍后详细讨论这个分布的性质。

然而，在此之前，我们考虑关于"球与瓮"占据分布的两个经典问题，这两个问题与向瓮中放入球时的动态过程有关。当 N 个球被随机地一个接一个分配到 M 个瓮中时，我们感兴趣的是：

- 在平均情况下，需要投多少个球，才能使一个球首次落入一个非空的瓮中；
- 在平均情况下，需要投多少个球，才能使所有瓮都首次非空。

这两个问题分别叫作生日问题和优惠券收集者问题。这两个问题同散列和其他算法的研究密切相关。对生日问题的求解将告诉我们：在第一次冲突被发现之前，我们应该期望插入多少个键值；而对优惠券收集者问题的求解将告诉我们：在发现已没有空链表之前，我们应该期望插入多少个键值。

生日问题

在这个领域中，最著名的问题或许就是生日问题，该问题常常被描述为：当有多少人聚在一起的时候，两个人有相同的生日比不存在两个人具有相同生日的可能性更高？每次取一个人，第二个人与第一个人生日不同的概率是 $(1 - 1/M)$；第三个人与前两人生日均不同的概率是 $(1 - 2/M)$，假设每个人的生日都是彼此独立的事件。以此类推，如果 $M=365$，那么 N 个人的生日均不相同的概率是

$$\left(1 - \frac{1}{M}\right)\left(1 - \frac{2}{M}\right)\ldots\left(1 - \frac{N-1}{M}\right) = \frac{N!}{M^N}\binom{M}{N}$$

把上面这个量从 1 中扣除，便得到了问题的答案，如图 9.4 所示。

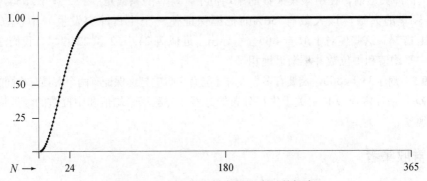

图 9.4 N 个人都不具有相同生日的概率

定理 9.1（生日问题） 当 N 个球被投入 M 个瓮中时，没有冲突的概率由下式给出

$$\left(1 - \frac{1}{M}\right)\left(1 - \frac{2}{M}\right)\ldots\left(1 - \frac{N-1}{M}\right)$$

在第一个冲突发生之前，已投入的球数的期望是

$$1 + Q(M) = \sum_k \binom{M}{k}\frac{k!}{M^k} \sim \sqrt{\frac{\pi M}{2}} + \frac{2}{3}$$

其中，$Q(M)$ 是 Ramanujan Q-函数。

证明：参见前面关于概率分布的讨论。为求得期望值，令 X 表示第一次冲突发生之前球数的随机变量。那么，上面给出的概率恰好就是 $\Pr\{X > N\}$。将它们相加，我们就得到了关于期望的表达式

$$\sum_{N\geqslant 0}\Big(1-\frac{1}{M}\Big)\Big(1-\frac{2}{M}\Big)\cdots\Big(1-\frac{N-1}{M}\Big)$$

由$Q(M)$的定义（见 4.7 节），该表达式恰好就是$1+Q(M)$。其渐近形式可根据定理 4.8 得到。

$1+Q(365)$的值在 24 到 25 之间，因此在一个 25 人或更多人构成的群体中，存在至少两个人具有相同生日的可能性要高于每个人的生日都各不相同的概率。人们通常会认为如果一个群组里有两个人的生日相同的话，那么这组人的数量可能要比 25 大得多，因此这个问题也常被称为"生日悖论"。

找出中位数的值也是值得关注的：即关于上面给出的概率最接近 1/2 时N的值。这个问题可以通过一个快速的计算机运算来求出，也可以使用渐近计算。运用渐近计算，取舍点由下式确定

$$\Big(1-\frac{1}{M}\Big)\Big(1-\frac{2}{M}\Big)\cdots\Big(1-\frac{N-1}{M}\Big) \sim \frac{1}{2}$$

$$\sum_{1\leqslant k<N}\ln\Big(1-\frac{k}{M}\Big) \sim \ln(1/2)$$

$$\sum_{1\leqslant k<N}\frac{k}{M} \sim \ln 2$$

$$\frac{N(N-1)}{2M} \sim \ln 2$$

$$N \sim \sqrt{2M\ln 2}$$

此值略低于答案：当$M=365$时，$N=23$。

发生生日冲突之前，在所聚集人数的平均值中，$\sqrt{M}$的系数是$\sqrt{\pi/2}\approx 1.2533$，而关于中位数（要聚集的人数，该人数有 50% 的把握保证使一个生日冲突发生）中$\sqrt{M}$的系数是$\sqrt{2\ln 2}\approx 1.1774$。这些值对于$M=365$分别导出了近似值 24.6112 和 22.4944。我们注意到，在这个例子中平均值和中位数并不渐近地相等。

习题 9.5 对于$M=365$，需要有多少人时才能有 99% 的把握保证有两个人具有相同的生日？

习题 9.6 估计定理 9.1 中关于生日分布的方差，并解释平均值和中位数的渐近值之间明显不一致的现象。

优惠券收集者

该领域中另一个著名的问题是经典的优惠券收集者问题：如果每个产品的盒子中都装有一组M种优惠券中的一张，那么平均而言，必须购买多少盒产品之后，才能集齐所有的优惠券？这个问题等价于在所有瓮中都至少有一个球之前，已经投入的球数的期望值是多少；或等价于在由定理 9.1 建立的散列表中所有链上都至少有一个键值之前，已存入的键值个数的期望值是多少。

为了求解这个问题，我们先定义一个 k-collection，它是一个单词，由k个不同的字母组成，单词中最后一个字母是该字母的唯一一次出现，且$\mathcal{P}_{Mk}$是M种可能优惠券的 k-collection 的集合。长度为N的 k-collection 的个数除以M^N就是为了得到收集k种不同的优惠券所需优惠券张数N的概率。在球与瓮模型中，这是最后一个球落入一个空瓮而使得非空瓮数等于k的概率。

对于这个问题而言，把单词看作位串并使用未做标记的对象 OGF 和 PGF 是非常方便的。在任意 k-collection 中，记该 k-collection 为w，要么第一种优惠券在w中的余下$k-1$种优惠券（不

包括最后那个）的集合中，在这种情况下该单词的其余部分是一个 k-collection；要么第一种优惠券不在 w 的剩余集合中，即它是剩余的 $M-(k-1)$ 种优惠券中的一张，在这种情况下该单词的其余部分是一个 $(k-1)$-collection。因此，我们可以得到组合构造

$$\mathcal{P}_{Mk} = ((k-1)\mathcal{Z}) \times \mathcal{P}_{Mk} + ((M-(k-1))\mathcal{Z}) \times \mathcal{P}_{M(k-1)}$$

通过定理 5.1，上式可以被立刻被翻译成下面的 OGF 方程

$$P_{Mk}(z) = (k-1)zP_{Mk}(z) + (M-(k-1))zP_{M(k-1)}(z)$$
$$= \frac{(M-(k-1))z}{1-(k-1)z}P_{M(k-1)}(z)$$

其中 $P_0(z) = 1$。注意，$P_{Mk}(z/M)$ 是关于 k-collection 的长度的 PGF，所以有 $P_{Mk}(1/M) = 1$，并且一个 k-collection 的平均长度是 $P'_{Mk}(z/M)|_{z=1}$。对方程的两边进行求导，可得

$$P_{Mk}(z/M) = \frac{(M-(k-1))z}{M-(k-1)z}P_{M(k-1)}(z/M)$$

在 $z=1$ 处求解并化简，可得到下面的递归关系

$$\frac{\mathrm{d}}{\mathrm{d}z}P_{Mk}(z/M)|_{z=1} = 1 + \frac{(k-1)}{M-(k-1)} + \frac{\mathrm{d}}{\mathrm{d}z}P_{M(k-1)}(z/M)|_{z=1}$$

裂项后得到解为

$$\frac{\mathrm{d}}{\mathrm{d}z}P_{Mk}(z/M)|_{z=1} = \sum_{0\leqslant j<k}\frac{M}{M-j} = M(H_M - H_{M-k})$$

定理 9.2（优惠券收集者问题）　　在所有 M 个瓮都非空之前，所投入的球的平均个数是

$$MH_M = M\ln M + M\gamma + O(1)$$

其方差为

$$M^2 H_M^{(2)} - MH_M \sim M^2\pi^2/6$$

第 N 个球落入最后一个空瓮的概率是

$$\frac{M!}{M^N}\left\{\begin{matrix} N-1 \\ M-1 \end{matrix}\right\}$$

证明：平均值已由前面的讨论导出过了。或者，对（关于 k-collection 的）OGF 所给出的递归关系进行裂项，即可得出下面这个显式形式

$$P_{Mk}(z) = \frac{M(M-1)\cdots(M-k+1)}{(1-z)(1-2z)\cdots(1-(k-1)z)}z^k$$

从而可立即导出其 PGF 为

$$P_{MM}(z/M) = \frac{M!z^M}{M(M-z)(M-2z)\cdots(M-(M-1)z)}$$

容易验证：$P_{MM}(1/M) = 1$，关于 z 微分并代入 $z = 1$ 处的值就可以得到如前所示的 MH_M。再求导一次，就可导出所要证明的方差表达式。根据表 3.6，利用等式

$$\sum_{N\geqslant M}\left\{\begin{matrix} N \\ M \end{matrix}\right\}z^N = \frac{z^M}{(1-z)(1-2z)\dots(1-Mz)}$$

从 PGF 里提取系数，将立即得出该问题的分布。

习题 9.7　在表 9.2 中找出所有的 2-collection 和 3-collection，然后计算 $P_2(z)$ 和 $P_3(z)$，并检查 z^4 的系数。

第二类 Stirling 数

正如 3.11 节指出的那样，Stirling "子集" 的个数 $\left\{{N \atop M}\right\}$ 也代表将一个 N-元素集合划分成 M 个非空子集的方式的数量。我们将在本节稍后部分看到该事实的一个推导。从这个定义出发，可以导出优惠券收集者分布的另外一个推导方法，如下所述。

$$M\left\{{N-1 \atop M-1}\right\}(M-1)!$$

这里给出了把最后 N 个球填入最后 M 个瓮的方式的数量，因为 Stirling 数是让 $N-1$ 个球落入 $M-1$ 个不同瓮的方式的数量，因子 $(M-1)!$ 表示所有那些瓮的可能顺序，而因子 M 表明了一个事实，即任何一个瓮都可以是最后那个装入球的瓮，除以 M^N 便会得到与定理 9.2 相同的结果。

关于优惠券收集者这个问题中平均值的经典推导（见 Feller 的资料[9]）是非常基本的，它是这样进行的：一旦收集了 k 种优惠券，则需要 j 个或更多个额外的盒子来得到下一种优惠券的概率是 $(k/M)^j$，因此那样的盒子的数量平均就为

$$\sum_{j \geq 0}\left(\frac{k}{M}\right)^j = \frac{1}{1-k/M} = \frac{M}{M-k}$$

对 k 求和可得出和前面一样的结果 MH_M。这个推导所需的计算量比上面的推导要少，但母函数能抓住问题的整体结构，使得计算方差时无须显式地担心所涉及的随机变量间的相关性问题成为可能，并且还能给出完整的概率分布。

习题 9.8　通过部分分式展开 PGF，证明第 N 个球落入最后空瓮中的概率也可以由交错和式

$$\sum_{0 \leq j < M}\binom{M}{j}(-1)^j\left(1-\frac{j}{M}\right)^{N-1}$$

来表示。

习题 9.9　给出一个至少收集 N 个盒子而得到 M 种优惠券的一个收藏的全概率表达式。

M-满射的枚举

不存在空瓮的 "球与瓮" 序列（假设有 M 个瓮，即 M-单词中每个字母至少出现一次）叫作 M-满射。这些组合对象在许多场合下存在，因为它们对应于把 N 个物品恰好分成 M 个不同的非空组这样的场景。借由符号化方法来为 M-满射确定 EGF 是非常容易的，只需把 9.2 节关于单词的推导稍微进行调整即可。一个 M-满射是一个由非空瓮组成的 M-序列，因此我们有如下的组合构造

$$\mathcal{F}_M = SEQ_M(SET_{>0}(\mathcal{Z}))$$

通过定理 5.2，上式可立即被转换到 EGF 方程

$$F_M(z) = (e^z - 1)^M$$

这是一个关于第二类 Stirling 数的指数母函数（见表 3.6）。因此，我们就证明了长度为 N 的 M-满射的个数为

$$N![z^N](e^z-1)^M = M!\begin{Bmatrix} N \\ M \end{Bmatrix}$$

此外，从组合的定义出发，第二类 Stirling 数是对"把 N 个元素分成 M 个子集的划分方式"的枚举，这也是能得到相同结果的一个直接证明，因为这些集合的 $M!$ 个次序中的每个都产生了一个满射。

满射的枚举

我们稍微离题片刻来考虑一下"满射"，它已经在组合论中被深入地研究过了。这里的满射是指一个单词，对于某个 M，我们可以定义 M 个字符，而这里的单词就是由这 M 个字符构成的，注意我们要求这 M 个字符中的每一个都在单词中至少出现一次。下面的分析遵从了前面讨论 M-满射时相同的参数设定，这也是一个展示组合分析力量的好例子。一个满射就是一个非空瓮构成的序列，于是我们可以得到组合构造：

$$\mathcal{F} = SEQ(SET_{>0}(\mathcal{Z}))$$

通过定理 5.2，上式可立即被转换到 EGF 方程

$$F(z) = \frac{1}{1-(e^z-1)} = \frac{1}{2-e^z}$$

基本的复渐近分析（见资料[14]）为系数的渐近分析提供了结果，由此可得长度为 N 的满射的数量为

$$N![z^N]F(z) \sim \frac{N!}{2\ln 2}\left(\frac{1}{\ln 2}\right)^N$$

习题 9.10　考虑 M-满射间的"最大"构造：给定一个长度为 N 的 M-满射，考虑通过去掉 M 的所有出现而形成的 $(M-1)$-满射。求使用此种构造的满射的 EGF。

习题 9.11　编写一个程序，以 N 和 M 作为参数，打印出所有长度为 N 的 M-满射，只要这样的对象个数小于 1000 就要打印。

习题 9.12　利用二项式定理展开 $(e^z-1)^M$，证明

$$N![z^N]F_M(z) = \sum_j \binom{M}{j}(-1)^{M-j}j^N = M!\begin{Bmatrix} N \\ M \end{Bmatrix}$$

（见习题 9.8。）

习题 9.13　证明：把 N 个元素分成非空子集的方式数为

$$N![z^N]e^{e^z-1}$$

（该结果定义了一个所谓的 Bell 数。）

习题 9.14　证明

$$N![z^N]e^{e^z-1} = \frac{1}{e}\sum_{k\geq 0}\frac{k^N}{k!}$$

习题 9.15　证明关于第二类 Stirling 数的双变量 EGF 为 $\exp(u(e^z-1))$。

习题 9.16　应用"最大"构造来求长度为 N 的 M-单词的个数时可以导出递归式

$$F_{NM} = \sum_{0\leq k\leq M}\binom{N}{k}F_{(N-k)(M-1)}$$

说明如何利用 BGF 来求解这个递归。

缓存算法

优惠券收集者的结果是经典的,在对多种有用的算法进行分析时,其有着直接的意义。例如,考虑一个"请求分页"系统,其中 k-page 缓存通过保存 k 个最新访问过的页来增强 M-page 内存的性能。如果"页访问"是随机的,那么优惠券收集者分析将会给出在缓存被填满之前的访问次数。由定理 9.2 的证明中给出的 $P_{MK}(z)$ 的计算,我们可以立即得出如下结论:在一个 M-page 的内存系统中,一个大小为 k 的缓存被填满之前,页访问的平均次数是 $M(H_M - H_{M-k})$,假定页访问是独立且均匀分布的。特别的是,尽管在所有的页都命中之前,缓存器已取得了 $M \ln M$ 次访问,但是大小为 αM 的缓存器在大约 $M \ln(1/(1-\alpha))$ 次访问后才被填满。例如,一个大小为 $M/2$ 的缓存器在大约进行了 $M \ln 2 \approx 0.69M$ 个页访问后将被填满,这会带来 19% 的空间节省。在实际应用中,访问并不是随机的,而是彼此相关并且不均匀分布的。例如,最近访问的页很可能被再次访问,这便会导致因缓存节省了更多的资源。因此,对实际情况的分析应给出比高速缓存效率低一些的下界。此外,这样的分析也为在非均匀概率模型下进行"现实的"分析提供了一个起点(见参考资料[10])。

生日问题和优惠券收集者问题出现在用球装填容器过程中的两个相反端点上。在生日问题中,我们向容器中加入球并观察第一次在某个容器中出现超过一个球的情况,平均而言,这要耗用大约 $\sqrt{\pi M/2}$ 步。继续加入球,平均约 $M \ln M$ 步后,最终每个容器中都至少被放入一个球,实现了收集者问题的结果。在这两个结果之间,当 $M = N$ 时,我们将在下一节中看到大约有 $1/e \approx 36\%$ 的容器是空的,而且其中的一个容器中大约有 $\ln N / \ln \ln N$ 个球。

这些结果对散列算法有着各种实际的启示。首先,生日问题暗示冲突往往会在早期出现,所以必须设计解决冲突的策略。其次,填充的过程往往很不均衡,会导致出现相当多的空链表和几个长链表(几乎是对数长度)。第三,直到进行相当多次的插入操作之后,空链表才可能完全消失。

在参考资料[9],以及 Flajolet、Gardy 和 Thimonier 在 1992 年发表的论文[10]中,就生日问题、优惠券收集者问题及其相关的应用给出了更多的细节。

9.4　占据限制与极值参数

解决生日问题牵涉了对排列进行枚举的问题(即单词数量的计数,对这些单词的要求是没有一个字符会在一个单词中出现两次),解决优惠券收集者问题牵涉了对满射进行枚举的问题(即单词数量的计数,对这些单词的要求是字符表里的每个字符都要在每个单词中至少出现一次)。本节,我们将描述这两个关于单词的枚举问题的一般化推广。

在第 7 章中,我们讨论过带有环长约束的排列枚举问题;在第 8 章中,我们又讨论了带有连续位模式约束的位串的枚举问题。这里,我们将利用类似的技巧讨论带有字符出现频率约束的单词枚举问题,或者等价地说,带有占据约束的"球与瓮"配置问题,或带有冲突频率约束的散列序列,或带有取值范围频率约束的函数。

表 9.5 给出了 3-单词的情形。表中前 4 行给出了任何一个字符的出现不多于 1、2、3 和 4 次时的 3-单词数量,后 4 行给出了每个单词至少出现 1、2、3 和 4 次的 3-单词数量。(第 5 行对应于 3-满射,它是 OEIS A001117 [35]。)所给出的数是频数计数,因此,把每一项除以 M^N 就可以得到表 9.3。表 9.5 中球的数字 4 这一列对应于表 9.2。通过符号化方法,这些数字之间的许多联系可以被很容易地揭示。

表 9.5 带有字符出现频率约束的 3-单词的统计或带有占据约束的 3 个瓮中球的配置或
带有冲突频率约束的散列序列（表的大小为 3）

频率	球 →	1	2	3	4	5	6	7	8	9	10	11	12
< 2		3	6	6									
< 3		3	9	24	54	90	90						
< 4		3	9	27	78	210	510	1050	1680	1680			
< 5		3	9	27	81	240	690	1890	4830	11130	22050	34650	34650
> 0			6	36	150	540	1806	5796	18150	55980	171006	519156	
> 1					90	630	2940	11508	40950	125100	445896		
> 2							1680	12600	62370	256410			
> 3									34650				

最大占据

对于一个最多出现 k 次的给定字符，由其组成的单词的 EGF 是 $1 + z + z^2/2! + \ldots + z^k/k!$。因此，

$$(1 + z + z^2/2! + \ldots + z^k/k!)^M$$

是 M 个不同字符所构成的单词的 EGF（要求每一个字符在单词中最多只能出现 k 次）。这是对标记对象符号化方法的一个直接应用。去掉关于 k 的约束便可得到 EGF 为

$$(1 + z + z^2/2! + \ldots + z^k/k! + \ldots)^M = e^{zM}$$

于是长度为 N 的 M-单词的总数就是 $N![z^N]e^{zM} = M^N$，这个结果同我们所期望的结果一致。取 $k=1$，则给出 EGF 为

$$(1 + z)^M$$

这就是说，如果单词中的每个字符至多出现 1 次（即没有重复），那么这样的单词数是

$$N![z^N](1 + z)^M = M(M-1)(M-2)\ldots(M-N+1) = N!\binom{M}{N}$$

这个量也被称为从 M 个可能的元素中抽选 N 个元素的所有排列数，或有序的组合数。将排列数除以 M^N，就能得到定理 9.1 中关于生日问题的概率分布，并且符号化方法的使用提供了一个简单直接的泛化方法。

定理 9.3（最大占据） 在长度为 N 的单词中，其中每个字符最多出现 k 次，这样的单词的个数为

$$N![z^N]\left(1 + \frac{z}{1!} + \frac{z^2}{2!} + \ldots + \frac{z^k}{k!}\right)^M$$

特别的是，当 $k=1$ 时，排列数是 $N!\binom{M}{N}$。

证明：见上面的讨论。

在表 9.5 中，上半部分的数字与 $1 \leqslant k \leqslant 4$ 时计算的这些 EGF 的系数相对应。例如，第三行对应于展开式

$$\left(1 + z + \frac{z^2}{2!}\right)^3 = 1 + 3z + \frac{9}{2}z^2 + 4z^3 + \frac{9}{4}z^4 + \frac{3}{4}z^5 + \frac{1}{8}z^6$$

$$= 1 + 3z + 9\frac{z^2}{2!} + 24\frac{z^3}{3!} + 54\frac{z^4}{4!} + 90\frac{z^5}{5!} + 90\frac{z^6}{6!}$$

习题 9.17 为 M-单词找到 EGF，其中所有字符的频数均等。

习题 9.18 证明：对所有的 $k \geqslant 0$，把 $M(k+1)$ 个球分布到 M 个瓮中，并且所有瓮中的球数

都大于 k，这样的分配方式数等于把 $M(k+1)-1$ 个球分布到 M 个瓮中，所有瓮中的球数都小于 $(k+2)$ 的分配方式数（见表 9.5）。对这个量给出一个阶乘商的形式的显式公式。

习题 9.19 把球抛入 N 个瓮中，在第二个冲突发生以前，所抛入球数的期望是多少？这里我们假定"冲突"指的是事件"球落入一个非空的瓮中"。

习题 9.20 把球抛入 N 个瓮中，在第二个冲突发生以前，所抛入球数的期望是多少？这里我们假定"冲突"指的是事件"球落入一个恰好只有一个球的瓮中"。

习题 9.21 对于 M-单词，其中不存在同一字母出现三次的情况，请为这样的 M-单词的个数给出一个显式表达式。

习题 9.22 像图 9.4 那样，为三人同生日的概率画出一个曲线图。

习题 9.23 对 $M=365$，需要有多少人时才能保证有 50% 的把握使三人具有相同的生日？4 人又如何？

最小占据

通过与上面关于最大占据类似的论证可以得出，单词中每个字符最少出现 k 次，那么这样的单词的 EGF 为

$$(e^z - 1 - z - z^2/2! - \ldots - z^k/k!)^M$$

特别的是，取 $k=1$，为 M-满射给出 EGF，或者 M 个字符其中每个至少出现一次的单词数量，又或者面对 M 个瓮时球与瓮序列的数量（以上实例中没有空的情况）：

$$(e^z - 1)^M$$

因此，我们考虑上一节中有关优惠券收集者问题的一个推广。

定理 9.4（最小占据） 长度为 N 的单词，其中每个字母至少出现 k 次，那么这样的单词数量为

$$N![z^N]\left(e^z - 1 - \frac{z}{1!} - \frac{z^2}{2!} - \ldots - \frac{z^{k-1}}{(k-1)!}\right)^M$$

特别的是，长度为 N 的 M-满射，其数量为

$$N![z^N](e^z - 1)^M = M!\begin{Bmatrix} N \\ M \end{Bmatrix}$$

证明：参见先前的讨论。

表 9.5 中下半部分的数字对应于这些 EGF 的计算系数。例如，倒数第三行对应于展开式

$$(e^z - 1 - z)^3 = \left(\frac{z^2}{2} + \frac{z^3}{6} + \frac{z^4}{24} + \frac{z^5}{120} + \cdots\right)^3$$
$$= \frac{1}{8}z^6 + \frac{1}{8}z^7 + \frac{7}{96}z^8 + \frac{137}{4320}z^9 + \frac{13}{1152}z^{10} + \cdots$$
$$= 90\frac{z^6}{6!} + 630\frac{z^7}{7!} + 2940\frac{z^8}{8!} + 11508\frac{z^9}{9!} + 40950\frac{z^{10}}{10!} + \cdots$$

至于最大占据，母函数简明地描述了这些值的计算。

表 9.6 根据定理 9.3 和定理 9.4，对涉及带有字母频数约束的单词枚举问题的母函数给出了一个总结。定理 9.3 和定理 9.4 与定理 7.2 和定理 7.3（它们是关于带有环长约束的排列问题的定理）是相对应的。这 4 个定理，包括排列、满射、对合、错位排列的分析以及它们的推广，都是值得我们回顾的，因为它们对大量的基本组合结构和经典的枚举问题给出了一种统一的描述形式。

表 9.6 带有字母频数约束的单词的 EGF，或带有占据约束的球与瓮配置，或带有冲突频数约束的散列序列

一个瓮，占据 k	$z^k/k!$
所有单词	e^{zM}
所有占据 > 1 (surjections)	$(e^z - 1)^M$
所有占据 $> k$	$(e^z - 1 - z - z^2/2! \ldots - z^k/k!)^M$
无占据 > 1 (arrangements)	$(1 + z)^M$
无占据 $> k$	$(1 + z + z^2/2! + \ldots + z^k/k!)^M$

对定理 9.3 和定理 9.4 中函数的渐近值进行特征化，会涉及对多元渐近问题的阐述，其中的每个函数根据所考虑的取值范围都会有不同的渐近体系。这也可以看成是我们对二项分布处理方法的一种推广（见第 4 章以及下面的讨论），其中，不同的近似被用于参数值的不同取值范围。举例来说，对于固定的 M，随着 $N \to \infty$，系数 $[z^N](1+z+z^2/2)^M$ 最终将趋于 0。与此同时，对于固定的 M，系数和为 $(5/2)^M$，并在 $5M/4$ 附近达到一个峰值，并且在峰值附近可以得到一个关于系数的正态近似。因此，当 M 和 N 成比例时，会存在一些有意思的区域。类似的，随着 $N \to \infty$，对于固定的 M，考虑 $[z^N](e^z - 1 - z)^M$。此处，我们对每个值至少假定出现两次的函数的个数进行计数。然而，这些函数中除了极少的一部分，绝大部分将对所有值假定至少出现两次（实际上大约是 N/M 次）。因此，这个系数会渐近到 $[z^N](e^z)^M$。此外，当 N 增大并变到 $O(N)$ 时，将会出现一个有趣的转变。正如在参考资料[28]中 Kolchin 详细讨论的那样（也可以见参考资料[14]），这些渐近分析的结果可以被鞍点法最好地量化。

习题 9.24 求每个瓮被投入至少两个球之前，所有 M 个瓮中已经投入的球的平均数。

习题 9.25 当 N 个球被分配到 M 个瓮中时，为最小期望占据的指数 CGF 推导出一个表达式。列表展示当 M 和 N 均小于 20 时，表达式的值。

最大期望占据

当 N 个球被随机分布到 M 个瓮中时，瓮中最大球数的平均值是多少？这是一个极值参数，类似于我们已经遇到过的另外几个极值参数。正如我们对树高以及排列中的最大环长所做过的一样，我们可以利用母函数来计算最大占据。

由定理 9.4 可知，我们可以写出关于"球与瓮"配置中至少有一个瓮的占据大于或等价 k 的母函数关于那些最大占据大于 k 的母函数：

$$e^{3z} - (1)^3 = 3z + 9\frac{z^2}{2!} + 27\frac{z^3}{3!} + 81\frac{z^4}{4!} + 243\frac{z^5}{5!} + \ldots$$

$$e^{3z} - (1+z)^3 = 3\frac{z^2}{2!} + 21\frac{z^3}{3!} + 81\frac{z^4}{4!} + 243\frac{z^5}{5!} + \ldots$$

$$e^{3z} - \left(1 + z + \frac{z^2}{2!}\right)^3 = 6\frac{z^3}{3!} + 27\frac{z^4}{4!} + 153\frac{z^5}{5!} + \ldots$$

$$e^{3z} - \left(1 + z + \frac{z^2}{2!} + \frac{z^3}{3!}\right)^3 = 3\frac{z^4}{4!} + 33\frac{z^5}{5!} + \ldots$$

$$e^{3z} - \left(1 + z + \frac{z^2}{2!} + \frac{z^3}{3!} + \frac{z^4}{4!}\right)^3 = 3\frac{z^5}{5!} + \ldots$$

$$\vdots$$

我们对它们求和，以得到当球分布到 3 个瓮里时，（累积）最大占据的指数 CGF 为

$$3z + 12\frac{z^2}{2!} + 54\frac{z^3}{3!} + 192\frac{z^4}{4!} + 675\frac{z^5}{5!} + \ldots$$

将其除以 3^N，即可得到表 9.3 中所给出的平均值。总的来说，平均的最大占据可由下式给出：

$$\frac{N!}{M^N}[z^N]\sum_{k\geqslant 0}\left(\mathrm{e}^{Mz} - \left(\sum_{0\leqslant j\leqslant k}\frac{z^j}{j!}\right)^M\right)$$

参考资料[16]证明了当 N 和 M 以 $N/M = \alpha$ 的方式趋于无穷时（其中 α 为常数，上述结果中的主项与 α 无关），上面的量值将趋近于 $\ln N/\ln\ln N$。因此，举例来说，当使用程序 9.1 时，平均而言，最长链表的长度将是 $\ln N/\ln\ln N$。

习题 9.26　在一个随机的单词中，由连续相等的元素构成的块的平均值是多少？

习题 9.27　分析单词中的"上升"和"游程"（见 7.1 节）。

9.5　占据分布

对于一个给定的字符，它在一个长度为 N 的 M-单词中恰好出现 k 次，此类事件的概率为

$$\binom{N}{k}\left(\frac{1}{M}\right)^k\left(1 - \frac{1}{M}\right)^{N-k}$$

这个式子可以通过一个直接的计算建立起来：二项分布系数给出了位置选取上的计数，第二个因子是那些字母具有给定值的概率，第三个因子是其他字母不具有给定值的概率。我们在第 4 章中曾经详细地研究过这个分布，也就是我们熟知的二项分布，在本书中，我们已经在多种不同的场合下遇到过这个分布了。例如，表 4.6 给出了当 $M=2$ 时的值。表 9.7 展示了另一个例子，即当 $M=3$ 时相对应的值；该表中的第 4 行与表 9.2 相对应。

表 9.7　对于 $M=3$ 时的占据分布 $M = 3$: $\binom{N}{k}(1/3)^k(2/3)^{N-k}$

Pr{N 个球被分布到 3 个瓮之后，一个瓮中盛有 k 个球}

N $\downarrow$ $k\to$	0	1	2	3	4	5	6
1	0.666667	0.333333					
2	0.444444	0.444444	0.111111				
3	0.296296	0.444444	0.222222	0.037037			
4	0.197531	0.395062	0.296296	0.098765	0.012346		
5	0.131687	0.329218	0.329218	0.164609	0.041152	0.004115	
6	0.087791	0.263375	0.329218	0.219479	0.082305	0.016461	0.001372

两个不同变量（球数和瓮数）的引入，以及对分布的不同部分的关注，意味着我们需要对特定应用准确地刻画出分布的特性。球与瓮的模型所带来的直觉上的启示对于我们达成该目的非常有用。

在这一节中，我们将考查对于多种参数取值时，分布的准确公式和渐近估计。表 9.8 给出了几个样本值。例如，当将 100 个球分布到 100 个瓮中时，我们期望大约在 18 个瓮中盛有 2 个球，然而任何一个瓮中盛有多达 10 个球这样的机会是很小的。另一方面，当 100 个球被分布到 10 个瓮中时，1 个或 2 个瓮中盛有 10 个球的可能性很高（其他瓮中所盛有的球的数量很可能在 7 到 13 之间），但很少有存在盛有 2 个球的瓮的可能。正如我们在第 4 章中所看到的，这些结果

可以用正态分布或泊松分布来近似描述，就我们所感兴趣且具有较大取值范围的量而言，这两种方法对于刻画这种分布都是准确且有用的。

表 9.8 占据分布举例

瓮	球	占据	盛有 k 个球的瓮的平均数量
M	N	k	$M \dbinom{N}{k} \left(\dfrac{1}{M}\right)^k \left(1 - \dfrac{1}{M}\right)^{N-k}$
2	2	2	0.500000000
2	10	2	0.087890625
2	10	10	0.001953125
10	2	2	0.100000000
10	10	2	1.937102445
10	10	10	0.000000001
10	100	2	0.016231966
10	100	2	1.318653468
100	2	2	0.010000000
100	10	2	0.415235112
100	10	10	0.000000000
100	100	2	18.486481882
100	100	10	0.000007006

对于长度为 N 的 M-单词来说，其中每个字符出现 k 次，那么这样的单词总数由下式给出

$$M \binom{N}{k} (M-1)^{N-k}$$

其中的参数描述如下：有 M 个字符；二项式系数用来对索引进行计数，这些索引表示给定值可能出现的位置，第三个因子是其他索引位置可以被其他字符所填充的方法的数量。这就导出了 BGF，和往常一样，我们可以利用它来计算矩。上式除以 M^N 就导出了分布的经典公式，我们在这里将用球与瓮的语言来重述这个公式，并根据第 4 章的内容归纳出一些渐近结果。

定理 9.5（占据分布） 当 N 个球随机分布到 M 个瓮中时，具有 k 个球的瓮的平均数量为

$$M \binom{N}{k} \left(\frac{1}{M}\right)^k \left(1 - \frac{1}{M}\right)^{N-k}$$

当 $k = N/M + x\sqrt{N/M}$ 时，其中 $x = O(1)$，上式为

$$M \frac{\mathrm{e}^{-x^2}}{\sqrt{2\pi}} + O\left(\frac{1}{\sqrt{N}}\right) \quad \text{（正态逼近）}$$

当 $N/M = \alpha > 0$ 固定，且 $k = O(1)$ 时，上式为

$$M \frac{\alpha^k \mathrm{e}^{-\alpha}}{k!} + o(M) \quad \text{（泊松逼近）}$$

证明：参见先前的讨论。上述二项分布逼近是基于第 4 章中的内容（见习题 4.66 和定理 4.7）得到的。

推论　当 $N/M = \alpha$（常数）时，空的瓮数的平均值渐近于 $Me^{-\alpha}$。

推论　每个瓮中的平均球数是 N/M，标准差为 $\sqrt{N/M - N/M^2}$。

证明：用前面给出的累积开销乘以 u^k 和 z^N，我们可以得到 BGF

$$
\begin{aligned}
C^{[M]}(z, u) &= \sum_{N \geqslant 0} \sum_{k \geqslant 0} C_{Nk}^{[M]} z^N u^k = \sum_{N \geqslant 0} \sum_{k \geqslant 0} \binom{N}{k} (M-1)^{N-k} u^k z^N \\
&= \sum_{N \geqslant 0} (M - 1 + u)^N z^N \\
&= \frac{1}{1 - (M - 1 + u)z}
\end{aligned}
$$

上式除以 M^N，或等价地用 z/M 替换 z，可以将这个累积 BGF 转换成一个稍微容易操作的 PGF。对该 PGF 做关于 u 的微分，并在 $u=1$ 处求解，即可得出表 3.6 所示的结果。

$$
[z^N] \frac{\partial C^{[M]}(z/M, u)}{\partial u} \bigg|_{u=1} = [z^N] \frac{1}{M} \frac{z}{(1-z)^2} = \frac{N}{M}
$$

以及

$$
[z^N] \frac{\partial^2 C^{[M]}(z/M, u)}{\partial u^2} \bigg|_{u=1} = [z^N] \frac{1}{M^2} \frac{z^2}{(1-z)^3} = \frac{N(N-1)}{M^2}
$$

因此，平均值是 N/M，方差是 $N(N-1)/M^2 + N/M - (N/M)^2$，对其进行化简即可得到所述的结果。

备选推导

我们已经使用熟悉的经典方法给出了上述计算，但是符号化方法提供了一个快捷的推导方法。对于一个特定的瓮而言，一个球未被投入该瓮的 BGF 是 $(M-1)z$，而一个球被投入该瓮的 BGF 是 uz。于是，同之前一样，关于球的一个序列，其常规 BGF 是

$$
\sum_{N \geqslant 0} ((M - 1 + u)z)^N = \frac{1}{1 - (M - 1 + u)z}
$$

或者，同之前一样，指数 BGF

$$
F(z, u) = \left(e^z + (u - 1) \frac{z^k}{k!} \right)^M
$$

给出具有 k 个球的瓮的累积数量：

$$
N! [z^N] \frac{\partial F(z, u)}{\partial u} \bigg|_{u=1} = N! [z^N] M e^{(M-1)z} \frac{z^k}{k!} = M \binom{N}{k} (M-1)^{N-k}
$$

占据分布以及二项分布有着各种各样的应用，人们对这两个问题也进行过广泛研究，所以导出上述这些结果的其他方法也有许多。事实上，注意下面这件事是非常重要的：每个瓮中的平均球数——这个看起来似乎是最重要、最需要分析的量——是与分布完全无关的。无论球在瓮中如何分布，累积开销都是 N：统计每个瓮中的球数，然后相加求和以得出总数，就等价于直接统计球数。不论球是否是随机分布的，每个瓮中的平均球数都是 N/M。方差要告诉我们的是：在一个给定的瓮中，其球数是否接近 N/M。

　　图 9.5 和图 9.6 给出了各种不同的 M 值的占据分布。图 9.5 中最下方那组曲线恰好对应于图 4.4，是中心在 1/5 处的二项分布。图 9.6 是对 M 较大时的描述，用泊松逼近比较合适。图 9.6 中下方的两簇极限曲线与图 4.5 中上方的两簇极限曲线是相同的，即关于 $N=60$、$\lambda=1$ 和 $\lambda=2$ 的泊松分布。（图 4.5 中的其他极限曲线描述的是在 $N=60$ 时，关于 $M=20$ 和 $M=15$ 的占据分布。）当 M 相对于 N 变小时，我们就进入图 9.5 所描述的范围内了，在这个范围内用正态逼近是比较合适的。

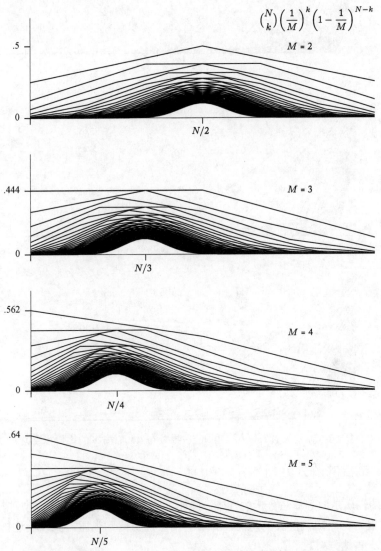

$$\binom{N}{k}\left(\frac{1}{M}\right)^k\left(1-\frac{1}{M}\right)^{N-k}$$

图 9.5　M 较小且 $2 \leqslant N \leqslant 60$ 的占据分布（k 轴按 N 的比例标度）

习题 9.28　当 100 个球被随机分布到 100 个瓮中时，其中的一个瓮得到所有球的概率是多少？

习题 9.29　当 100 个球被随机分布到 100 个瓮中时，每个瓮得到一个球的概率是多少？

习题 9.30　关于空瓮数量平均值的标准差是多少？

习题 9.31　当 N 个球被随机分布到 M 个瓮中时，每个瓮中有偶数个球的概率是多少？

习题 9.32　证明对 $N>1$ 时有
$$C_{Nk}^{[M]} = (M-1)C_{(N-1)k}^{[M]} + C_{(N-1)(k-1)}^{[M]}$$
并由该事实编写一个程序，对任意给定的 M 输出的占据分布。

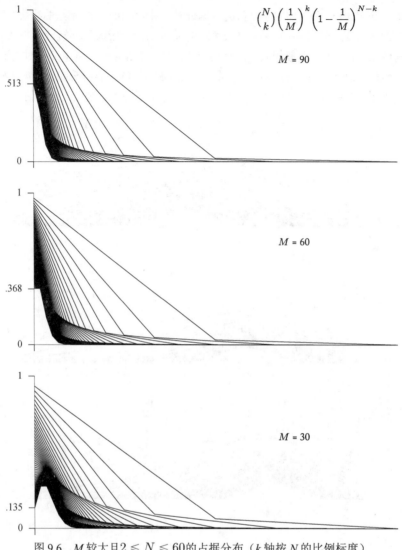

图 9.6　M 较大且 $2 \leqslant N \leqslant 60$ 的占据分布（k 轴按 N 的比例标度）

带有分离链接的散列分析

占据分布的性质是散列算法分析的基础。例如，在一个使用分离链接的散列表中，一次不成功的搜索会涉及对一个随机链表的访问，并且会沿着它访问到表尾。所以，这样的一次搜索，其开销满足一个占据分布。

定理 9.6（带有分离链接的散列）　对于有 N 个键值使用一个大小为 M 的表，平均而言，带有分离链接的散列对不成功的搜索需要进行 N/M 次探查，对成功的搜索需要进行 $(N+1)/(2M)$ 次探查。

证明：对于失败的搜索，其结果可以直接从前面的分析中得出。访问表中的一个键值的开销和把这个键值存入表中的开销是相同的，因此，一次成功搜索的平均开销就是在建表过程中所有失败搜索的平均开销，在这种情况下，即

$$\frac{1}{N} \sum_{1 \leqslant k \leqslant N} \frac{k}{M} = \frac{N+1}{2M}$$

失败搜索和成功搜索二者开销之间的这种关系对许多搜索算法成立，包括二叉搜索树在内。

切比雪夫不等式表明：对于 1000 个键值来说，我们可能要使用 100 个链表，且期望每个链表中有 10 个数据项，这样便会有至少 90%的把握保证一次搜索所检查的项数不会超过 20 个。对 100 万个键值来说，我们可能要使用 1000 个链表，而切比雪夫不等式表明至少会有 99.9%的把握保证一次搜索所检查的项数不会超过 2000 个。尽管切比雪夫界在一般情况下都是适用的，但在当前这种情况下，这个界还是相当粗糙的，我们可以通过直接的数值计算来证明：探查次数超过 1300 次的概率的量级为 10^{-20}，探测次数超过 2000 次的概率的量级为 10^{-170}。或者，通过一个关于 100 万键值和表长为 1000 的泊松近似也可以得出上述结果。

此外，我们还能知道有关散列结构的许多其他性质，它们可能相当有趣。例如，图 9.7 所示的是函数 $e^{-\alpha}$ 的图形，它告诉我们：空链表的百分比是键值个数与链表个数之比的一个函数。这样的信息对于我们把一个算法调整到最佳性能很有指导意义。

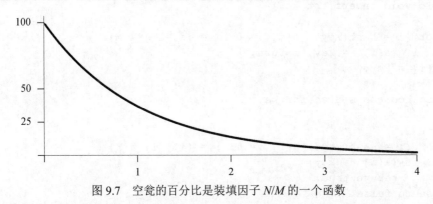

图 9.7　空瓮的百分比是装填因子 N/M 的一个函数

受上面两项观察结果的启发，人们设计出了许多基本分离链接方案的改进版本，它们已经被用于节省空间上的开支。其中最引人注意的一个方案就是联合散列法（coalesced hashing），参考资料[37]给出了这个方法的详细分析（也可见参考资料[25]）。在实际情况中，该方法是对一组性能参数值进行分析应用的一个绝佳范例。

习题 9.33　对 1000 个键值而言，当 M 为何值时将会使得带有分离链接的散列比二叉搜索树访问的键值要少？对 100 万个键值而言又如何呢？

习题 9.34　在带有分离链接的散列中，进行成功搜索所需的比较次数的标准差是多少？

习题 9.35　当散列表中的链表有序时（因此当发现一个键值大于要搜索的键值时，可以将一次搜索截短），确定一次搜索的比较次数的平均值和标准差。

习题 9.36　[Broder 和 Karlin]分析程序 9.1 的下列变形：计算两个散列函数，将键值存入两个链表中较短的那个中。

9.6　开放寻址散列法

在带有分离链接的散列中，如果取 $M=O(N)$，那么搜索时间就是常数，但是这会使用大量的空间，并以指针的形式来维护数据结构。所谓的开放寻址法不使用指针，它在大小等于 M 的表内（$M \geq N$）为 N 个键值（组成的集合）直接寻址。

生日悖论告诉我们对具有相同哈希值的某些键值来说，它们并不需要一个很大的表，因此冲突解决策略就需要被用来决定如何处理这样的矛盾。

线性探查

或许最简单的策略就是线性探查：将所有的键值存储在一个大小为 M 的数组中，然后用键值的哈希值作为数组内元素的索引。当向表中插入一个键值时，如果指定的位置（由散列值给定）已经被占用，那么就简单地检查前一个位置。如果前一个位置也被占用了，就检查再前面的一个位置，如此继续下去直至找到一个空位。（如果到达表的起始位置，则简单地循环至其尾部。）在球与瓮的模型中，我们可以把线性探查想象成一种弹子机：当一个瓮中已被填入一个球时，一个新球就会向左边跳，直至找到一个空瓮为止。程序 9.2 给出了关于线性探查的搜索和插入的一个实现。程序中假定散列函数不会返回零值，因此零可以用来作为散列表中空位的标记。

程序 9.2　使用线性探查的散列

```
public void insert(int key)
{
   for (i = hash(key); a[i] != 0; i = (i - 1) % M)
     if (a[i] == key) return;
   a[i] = key;
}
public boolean search(int key)
{
   int i;
   for (i = hash(key); a[i] != 0; i = (i - 1) % M)
     if (a[i] == key)
         return true;
   return false;
}
```

稍后，我们会看到线性探查对一个几乎已满的表来说表现很差，但对一个有着足够多空位的表来说表现却相当不错。随着表越填越满，键值倾向于"聚集"在一起，以至于为了搜索到一个空位，必须产生相当长的链。图 9.8 给出了一个利用线性探查法填满表格的例子，其中最后两次插入时发生了聚集。避免聚集的一个简单办法是：每当发现一个表项已被占满时，不是查看前一个位置，而是查看前面第 t 个位置，其中 t 是由第二个散列函数计算出来的值。这种方法叫作双散列法（double hashing）。

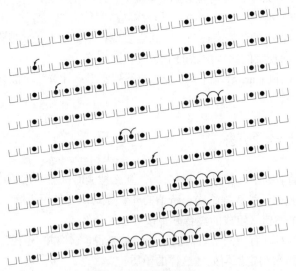

图 9.8　线性探查法

均匀散列

因为链表之间具有相互依赖性，所以线性探查和双散列法都很难进行分析。一个简单的近似模型就是假定大小为 M 的表中 N 个关键字的每个占据配置都是等可能发生的。这等价于假设一个散列函数产生一个随机排列，并且按随机次序检查散列表中的位置（键值不同则次序也不同），直到找到一个空位为止。

定理 9.7（均匀散列） 对 N 个键值使用大小为 M 的表，利用均匀散列时，平均用于成功搜索和失败搜索的探查次数分别是

$$\frac{M+1}{M-N+1} 和 \frac{M+1}{N}(H_{M+1} - H_{M-N+1})$$

证明：从被散列到的位置开始，如果 $k{-}1$ 个表位都是满的，而第 k 个位置是空的，那么一次成功的搜索需要 k 次探查。这里的 k 个位置和 $k{-}1$ 个键值表明：满足这种情况的配置数就是把其余 $N{-}k{+}1$ 个键值分配到其余 $M{-}k$ 个位置上的方式数。因此，在所有占据配置中，失败搜索的总开销是

$$\sum_{1 \leq k \leq M} k \binom{M-k}{N-k+1} = \sum_{1 \leq k \leq M} k \binom{M-k}{M-N-1} = \binom{M+1}{M-N+1}$$

（见习题 3.34），将上式除以总的配置数，便可得到失败搜索的平均开销是 $\binom{M}{N}$。

成功搜索的平均开销可以像定理 9.6 中的证明那样，通过求失败搜索的开销的平均值而获得。

因此，当 $\alpha = N/M$ 时，成功搜索的平均开销渐近于 $1/(1-\alpha)$。由直觉可知，对较小的 α，第一个要检查的单元已满的期望概率为 α，前两个要检查的单元已满的期望概率为 α^2，以此类推，于是平均开销应该渐近于

$$1 + \alpha + \alpha^2 + \alpha^3 + \ldots$$

在均匀性假设下，这一分析证实了直觉上的结论。和定理 9.6 中的证明一样，成功搜索的平均开销可以通过对失败搜索的平均开销求平均值计算出来。

均匀散列算法是不现实的，因为对每个键值独立地生成一个随机排列的开销太大，然而相应的模型确实为其他冲突解决策略提供了一个性能目标。双散列法就是一种对这样的"随机"冲突解决策略进行近似的尝试，事实也表明，其性能近似于均匀散列的结果，不过在过去的很多年里，导出这一结果曾经是非常困难的（见参考资料[19]以及 Lueker 和 Molodowitch 的著作[29]）。

线性探查法的分析

线性探查是一种基本的搜索方法，对聚集现象进行解析性的解释明显是值得关注的。Knuth 率先给出了该算法的分析[26]，他在一个脚注中声称这个推导对他著作的构架有着重要影响。因为他的著作在算法的数学分析上，无疑对研究架构有着强烈影响，我们就以呈现 Knuth 的经典推导作为开始。这个推导也是一个展示简单算法如何引出有趣而又不平凡的数学问题的原型范例。

遵照 Knuth 的方法，我们定义三个量，它们将被用来为失败搜索的累积开销推导出一个准确的表达式：

f_{NM}={0 位为空的单词的个数}

g_{NMk}={0 位和 $k{+}1$ 位为空，1 位至 k 位为满的单词的个数}

p_{NMj}={插入第 $N{+}1$ 个关键字需要 $j{+}1$ 步的单词的个数}

和以往一样，文中的单词是指长度为 N 的 M-单词，也就是哈希值的序列，而且我们假设其

中的哈希值是等可能的，每个出现的概率为$1/M^N$。

第一，由于位置 0 为空与其他任意位置为空是等可能的，我们为f_{NM}给出一个显式的表达式。这M^N个散列序列中的每一个都留下$M-N$个空的表位置，其总数为$(M-N)M^N$，除以M之后可得

$$f_{NM} = (M-N)M^{N-1}$$

第二，可以利用该结果得到一个关于g_{NMk}的显式表达式。空位置把每个要计入总数的散列序列分成独立的两部分：一部分是含有 k 个元素的序列，它把 k 个元素哈希到位置 0 至 k 中，并且将 0 位置留空；另一部分是含有$N-k$个元素的序列，它把$N-k$个元素哈希到位置$k+1$至$M-1$上，并且将$k+1$位置留空。因此

$$\begin{aligned} g_{NMk} &= \binom{N}{k} f_{k(k+1)} f_{(N-k)(M-k-1)} \\ &= \binom{N}{k}(k+1)^{k-1}(M-N-1)(M-k-1)^{N-k-1} \end{aligned}$$

第三，只要散列位置在 k 个连续非空单元所构成的块的第 k 个位置上（其中，块的两端均由空单位所界定），那么对于第$N+1$个键值的插入，一个单词将涉及$j+1$步（其中，$k \geqslant j$）。再根据循环对称性，这样的单词的个数为g_{NMk}，于是有

$$p_{NMj} = \sum_{j \leqslant k \leqslant N} g_{NMk}$$

现在，我们可以像先前那样，利用累积计数p_{NMj}来计算搜索的平均开销。因为关于失败搜索的累积开销为

$$\begin{aligned} \sum_{j \geqslant 0}(j+1)p_{NMj} &= \sum_{j \geqslant 0}(j+1)\sum_{j \leqslant k \leqslant N} g_{NMk} = \sum_{k \geqslant 0} g_{NMk} \sum_{0 \leqslant j \leqslant k}(j+1) \\ &= \frac{1}{2}\sum_{k \geqslant 0}(k+1)(k+2)g_{NMk} \\ &= \frac{1}{2}\sum_{k \geqslant 0}\left((k+1)+(k+1)^2\right)g_{NMk} \end{aligned}$$

因此，对于线性探查中失败的搜索而言，其平均开销为

$$\frac{1}{2}(S_{NM1}^{[1]} + S_{NM1}^{[2]})$$

其中

$$S_{NMt}^{[i]} \equiv \frac{M-t-N}{M^N}\sum_{k}\binom{N}{k}(k+t)^{k-1+i}(M-k-t)^{N-k-i}$$

这个令人望而却步的函数实际上通过阿贝尔（Abel）等式（3.11 节中的习题 3.66）是非常容易得出的。这便立刻推出了如下结果

$$tS_{NMt}^{[0]} = 1 - \frac{N}{M}$$

对于较大的 i，通过消去$(k+t)$的一个因子，易证明

$$S_{NMt}^{[i]} = \frac{N}{M}S_{(N-1)M(t+1)}^{[i]} + tS_{NMt}^{[i-1]}$$

因此，

$$S_{NMt}^{[1]} = \frac{N}{M} S_{(N-1)M(t+1)}^{[1]} + 1 - \frac{N}{M}$$

其解为

$$S_{NMt}^{[1]} = 1$$

这正是我们所期望的，因为 $S_{NM1}^{[1]} = \sum_k (p_{NMk})/M^N$ 就是一个概率的和。最终，对于 $i = 2$，我们有

$$S_{NMt}^{[2]} = \frac{N}{M} S_{(N-1)M(t+1)}^{[2]} + t$$

其解为

$$S_{NM1}^{[2]} = \sum_{0 \leqslant i \leqslant N} i \frac{N!}{M^i (N-i)!}$$

定理 9.8（线性探查散列法）　使用一个包含 N 个键值、大小为 M 的表时，对于一次成功的搜索而言，线性探查需要

$$\frac{1}{2} + \frac{1}{2} \sum_{0 \leqslant i < N} \frac{(N-1)!}{M^i (N-i-1)!} = \frac{1}{2}\Big(1 + \frac{1}{1-\alpha}\Big) + O\Big(\frac{1}{N}\Big)$$

次探查。而对于一次失败的搜索，平均而言，需要

$$\frac{1}{2} + \frac{1}{2} \sum_{0 \leqslant i \leqslant N} i \frac{N!}{M^i (N-i)!} = \frac{1}{2}\Big(1 + \frac{1}{(1-\alpha)^2}\Big) + O\Big(\frac{1}{N}\Big)$$

次探查。这个渐近形式在 $\alpha = N/M$ 时成立，其中 $\alpha < 1$。

证明：参见前面的讨论。像往常一样，一次成功搜索的表达式可以通过对一次失败搜索的结果求平均来获得。

如果 α 严格小于 1，那么和就跟定理 4.8 中的 Ramanujan Q-函数相同，使用拉普拉斯方法来进行估计就不困难了。我们有

$$\sum_{0 \leqslant i \leqslant N} \frac{N!}{M^i (N-i)!} = \sum_{0 \leqslant i \leqslant N} \Big(\frac{N}{M}\Big)^i \frac{N!}{N^i (N-i)!}$$

将此和式拆分成两部分，我们可以利用该和式中的项在 $i > \sqrt{N}$ 时开始变小且可以忽略不计这一事实，证明这个和式为

$$\sum_{i \geqslant 0} \Big(\frac{N}{M}\Big)^i \Big(1 + O\Big(\frac{i^2}{N}\Big)\Big) = \frac{1}{1-\alpha} + O\Big(\frac{1}{N}\Big)$$

对上述式子加 1 再除以 2，即可得到关于成功搜索所给出的结果。运用类似的计算将得到关于一次失败搜索所给出的估计结果。

推论　对一个满表执行一次成功的搜索，在这个过程里，线性探查所检查的表中条目的平均个数是 $\sqrt{\pi N/2}$。

证明：令 $M = N$，恰好得到 Ramanujan Q-函数，其近似值已在定理 4.8 中被证明。

尽管这个解的形式相对比较简单，但是对研究者来说，利用分析组合学对线性探查的平均开销进行推导，多年以来仍然是较大的挑战。分析中出现的各种量之间有着许多有趣的关系。例如，如果我们用 z^{N-1} 乘以定理 9.8 中关于成功搜索的表达式，然后除以 $(N-1)!$，再对所有的 $N > 0$ 求和，将得到一个相当紧凑的显式结果为

$$\frac{1}{2}\Big(e^z + \frac{e^M}{1 - z/M}\Big)$$

　　这个结果对于线性探查并没有什么直接的意义，因为所定义的量都只在 $N \leq M$ 时有意义，但在组合学解释意义上，此结果看起来可能会是一个不错的选择。

　　受本书第一版[13]中一个脚注所给出的挑战的鼓动，Flajolet、Poblete、Viola 和 Knuth 于 1988 年在两篇论文[12][26]中给出了线性探查法的独立分析组合学方法，这也揭示了该问题的丰富的组合结构。最终的结果提供了一个令人信服的例子，这个例子演示了分析组合学在算法分析中的功用，包含了矩，甚至还有稀疏表和满表中的全分布，这也将该问题同图的连接性、Cayley 树的倒置、树中的路径长度和其他问题联系到了一起。散列算法的分析仍然是一个活跃的研究领域。

　　表 9.9 总结了一些散列方法的渐近性能，这些散列方法都是我们已经讨论过的。该表包含：随着大小 M 和键值个数 N 的增加，以装填因子 $\alpha \equiv N/M$ 的一个函数形式来表示的渐近开销；一个对较小的 α 来说，进行开销估计的函数的展开式；在 α 取标准值时函数的近似值。该表还说明对于较小的 α 而言，所有方法的性能大体上是相同的；当表被占满的程度达到 80% 到 90% 时，线性探查的性能开始下降到令人难以接受的程度；除非表十分满，否则双散列的性能相当接近"最佳"性能（与分离链接法相同）。这些结果以及相关结果对于实际情况中散列的应用都是非常有用的。

表 9.9　散列方法的分析结果

大小为 M 的表中，N 个键值的准确开销：

	成功搜索	失败搜索
分离链	$1 + \dfrac{N}{2M}$	$1 + \dfrac{N}{M}$
均匀散列	$\dfrac{M+1}{M-N+1}$	$\dfrac{M+1}{N}(H_{M-1} - H_{M-N+1})$
线性探查	$\dfrac{1}{2}\left(1 + \displaystyle\sum_k \dfrac{k!}{M^k}\binom{N-1}{k}\right)$	$\dfrac{1}{2}\left(1 + \displaystyle\sum_k k\dfrac{k!}{M^k}\binom{N}{k}\right)$

当 $N, M \to \infty$，$\alpha \equiv N/M$ 时的渐近开销：

	平均	.5	.9	.95	小 α
成功搜索					
分离链	$1 + \alpha$	2	2	2	$1 + \alpha$
均匀散列	$\dfrac{1}{1-\alpha}$	2	10	20	$1 + \alpha + \alpha^2 + \ldots$
双散列法	$\dfrac{1}{1-\alpha}$	2	10	20	$1 + \alpha + \alpha^2 + \ldots$
线性探查	$\dfrac{1}{2}\left(1 + \dfrac{1}{(1-\alpha)^2}\right)$	3	51	201	$1 + \alpha + \dfrac{3\alpha^2}{2} + \ldots$
失败搜索					
分离链	$1 + \dfrac{\alpha}{2}$	1	1	1	$1 + \dfrac{\alpha}{2}$
均匀列散	$\dfrac{1}{\alpha}\ln(1+\alpha)$	1	3	4	$1 + \dfrac{\alpha}{2} + \dfrac{\alpha^2}{3} + \ldots$
双散列法	$\dfrac{1}{\alpha}\ln(1+\alpha)$	1	3	4	$1 + \dfrac{\alpha}{2} + \dfrac{\alpha^2}{3} + \ldots$
线性探查	$\dfrac{1}{2}\left(1 + \dfrac{1}{1-\alpha}\right)$	2	6	11	$1 + \dfrac{\alpha}{2} + \dfrac{\alpha^2}{2} + \ldots$

习题 9.37 求$[z^n]e^{\alpha C(z)}$，其中$C(z)$是 Cayley 函数（见本章中的 9.7 节和 6.14 节末尾的讨论）。

习题 9.38 （阿贝尔二项式定理）运用习题 9.37 的结果以及等式$e^{(\alpha+\beta)C(z)} = e^{\alpha C(z)}e^{\beta C(z)}$，证明

$$(\alpha + \beta)(n + \alpha + \beta)^{n-1} = \alpha\beta \sum_k \binom{n}{k}(k + \alpha)^{k-1}(n - k + \beta)^{n-k-1}$$

习题 9.39 在平均搜索的开销超过$\ln N$之前，一个大小为M的线性探查表中能被插入多少个键值？

习题 9.40 对一个满表使用线性探查法时，计算一次失败搜索的准确开销。

习题 9.41 对于失败搜索，给出其开销的 EGF 的一个显式表达。

习题 9.42 使用符号化方法导出在一次成功的搜索中，对固定M的线性探查所需的探查次数的 EGF。[①]

9.7 映射

散列到一张满表的研究将自然而然地引出对映射性质的考查，这些映射将一个从 1 到 N 的整数集合映射到其自身。对这些内容的研究又将引出一个重要的组合结构，该结构可以被简单地定义，但它包含了在本书中我们所研究过的大部分内容。

定义 一个 N-映射是一个函数 f，它把区间$[1 \ldots N]$中的整数映射到区间$[1 \ldots N]$中。

与单词、排列及树一样，我们还是通过写出映射的功能表来指定一个映射：

索引	1	2	3	4	5	6	7	8	9
映射	9	6	4	2	4	3	7	8	6

和以往一样，我们去掉索引，并把一个映射简单地指定为从 1 到 N 的区间上的 N 个整数所构成的序列（映射的像）。显然，存在 N^N 个不同的映射。我们对排列（第 7 章）和树（第 6 章）曾使用过类似的表示方法——映射作为特例包含了这两种表示法。例如，一个排列就是一个映射，其中像里面的整数是不同的。

自然，我们可以将一个随机映射定义为由 1 到 N 之间变化的 N 个随机整数所构成的序列。我们对随机映射性质的研究很感兴趣。例如，一个随机映射是一个排列的概率为$N!/N^N \sim \sqrt{2\pi N}/e^N$。

像势

映射的某些性质可以从前面一节得出的单词的性质中推导出来。例如，由定理 9.5 可知，映射中出现 k 次的整数，它们的平均数量为$Ne^{-1}/k!$，它是$\alpha = 1$时的泊松分布。我们感兴趣的一个相关问题是出现的不同整数的个数分布，即像势。它等于 N 减去没有出现的整数的个数，或者等于占据模型中"空瓮"的个数，所以根据定理 9.5 的推论，这个数的平均值是$\sim (1 - 1/e)N$。一个简单的计数论证表明，对于像中有 k 个不同整数的映射而言，这些映射个数是$\binom{N}{k}$乘以$k!\begin{Bmatrix} N \\ k \end{Bmatrix}$，其中前者表示选取整数，后者表示势为 k 的像对应的所有满射数。因此有

$$C_{Nk} = k!\binom{N}{k}\begin{Bmatrix} N \\ k \end{Bmatrix}$$

图 9.9 绘制出了这个分布的图示。

[①] 在此处添加脚注是必要的：我们还不知道这道题目的准确答案（见参考资料[26]最后的评注），它或许是无关的，因为在包含线性探查的一大类散列算法的性能这个问题上，我们的确有充分的信息（见参考资料[21]和[36]）。

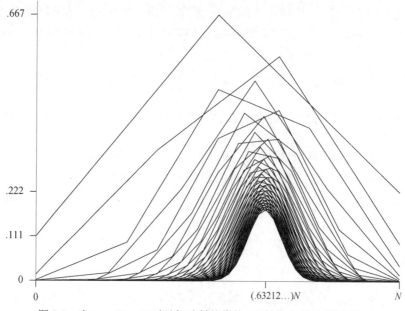

图 9.9 当 $3 \leqslant N \leqslant 50$ 时随机映射的像势（k 轴按 N 的比例标度）

习题 9.43 求像势分布的指数 BGF。

习题 9.44 利用组合学的论证方法，求像势分布的指数 BGF。

习题 9.45 对于一个大小为 N，且像中具有 k 个不同整数的映射，给出一个用来求解这些映射的个数的递归关系，并利用此关系求得一个关于 $N < 20$ 时的值的表。

习题 9.46 对于大小为 N 且具有 k 个不同字母的 M-单词，给出其个数的一个显式表达式。

随机数生成器

一个随机的 N-映射就是一个任意的函数 f，该函数同时以 1 到 N 的整数为定义域和值域，其中所有 N^N 个这样的函数是等可能地取到的。例如，下面的映射由函数 $f(i) \equiv 1 + i^2 \bmod 9$ 所定义。

索引	1	2	3	4	5	6	7	8	9
映射	2	5	1	8	8	1	5	2	1

这样一些函数的一个应用就是去模拟随机数生成器，也就是那些能够产生一系列数字的程序，而这些数字会尽可能像随机挑选出来的一样。具体做法是选择一个满足 N-映射条件的函数，然后从一个被称为种子的初始值开始，通过迭代 $f(x)$ 来产生一个（伪）随机序列。给定一个种子 u_0，我们可以得到序列

$$u_0$$
$$u_1 = f(u_0)$$
$$u_2 = f(u_1) = f(f(u_0))$$
$$u_3 = f(u_2) = f(f(f(u_0)))$$
$$\vdots$$

例如，线性同余的随机数生成器基于

$$f(x) = (ax + b) \bmod N$$

二次随机数生成器基于

$$f(x) = (ax^2 + bx + c) \bmod N$$

二次随机数生成器与平方取中法有着紧密的联系，这一思想可以追溯到冯·诺依曼时代：从一个种子u_0开始，反复对前面生成的数值做平方，然后再抽取中间几位。例如，使用四位十进制数，从种子$u_0 = 1234$开始生成的序列是$u_1 = 5227$（因为$1234^2 = 01522756$），$u_2 = 3215$（因为$5227^2 = 27321529$），$u_3 = 3362$（因为$3362^2 = 10336225$），以此类推。

设计一个线性同余的随机数生成器来产生一个排列（即，它产生N个不同的值之后再重复）是很容易的。读者可查阅参考资料[24]，其中有一套完整的代数理论。

二次随机数生成器比较难于从数学上进行分析。但参考资料[2]已经证明：平均而言，迭代中的二次函数所具有的性质基本上与随机映射的性质相同。Bach 使用了代数几何学中的艰深理论；正如我们将要看到的，到目前为止，在本书已给出的所有技巧的前提下，随机映射的性质相对而言还是稍微容易分析一点的。令人感兴趣的某些量，它们的平均值渐近相等，在此意义下，模数N的二次三项式有N^3个，且我们断定它们代表N^N个随机映射。这种情况类似我们前面曾描述过的双散列情况：在这两个例子中，实际方法（二次生成器、双散列）是通过与随机模型（随机映射、均匀散列）的渐近等价关系来研究的。

换句话说，二次生成器为某项研究提供了一种动机，我们或许可以把这项研究称为随机的随机数生成器，其中随机选择的一个函数通过迭代就变成了一个生成随机数的源泉。事实上，分析的结果却是否定的，因为分析结果表明线性同余的生成器可能要比二次生成器更好一些（因为它们有更长的环），而这些有趣想法的一个结果则是对波拉德的ρ（Pollard rho）算法所进行的设计与分析，这是一个关于整数因子分解的算法，我们将在本节末讨论该问题。

习题 9.47　证明每个随机映射都必须至少有一个环。

习题 9.48　对$N=10$、1000、10000 以及在这些值附近的质数，探索由$f(i) \equiv 1 + (i^2 + 1) \bmod N$所定义的随机映射的性质。

路径长与连通成分

因为把映射应用于其自身的操作是具有完备定义的，这就令我们联想到，如果把映射相继作用于其自身会发生什么情况。在一个映射中，对于每个k，序列

$$f(k), f(f(k)), f(f(f(k))), \ldots$$

都具有确切的定义。该序列具有哪些性质呢？很容易发现，因为只可能有N个不同的值，序列最终必会重复一个值，在那一点处便会形成一个环。例如，如图 9.10 所示，如果我们从$x_0 = 3$处开始，在由

$$f(x) = x^2 + 1 \bmod 99$$

定义的映射中，最终会得到一个成环的序列 1,10,2,5,26,83,59,17,92,50,26,…，这样的序列总会形成一个环，且环的前面还会有一个由某些值所构成的"尾巴"。在这个例子中，环长是 6，尾长是 4。我们对于获知随机映射的环长与尾长都非常感兴趣。

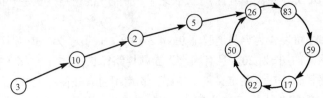

图 9.10　从$x_0 = 3$开始对$f(x) = x^2 + 1 \bmod 99$进行迭代所得的尾部和环

环长和尾长取决于起始点。图 9.11 给出了一种图形表示，它对三个示例映射中的每一个 i，给出了 i 连接到 $f(i)$ 的图示。例如，在位于顶部的那个映射中，如果从 7 开始，我们立刻就陷入了 7,8,7…这个环中，但如果从 1 开始，就会遇到一个 2-元素的尾巴，接着是一个 4-元素的环。这种表示法更清楚地揭示了映射的结构：每一个映射都能分解成一组连通的成分，也就是所谓的连通映射（connected mapping）。每个组成部分都包含一个点集，而这个点集则由围绕着同一个环的所有点构成，且环上的每个点都连带着一棵树，该树则由从该点进入那个环的所有点所构成。从每个单独点的角度来看，我们有一个如图 9.10 所示的那样的尾-圈，但该结构作为一个整体无疑能表达映射的更多信息。

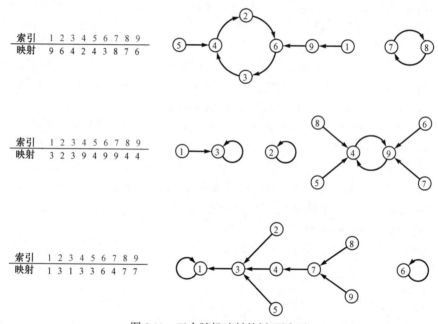

图 9.11　三个随机映射的树-环表示

映射对排列进行了推广，在排列中我们限定，在一个变化范围内每个元素必须出现一次，这就导致形成了一组环。在与排列相对应的映射中，所有尾部的长都是 0。如果一个映射中所有环长都为 1，那么它就对应一个森林。这就自然而然地引起了我们需要考虑路径长度。

定义　映射 f 中关于索引的路径长或 ρ 长是由迭代

$$f(k),\ f(f(k)),\ f(f(f(k))),\ f(f(f(f(k)))),\ \ldots$$

所得到的不同整数的个数。映射 f 中关于一个索引 k 的环长是在迭代中环所达到的长度，映射 f 中关于一个索引 k 的尾长是 ρ 长减去环长，或等价地说，是连接到环时所需的步数。

一个索引的路径长称为 "ρ 长"，因为尾部加上环的形状使人联想到希腊字母 ρ（见图 9.10）。除了这些从单独一个点上可以看出的映射性质，我们也对映射中涉及所有点的全局度量感兴趣。

定义　映射 f 的 ρ 长是 f 中关于所有 k 的 ρ 长之和。映射 f 的树路径长是 f 中关于所有 k 的尾长之和。

因此，根据图 9.11 可以较为容易地验证 964243876 的 ρ 长为 36，并且有大小为 4 的树路径长；323949944 的 ρ 长为 20，且有大小为 5 的树路径长；131336477 的 ρ 长为 27，且有大小为 18 的树路径长。在这些定义下，树路径长度不包含任何环上节点的开销，然而 ρ 长包含结构中每一个节点的整个环长。对于能够成为树的映射，这两个定义都为它们的路径长度提供了标准的概念。

我们很想知道图 9.11 所示的若干结构的以下基本性质。

- 存在多少个环？
- 环上有多少个点，树中有多少个点？
- 平均的环大小是多少？
- 平均的 ρ 长是多少？
- 最长的环的平均长度是多少？
- 通向一个环的最长路径，其平均长度是多少？
- 最长的 ρ-路径的平均长度是多少？

图 9.12 对所有的 3-映射给出了上述基本度量的一个详尽列表，而表 9.10 给出了 6 个随机的 9-映射。图 9.12 中右边的图显示了出现在 3-映射中的 7 个不同的树-环结构，它提醒我们映射的树-环表示法是被标记的、有序的组合对象。

映射	环	树	ρ 长	最长环	最长路径
123	3	0	3	1	1
113	2	1	4	1	2
121	2	1	4	1	2
122	2	1	4	1	2
133	2	1	4	1	2
223	2	1	4	1	2
323	2	1	4	1	2
112	1	1	6	1	3
131	1	1	6	1	3
221	1	1	6	1	3
322	1	1	6	1	3
233	1	1	6	1	3
313	1	1	6	1	3
111	1	2	5	1	2
222	1	2	5	1	2
333	1	2	5	1	2
213	2	0	5	2	2
321	2	0	5	2	2
132	2	0	5	2	2
211	1	1	7	2	3
212	1	1	7	2	3
232	1	1	7	2	3
311	1	1	7	2	3
331	1	1	7	2	3
332	1	1	7	2	3
231	1	0	9	3	3
312	1	0	9	3	3

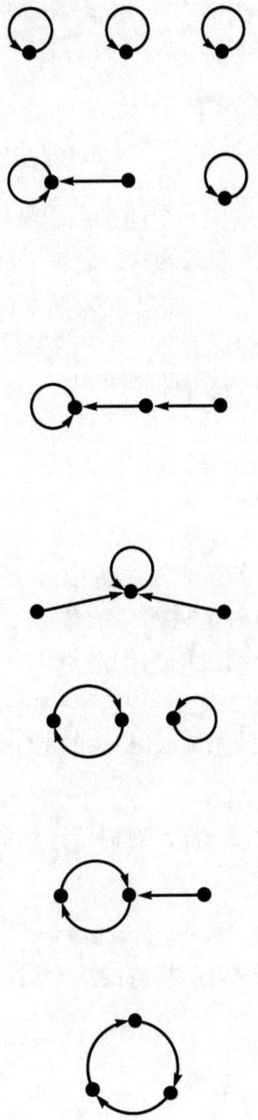

图 9.12　三个元素所有映射的基本性质

表 9.10   一些随机的 9-映射的基本性质

映射	占据	分布	环	树	ρ长	最长环	最长路径
323949944	012300003	5112	3	3	20	2	3
131336477	203101200	4221	2	1	27	1	5
517595744	100230201	4221	2	4	29	3	5
215681472	220111110	2520	1	2	42	2	8
213693481	212101011	2520	3	2	20	2	4
964243876	011212111	1620	2	2	36	4	6

和我们在本章已经见过的其他几个问题一样，随机映射的某些性质可以用一种直截了当的概率论证方法来进行分析。例如，一个随机映射的平均ρ长就能很容易地被推导出来。

定理 9.9（ρ长）   位于某随机映射中的一个随机点，其ρ长平均是$\sqrt{\pi N/2}$。一个随机映射的长平均是$N\sqrt{\pi N/2}$。

证明：假定我们从x_0开始。很明确，$f(x_0) \neq x_0$的概率是$(N-1)/N$。这与ρ长大于等于 1 的概率相同。类似的，ρ长大于等于 2 的概率等于前两个元素不同（$f(x_0) \neq x_0$）且第三个元素与前两个元素都不同（$f(f(x_0)) \neq f(x_0)$）的概率，或者等于$(N-1)/N$乘以$(N-2)/N$。以此类推，我们有

$$\Pr\{\rho \text{长} \geq k\} = \frac{N-1}{N}\frac{N-2}{N}\cdots\frac{N-k}{N}$$

因此，随机映射中一个随机点的平均ρ长是这些累积概率之和，它恰好是 Ramanujan Q-函数，于是定理 4.8 的近似式为我们提供了答案。映射中 N 个点里的每一个都满足同样的论证方法，所以映射的期望ρ长可以通过乘以 N 来得到。

这个问题等价于 9.3 节中的生日问题，尽管它们的随机模型在形式上并不相同。

习题 9.49   对随机映射中一个随机点的ρ长的分析等价于对生日问题的分析，试证明这一论断。

母函数

映射的许多其他性质更依赖于全局结构的相互作用。通过母函数来对这些性质进行分析是最好的。映射是树的环的集合，所以它们的母函数很容易用符号化方法推导出来。我们可采用第 5 章介绍过的用于清点"环的集合"的符号化方法来进行处理，只不过要以树作为基本对象。

我们从 6.14 节 Cayley 树的 EGF

$$C(z) = z\mathrm{e}^{C(z)}$$

开始。和第 5 章一样，对树（连通的映射）的环进行枚举的 EGF 为

$$\sum_{k \geq 1} \frac{C(z)^k}{k} = \ln\frac{1}{1 - C(z)}$$

并且对连通的映射所构成的集合进行枚举的 EGF 为

$$\exp\left(\ln\frac{1}{1 - C(z)}\right) = \frac{1}{1 - C(z)}$$

这些函数方程包含了隐式定义的 Cayley 函数$C(z)$，且可以直接应用拉格朗日反演定理。例如，为刚推导出来的 EGF 应用这个定理带来下面的计算：

$$[z^N]\frac{1}{1-C(z)} = \frac{1}{N}[u^{N-1}]\frac{1}{(1-u)^2}\mathrm{e}^{Nu}$$

$$= \sum_{0 \le k \le N}(N-k)\frac{N^{k-1}}{k!} = \sum_{0 \le k \le N}\frac{N^k}{k!} - \sum_{1 \le k \le N}\frac{N^{k-1}}{(k-1)!}$$

$$= \frac{N^N}{N!}$$

这就检验了大小为 N 的映射共有 N^N 个这一事实。

表 9.11 给出了映射的 EGF,所有这些都由如下引理导出,该引理总结了拉格朗日反演定理之于 Cayley 函数的应用。

表 9.11 关于映射的指数母函数

类	EGF	系数
树	$C(z) = z\mathrm{e}^{C(z)}$	$(N-1)![u^{N-1}]\mathrm{e}^{Nu} = N^{N-1}$
树的环	$\ln\dfrac{1}{1-C(z)}$	$(N-1)![u^{N-1}]\dfrac{1}{1-u}\mathrm{e}^{Nu} \sim N^N/\sqrt{\pi N}$
映射	$\exp\left(\ln\dfrac{1}{1-C(z)}\right)$	$(N-1)![u^{N-1}]\dfrac{1}{(1-u)^2}\mathrm{e}^{Nu} = N^N$

引理 对于 Cayley 函数 $C(z)$,我们有

$$[z^N]g(C(z)) = \sum_{0 \le k < N}(N-k)g_{N-k}\frac{N^{k-1}}{k!}, \quad g(z) \equiv \sum_{k \ge 0}g_k z^k$$

证明:可以由定理 6.11 得出。

因此,N 个节点的连通映射的个数是

$$N![z^N]\ln\frac{1}{1-C(z)} = N!\sum_{0 \le k < N}(N-k)\frac{1}{N-k}\frac{N^{k-1}}{k!} = N^{N-1}Q(N)$$

Ramanujan Q-函数再一次出现。

上面的结果暗示了一个随机映射是树的概率就是 $1/N$,并且一个随机映射是一个单连通成分的概率渐近于 $\sqrt{\pi/(2N)}$。我们可以采用类似的方式,通过 BGF 来分析随机映射的其他性质。

定理 9.10(成分与环) 一个随机的 N-映射,平均来说,有 $\sim \frac{1}{2}\ln N$ 个成分,以及 $\sim \sqrt{\pi N}$ 个环上的节点。

证明:根据上面的讨论,关于成分数量分布的 BGF 为

$$\exp\left(u\ln\frac{1}{1-C(z)}\right) = \frac{1}{(1-C(z))^u}$$

然后,根据前面给出的引理,成分数量的平均值由下式给出

$$\frac{1}{N^N}[z^N]\frac{\partial}{\partial u}\frac{1}{(1-C(z))^u}\bigg|_{u=1} = \frac{1}{N^N}[z^N]\frac{1}{1-C(z)}\ln\frac{1}{1-C(z)}$$

$$= \sum_{0 \le k \le N}(N-k)H_{N-k}\frac{N^{k-1}}{k!}$$

采用定理 4.8 证明中的方法,所述的渐近结果便可以直接被计算出来。

环上节点数的 BGF 为

$$\exp\left(\ln\frac{1}{1-uC(z)}\right) = \frac{1}{1-uC(z)}$$

从这个式子中提取出来的系数刚好就是上面所展示的结果。

其他性质

各种其他性质可以用类似的方法来处理。并且,在第 7 章中曾经讨论过关于排列的一些内容,而在本章前面又讨论了关于单词的一些内容,利用与这两方面内容相类似的处理方法,我们可求得恰好有 k 个成分的映射,其数量的 EGF 为 $C(z)^k/k!$;最多有 k 个成分的映射,其数量的 EGF 为 $1 + C(z) + C(z)^2/2! + \ldots + C(z)^k/k!$,等等。这些结果可以被用来给出关于极值参数的显式表达式,就像我们曾多次做过的那样。估计这些量的渐近方法在参考资料[11]、[28]中都有详细的讨论(也可见参考资料[14])。表 9.12 总结了参考资料[11]中所给出的结果。极值参数中的各种常量都可以被显式地表示出来,不过这需要相当复杂的定积分。有趣的是:就平均值而言,环长加上尾长等于 ρ 长,但对极值参数而言,上述结论并不成立。这意味着对大量的映射来说,最高的树并不附属于最长的环。

表 9.12　随机映射的渐近性质

来自随机点的均值		
	ρ 长	$\sqrt{\pi N/2}$
	尾长	$\sqrt{\pi N/8}$
	环长	$\sqrt{\pi N/8}$
	树大小	$N/3$
	成分大小	$2N/3$
平均数		
	k-点	$\dfrac{Ne^{-1}}{k!}$
	k-环	$\dfrac{1}{k}$
	k-成分	$\dfrac{e^{-k}}{k!}\{k\text{-节点连通映射的数量}\}$
	k-树	$\left(\sqrt{\pi N/2}\right)\dfrac{e^{-k}}{k!}\{k\text{-节点树的数量}\}$
极值参数(节点数量的期望值)		
	最大尾	$\sqrt{2\pi N}\ln2 \approx 1.74\sqrt{N}$
	最大环	$\approx 0.78\sqrt{N}$
	最长 ρ-路径	$\approx 2.41\sqrt{N}$
	最大树	$\approx 0.48N$
	最大分量	$\approx 0.76N$

习题 9.50　哪些 N-映射具有最大的和最小的 ρ 长?树的路径长呢?

习题 9.51 写一个程序，求出随机映射的ρ长和树的路径长。对尽可能大的N，生成1000个随机映射，并计算平均环长、ρ长和树的路径长。

习题 9.52 写一个程序，不能利用任何额外的存储空间，求一个随机映射的ρ长和树的路径长。

习题 9.53 一个没有重复整数的映射是一个排列。给出一个能够确定某映射是否为一棵树的高效算法。

习题 9.54 对所有的$N < 10$，在一个随机的N-映射中，计算最大分量的平均大小。

习题 9.55 运用BGF证明定理9.9。

习题 9.56 当一个随机映射被迭代两次时，图像中不同整数的平均个数是多少？

习题 9.57 考虑与所有映射相对应的N^N个树-环结构。当$N \leqslant 7$时，把这些结构看成是未标记、无顺序的对象，那么这些结构中有多少个是不同的？（这些被称为随机映射模式。）

习题 9.58 描述偏映射的图结构，其中一个点的像可能无定义。建立相应的EGF方程，并验证大小为N的偏映射，其数量为$(N+1)^N$。

习题 9.59 分析1到N这个范围内，$2N$个随机整数所构成的序列的"路径长度"。

习题 9.60 产生100个规模为10、100和1000的随机映射，并通过经验验证表9.12所给的统计量。

9.8 整数因子分解与映射

在这一节，我们将考查波拉德（Pollard）的ρ算法，这是一个有效的整数（在10到30个十进制位这样的"中等"规模内）因子分解算法，该方法依赖于映射的结构性质及其概率性质。它以如下两个事实为基础。

- 某个环上的一个点可以被快速地找到（所用的时间与一个起始点的ρ长成比例），所以使用$O(1)$的内存。
- 随机映射上的一个随机点，其平均ρ长为$O(\sqrt{N})$。

首先，我们考虑环的检测问题，然后再来考查波拉德的ρ算法本身。

环检测

欲找到映射的一个环上的一点，一个朴素的方法就是对映射进行迭代，存储查找结构中所有函数的值，查找每个新值，从而确定某个值是否在结构中再次被取到。这个算法对大的映射并不实用，因为我们无法承担存储所有函数值的空间开销。

程序9.3给出了一个在任意映射中求环上点的方法，该方法只耗用了常数量级的空间而且不牺牲执行时间，它是由Floyd给出的。在这个程序中，我们可以把点 a 看成正在以速度1沿着ρ图运动（见图9.10），把点 b 看成正在以速度2沿着ρ图运动。该算法依赖于这样的事实：一旦这两个点都在环上时，它们必然会在某个位置上相撞。例如，假设该算法被用于图9.10中的映射且起始点为10，则在7步之内，环就会被检测出来，这可以通过跟踪 a 和 b 的取值看出。

```
a    10  2   5   26  83  59  17
b    10  5   83  17  50  83  17
```

程序 9.3 环检测的 Floyd 算法

```
int a = x, b = f(x), t = 0;
while (a != b)
{ a = f(a); b = f(f(b)); t++; }
```

定理 9.11（环检测） 给定一个映射和一个起始点 x，Floyd 算法使用常数级空间，并在与 x 的 ρ 长成比例的时间内找到映射中一个环上的点。

证明：设 λ 是 x 的尾长，μ 为环长，$\rho = \lambda+\mu$ 为 ρ 长。经过 λ 步循环之后，点 a 到达了环，而点 b 已经在环上。现在环上有一场赛跑，其速度差为 1。最多经过 μ 步，b 将赶上 a。

设 t 为当算法结束时变量 t[①]的值，则我们也必有

$$t \leqslant \rho \leqslant 2t$$

左端的不等式成立，是因为 t 是点 a 的位置，且算法在 a 第二次开始绕环运动之前就应结束。右端的不等式成立，是因为 $2t$ 是点 b 的位置，且算法应在 b 至少绕行一周之后才能结束。因此，这个算法不仅给出了环上的一个位置（变量 a 和 b 结束时的值），也给出了起始点的 ρ 长的一个估计，且估计的值被一个因子 2 给出的范围所限定。

通过再多存储一些函数值，差不多消去算法所花费的时间中额外的因子 2（以及估计 ρ 长时的不确定性）是可能的，而所用的存储空间的量仍然比较合理。Sedgewick 等对这一问题进行了详细的研究[34]。

习题 9.61 利用 Floyd 方法在你的机器上对较短的环检验随机数生成器。

习题 9.62 利用 Floyd 算法检验平方取中法随机数生成器。

习题 9.63 对于函数 $f(x) = (x^2 + c) \bmod N$，利用 Floyd 方法估计其中与各种起始值、c 和 N 等有关的 ρ 长。

波拉德的 ρ 算法

ρ 算法是一个以高概率对整数进行因子分解的随机算法。程序 9.4 给出了它的一个实现，但事先声明，它假设将算法应用于很大的整数是可行的。该算法以一个随机选择的 c 值为基础，然后再从一个随机选择的起点开始迭代二次函数 $f(x) = (x^2 + c) \bmod N$，直至找到环上的一个点为止。

程序 9.4　用于因子分解的波拉德 ρ 算法

```
int a = (int) (Math.random()*N), b = a;
int c = (int) (Math.random()*N), d = 1;
while (d == 1)
{
   a = (a*a + c) % N;
   b = (b*b + c)*(b*b + c) + c % N;
   d = gcd((a - b) % N, N);
}
// d 是 N 的一个因数
```

为简单起见，假设 $N = pq$，其中 p 和 q 是算法要找的质数。根据中国剩余定理，任何一个整数 y 模除 N，都由 y 的值模除 p 和模除 q 所确定。特别的是，函数 f 由一对函数

$$f_p(x) = x^2 + c \bmod p \text{ 以及 } f_q(x) = x^2 + c \bmod q$$

所确定。如果把环检测算法运用到 f_p，并从一个初始值 x 开始，那么经过 t_p 步之后将会检测到一个环，其中 t_p 至多是 $x \pmod{p}$ 的 ρ 长的两倍。类似的，经过 t_q 步之后，将会检测到关于 t_q 的一个环（$\bmod q$）。因此，如果 $t_p \neq t_q$（对于较大的整数来说，发生这种情况的概率非常高），那么我们发现经过 $\min(t_p, t_q)$ 步之后，算法中的 a 和 b 满足

$$a \equiv b \pmod{p} \text{ 以及 } a \not\equiv b \pmod{q}，如果 t_p < t_q$$

---

① 指程序 9.3 中的变量 t。——译者注

$$a \not\equiv b \pmod{p} \text{ 以及 } a \equiv b \pmod{q}, \text{ 如果 } t_p > t_q$$

在上述任何一种情况中，$a - b$ 和 N 的最大公因子都是 N 的一个非平凡因子。

与随机映射的联系

设有形如 $x^2 + c \bmod N$ 的二次函数，它的路径长度具有这样的性质，即其路径长度渐近地等价于随机映射中的路径长。这种启发性的假设断言 N 个二次映射（c 有 N 种可能的选择）的性质与 N^N 个随机映射的性质是相似的。换句话说，二次函数被假定成随机映射的一个"代表性样本"。这个假设貌似是很有道理的，通过模拟的算法它已经得到了广泛的印证。然而，它只是被部分地证明了[2]。尽管如此，它还是导出了关于波拉德算法一个有用的近似分析。

先前的讨论揭示：波拉德算法所花费的步数是 $\min(t_p, t_q)$，其中 t_q 和 t_q 分别是 f_p 和 f_q 的 ρ 长。根据定理 9.9，随机 N-映射上的一个随机点的 ρ 长为 $O(\sqrt{N})$，所以在上面一段所讨论的假设之下，我们应该期望算法在 $O(\min(\sqrt{p}, \sqrt{q}))$ 步内结束，也就是在 $O(N^{1/4})$ 步内结束。该论证显然是对 N 有多于两个因子时的情形的泛化推广。

定理 9.12（波拉德的 ρ 算法） 平均来说，二次函数中的路径长渐近于随机映射中的路径长，在这个启发性假设下，波拉德的 ρ 算法对一个复合整数 N 进行因子分解所需的期望步数是 $O(\sqrt{p})$，其中 ρ 是 N 的最小质数因子。特别的是，平均而言，该方法在 $O(N^{1/4})$ 步内完成对 N 的因子分解。

证明：参见先前的讨论。其全局界是根据 $p \leqslant \sqrt{N}$ 的事实得出的。

1980 年，Brent 利用波拉德的方法第一次分解了第 8 个费马数。Brent 发现

$$F_8 = 2^{2^8} + 1 \approx 1.11579 \cdot 10^{77}$$

有质数因子

$$1238926361552897$$

（也可见参考资料[24]）。该算法当前的近似分析依赖于一个假设条件，而该假设尚有部分未得到完全的证明，但这一事实并没有降低算法本身的效用。事实上，关于随机映射性质的知识给了我们这样的信心：这个方法应该能够用于有效的因子分解，实际上它也的确如此。

表 9.13 给出了利用波拉德算法分解形如 $N = pq$ 这样的数时所需的步数，其中 p 和 q 是所选取的质数，它们分别接近于形如 1234... 和 ...4321 的数字。尽管 c 和起始点应该是随机选取的，但值 $c = 1$ 和起始点 $a = b = 1$ 对该应用的效果也足够好（这样也容易重复实验结果）。从这个表中我们可以看到：当 N 以约为 100 的因子速度增加时，开销大约以 3 为因子的速度增加，这与定理 9.12 极为吻合。该方法在分解表中最后一个数（该数大约为 $1.35 \cdot 10^{19}$）时，所用的步数少于 24 000，而穷举法将需要大约 10^9 次操作。

表 9.13　波拉德算法的应用示例（$c = 1$）

N	步数
13·23	4
127·331	10
1237·4327	21
12347·54323	132
123457·654323	243
1234577·7654337	1478
12345701·87654337	3939
123456791·987654323	11225
1234567907·10987654367	23932

单词和映射与组合学中的经典问题和算法分析中的经典问题有着直接的联系。我们讨论过的许多方法和结果在数学上是广为人知的（伯努利实验、占据问题），并且它们在算法分析领域之外也具有广泛的可用性。它们与散列算法的性能预测这样的现代应用也有着直接的联系。在这样的新领域中，对这些经典问题进行详细研究将会引出具有独立意义的新问题。

散列算法曾经是各种算法中第一批进行数学分析的算法，并且它们仍然具有至关重要的实际意义。新型应用以及软件、硬件基本特征的改变，使得散列算法与我们这里所讨论的以及资料中所介绍的有关散列算法的技术和结果有着持续相关性。

随机映射的分析简明地总结了我们对算法进行分析的一般方法。我们建立对应于基本组合结构的母函数的函数方程，然后利用解析工具提取系数。在这种情况下符号化方法对前者尤其有效，而对后者而言，拉格朗日反演定理是一个重要的工具。

映射是以每个元素精准地映射到另外一个元素为特征的。在图的表示中，这意味着图中恰好有 N 条边，尽管可能有多个元素指向某一个特定的元素，但每个元素都恰好有一条由其自身发出指向它的边。下一个推广就是图，图把上面的这种限制去掉了，即每个元素可以指向任意多个其他元素。无论是与映射相比，还是与我们在本书中所考查过的任何其他组合结构相比，图都更加复杂，因为把它们分解成较简单的结构是更加困难的，而这些简单结构通常是我们通过求解递归或利用结构分解来发展母函数之间关系的分析基础。

随机图具有丰富、有趣的性质。对此已有许多著作被付诸笔端，这是一个十分活跃的研究领域。例如，要了解该领域的概况，可见参考资料[3]。随机图的分析是以"概率方法"为中心的，其关注点并不在于准确地枚举出所有图的性质，而是要建立起复杂参数与易于处理的参数之间关系的适宜不等式。有许多重要的基本算法可以用来处理图，在有关这些算法的分析的资料中亦有许多例子。不同的随机模型适用于不同的应用，使得按照我们正在学习的路线来进行的分析可适合于多种情况。学习随机图的性质在算法分析中是一个硕果累累的研究领域。

随机映射这个话题很适合作为本书的结束，其中原因有很多。它们推广了基本而又被广泛使用的结构（排列和树），在本书中我们为这些结构给予了大量的关注；随机映射在随机数生成器和随机序列的使用中具有直接的实际意义；它们的分析展示了符号化枚举方法以及我们所使用的其他工具所拥有的能力、简捷性和实用性；随机映射代表了我们朝着研究随机图的方向所迈出的第一步（例如，可见参考资料[21]），它们是基本的并且能被广泛应用的结构。我们希望本书所覆盖的基本工具和技术能为读者提供浓厚的兴趣和专门的技能，以解决这些将出现在未来的算法分析中的其他问题。

参考资料

[1] M. Abramowitz and I. Stegun. *Handbook of Mathematical Functions*, Dover, New York, 1970.

[2] E. Bach. Toward a theory of Pollard's rho method, [J]. *Information and Computation* 30, 1989: 139-155.

[3] B. Bollobās. *Random Graphs*, Academic Press, London, 1985.

[4] R. P. Brent and J. M. Pollard. Factorization of the eighth Fermat number, [J]. *Mathematics of Computation* 36, 1981, 627-630.

[5] B. Char, K. Geddes, G. Gonnet, B.Leong, M, Monagan, and S, Watt. *Maple V Library Reference Manual*, Springer-Verlag, New York, 1991.

[6] L. Comtet. *Advanced Combinatorics*, Reidel, Dordrecht, 1974.

[7] T. H. Cormen, C. E. Leiserson, R. L. Riverset and C. Stein. *Introduction to Algorithms*, MIT Press, New York,

3rd edition, 2009.

[8] F. N. David and D. E. Barton. *Combinatorial Chance*, Charles Griffin, London, 1962.

[9] W. Feller. *An Introduction to Probability Theory and Its Applications*, John Wiley & Sons, New York, 1957.

[10] P. Flajolet, D. Gardy and L. Thimonier. "Birthday paradox, coupon collectors, caching algorithms and self-organizing search," *Discrete Applied Mathematics* 39, 1992, 207-229.

[11] P. Flajolet and A. M. Odlyzko. "Random mapping statistics," in *Advances in Cryptology*, J.-J. Quisquater and J. Vandewalle, eds., Lecture Notes in Computer Science No. 434, Springer-Verlag, New York, 1990, 329-354.

[12] P. Flajolet, P. Poblete, and A. Viola. "On the analysis of linear probing hashing," *Algorithmica* 22, 1988, 490-515.

[13] P. Flajolet and R. Sedgewick. *Analytic Combinatorics*, Cambridge University Press, 2009.

[14] D. Foata and J. Riordan. "Mappings of acyclic and parking functions," *Aequationes Mathematicae* 10, 1974, 10-22.

[15] G. H. Gonnet. "Expected length of the longest probe sequence in hash code searching," *Journal of the ACM* 28, 1981, 289-309.

[16] G. H. Gonnet and R. Baeza-Yates. *Handbook of Algorithms and Data Structures in Pascal and C*, 2nd edition, Addison-Wesley, Reading, MA, 1991.

[17] I. Goulden and D. Jackson. *Combinatorial Enumeration*, John Wiley & Sons, New York, 1983.

[18] R. L. Graham, D. E. Knuth, and O. Patashnik. *Concrete Mathematics*, 1st edition, Addison-Wesley, Reading, MA, 1989. 2nd edition, 1994.

[19] L. Guibas and E. Szemeredi. "The analysis of double hashing," *Journal of Computer and Systems Sciences* 16, 1978, 226-274.

[20] S. Janson. "Individual displacements for linear probing hashing with different insertion policies," *ACM Transactions on Algorithms* 1, 2005, 177-213.

[21] S. Janson, D. E. Knuth, T. Luczak, and B. Pittel. "The birth of the giant component," *Random Structures and Algorithms* 4, 1993, 233-358.

[22] D. E. Knuth. *The Art of Computer Programming. Volume 1: Fundamental Algorithms*, 1st edition, Addison-Wesley, Reading, MA, 1968. 3rd edition, 1997.

[23] D. E. Knuth. *The Art of Computer Programming. Volume 2: Seminumerical Algorithms*, 1st edition, Addison-Wesley, Reading, MA, 1969. 3rd edition, 1997.

[24] D. E. Knuth. *The Art of Computer Programming. Volume 3: Sorting and Searching*, 1st edition, Addison-Wesley, Reading, MA, 1973. 2nd edition, 1998.

[25] D. E. Knuth. *The Art of Computer Programming. Volume 4: Combinatorial Algorithms, Part I*, Addison-Wesley, Boston, 2011.

[26] D. E. Knuth. "Linear probing and graphs," *Algorithmica* 22, 1988, 561-568.

[27] V. F. Kolchin. *Random Mappings*, Optimization Software, New York, 1986.

[28] V. F. Kolchin, B. A. Sevastyanov, and V. P. Chistyakov. *Random Allocations*, John Wiley & Sons, New York, 1978.

[29] G. Lueker and M. Molodowitch. "More analysis of double hashing," in *Proceedings 20th Annual ACM Symposium on Theory of Computing*, 1988, 354-359.

[30] J. M. Pollard. "A Monte Carlo method for factorization," *BIT* 15, 1975, 331-334.

[31] R. Sedgewick. *Algorithms (3rd edition) in Java: Parts 1-4: Fundamentals,Data Structures, Sorting, and*

Searching, Addison-Wesley, Boston, 2002.

[32] R. Sedgewick and P. Flajolet. *An Introduction to the Analysis of Algorithms*, Addison-Wesley, Reading, MA, 1996.

[33] R. Sedgewick, T. Szymanski, and A. Yao. "The complexity of finding cycles in periodic functions," *SIAM Journal on Computing* 11, 1982, 376-390.

[34] R. Sedgewick and K. Wayne. *Algorithms*, 4th edition, Addison-Wesley, Boston, 2011.

[35] N. Sloane and S. Plouffe. *The Encyclopedia of Integer Sequences*, Academic Press, San Diego, 1995. Also accessible as *On-Line Encyclopedia of Integer Sequences*, http://oeis.org.

[36] A. Viola. "Exact distribution of individual displacements in linear probing hashing," *ACM Transactions on Algorithms* 1, 2005, 214-242.

[37] J. S. Vitter and W. Chen. *Design and Analysis of Coalesced Hashing*, Oxford University Press, New York, 1987.

[38] J. S. Vitter and P. Flajolet, "Analysis of algorithms and data structures," in *Handbook of Theoretical Computer Science A: Algorithms and Complexity*, J. van Leeuwen, ed., Elsevier, Amsterdam, 1990, 431-524.